普通高等教育"十三五"规划教材"互联网+"创新系列教材

U0747815

机械制造基础

JIXIE ZHIZAO JICHU

◎ 主 编：张高峰 胡成武

◎ 副主编：张晓红 周里群 陈召国

Mechanical

中南大学出版社
www.csupress.com.cn

内容简介

本书根据教育部"机械制造基础"课程的教学基本要求编写,全书分为 14 章,包括材料成型工艺篇、机械加工工艺篇与现代制造技术篇,主要讲述铸造、锻压、焊接、粉末冶金、非金属材料成型等零件的毛坯成型理论、工艺与技术;金属切削加工理论基础与切削规律及应用、金属切削机床、抛光加工、机械加工工艺等零件的机械加工理论、工艺与技术;数控加工、特种加工、快速成型等零件的现代制造加工理论、工艺与技术等内容。本书采用"互联网+"形式出版,扫描书中二维码,即可阅读丰富的工程图片、演示动画、操作视频、三维模型、工程案例。为了帮助学生复习和巩固所学知识,在各章后面均附有习题。本书配有电子课件。

本书是普通高等学校机械类、近机械类等专业学生的教材,亦可作为相关技术人员的学习参考资料。

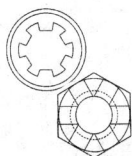

普通高等教育机械工程学科"十三五"规划教材编委会
"互联网＋"创新系列教材

总序 F❂REWORD.

　　机械工程学科作为连接自然科学与工程行为的桥梁，是支撑物质社会的重要基础，在国家经济发展与科学技术发展布局中占有重要的地位，21 世纪的机械工程学科面临诸多重大挑战，其突破将催生社会重大经济变革。当前机械工程学科进入了一个全新的发展阶段，总的发展趋势是：以提升人类生活品质为目标，发展新概念产品、高效高功能制造技术、功能极端化装备设计制造理论与技术、制造过程智能化和精准化理论与技术、人造系统与自然世界和谐发展的可持续制造技术等。这对担负机械工程人才培养任务的高等学校提出了新挑战：高校必须突破传统思维束缚，培养能适应国家高速发展需求的具有机械学科新知识结构和创新能力的高素质人才。

　　为了顺应机械工程学科高等教育发展的新形势，湖南省机械工程学会、湖南省机械原理教学研究会、湖南省机械设计教学研究会、湖南省工程图学教学研究会、湖南省金工教学研究会与中南大学出版社一起积极组织了高等学校机械类专业系列教材的建设规划工作，成立了规划教材编委会。编委会由各高等学校机电学院院长及具有较高理论水平和教学经验的教授、学者和专家组成。编委会组织国内近20所高等学校长期在教学、教改第一线工作的骨干教师召开了多次教材建设研讨会和提纲讨论会，充分交流教学成果、教改经验、教材建设经验，把教学研究成果与教材建设结合起来，并对教材编写的指导思想、特色、内容等进行了充分的论证，统一认识，明确思路。在此基础上，经编委会推荐和遴选，近百名具有丰富教学实践经验的教师参加了这套教材的编写工作。历经两年多的努力，这套教材终于与读者见面了，它凝结了全体编写者与组织者的心血，是他们集体智慧的结晶，也是他们教学教改成果的总结，体现了编写者对教育部"质量工程"精神的深刻领悟和对本学科教育规律的把握。

　　这套教材包括了高等学校机械类专业的基础课和部分专业基础课教材。整体看来，这套教材具有以下特色。

（1）根据教育部高等学校教学指导委员会相关课程的教学基本要求编写。遵循"重基础、宽口径、强能力、强应用"的原则，注重科学性、系统性、实践性。

（2）注重创新。本套教材不但反映了机械学科新知识、新技术、新方法的发展趋势和研究成果，还反映了其他相关学科在与机械学科的融合与渗透中产生的新前沿，体现了学科交叉对本学科的促进；教材与工程实践联系密切，应用实例丰富，体现了机械学科应用领域在不断扩大。

（3）注重质量。本套教材编写组对教材内容进行了严格的审定与把关，教材力求概念准确、叙述精练、案例典型、深入浅出、用词规范，采用最新国家标准及技术规范，确保了教材的高质量与权威性。

（4）教材体系立体化。为了方便教师教学与学生学习，本套教材还提供了电子课件、教学指导、教学大纲、考试大纲、题库、案例素材等教学资源支持服务平台。大部分教材采用"互联网＋"的形式出版，读者扫描书中"二维码"，即可阅读丰富的工程图片、演示动画、操作视频、三维模型、工程案例；部分教材采用了AR增强现实技术，扫描二维码可查看360°任意旋转，无限放大、缩小的三维模型。

教材要出精品，而精品不是一蹴而就的，我将这套书推荐给大家，请广大读者对它提出意见与建议，以便进一步提高。也希望教材编委会及出版社能做到与时俱进，根据高等教育改革发展形势、机械工程学科发展趋势和使用中的新体验，不断对教材进行修改、创新、完善，精益求精，使之更好地适应高等教育人才培养的需要。

衷心祝愿这套教材能在我国机械工程学科高等教育中充分发挥它的作用，也期待着这套教材能哺育新一代学子，使其茁壮成长。

中国工程院院士　钟　掘

前 言 PREFACE.

自从进入 21 世纪以来，特别是随着互联网技术的发展与普及，人类已进入了一个知识大爆炸的时代，也是新技术、新发明、新知识不断涌现的时代。大数据、人工智能、互联网 +、物联网、机器人、智能制造等已成为当今工业发展的热门领域。为了适应新世纪、新时代发展的需要，全球各国均提出了一系列新的发展战略，如德国政府提出了工业 4.0、中国政府提出了中国制造 2025 等。为主动应对新科技革命与产业变革，支撑服务创新驱动发展、"中国制造 2025"等一系列国家战略，教育部正在积极推进新工科建设，并发布了《关于开展新工科研究与实践的通知》《关于推进新工科研究与实践项目的通知》。新工科建设对高等工科院校的人才培养与课程建设也提出了新的要求。

"机械制造基础"（金属工艺学）是高等工科院校机类与近机类专业十分重要的技术基础课程，着重阐述机械零件毛坯的制备工艺与特点及其选用、机械零件的加工方法和工艺路线的拟订及机械制造的新技术和新工艺。该课程具有基础性、实用性、知识性、实践性与创新性等特点，是培养复合型工程技术人才的重要基础课程之一。

本书是根据国家教育部颁布的《工程材料及机械制造基础课程教学基本要求》和《工程材料及机械制造基础系列课程改革指南》的精神，在吸取兄弟院校教学改革与相关课程建设的基础上，由多年从事机械制造基础课程教学的一线教师共同编写完成。本书既重视经典理论与原理的阐述，又结合当今新技术与新成果的应用，在教材内融入了"互联网 + 教学"的拓展内容，教师与学生可以通过手机扫描本书中的二维码，可阅读丰富的工程图片、演示动画、操作视频、工程案例，学习各章节的重要的背景知识与相关领域的发展前沿。

全书共分为材料成形工艺篇、机械加工工艺篇与现代制造技术篇，材料成形工艺篇包括第 1 章铸造成形工艺、第 2 章金属塑性成形工艺、第 3 章焊接成形工艺、第 4 章粉末冶金成形与第 5 章非金属材料成型技术；机械加工工艺篇包括第 6 章金属切削加工基础、第 7 章金属切削过程的基本规律及其应用、第 8 章金属切削机床基础知识、第 9 章光整加工、第 10 章典型表面加工、第 11 章机械加工工艺；现代制造技术篇包括第 12 章数控加工技术、第 13 章特种加工工艺基础与第 14 章快速成形技术。本书由张高峰、胡成武任主编，张晓红、周里群、陈召国任副主编。书中各章节分别由湖南工程学院傅彩明(第 1 章)、湖南工业大学胡成武(第 2 章)、湘潭大学李玉平(第 3 章)、湖南工业大学颜练武(第 4 章)、湖南工业大学刘新(第 5 章)、湘潭大学张高峰(前言、第 6、7 章)、湖南理工学院张晓红(第 8、9、10 章)、湖南文理学院陈召国(第 11 章)、湘潭大学周后明(第 12 章)、湘潭大学周里群(第 13、14 章)编写。

目前，在各高等工科院校的本科人才培养方案中，理论教学课时被大大缩减，而机械制造基础课程的知识点与内容又极为丰富，为了更好地学习与掌握本课程内容，特提如下建议：(1)在学习本书内容之前，要求学生修完或自学了《工程材料基础》、《工程图学》或《工程制图》等前期课程。(2)在学习过程中注意加强理论联系实际，特别是结合工程训练理解与学习本课程原理与理论。(3)结合书中的思考练习题，利用互联网学习相关知识，特别是通过网上的案例学习，深入掌握本书的重要理论与工艺。

本教材得到了湖南省普通高校"十三五"专业综合改革试点专项支持。

在本书的编写过程中，参考了部分国内外相关教材、著作、论文资料及网络资源，在此谨向有关作者和单位表示衷心的感谢。

由于编者水平所限，书中的错误与不妥之处，恳请广大读者与师生们批评指正。

编者
2018 年 6 月

CONTENTS. 目录

第一篇　材料成形工艺

第二篇　机械加工工艺

第一篇　材料成形工艺

第 1 章
铸造成形工艺

1.1　铸造成形理论基础

将液态金属浇注到具有与零件形状、尺寸相适应的铸型型腔中，待其冷却凝固后获得毛坯或零件的方法，称为铸造（metal casting）。它是毛坯或机器零件成形的重要方法之一。铸造在工业生产中获得了广泛应用，铸件所占的比重相当大。如在机床和内燃机产品中，铸件占总重量的 70% ~ 90%，在拖拉机和农用机械中占 50% ~ 70%。

铸造成形原理

（1）铸造过程中，金属材料在液态下一次成形，因而具有很多优点。

1）适应性广泛。工业上常用的金属材料如铸铁、铸钢、非铁合金等，均可在液态下成形，特别是对于不宜压力加工或焊接成形的材料，铸造生产方法具有特殊的优势，并且铸件的大小、形状几乎不受限制，质量可从几克到数百吨，壁厚可从零点几毫米至数百毫米。

2）可以形成形状复杂的零件。具有复杂内腔的毛坯或零件，如复杂箱体、机床床身、阀体、泵体、缸体等都能成形。

3）生产成本较低。铸造用原材料大都来源广泛，价格低廉。铸件与最终零件的形状相似、尺寸相近，加工余量小，因而可减少切削加工量。

（2）铸造成形也存在某些缺点。由于铸造涉及的生产工序较多，生产过程中难以精确控制，废品率较高。铸件组织疏松，晶粒粗大，内部常出现缩孔、缩松、气孔、砂眼等缺陷，导致铸件某些力学性能较低。铸件表面粗糙，尺寸精度不高。一般来说铸造工作环境较差，工人劳动强度大。但随着特种铸造技术的发展，铸件质量有了很大的提高，工作环境也有了进一步改善。

1.1.1　凝固组织

在铸造生产中，液态金属温度一般高于熔点 100 ~ 300℃，在此铸造条件下比较容易凝固成形。金属的凝固过程也是一个结晶过程，包括形核和晶体长大两个基本过程。

凝固组织宏观上是指晶粒的形态、大小和分布等情况，微观上指的是晶粒内部结构的形状、大小和分布等情况。凝固组织对铸件的力学性能影响很大，一般情况下，晶粒越细小均匀，铸件的强度、硬度越高，塑性和韧性也越好。

影响凝固组织的主要因素有炉料、铸件的冷却速度和生产工艺。炉料的成分与组织状态对凝固组织有直接影响。冷却速度快，形核数目多，晶粒细小。在铸造生产中，常采用孕育处理，即在浇注时向液态金属中加入一定量的孕育剂作为形核核心，细化晶粒。

3

1.1.2 铸件的凝固与收缩

1. 铸件的凝固方式

在铸件凝固过程中，其断面上一般存在三个区域，即固相区、凝固区和液相区，其中，对铸件质量影响较大的主要是液相和固相并存的凝固区的宽窄。铸件的"凝固方式"就是依据凝固区的宽度 S 来划分的，如图 1-1(b) 所示。铸件的凝固方式有：

（1）逐层凝固。如图 1-1(a) 所示，纯金属或共晶成分合金在凝固过程中因不存在液、固并存的凝固区，所以断面上外层的固相和内层的液相由一条界线（凝固前沿）清楚地分开。随着温度的下降，固相层不断加厚，液相层不断减少，直达铸件的中心，这种凝固方式称为逐层凝固。

（2）糊状凝固。如图 1-1(c) 所示，合金的结晶温度范围很宽，且铸件断面上的温度分布较为平坦，则在凝固的某段时间内，铸件表面并不存在固体层，而液、固并存的凝固区贯穿整个断面。由于这种凝固方式与水泥类似，即先呈糊状而后凝固，故称为糊状凝固。

（3）中间凝固。如图 1-1(b) 所示，大多数合金的凝固介于逐层凝固和糊状凝固之间，称为中间凝固方式。

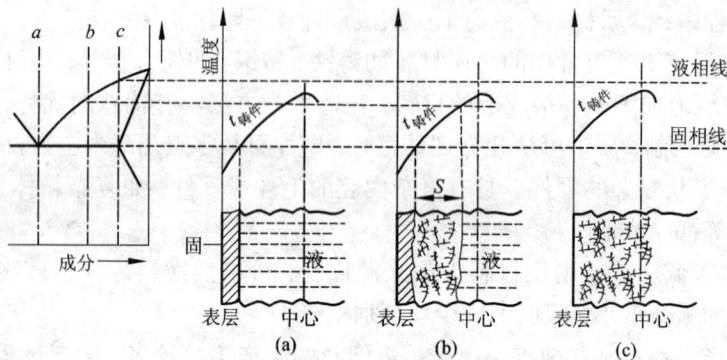

图 1-1　铸件的凝固方式

2. 铸件的收缩

铸造合金在凝固和冷却过程中，体积和尺寸减小的现象称为液态合金的收缩（contraction）。收缩是绝大多数合金的物理性质之一。收缩能使铸件产生缩孔、缩松、裂纹、变形和内应力等缺陷，影响铸件质量。为了获得形状和尺寸符合技术要求、组织致密的合格铸件，必须研究合金收缩的规律。合金的收缩经历如下三个阶段，如图 1-2 所示。

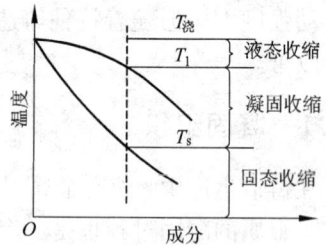

图 1-2　合金收缩的三个阶段

（1）液态收缩。从浇注温度（$T_浇$）到凝固开始温度（即液相线温度 T_1）间的收缩。

（2）凝固收缩。从凝固开始温度 T_1 到凝固终止温度（即固相线温度 T_S）间的收缩。

（3）固态收缩。从凝固终止温度（T_S）到室温间的收缩。

合金的收缩率为上述三个阶段收缩率的总和。

　　因为合金的液态收缩和凝固收缩体现为合金体积的缩减,故常用单位体积收缩量(即体积收缩率)来表示。合金的固态收缩不仅引起体积上的缩减,同时还使铸件在尺寸上缩减,因此常用单位长度上的收缩量(即线收缩率)来表示。

　　不同合金的收缩率不同。常用合金中,铸钢的收缩率最大,灰口铸铁(简称灰铸铁)最小。几种铁碳合金的体积收缩率见表 1－1。常用铸造合金的线收缩率见表 1－2。

表 1－1　几种铁碳合金的体积收缩率

合金种类	含碳量 w_C /%	浇注温度 /℃	液态收缩 φ /%	凝固收缩 φ /%	固态收缩 φ /%	总体积收缩 $\varphi_总$ /%
碳素铸钢	0.35	1610	1.6	3.0	7.86	12.46
白口铸铁	3.0	1400	2.4	4.2	5.4～6.3	12～12.9
灰铸铁	3.5	1400	3.5	0.1	3.3～4.2	7.9～7.8

表 1－2　常用铸造合金的线收缩率

合金种类	灰铸铁	可锻铸铁	球墨铸铁	铸钢	铝合金	铜合金
线收缩率/%	0.8～1.0	1.2～2.0	0.8～1.3	1.38～2.0	0.8～1.6	1.2～1.4

3. 缩孔和缩松

　　(1)缩孔和缩松的形成。液态合金在铸型内冷凝过程中,若其液态收缩和凝固收缩所缩减的容积得不到补足,将在铸件最后凝固的部位形成孔洞。根据孔洞的大小和分布,可将其分为缩孔和缩松两类。

　　缩孔(shrinkage hole)指集中在铸件上部或最后凝固部位、容积较大的孔洞。缩孔多呈倒圆锥形,内表面粗糙。

　　缩松(dipersed shrinkage)指分散在铸件某些区域内的细小缩孔。当缩松和缩孔的容积相同时,缩松的分布面积要比缩孔大得多。

　　1)缩孔的形成。假设铸件呈逐层凝固,则其形成过程如图 1－3 所示。液态合金充满型腔[图 1－3(a)]后,由于铸型的吸热,靠近型腔内表面的金属很快凝固成一层外壳,而内部仍然是高于凝固温度的液体[图 1－3(b)]。温度继续下降,外壳加厚,内部液体因液态收缩和补充凝固层的凝固收缩,体积缩减,液面下降,使铸件内部出现了空隙[图 1－3(c)]。至内部完全凝固,在铸件上部形成了缩孔[图 1－3(d)]。继续冷至室温,整个铸件发生固态收缩,缩孔的绝对体积略有减小[图 1－3(e)]。

　　合金的液态收缩和凝固收缩越大,浇注温度越高,铸件的壁越厚,缩孔的容积就越大。

　　2)缩松的形成。主要出现在呈糊状凝固方式的合金中或断面较大的铸件壁中,是被树枝状晶体分隔开的小液体区难以得到补缩所致。缩松大多分布在铸件中心轴线处、热节处、冒口根部、内浇道附近或缩孔下方,如图 1－4 所示。对气密性、力学性能、物理性能或化学性能要求很高的铸件,必须设法减少缩松。

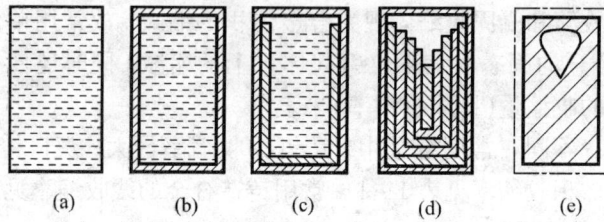

图 1-3　缩孔形成过程示意图

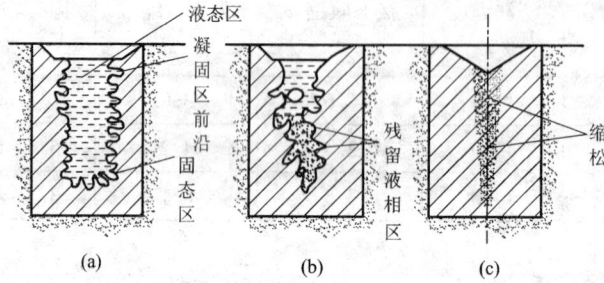

图 1-4　缩松示意图

生产中可采用一些工艺措施,如控制冷却速度来控制铸件的凝固方式,使产生缩孔和缩松的倾向在一定条件下、一定范围内相互转化。

(2)缩孔和缩松的防止。缩孔和缩松都会使铸件的力学性能下降,缩松还可使铸件因渗漏而报废。因此,必须采取适当的工艺措施,防止缩孔和缩松的产生。防止产生缩孔的有效措施,是使铸件实现"顺序凝固"。所谓顺序凝固(directional solidification),是在铸件可能出现缩孔的厚大部位,通过安放冒口等工艺措施,使铸件上远离冒口的部位最先凝固(图 1-5 Ⅰ区),然后是靠近冒口的部位凝固(图 1-5 Ⅱ,Ⅲ区),最后是冒口本身凝

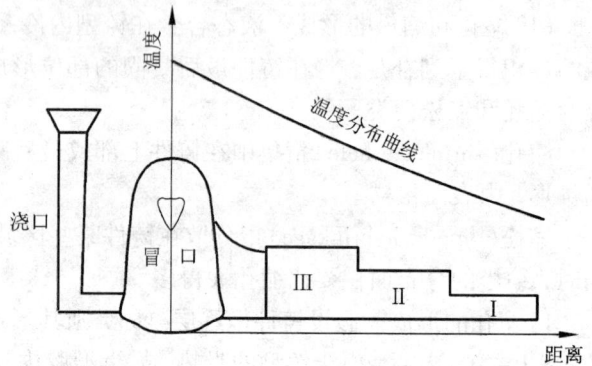

图 1-5　顺序凝固示意图

固。按照这样的凝固顺序,先凝固部位的收缩,由后凝固部位的金属液来补充,后凝固部位的收缩,由冒口中的金属液来补充,从而使铸件各个部位的收缩均能得到补充,将缩孔转移到冒口之中。冒口为铸件的多余部分,在铸件清理时去除。

为了实现顺序凝固,在安放冒口的同时,还可在铸件上某些厚大部位增设冷铁。如图 1-6 所示,铸件的厚大部位不止一个,仅靠顶部冒口,难以向底部的凸台补缩,为此,在该凸台的型壁上安放了两块外冷铁。冷铁加快了铸件在该处的冷却速度,使厚度较大的凸台反而最先凝固,从而实现了自下而上的定向凝固,防止了凸台处缩孔、缩松的产生。可以看出,冷铁的作用是加快某些部位的冷却速度,用以控制铸件的凝固顺序,但本身并不起补缩作用。冷铁通

6

常用铸钢或铸铁加工制成。

采用顺序凝固，虽然可以有效防止铸件产生缩孔，但却耗费许多金属和工时，增加铸件成本。同时，顺序凝固也加大了铸件各部分之间的温度梯度，使铸件的变形和裂纹倾向加大。因此，顺序凝固主要用于体积收缩大的合金，如铝青铜、铝硅合金和铸钢件等。对于结晶温度范围很宽的合金，由于倾向于糊状凝固，结晶开始之后，发达的树枝状骨架布满了铸件整个截面，使冒口的补缩通道严重受阻，因而难以避免缩松的产生。显然，选用近共晶成分或结晶温度范围较窄的合金，是防止缩松产生的有效措施。此外，加快铸件的冷却速度，或加大结晶压力，可达到部分防止缩松的效果。

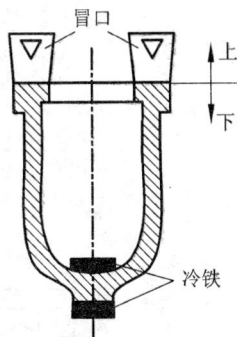

图 1-6 冷铁的应用

1.1.3 铸造内应力、变形和裂纹

1. 铸造内应力

铸件在凝固之后的继续冷却过程中，若固态收缩受到阻碍，将会在铸件内部产生内应力(internal stress)。这些内应力有的是在冷却过程中暂存的，有的则一直保留到室温，称为残留内应力。铸造内应力有热应力和机械应力两类，它们是铸件产生变形和裂纹的基本原因。

(1)热应力的形成。热应力是由于铸件壁厚不均匀，各部分冷却速度不同，以致在同一时期铸件各部分收缩不一致而引起的。

为了分析热应力的形成，首先必须了解金属自高温冷却到室温时应力状态的变化。固态金属在弹-塑临界温度以上的较高温度时，处于塑性状态，在应力作用下会产生塑性变形，变形之后，应力可自行消除。而在弹-塑临界温度以下，金属呈弹性状态，在应力作用下发生弹性变形，变形之后，应力仍然存在。处于高温阶段(图 1-7 中 $t_0 \sim t_1$ 间)，两杆均处于塑性状态，尽管两杆的冷却速度不同，收缩不一致，但瞬时的应力均可通过塑性变形而自行消失。继续冷却后，冷速较快的杆Ⅱ已进入弹性状态，而粗杆Ⅰ仍处于塑性状态(图 1-7 中 $t_1 \sim t_2$ 间)。冷却开始时，由于细杆Ⅱ冷却快，收缩大于粗杆Ⅰ，所以细杆Ⅱ受拉伸，粗杆Ⅰ受压缩[图 1-7(b)]，形成了暂时内应力，但这个内应力随粗杆Ⅰ的微量塑性变形(压短)而消失[图 1-7(c)]。当进一步冷却到更低温度时(图 1-7 中 $t_2 \sim t_3$)，已被塑性压短的粗杆Ⅰ也处于弹性状态，此时，尽管两杆长度相同，但所处的温度不同。粗杆Ⅰ的温度较高，还会进行较大的收缩；细杆Ⅱ的温度较低，收缩已趋停止。因此，粗杆Ⅰ的收缩必然受到细杆Ⅱ的强烈阻碍，于是，细杆Ⅱ受压缩，粗杆Ⅰ受拉伸，直到室温，形成了残余内应力[图 1-7(d)]。由此可见，不均匀冷却使铸件的厚壁或芯部受拉应力，薄壁或表层受压应力。铸件的壁厚差别愈大、合金的线收缩率愈高、弹性模量愈大，热应力也愈大。

(2)机械应力的形成。机械应力是合金的线收缩受到铸型或型芯的机械阻碍而形成的内应力，如图 1-8 所示。

机械应力使铸件产生的拉伸或剪切应力，是暂时存在的，在铸件落砂之后，这种内应力便可自行消除。但机械应力在铸型中可与热应力共同起作用，增大某些部位的拉应力，增加铸件的裂纹。

(3)减小应力的措施。在铸造工艺上采取"同时凝固原则"，即尽量减小铸件各部位间的

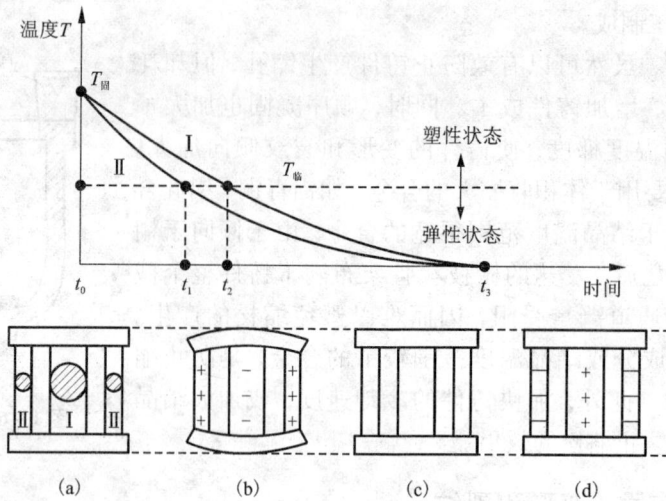

图 1 – 7　热应力的形成

温度差，使铸件各部位同时冷却凝固。如在铸件的厚壁处加冷铁，并将内浇道设在薄壁处。但采用该原则容易在铸件中心区域产生缩松，组织不致密，所以该原则主要用于凝固收缩小的合金，如灰铸铁，以及壁厚均匀、结晶温度范围宽、对致密性要求不高的铸件等。改善铸型和型芯的退让性，以及浇注后早开型，可以有效减小机械应力。将铸件加热到 550 ~ 650℃之间保温，进行去应力退火可消除残余内应力。

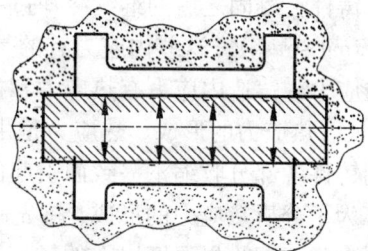

图 1 – 8　机械应力

2. 铸件的变形

　　存在残留内应力的铸件是不稳定的，它将自发地通过变形(distortion)来减缓其内应力，以便趋于稳定状态。图 1 – 9 是 T 形铸件在热应力作用下的变形情况，双点画线表示变形的方向。

　　为防止铸件变形，在设计时，应力求壁厚均匀、形状简单而对称。对于细而长、大而薄的易变形铸件，可将模样制成与铸件变形方向相反的形状，待铸件冷却后变形正好与相反的形状抵消，此方法称为"反变形法"(图 1 – 10)。此外，将铸件置于露天场地一段时间，使其缓慢地发生变形，从而使内应力消除，这种方法叫自然时效法(natural aging)。

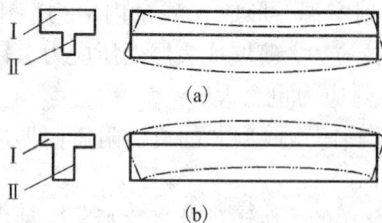

图 1 – 9　T 形梁铸钢件变形示意图

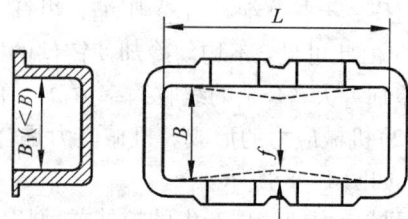

图 1 – 10　箱体件变形示意图

8

3．铸件的裂纹

当铸造内应力超过金属材料的抗拉强度时，铸件便会产生裂纹（crack）。裂纹是严重的铸件缺陷，必须设法防止其产生。根据产生时温度的不同，裂纹可分为热裂和冷裂两种。

（1）热裂。凝固后期，高温下的金属强度很低，如果金属较大的线收缩受到铸型或型芯的阻碍，机械应力超过该温度下金属的最大强度，便产生热裂。其形状特征是：尺寸较短，缝隙较宽，形状曲折，缝内呈现严重的氧化色。

影响热裂的主要因素如下：

1）合金性质。铸造合金的结晶特点和化学成分对热裂的产生均有明显的影响。

2）合金的结晶温度。结晶温度范围愈宽，凝固收缩量愈大，合金的热裂倾向也愈大。灰铸铁和球墨铸铁由于凝固收缩甚小，故热裂倾向也较小。铸钢、某些铸铝合金、白口铸铁的热裂倾向较大。

3）铸型阻力。铸型、型芯的退让性对热裂的形成有着重要影响。退让性愈好，机械应力愈小，形成热裂的可能性也愈小。

4）防止热裂的方法。设计合理的铸件结构；改善型砂和芯砂的退让；严格限制铸钢和铸铁中硫的含量等（硫能增加铸钢和铸铁的热脆性）。

（2）冷裂。铸件凝固后在较低温度下形成的裂纹叫冷裂。其形状特征是：表面光滑，具有金属光泽或呈微氧化色，裂口常穿过晶粒延伸到整个断面，常呈圆滑曲线或直线状。脆性大、塑性差的合金，如白口铸铁、高碳钢及某些合金钢，最易产生冷裂纹，大型复杂铸铁件也易产生冷裂纹。冷裂往往出现在铸件受拉应力的部位，特别是应力集中的部位。

防止冷裂的方法主要是尽量减小铸造内应力和降低合金的脆性。如铸件壁厚要均匀；增加型砂和芯砂的退让性；降低铸钢和铸铁中的含磷量，因为磷能显著降低合金的冲击韧度，使铸钢产生冷脆。当铸钢的磷含量大于 0.1%、铸铁的磷含量大于 0.5% 时，因冲击韧度急剧下降，冷裂倾向明显增加。

1.1.4　合金的吸气性和氧化性

合金在熔炼和浇注时吸收气体的能力称为合金的吸气性（gas absorption）。如果合金在液态时吸收气体多，在凝固时，侵入的气体若来不及逸出，就会出现气孔、白点等缺陷。

为了减少合金的吸气性，可缩短熔炼时间、选用烘干过的炉料、提高铸型和型芯的透气性、降低造型材料中的含水量和对铸型进行烘干等。

合金的氧化性（oxidation）指合金液体与空气接触，被空气中的氧气氧化，形成氧化物。若不及时清除氧化物，则在铸件中就会出现夹渣缺陷。

1.2　铸造成形方法

根据铸型特点分类，有一次型铸造（砂型铸造、熔模铸造、石膏型铸造、实型铸造等）、半永久型铸造（陶瓷型铸造、石墨型铸造等）、永久型铸造（金属型铸造、压力铸造、挤压铸造、离心铸造等）；根据浇注时金属液的驱动力及压力状态分类，有重力作用下的铸造和外力作用下的铸造。金属液在重力驱动下完成浇注称为自由浇注或常压浇注。金属液在外力作用下实现充填和补缩，如压力铸造、挤压铸造、离心铸造和反重力铸造等。

铸造成形方法

传统的铸造方法是砂型铸造。为提高铸件表面质量和内部质量，从改变铸型材料和造型工艺入手发展了许多特种铸造方法，如熔模铸造、金属型铸造、陶瓷型铸造、压力铸造等。而且随着计算机在铸造成形工艺中越来越多的应用，特种铸造技术有了很大发展。

1.2.1　砂型铸造

砂型铸造是利用型砂制造铸型的铸造方法，它适用于各种形状、大小及各种合金铸件的生产。掌握砂型铸造是合理选择铸造方法和正确设计铸件的基础。

造型方法按使用设备的不同，分为手工造型和机器造型两大类。

1. 手工造型

全部用手工或手动工具完成的造型方法称手工造型。手工造型在铸造生产中应用很广，它操作灵活、通应性强、设备简单、生产准备时间短、成本低。但手工造型铸件质量较差，生产率低，劳动强度大，要求工人技术水平高。手工造型主要用于单件、小批量生产，特别是形状复杂或重型铸件的生产。手工造型的方法很多，各种手工造型方法的特点和应用见表1-3。

表1-3　各种手工造型方法的特点和适用范围

造型方法名称		主要特点	适用范围
按模样特征分类	整模造型	模样为整体模，分型面是平面，铸型型腔全部在半个铸型内，造型简单，铸件精度和表面质量较好	最大截面位于一端并且为平面的简单铸件的单件、小批量生产
	分模造型	模样为分开模，铸型一般位于上、下两个半型中，造型简便，节省工时	适用于套类、管类及阀体等形状较复杂的铸件的单件、小批量生产
	挖砂造型	模样虽为整体，但分型面不为平面。为了取出模样，造型时用手工挖去阻碍起模的型砂。其造型费工时，生产率低，要求工人技术水平高	用于分型面不是平面的铸件的单件、小批量生产
	假箱造型	为了克服挖砂造型的缺点，在造型前特制一个底胎（假箱），然后在底胎上造下箱。由于底胎不参加浇注，故称做假箱。此法比挖砂造型简单，且分型面整齐	用于成批生产需挖砂的铸件
	活块造型	当铸件上有妨碍起模的小凸台、肋板时，制模时将它们做成活动部分。造型起模时先起出主体模样，然后再从侧面取出活块。造型生产率低，要求工人技术水平高	主要用于带有突出部分难以起模的铸件的单件、小批量生产
	刮板造型	用刮板代替模样造型，大大节约模样材料，缩短生产周期。但造型生产率低，要求工人技术水平高，铸件尺寸精度差	主要用于等截面或回转体大、中型铸件的单件、小批量生产，如大皮带轮、管件、弯头等

造型方法名称		主要特点	适用范围
按特征分类	两箱造型	铸型由上箱和下箱构成,操作方便	是造型的最基本方法,适用于各种铸件,各种批量
	三箱造型	铸件的最大截面位于两端,必须用分开模、三个砂箱造型,模样从中箱两端的两个分型面取出。造型生产率低,且需合适的中箱(中箱高度与中箱模样的高度相同)	主要用于手工造型,单件、小批量生产具有两个分型面的中、小型铸件
	脱箱造型(无箱造型)	采用活动砂箱造型,在铸型合箱后,将砂箱脱出,重新用于造型,浇注时为了防止错箱,需用型砂将铸型周围填紧,也可在铸型上加套箱	用于小铸件的生产。砂箱尺寸一般小于:400 mm × 400 mm × 150 mm
	地坑造型	在地面砂床中造型,不用砂箱或只用上箱,减少了制造砂箱的投资和时间;操作麻烦,劳动量大,要求工人技术较高	生产要求不高的中、大型铸件,或用于砂箱不足时批量不大的中、小铸件生产

2. 机器造型

用机器全部完成或至少完成紧砂操作的造型工序称机器造型。机器造型可大大地提高劳动生产率,改善劳动条件,对环境污染小。机器造型铸件的尺寸精度和表面质量高,加工余量小,生产批量大时铸件成本较低。因此,机器造型是现代化铸造生产的基本形式。

机器造型一般都需要专用设备、工艺装备及厂房等,投资大、生产准备时间长并且还需要其他工序(如配砂、运输、浇注、落砂等)全面实现机械化的配套才能发挥其作用。机器造型只适于成批和大批量生产,只能采用两箱造型,或类似于两箱造型的其他方法,如射砂无箱造型等。机器造型时应尽量避免活块、挖砂造型等。在设计铸件和制订铸造工艺方案时,必须注意机器造型的工艺要求。

1.2.2　特种铸造

特种铸造指与普通砂型铸造有显著区别的一些铸造方法,如金属型铸造、压力铸造、离心铸造、熔模铸造、陶瓷型铸造、磁型铸造等。这些特种铸造方法在提高铸件精度和表面质量、改善合金性能、提高劳动生产率、改善劳动条件和降低铸造成本等方面,各有其优越之处。

1. 金属型铸造

液态金属在重力作用下浇入金属铸型获得铸件的铸造方法,称金属型铸造。与砂型不同的是,金属型可以反复使用,故金属型铸造又称"永久型铸造"。

(1)金属型的结构。

金属型的结构有整体式、水平分型式、垂直分型式和复合分型式几种,其中垂直分型式便于开设内浇道和取出铸件,容易实现机械化,所以应用较多。金属型一般用铸铁或铸钢制造,型腔采用机械加工方法制成,形状简单,不妨碍抽芯的铸件内腔可用金属芯获得,复杂的内腔多采用砂芯。为了使金属芯能在铸件凝固后迅速取出,金属型结构中常设有抽芯机构。对于有侧凹的内腔，为便于抽芯，金属芯可由几块组合而成。图 1 – 11 为铸造铝合金活塞垂直分型式金属型简图。其左、右半型用铰链连接，以使迅速开合铸型，组合金属芯便于形成有侧凹的内腔。当铸件冷却后，首先抽出中间的楔形中心芯 2，再取出两侧的侧芯 1、3。

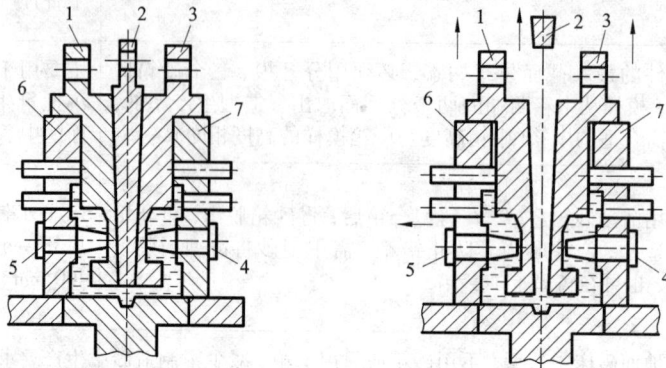

图 1 – 11 特种铸造铝活塞简图
1—左侧芯；2—楔形中心芯；3—右侧芯；4—右活塞孔芯；5—左活塞孔芯；6—左半型；7—右半型

金属型排气困难，除可利用铸型上的排气孔排气外，还必须在金属型的分型面上开设排气槽，槽深 0.2 ~ 0.4 mm，一般由型腔沿分型面一直挖到金属型边缘。在型腔内气体容易聚集的地方还应设置通气塞。

(2)金属型的铸造工艺。

由于金属型没有退让性和透气性，铸型导热快，其生产工艺与砂型铸造有许多不同。

1)金属型应保持合理的工作温度。在生产铸铁件时，金属型的工作温度应保持在 250 ~ 300℃，有色金属铸件应保持在 100 ~ 250℃。合理的工作温度可减缓铸型冷却速度；减少熔融金属对铸型的"热击"作用，延长金属型使用寿命；提高熔融金属的充型能力，防止产生浇不到、冷隔、气孔、夹杂等缺陷。对于铸铁件，合理的工作温度有利于促进铸铁的石墨化，防止产生"白口"。为保持合理工作温度，在浇注前，金属型应进行预热。当铸型温度过高时，必须利用铸型上的散热装置(气冷或水冷)散热。

2)喷刷涂料。浇注前必须向金属型型腔和金属芯表面喷刷涂料。其目的是可以防止高温的熔融金属对型壁直接进行冲击，保护型腔。利用涂层的厚薄，可调整和减缓铸件各部分的冷却速度。同时还可利用涂料吸收和排除金属液中的气体，防止气孔产生。不同合金采用的涂料也不同，铝合金铸件常用氧化锌粉、滑石粉和水玻璃组成的涂料；灰铸铁件常用石墨、滑石粉、耐火黏土、桃胶和水组成的涂料，并在涂料外面喷刷一层重油或乙炔烟，浇注时可产生还原性隔热气膜，以降低铸件表面粗糙度。

3)控制开型时间。由于金属型没有退让性，铸件应尽早从铸型中取出。通常铸铁件出型温度为 780 ~ 950℃，有色金属只要冒口基本凝固即可开型。开型温度过低、合金收缩量大，除可能产生较大内应力使铸件开裂外，还可能引起"卡型"使铸件无法取出。而且由于金属型温度升高，延长了冷却金属型的时间，使生产率下降。但是开型过早，也会因铸件强度低而产生变形。开型时间常常要通过试验来确定。

4)提高浇注温度和防止铸铁件产生"白口"。由于金属型导热能力强，合金的浇注温度比砂型铸造适当提高 20~30℃。铝合金为 680~740℃；锡青铜为 1100~1150℃；灰铸铁为 1300~1380℃。

为防止灰铸铁件产生白口组织，其壁厚一般应大于 15 mm；铁水中碳、硅的总含量应高于 6%；同时还应采用孕育处理。对于已经产生白口的铸铁件，要利用自身余热及时进行退火处理。

(3)金属型铸造的特点及应用。

1)实现了一型多铸，省去了配砂、造型、落砂等工序，节约了大量的造型材料、造型工时、场地，改善了劳动条件，提高了生产率，而且便于实现机械化、自动化生产。

2)金属型铸件的尺寸精度高，表面质量好，铸件的切削余量小，节约了机械加工的工时，节省了金属。

3)金属型冷却速度快，铸件组织细密，力学性能好。

4)铸件质量较稳定，废品率低。

金属型铸造的主要缺点是：金属型铸造成本高、周期长、铸造工艺要求严格，不适于单件、小批量生产。由于金属型冷却速度快，不宜铸造形状复杂和大型薄壁件。

金属型铸造主要用于大批量生产形状简单的有色金属铸件和灰铸铁件，如内燃机车上的铝合金活塞、汽缸体、油泵壳体、铜合金轴瓦、轴套等。

2. 压力铸造

压力铸造是将液态金属在一定压力作用下注入铸型型腔而形成铸件的方法，按压力的大小和加压工艺不同又分为压力铸造、低压铸造和挤压铸造等。这里仅介绍压力铸造。

在高压作用下，将液态或半液态金属快速压入金属铸型中，并在压力下凝固而获得铸件的方法称为压力铸造。压力铸造所用的铸型叫压铸型。压铸型常用耐热的合金工具钢制造，内腔要经过精密加工，并需经过严格的热处理。压铸所用的压力为 5~150 MPa，充型速度为 0.5~50 m/s，充型时间为 0~0.2 s。高压和高速是压力铸造区别于一般铸造的最基本特征。

(1)压力铸造的工艺过程。

压力铸造是由压铸机来完成的。压铸机主要由压射机构和合型机构所组成。压射机构的作用是将熔融金属高压压入型腔；合型机构的作用是开合压铸型，并在压射金属时顶住动型，以防金属液从分型面喷出。压铸机的规格通常以合型力的大小表示。

图 1-12 为卧式压铸机工作过程示意图，其压铸过程如下。

1)注入金属。先闭合压型，金属液通过压室上的注液孔向压室内注入。

2)压铸。压射冲头向前推进，金属液被压入压型中。

3)取出铸件。铸件凝固之后，铸件包紧在动型型芯上，随动型左移开型，此后，在动型继续打开过程中，在顶杆作用下铸件被顶出动型。卧式冷压室式压铸机由于结构简单、生产率高、便于自动化生产等优点，应用更为广泛。

(2)压力铸造的特点及应用。

1)生产率比其他铸造方法都高，每小时可压铸 50~500 件，操作简便，易实现自动化或半自动化生产。

2)由于熔融金属在高压下高速充型，合金充型能力强，能铸出结构复杂、轮廓清晰的薄壁、精密的铸件；可直接铸出各种孔眼、螺纹、花纹和图案等；也可压铸镶嵌件。

3)铸件尺寸精度可达 CT4~8 级，表面粗糙度 Ra 0.8~6.3 μm。其精度和表面质量比其他铸造方法都高，可实现少或无切削加工，省工、省料、成本低的目的。

4) 金属在压力下凝固且冷却速度快，铸件组织细密，表层紧实，强度、硬度高，抗拉强度比砂型铸造提高 20%～40%。

但是，压力铸造设备和压铸型费用高，压铸型制造周期长，一般只适于大批量生产。而且由于金属充型速度高、压力大，气体难以完全排出，在铸件内的表皮下常存在小气孔，故不能进行热处理，否则气体膨胀使铸件表面起泡。压力铸造目前多用于生产有色金属的精密铸件，如发动机的气缸体、箱体、化油器、喇叭壳，以及仪表、电器、无线电、日用五金中的中小型零件等。

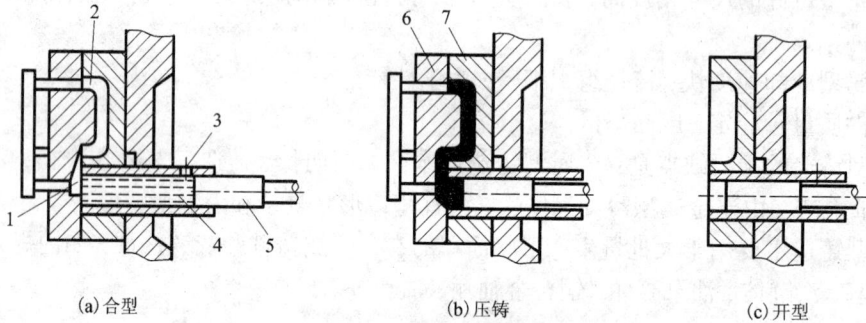

(a)合型   (b)压铸   (c)开型

图 1-12 卧式压铸机的工作过程

1—浇道；2—型腔；3—浇入液态金属处；4—液态金属；5—压射冲头；6—动型；7—定型

3. 离心铸造

将液态金属浇入高速回转(通常为 250～1500 r/min)的铸型中，使其在离心力作用下充填铸型并凝固而获得铸件的方法称为离心铸造。离心铸造的铸型可用金属型，亦可用砂型、壳型、熔模样壳，甚至耐温橡胶型(低熔点合金离心铸造时)等。

(1)离心铸造的分类。

1) 立式离心铸造。在立式离心铸造机(图 1-13)上铸型绕垂直轴回转，在离心力作用下，金属液自由表面(内表面)呈抛物面，使铸件沿高度方向的壁厚不均匀(上薄、下厚)。铸件高度愈大、直径愈小、转速愈低时，其上、下壁厚差愈大。因此，立式离心铸造适用于高度不大的盘、环类铸件。

2) 卧式离心铸造。在卧式离心铸造机(图 1-14)上铸型绕水平轴回转，由于铸件各部分的冷却、成型条件基本相同，所得铸件的壁厚在轴向和径向都是均匀的，因此，卧式离心铸造适用于铸造长度较大的套筒及管类铸件，如铜衬套、铸铁缸套、水管等。

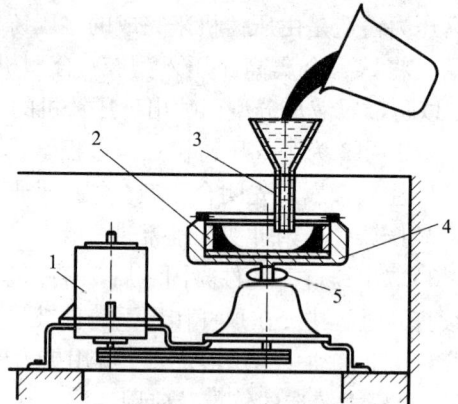

图 1-13 立式离心铸造机

1—电动机；2—金属型；3—定量浇杯；

4—外壳；5—轴承

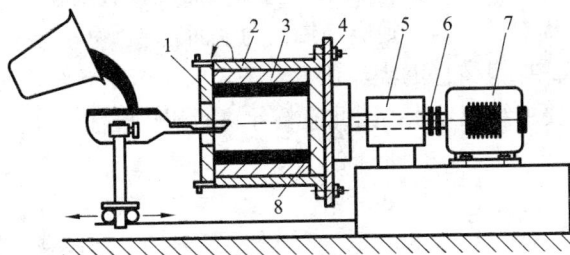

图1-14 卧式离心铸造机

1—前盖，2—金属型；3—衬套；4—后盖；5—轴承；6—联轴节；7—电动机；8—底板

3）成型件的离心铸造。成型件的离心铸造（图1-15）是将铸型安装在立式离心铸造机上，金属液在离心力作用下充满型腔，提高了合金的流动性，利于薄壁铸件的成型。同时，由于金属在离心力下逐层凝固，浇口取代冒口对铸件进行补缩，使铸件组织致密。

（2）离心铸造的特点及应用。

1）用离心铸造生产空心旋转体铸件时，可省去型芯及浇注系统和冒口。

2）在离心力作用下密度大的金属被推往外壁，而密度小的气体、熔渣向自由表面移动，形成自外向内的顺序凝固。补缩条件好，使铸件致密，机械性能好。

3）便于浇注"双金属"轴套和轴瓦。如在钢套内镶铸铜衬套，可节省价贵的铜料。但是离心铸造铸件的内孔自由表面粗糙、尺寸误差大、质量差，不适于密度偏析大的合金（如铅青铜等）及铝、镁等轻合金。

离心铸造主要用于大批生产管、筒类铸件，如铁管、铜套、缸套、双金属钢背铜套、耐热钢辊道、无缝钢管毛坯、造纸机干燥滚筒等；还可用于生产轮盘类铸件，如泵轮、电机转子等。

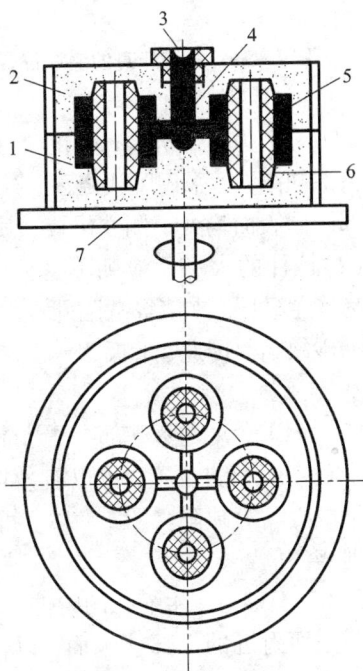

图1-15 成型件的离心铸造

1—下型；2—上型；3—浇口杯；
4—补缩金属液；5—铸件；
6—型芯；7—旋转工作台

1.3 铸造成形工艺设计

1. 浇注位置的选择

浇注位置（pouring postition）指浇注时铸件在铸型中所处的位置。铸件浇注位置正确与否，对铸件的质量影响很大，选择浇注位置时一般应遵循如下原则。

（1）铸件的重要加工面应朝下或位于侧面。这是因为铸件的上表面容易产生砂眼、气孔、

铸造成形工艺

15

夹渣等缺陷，组织也没有下表面致密。如果某些加工面难以做到朝下，则应尽力使其位于侧面。当铸件的重要加工面有数个时，则应将较大的平面朝下。

图 1-16 所示为车床床身铸件的浇注位置方案。由于床身导轨面是重要表面，不允许有明显的表面缺陷，而且要求组织致密，因此应将导轨面朝下浇注。

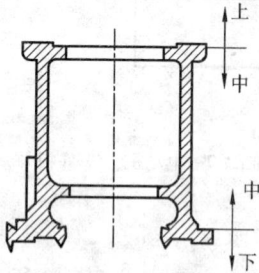

图 1-16 车床床身的浇注位置

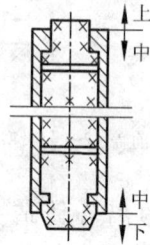

图 1-17 卷扬筒的浇注位置

图 1-17 为起重机卷扬筒的浇注位置方案。卷扬筒的圆周表面质量要求高，不允许有明显的铸造缺陷，若采用卧式浇注，圆周朝上的表面质量难以保证；反之，若采用立式浇注，由于全部圆周表面均处于侧立位置，其质量均匀一致，较易获得合格铸件。

（2）铸件的大平面应朝下。型腔的上表面除了容易产生砂眼、夹渣等缺陷外，大平面还常容易产生夹砂缺陷。因此，平板、圆盘类铸件的大平面应朝下。

（3）面积较大的薄壁部分置于铸型下部或使其处于垂直或倾斜位置，可以有效防止铸件产生浇不足或冷隔等缺陷。图 1-18 为箱盖薄壁铸件的合理浇注位置。

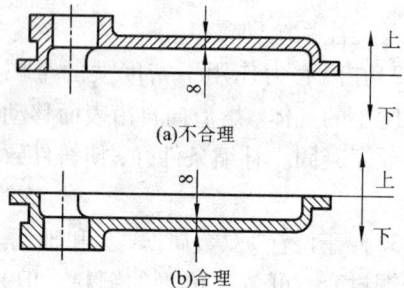

图 1-18 箱盖的浇注位置

（4）对于容易产生缩孔的铸件，应将厚大部分放在分型面附近的上部或侧面，以便在铸件厚壁处直接安置冒口，使之实现自下而上的定向凝固。如前述之铸钢卷扬筒，浇注时厚端放在上部是合理的。反之，若厚端在下部，则难以补缩。

2. 铸型分型面的选择

铸型分型面(mold parting)指两半铸型互相接触的表面。它的选择合理与否是铸造工艺合理与否的关键。如果选择不当，不仅影响铸件质量，而且还会使制模、造型、造芯、合型或清理等工序复杂化，甚至还会增大切削加工的工作量。因此，分型面的选择应能在保证铸件质量的前提下，尽量简化工艺。

分型面的选择应考虑如下原则。

（1）应尽可能使铸件的全部或大部分置于同一砂型中，以保证铸件的精度。图 1-19 中分型面 A 是正确的，它有利于合型，又可防止错型，保证了铸件的质量；分型面 B 是不合理的。

（2）应使铸件的加工面和加工基准面处于同一砂型中。图 1-20 所示水管堵头，铸造时

16

采用的两种铸造方案中，图 1-20(a)所示分型面位置可能导致螺塞部分和扳手方头部分不同轴，而 1-20(b)所示分型面位置使铸件位于上箱中，不会产生错型缺陷。

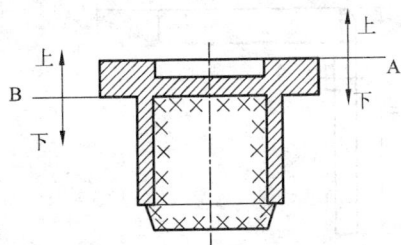

图 1-19　箱盖的浇注位置

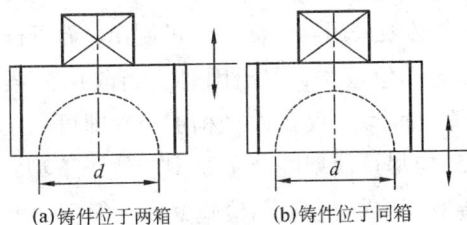

(a)铸件位于两箱　　　　(b)铸件位于同箱

图 1-20　水管堵头分型面

(3)应尽量减少分型面的数量，尽可能选平直的分型面，最好只有一个分型面。这样可以简化操作过程，提高铸件的精度。图 1-21(a)所示的三通，其内腔必须采用一个 T 字型芯来形成，但不同的分型方案，其分型面数量不同。当中心线 ab 呈现垂直时[图 1-21(b)]，铸型必须有三个分型面才能取出模样，即用四箱造型。当中心线 cd 呈现垂直时[图 1-21(c)]，铸型有两个分型面，必须采用三箱造型。当中心线 ab 和 cd 都呈水平位置时[图 1-21(d)]，因铸型只有一个分型面，采用两箱造型即可。显然，图 1-21(d)是合理的分型方案。

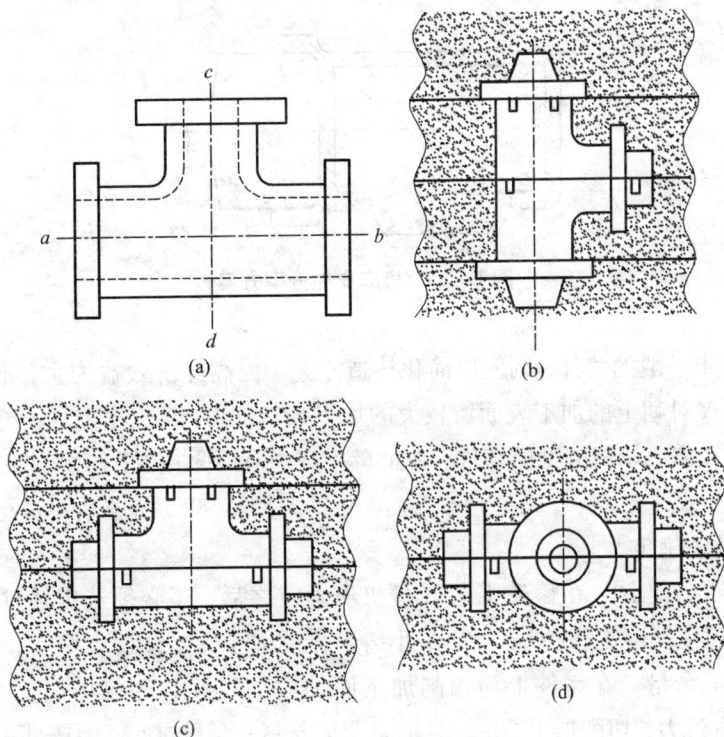

图 1-21　三通的分型方案

17

（4）应尽量减少型芯和活块的数量，以简化制模、造型、合型等工序。图 1 – 22 所示支架分型方案是避免活块的示例。按图 1 – 22 中方案Ⅰ，凸台必须采用四个活块方可制出，而下部两个活块的部位甚深，取出困难。当改用方案Ⅱ时，可省去活块，仅在 A 处稍加挖砂即可。

（5）应尽量使型腔及主要型芯位于下型，以便于造型、下芯、合型和检验壁厚。但下型型腔也不宜过深，并应尽量避免使用吊芯。图 1 – 23 为机床支柱的两个分型方案。方案Ⅱ的型腔及型芯大部分位于下型，有利于起模及翻箱，故较为合理。

浇注位置和分型面的选择原则，对于某个具体铸件来说，多难以同时满足，有时甚至是相互矛盾的，因此必须抓住主要矛盾。对于质量要求很高的重要铸件，应以浇注位置为主，在此基础上，再考虑简化造型工艺。

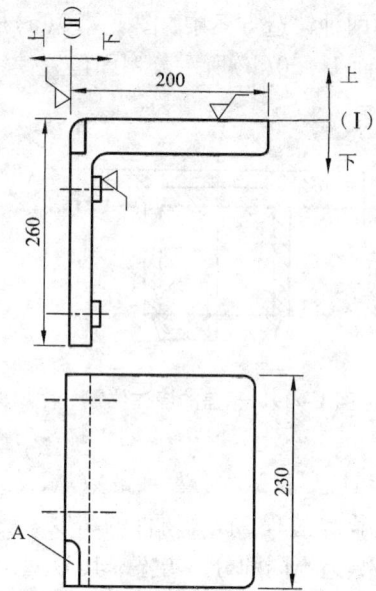

图 1 – 22　支架的分型方案图

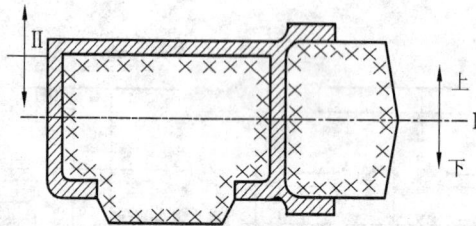

图 1 – 23　机床支柱分型方案

对于质量要求一般的铸件，则应以简化铸造工艺、提高经济效益为主，不必过多考虑铸件的浇注位置，仅对朝上的加工表面留较大的加工余量即可。对于机床立柱、曲轴等圆周面质量要求很高，又需沿轴线分型的铸件，在批量生产中有时采用"平作立浇"法，即采用专用砂箱，先按轴线分型来造型、下芯，合箱之后，将铸型翻转 90°，竖立后再进行浇注。

3. 工艺参数的确定

为了绘制铸造工艺图，在铸造工艺方案初步确定之后，还必须选定铸件的机械加工余量、收缩余量、起模斜度、型芯头尺寸、最小铸出孔及槽等具体参数。

（1）机械加工余量。在铸件上为切削加工而加大的尺寸称为机械加工余量（machining allowance）。余量过大，切削加工费时，且浪费金属材料；余量过小，因铸件表层过硬会加速刀具的磨损甚至会因残留黑皮而报废。

机械加工余量的具体数值取决于铸件生产批量、合金的种类、铸件的大小、加工面与基准面之间的距离及加工面在浇注时的位置等。采用机器造型，铸件精度高，余量可减小；手

18

工造型误差大，余量应加大。铸钢件因表面粗糙，余量应加大；非铁合金铸件价格昂贵，且表面光洁，余量应比铸铁小。铸件的尺寸愈大或加工面与基准面之间的距离愈大，尺寸误差也愈大，故余量也应随之加大。浇注时因铸件朝上的表面产生缺陷的概率较大，其余量应比底面和侧面大。不同材料的机械加工余量可查相关手册

（2）收缩余量（shrinkage allowance）。由于合金的收缩，铸件的实际尺寸要比模样的尺寸小，为确保铸件的尺寸，必须按合金收缩率放大模样的尺寸。合金的收缩率受到多种因素的影响。通常灰铸铁的收缩率为 0.7% ~ 1.0%，铸钢为 1.6% ~ 2.0%，有色金属及其合金为 1.0% ~ 1.5%。

（3）起模斜度（pattern draft）。为方便起模，在模样、芯盒的起模方向留有一定斜度，以免损坏砂型或砂芯，这个斜度叫起模斜度。起模斜度的大小取决于立壁的高度、造型方法、模型材料等因素。对木模，起模斜度通常为 $15' \sim 3°$，如图 1 - 24 所示。

（4）型芯头（core print）。它是型芯端头的延伸部分，主要用于定位和固定砂芯，使砂芯在铸型中有准确的位置。垂直型芯一般都有上、下芯头，如图 1 - 25（a）所示，但短而粗的型芯也可省去上芯头。芯头必须留有一定的斜度 α。下芯头的斜度应小些（$5° \sim 10°$），上芯头的斜度为便于合箱应大些（$6° \sim 15°$）。水平型芯头，如图 1 - 25（b），其长度取决于型芯头直径及型芯的长度。如果是悬壁型芯头则必须加长，以防合箱时型芯下垂或被金属液抬起。为便于铸型的装配，型芯头与铸型型芯座之间应留有 1 ~ 4 mm 的间隙。

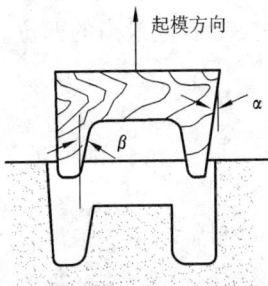

图 1 - 24　起模斜度

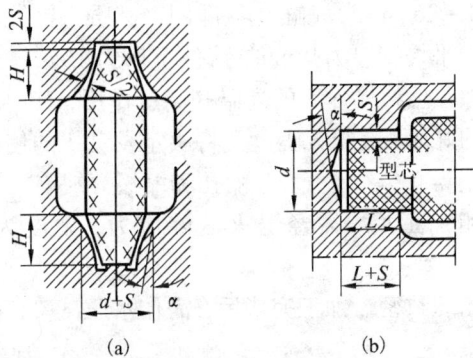

图 1 - 25　型芯头的构造

（5）最小铸出孔及槽。零件上的孔、槽、台阶等，是否要铸出，应从工艺、质量及经济等方面全面考虑。一般来说，较大的孔、槽等应铸出，不但可减少切削加工工时、节约金属材料，同时，还可避免铸件的局部过厚所造成的热节，提高铸件质量。若孔、槽尺寸较小而铸件壁较厚，则不易铸孔，依靠直接加工反而方便。有些特殊要求的孔，如弯曲孔，无法实现机械加工，则一定要铸出。最小铸出孔的直径见表 1 - 5。

表 1 - 5　铸件的最小铸出孔

生产批量	最小铸出孔直径/mm	
	灰铸铁	铸钢件
大量生产	12 ~ 15	
成批生产	15 ~ 30	30 ~ 50
单件、小批量生产	30 ~ 50	50

4. 铸造成形工艺设计示例

为了获得合格的铸件、减少制造铸型的工作量、降低铸件成本，必须合理地制订铸造工艺方案，并绘制出铸造工艺图。

铸造工艺图(foundry molding drawing)是在零件图上用各种工艺符号及参数表示出铸造工艺方案的图形。内容包括：浇注位置，铸型分型面，型芯的数量、形状、尺寸及其固定方法，加工余量，收缩余量，浇注系统，起模斜度，冒口和冷铁的尺寸和布置等。铸造工艺图是指导模样(芯盒)设计、生产准备、铸型制造和铸件检验的基本工艺文件。

下面以发动机气缸套为例，进行工艺过程综合分析。

(1)生产批量。

大批量生产。

(2)技术要求。

图 1 - 26(a)为气缸套零件图，材质为铬镍铜耐磨铸铁。零件的轮廓尺寸为 143 mm × 274 mm，平均壁厚为 9 mm，铸件重量为 16kg。气缸套工作环境较差，要承受活塞环上下的反复摩擦及燃气爆炸后的高温和高压作用，其内圆柱表面是铸件要求质量最高的部位。气缸套质量的好坏，在很大程度上将决定发动机的使用寿命。

1)不得有裂纹、气孔、缩孔和缩松等缺陷。

2)粗加工后，需经退火消除应力，硬度为 190 ~ 248 HBS，同一工件硬度差不大于 30 HBS。

3)组织致密。加工完毕后，需作水压试验，在 50 MPa 压力下保持 5 min，不得有渗漏和浸润现象。

(3)铸造工艺方案的选择。

主要是分型面的选择和浇注位置的选择。该件可供选择的分型面主要如下。

1)图 1 - 26(b)所示方案Ⅰ。此方案采用分开模两箱造型，型腔较浅，因此造型、下芯很方便，铸件尺寸较准确。但分型面通过铸件圆柱面，会产生披缝，毛刺不易清除干净，若有微量错型，就会影响铸件的外形。

2)图 1 - 26(b)所示方案Ⅱ。此方案造型、下芯也比较方便，铸件无披缝，分型面在铸件一端，毛刺易清除干净，不会发生错型缺陷。

浇注位置的选择也有两种方案。

1)水平浇注。此方案易使铸件上部产生砂眼、气孔、夹渣等缺陷，且组织不致密，耐磨性差，很难满足气缸套的工作条件和技术要求。

2)垂直浇注。此方案易使铸件主要加工面处于铸型侧面，而将次要的较小的凸缘放在上面,采用雨淋式浇口垂直浇注,如图 1-26(c)所示,可以控制金属液呈现细流流入型腔,减少冲击力,铁液上升平稳;铸件定向凝固,补缩效果好;气体、熔渣易于上浮,不易产生夹渣、气孔等缺陷;铸件组织均匀、致密、耐磨性好。

　　根据以上分析,相比之下气缸套分型面的选择应采用方案 Ⅱ,浇注位置的选择应采用垂直浇注和机器造型的工艺方案。

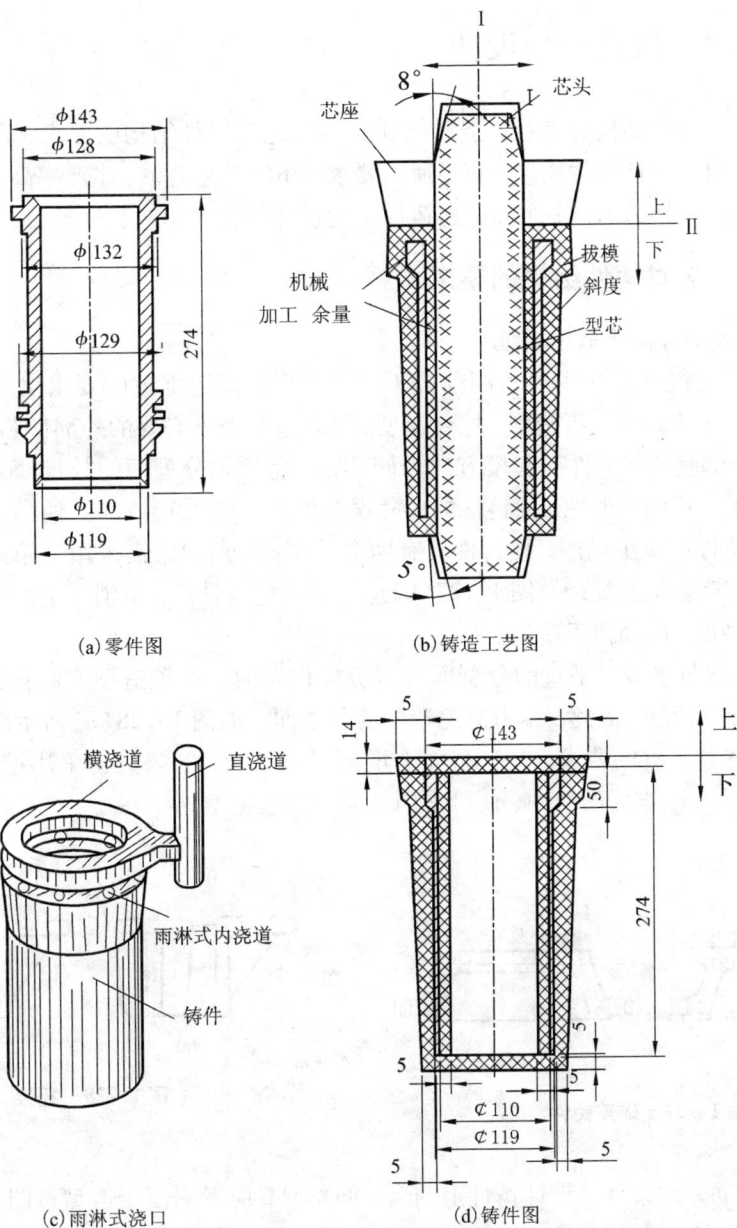

(a)零件图　　　(b)铸造工艺图

(c)雨淋式浇口　　　(d)铸件图

图 1-26　气缸套铸造工艺图

　　(4)主要工艺参数的确定。

　　浇注温度为 1360~1380℃;线收缩率为 1%;开箱时间为 2~3 h。加工余量较大,这是因为铸件质量要求较高，加工工序较多，其尺寸为：顶面 14 mm，底面和侧面为 5 mm。热处理采取 650～680℃ 退火工艺。

（5）绘制铸造工艺图。

分型面确定后，铸件芯头的形状和尺寸、加工余量、起模斜度及浇注系统等就可以确定，根据这些资料则可绘制出铸造工艺图[图 1-26(b)]。

1.4　铸件结构设计

铸件结构应满足铸造性能和铸造工艺对铸件结构的要求，合理的铸件结构不仅能保证铸件质量、满足使用要求，还应工艺简单、生产率高、成本低。本章以砂型铸造为例，主要讲述铸件结构设计的要求。

1.4.1　铸造工艺对铸件结构的要求

1. 铸件的外形应便于取出模型

铸件的外形在能满足使用要求的前提下，应从简化铸造工艺的要求出发，使其便于起模，尽量避免操作费时的三箱造型、挖砂造型、活块造型及不必要的外部型芯。

（1）避免外部侧凹。铸件在起模方向若侧凹，必将增加分型面的数量，这不仅使造型费工，而且增加了错箱的可能性，使铸件的尺寸误差增大。如图 1-27(a)所示的端盖，由于存有法兰凸缘，铸件产生了侧凹，使铸件具有两个分型面，所以常需采用三箱造型，或者增加环状外型芯，使造型工艺复杂。图 1-27(b)所示为改进设计后，取消了上部法兰凸缘，使铸件仅有一个分型面，因而便于造型。

（2）分型面尽量平直。平直的分型面可避免操作费时的挖砂造型或假箱造型，同时，铸件的毛边少、便于清理，因此，尽力避免弯曲的分型面。如图 1-28(a)所示的托架，原设计忽略了分型面尽量平直的要求，在分型面上增加了外圆角，结果只得采用挖砂（或假箱）造型；图 1-28(b)为改进后的结构，便可采用简易的整模造型。

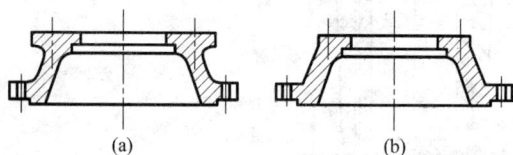

图 1-27　端盖铸件

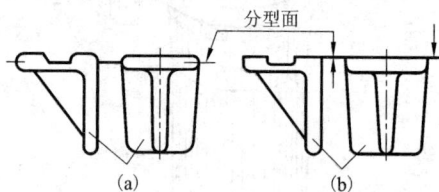

图 1-28　托架

（3）凸台、筋条的设计。设计铸件上凸台、筋条时，应考虑便于造型。图 1-29(a)和图 1-29(b)所示凸台均妨碍起模，必须采用活块或增加型芯来克服。改成图 1-29(c)、图 1-29(d)的结构避免了活块和砂芯，起模方便，简化造型。

图 1-30(a)所示四条筋的布置，妨碍了填砂、椿砂和起模，改成图 1-30(b)所示方案布置后，克服了上述缺点，布置合理。

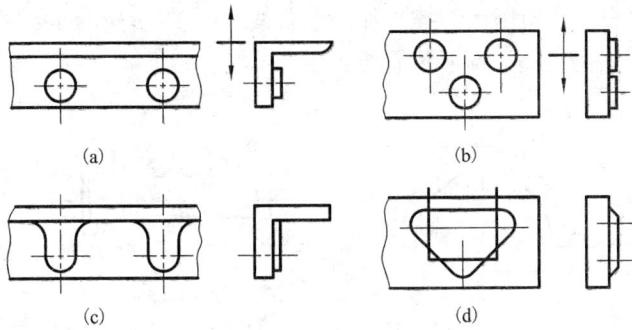

图 1 - 29　凸台的设计

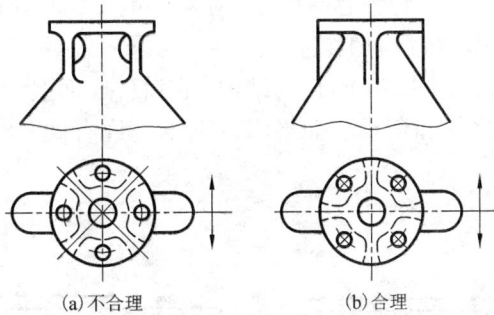

(a) 不合理　　　　　　(b) 合理

图 1 - 30　筋的布置

2. 合理设计铸件内腔

良好的内腔设计,既要减少型芯的数量,又要有利于型芯的固定、排气和清理,防止偏心、气孔等铸件缺陷的产生,降低铸件成本。

(1)节省型芯的设计。在铸件设计中,尤其是设计批量很小的产品时,应尽量避免或减少型芯。图 1 - 31(a)为一悬臂支架,它是采用中空结构,必须以悬臂型芯来形成,这种型芯须用型芯撑加固,下芯费工。当改为图 1 - 31(b)所示的开式结构后,省去了型芯,降低了成本。图 1 - 32(a)的内腔设计因出口处直径小,需采用型芯,而图 1 - 32(b)的结构,因内腔直径 D 大于其高度,故可利用模样上挖孔,在起模后直接形成自带型芯(又称砂垛,上箱的砂垛称为吊砂)。

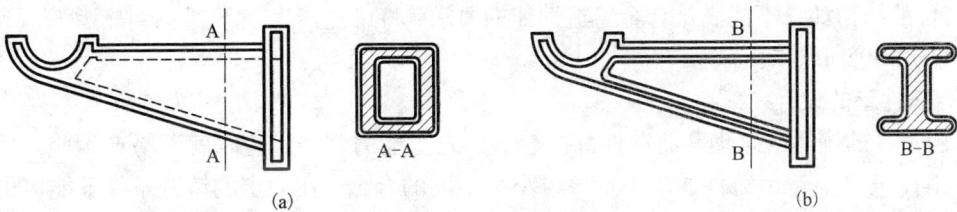

(a)　　　　A-A　　　　　　　　(b)　　　　B-B

图 1 - 31　悬臂支架

（2）便于型芯的固定、排气和铸件清理。图 1-33（a）为一轴承架，其内腔采用两个型芯，其中较大的呈悬臂状，须用型芯撑来加固。若改成图 1-33（b）的结构，使型芯为整体型芯，则型芯的稳定性大为提高，且下芯简便，易于排气。

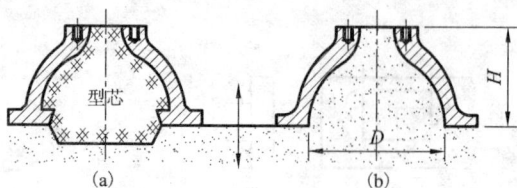

图 1-32　内腔的两种设计

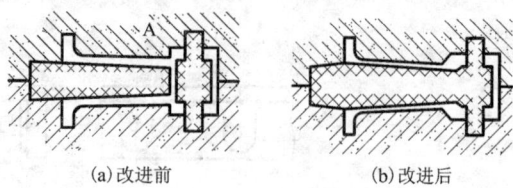

图 1-33　轴承架

对于因型芯头不足而难以固定型芯的铸件，在不影响使用功能的前提下，为增加型芯头的数量，可设计出适当大小和数量的工艺孔。图 1-34（a）所示铸件，因底面没有型芯头只好在图示位置加型芯撑；改为图 1-34（b）后的结构，在铸件底面上增设了两个工艺孔，这样不仅省去了型芯撑，也便于排气和清理。如果零件上不允许有此孔，以后则可用螺钉或柱塞堵住。

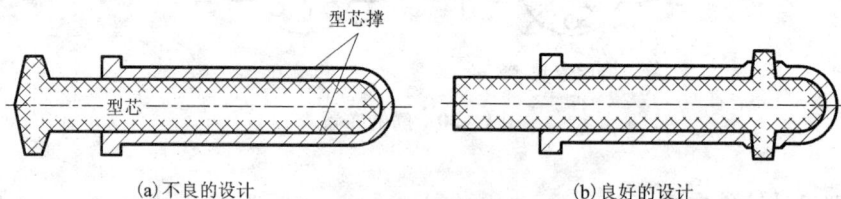

图 1-34　增设工艺孔的结构

3. 铸件要有结构斜度

铸件上垂直于分型面的不加工表面，最好具有结构斜度，这样起模省力，铸件精度高。

铸件的结构斜度与拔模斜度不容混淆。结构斜度直接在零件图上标出，且斜度值较大；拔模斜度在绘制铸造工艺或模型图时使用，对零件图上没有结构斜度的立壁应设计很小的拔模斜度（30′~3°）。

1.4.2　合金铸造性能对铸件结构的要求

铸件的结构如果不能满足合金铸造性能的要求，将可能产生浇不到、冷隔、缩孔、缩松、气孔、裂纹和变形等缺陷。

1. 铸件壁的设计

（1）铸件的壁厚应合理。流动性好的合金，充型能力强，铸造时就不易产生浇不到、冷隔等缺陷，而且能铸出铸件的最小壁厚也小。不同的合金，在一定的铸造条件下能铸出的最小壁厚也不同。设计铸件的壁厚时，一定要大于该合金的"最小允许壁厚"，以保证铸件质量。铸件的"最小允许壁厚"主要取决于合金种类、铸造方法和铸件的大小等。铸件最小允许壁厚值见表 1-6。

24

表 1 – 6　铸件最小允许壁厚值/mm

特型种类	铸件尺寸	铸钢	灰铸铁	球墨铸铁	可锻铸铁	铝合金	铜合金
砂型	<200×200	6~8	5~6	6	4~5	3	3~5
	200×200~500×500	10~12	6~10	12	5~8	4	6~8
	>500×500	15~20	15~25	—	—	5~7	—
金属型	<70×70	5	4		2.5~3.5	2~3	3
	70×70~150×150	—	5		3.5~4.5	4	4~5
	>150×150	10	6		—	5	6~8

但是，铸件壁也不宜太厚。厚壁铸件晶粒粗大，组织疏松，易产生缩孔和缩松，力学性能下降。铸件承载能力并不是随截面积增大成比例地增加。设计过厚的铸件壁，将会造成金属浪费。为了提高铸件承载能力而不增加壁厚，铸件的结构设计应选用合理的截面形状，如图 1 – 35 所示。

此外，铸件内部的筋或壁，散热条件比外壁差，冷却速度慢。为防止内壁的晶粒变粗和产生内应力，一般内壁的厚度应小于外壁。

(2)铸件壁厚应均匀。铸件各部分壁厚若相差过大，厚壁处会产生金属局部积聚形成热节，凝固收缩时在热节处易形成缩孔、缩松等缺陷，如图 1 – 36(a)所示。此外，各部分冷却速度不同，易形成热应力，致使铸件薄壁与厚壁连接处产生裂纹。因此，在设计铸件时，应尽可能使壁厚均匀，以防止上述缺陷产生，如图 1 – 36(b)所示。

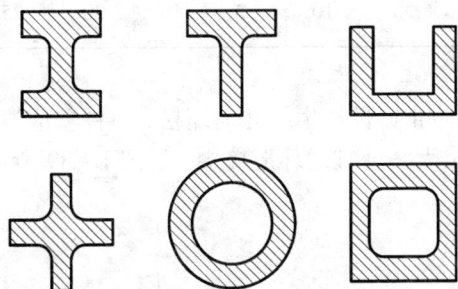

图 1 – 35　铸件常用的截面形状

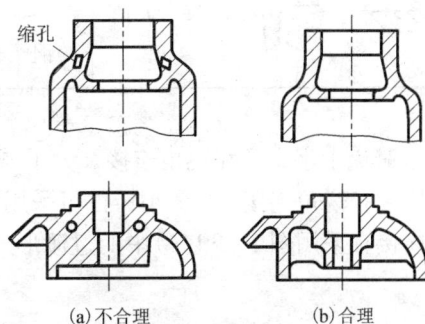

(a)不合理　　　(b)合理

图 1 – 36　铸件壁厚应均匀

(3)按顺序凝固原则设计铸件结构。对于收缩大的合金材料壁厚分布，应符合顺序凝固原则，便于合金的补缩，防止产生缩孔与缩松缺陷。

(4)铸件壁的连接。铸件壁的连接须考虑下面几方面。

1)结构圆角。铸件壁间的转角处一般应设计出结构圆角。

铸件两壁的直角连接，会在直角处形成金属的局部积聚，内侧散热条件差，容易形成缩孔和缩松。而且在载荷的作用下，直角处内侧往往产生应力集中，内侧实际承受应力比平均应力大得多(图 1 – 37)。另一方面，在一些合金的结晶过程中，将形成垂直于铸件表面的柱状晶。若采用直角连接，因结晶的方向性，在转角的对角线上形成了整齐的分界面，分界面上杂质、缺陷较多，使转角处成了铸件的薄弱环节，在集中应力作用下，很容易产生裂纹，如图1-38(a)所示。当采用圆角结构时，消除了转角的热节和应力集中，破坏了柱状晶的分界面，明显地提高了转角处的力学性能，防止了缩孔、裂纹等缺陷的产生，如图1-38(b)所示。

此外，结构圆角还有利于造型，浇注时避免了熔融金属对铸型的冲刷，减少了砂眼和黏砂等缺陷。铸件的外圆角还可美化铸件外形，防止尖角对人体的划伤。

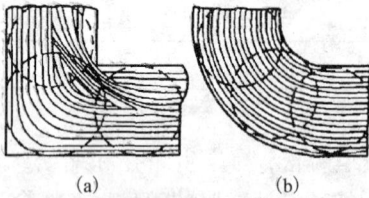

图1-37 不同转角的热节和应力分布

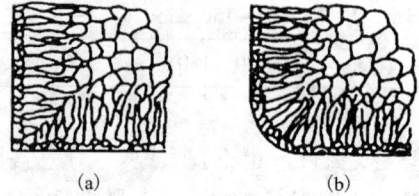

图1-38 金属结晶的方向性

铸件内圆角的大小应与铸件的壁厚相适应，过大则增加了缩孔倾向，一般应使转角处的内接圆直径小于相邻壁厚的1.5倍。铸件内圆角半径 R 值见表1-7。

表1-7 铸件的内圆角半径 R 值/mm

		$(a+b)/2$	≤8	8~12	12~16	16~20	20~27	27~35	35~45	45~60
	R值	铸铁	4	6	6	8	10	12	16	20
		铸钢	6	6	8	10	12	16	20	25

2) 避免十字交叉和锐角连接。为了减少热节和防止铸件产生缩孔与缩松，铸件壁应避免交叉连接和锐角连接。中、小铸件可采用交错接头，大铸件宜用环形接头，如图1-39所示。锐角连接宜采用图1-39(c)中的过渡形式。

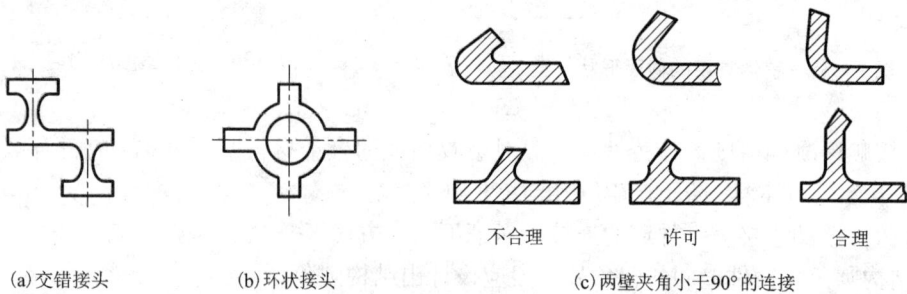

(a)交错接头   (b)环状接头   (c)两壁夹角小于90°的连接

图1-39 铸件接头结构

3)厚壁与薄壁间连接要逐步过渡。为了减少铸件中的应力集中现象,防止产生裂纹,铸件的厚壁和薄壁连接时,应采取逐步过渡的方法,防止壁厚的突变。

2. 铸件筋的设计

(1)筋的作用。

1)增加铸件的刚度和强度,防止铸件变形。图1-40(a)所示薄而大的平板,收缩时易发生翘曲变形,加上几条筋之后便可避免翘曲变形,如图1-40(b)所示。

2)消除铸件厚大截面,防止铸件产生缩孔、裂纹。图1-41(a)所示铸件壁较厚,容易出现缩孔;铸件厚薄不均,易产生裂纹。采用加强筋后,可防止以上缺陷,如图1-41(b)所示。

3)消除铸件的热裂,防止铸件产生裂纹。为了防止热裂,可在铸件易裂处设计防裂筋(图1-42)。防裂筋的方向与收缩应力方向一致,而且筋的厚度应为连接壁厚的1/4~1/3。由于防裂筋很薄,在冷却过程中迅速凝固,冷却至弹性状态,具有防裂效果。防裂筋通常用于铸钢、铸铝等易发生热裂的合金。

4)改善合金充型,防止夹砂缺陷。在具有大平面的铸件上设筋,可以改善合金充型和防止夹砂缺陷。图1-43(a)所示壳体浇注时,平面A处铸型表面在熔融金属烘烤下,易"起皮"引起夹砂缺陷。若在该处增设一些矮筋,如图1-43(b)所示,铸型表面呈波浪形,浇注时不易"起皮",防止夹砂产生,这种筋也有利于合金充型。

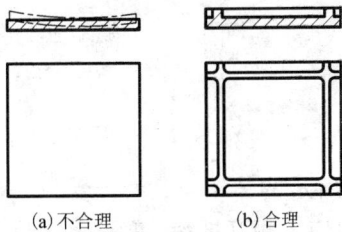

(a)不合理　　　　(b)合理

图1-40　平板设计

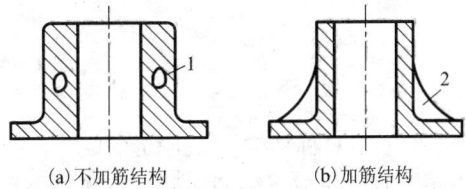

(a)不加筋结构　　　　(b)加筋结构

图1-41　利用加强筋,减小铸件壁厚

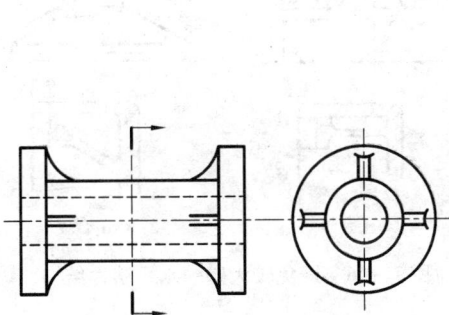

图1-42　防裂筋的应用

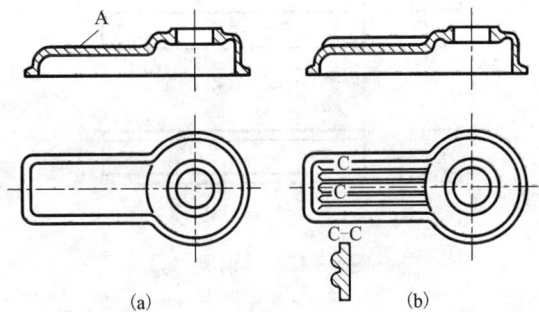

(a)　　　　(b)

图1-43　防止夹砂,有利于充型

(2)筋的设计。

1)筋的设计应尽量分散和减少热节。筋的设计与设计铸件壁一样,设计铸造筋时要尽量分散和减少热节点;避免多条筋互相交叉;筋与壁的连接处要有圆角;垂直于分型面的筋应有斜度。受力加强筋设计成曲线形,必要时还可在筋与壁的交接处开孔,减少热节,防止缩孔的产生。筋的两端与壁的交接处由于消除了应力集中,避免了裂纹的产生。

2)设计铸铁件的加强筋时,应使筋处于受压状态下使用。铸铁的抗压强度比抗拉强度高得多,接近于铸钢,因此,在设计铸铁的加强筋时,应尽量使筋在工作时承受压应力。

3)筋的尺寸应适当。筋的设计不能过高或过薄,否则在筋与铸件本体的连接处易产生裂纹,铸铁件还易形成白口。处于铸件内腔的筋,散热条件较差,应比表面筋设计得薄些。一般外表面上加强筋的厚度为本体厚度的0.8倍,内腔加强筋的厚度为本体厚度的0.6~0.7倍。

3. 铸件结构应尽量减少铸件收缩受阻,防止变形和裂纹

(1)尽量使铸件能自由收缩。铸件的结构应在凝固过程中尽量减少其铸造应力。图1-44为轮辐的设计。图1-44(a)为偶数轮辐,由于收缩应力过大,易产生裂纹。改成图1-44(b)所示的弯曲轮辐或图1-44(c)所示的奇数轮辐后,利用弯曲轮辐或轮缘的微量变形,可明显减小铸造应力,避免产生裂纹。

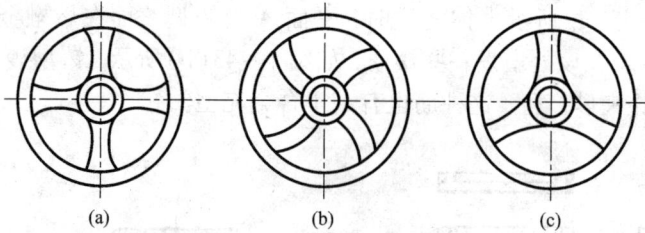

(a)　　　　　　(b)　　　　　　(c)

图1-44　轮辐的设计

(2)采用对称结构,防止铸件变形。如图1-45(a)所示的铸钢梁,由于受较大热应力,产生了变形,改成工字截面后,虽然壁厚仍不均匀,但热应力相互抵消,变形大大减小。

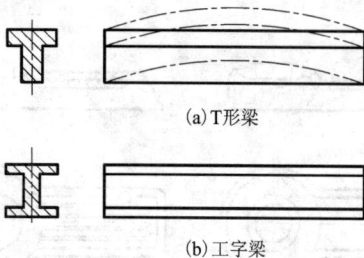

(a)T形梁

(b)工字梁

图1-45　铸钢梁

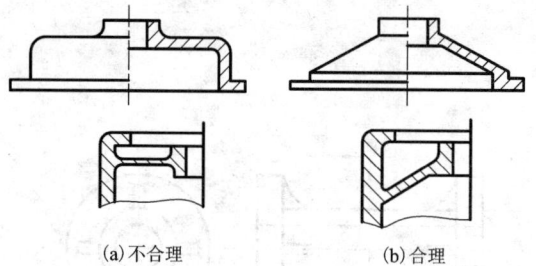

(a)不合理　　　　　　(b)合理

图1-46　避免较大壁的水平铸件结构

4. 铸件结构应尽量避免过大的水平壁

铸件出现较大水平壁时,熔融金属上升较慢,不利于合金的充型,易产生浇不到、冷隔缺陷;同时水平壁型腔的上表面长时间受灼热的熔融金属烘烤,极易造成夹砂缺陷;而且大的水平壁也不利于气体、非金属杂物的排除,使铸件产生气孔、夹渣等。将水平壁改成倾斜壁,就可防止上述缺陷产生(图1-46)。

28

思考练习题

1. 缩孔与缩松对铸件质量有何影响？为何缩孔比缩松较容易防止？

2. 为什么灰铸铁的收缩比碳钢小？

3. 什么是顺序凝固原则？什么是同时凝固原则？各需采用什么措施来实现？上述两种凝固原则各适用于哪种场合？

4. 常用的机器造型方法有哪些？

5. 挖砂造型、活块造型、三箱造型适用于哪种场合？

6. 金属型铸造有何优越性？为什么金属型铸造未能广泛取代砂型铸造？

7. 压力铸造有何优缺点？它与熔模铸造的适用范围有何不同？

8. 什么是离心铸造？它在圆筒形或圆环形铸件生产中有哪些优越性？成形铸件采用离心铸造有什么好处？

9. 为什么铸件的壁厚不能太薄，也不宜太厚，而是应尽可能厚薄均匀？

第2章
金属塑性成形工艺

2.1 金属的塑性变形理论基础

金属坯料受外力作用产生塑性变形,以此获得具有一定形状、尺寸和力学性能的毛坯或零件的加工方法称为金属塑性成形,也称为金属压力加工,它包括锻造、冲压、轧制、挤压、拉拔等工艺方法。

2.1.1 金属塑性变形的实质

金属在外力作用下,其内部必将产生应力。此应力迫使原子离开原来的平衡位置,从而改变了原子间的距离,使金属发生变形,并引起原子位能的增高。但处于高位能的原子具有返回到原来低位能平衡位置的倾向。因而当外力停止作用后,应力消失,变形也随之消失。金属的这种变形称为弹性变形。

当外力增大到使金属的内应力超过该金属的屈服点之后,即使外力停止作用,金属的变形也并不消失,这种变形称为塑性变形。金属塑性变形的实质是晶体内部产生滑移的结果。单晶体内的滑移变形如图2-1所示。在切向应力作用下,晶体的一部分与另一部分沿着一定的晶面产生相对滑移(该面称滑移面),从而造成晶体的塑性变形。当外力继续作用或增大时,晶体还将在另外的滑移面上发生滑移,使变形继续进行,因而得到一定的变形量。

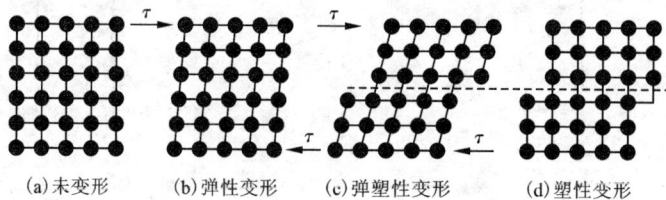

(a)未变形   (b)弹性变形   (c)弹塑性变形   (d)塑性变形

图2-1 单晶体滑移变形示意图

上述理论所描述的滑移运动,相当于滑移面的上、下两部分晶体彼此以刚性整体做相对运动。要实现这种滑移所需的外力比实际测得的数据大几千倍,这说明实际晶体结构及其塑性变形并不完全如此。

近代物理学证明,实际晶体内部存在大量缺陷。其中,以位错[图2-2(a)]对金属塑性变形的影响最为明显。由于位错的存在,部分原子处于不稳定状态。在比理论值低得多的切应力作用下，处于高位能的原子很容易从一个相对平衡的位置上移动到另一个位置上[图 2-2(b)、图 2-2(c)]，形成位错运动。位错运动的结果，就实现了整个晶体的塑性变形[图 2-2(d)]。

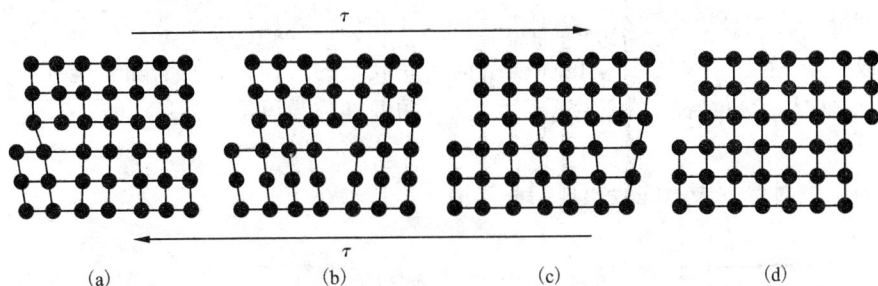

图 2-2　位错运动引起塑形变形示意图

　　通常使用的金属都是由大量微小晶粒组成的多晶体。其塑性变形可以看成是由组成多晶体的许多单个晶粒产生变形(称为晶内变形)的综合效果。同时，晶粒之间也有滑动和转动(称为晶间变形)，如图 2-3 所示。每个晶粒内部都存在许多滑移面，因此整块金属的变形量可以比较大。低温时，多晶体的晶间变形不可过大，否则将引起金属的破坏。

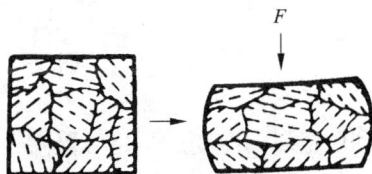

图 2-3　多晶体塑性变形示意图

　　由此可知，金属内部有了应力就会发生弹性变形。应力增大到一定程度后使金属产生塑性变形。当外力去除后，弹性变形将恢复，称"弹复"现象。弹复现象会影响工件的尺寸和形状，必须采取工艺措施来保证产品的质量。

2.1.2　塑性变形对金属组织和性能的影响

　　金属在常温下经过塑性变形后，内部组织将发生变化：①晶粒沿最大变形的方向伸长；②晶格与晶粒均发生扭曲，产生内应力；③晶粒间产生碎晶。

　　金属的力学性能随其内部组织的改变而发生明显变化。变形程度增大时，金属的强度及硬度升高，而塑性和韧性下降(图 2-4)。其是由于滑移面上的碎晶块和附近晶格的强烈扭曲，增大了滑移阻力，使继续滑移难以进行所致。这种随变形程度增大，强度和硬度上升而塑性下降的现象称为冷变形强化，又称加工硬化。

　　冷变形强化是一种不稳定现象，具有自发地回复到稳定状态的倾向，

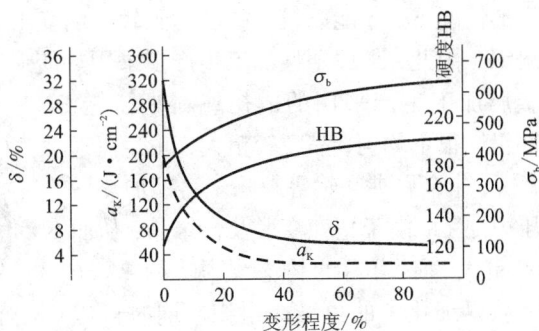

图 2-4　常温下塑性变形对低碳钢力学性能的影响

但在室温下不易实现。当提高温度时，原子因获得热能，热运动加剧，使原子得以回复正常排列，消除了晶格扭曲，致使加工硬化得到部分消除，这一过程称为"回复"[图 2-5(b)]。

这时的温度称为回复温度，即

$$T_回 = (0.25 \sim 0.3) T_熔$$

式中：$T_回$ 为以绝对温度表示的金属回复温度；$T_熔$ 为以绝对温度表示的金属熔点温度。

当温度继续升高到该金属熔点绝对温度的 0.4 倍时，金属原子获得更多的热能，开始以某些碎晶或杂质为核心，按变形前的晶格结构结晶成新的晶粒，从而消除了全部冷变形强化现象，这个过程称为再结晶[图 2-5(c)]。此时的温度称为再结晶温度，即

$$T_再 = 0.4 T_熔$$

式中：$T_再$ 为以绝对温度表示的金属再结晶温度。

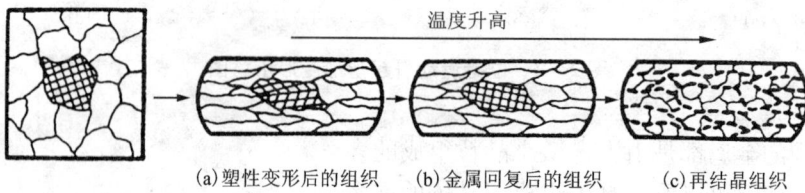

(a)塑性变形后的组织　　(b)金属回复后的组织　　(c)再结晶组织

图 2-5　金属的回复和再结晶示意图

利用金属的冷变形强化可提高金属的强度和硬度，这是工业生产中强化金属材料的一种重要手段。但在压力加工生产中，冷变形强化给金属继续进行塑性变形带来困难，应加以消除。在实际生产中，常采用加热的方法使金属发生再结晶，从而再次获得良好塑性，这种工艺操作称为再结晶退火。

当金属在大大高于再结晶温度的条件下受力变形时，冷变形强化和再结晶过程同时存在。此时变形中的强化和硬化随即被再结晶过程所消除。

由于金属在不同温度下变形对其组织和性能的影响不同，因此金属的塑性变形分为冷变形和热变形两种。在再结晶温度以下的变形叫冷变形，变形过程中无再结晶现象，变形后的金属具有冷变形强化现象。所以冷变形的变形程度一般不宜过大，以避免产生破裂。冷变形能使金属获得较高的强度、硬度和低粗糙度值，故生产中常用它来提高产品的性能。在再结晶温度以上的变形叫热变形，变形后，金属具有再结晶组织而无冷变形强化痕迹。金属只有在热变形情况下，才能以较小的功达到较大的变形，同时能获得具有高力学性能的细晶粒再结晶组织。因此，金属塑性加工生产多采用热变形来进行。

金属加工生产采用的最初坯料是铸锭，其内部组织很不均匀，晶粒较粗大，并存在气孔、缩松、非金属夹杂物等缺陷。铸锭加热后经过压力加工，由于塑性变形及再结晶，从而改变了粗大、不均匀的铸态结构[图 2-6(a)]，获得细化了的再结晶组织。同时可以将铸锭中的气孔、缩松等压合在一起，使金属更加致密，力学性能得到很大提高。

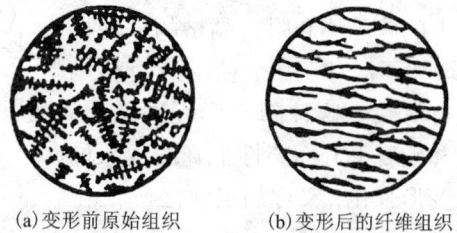

(a)变形前原始组织　　(b)变形后的纤维组织

图 2-6　铸锭热变形前后的组织

此外，铸锭在压力加工中产生塑性变形时，基体金属的晶粒和沿晶界分布的杂质都发生了变形，它们都将沿着变形方向被拉长，呈纤维形状，这种结构叫纤维组织[图 2-6(b)]。

纤维组织使金属在性能上具有了方向性,对金属变形后的质量也有影响。纤维组织越明显,金属在纵向(平行纤维方向)上塑性和韧性越好,而在横向(垂直纤维方向)上塑性和韧性越差。纤维组织的明显程度与金属的变形程度有关。变形程度越大,纤维组织越明显。

纤维组织的稳定性很高,不能用热处理方法加以消除,只有经过锻压使金属变形,才能改变其方向和形状。因此,为了获得具有最好力学性能的零件,在设计和制造零件时,应使零件在工作中产生的最大正应力方向与纤维方向重合,最大切应力方向与纤维方向垂直,并使纤维分布与零件的轮廓相符合,尽量使纤维组织不被切断。

例如,当采用棒料直接经切削加工制造螺钉时,螺钉头部与杆部的纤维被切

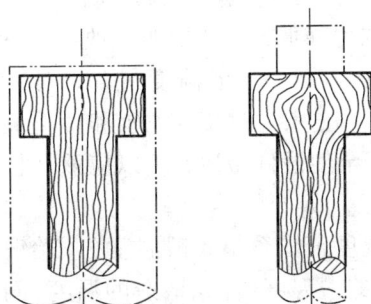

(a)切削加工制造的螺钉　(b)局部镦粗制造的螺钉

图 2-7　不同工艺方法对纤维组织的形状的影响

断,不能连贯起来,受力时产生的切应力顺着纤维方向,故螺钉的承载能力较弱[图 2-7 (a)]。当采用同样棒料经局部镦粗方法制造螺钉时[图 2-7(b)],纤维不被切断,连贯性好,纤维方向也较为有利,故螺钉质量较好。

2.1.3　金属的可锻性

金属的可锻性是衡量材料在经受压力加工时获得优质制品难易程度的工艺性能。金属的可锻性好,表明该金属适合采用压力加工成形;可锻性差,表明该金属不宜选用压力加工方法成形。

可锻性常用金属的塑性和变形抗力来综合衡量。塑性越好,变形抗力越小,则金属的可锻性越好,反之则差。

金属的塑性用金属的断面收缩率 ψ、伸长率 δ 等来表示。变形抗力指在压力加工过程中变形金属作用于施压工具表面单位面积上的压力。变形抗力越小,则变形中所消耗的能量也越少。

金属的可锻性取决于金属的本质和加工条件。

(1)金属的本质。

1)化学成分的影响。

不同化学成分的金属其可锻性不同。一般情况下纯金属的可锻性比合金好;碳钢的含碳量越低,可锻性越好;钢中含有形成碳化物的元素(如铬、钼、钨、钒等)时,其可锻性显著下降。

2)金属组织的影响。

金属内部的组织结构不同,其可锻性有很大差别。纯金属及固溶体(如奥氏体)的可锻性好,而碳化物(如渗碳体)的可锻性差。铸态柱状组织和粗晶粒结构不如晶粒细小而又均匀的组织的可锻性好。

(2)加工条件。

1)变形温度的影响

提高金属变形时的温度,是改善金属可锻性的有效措施,并对生产率、产品质量及金属

的有效利用等均有极大的影响。

金属在加热中，随温度的升高、金属原子的运动能力增强（热能增加，处于极为活泼的状态中），很容易进行滑移，因而塑性提高，变形抗力降低，可锻性明显改善，更加适宜进行压力加工。但温度过高，对钢而言，必将产生过热、过烧、脱碳和严重氧化等缺陷，甚至使锻件报废，所以应该严格控制锻造温度。

锻造温度范围系指始锻温度（开始锻造的温度）和终锻温度（停止锻造的温度）间的温度区间。锻造温度范围的确定以合金状态图为依据。碳钢的锻造温度范围如图 2 - 8 所示，其始锻温度比 AE 线低 200℃ 左右，终锻温度为 800℃ 左右。终锻温度过低，金属的可锻性急剧变差，使加工难于进行，若强行锻造，将导致锻件破裂报废。

2）变形速度的影响。

变形速度即单位时间的变形程度。它对可锻性的影响是矛盾的，一方面随着变形速度的增大，回复和再结晶不能及时克服冷变形强化现象，金属则表现出塑性下降、变形抗力增大（图 2 - 9 中 a 点以左），可锻性变差。另一方面，金属在变形过程中，消耗于塑性变形的能量有一部分转化为热能（称为热效应现象），改善着变形条件。变形速度越大，热效应现象越明显，使金属的塑性提高、变形抗力下降（图 2 - 9 中 a 点以右），可锻性变得更好。但这种热效应现象除在高速锤等设备的锻造中较明显外，一般压力加工的变形过程中，因变形速度低，不易出现。

3）应力状态的影响。

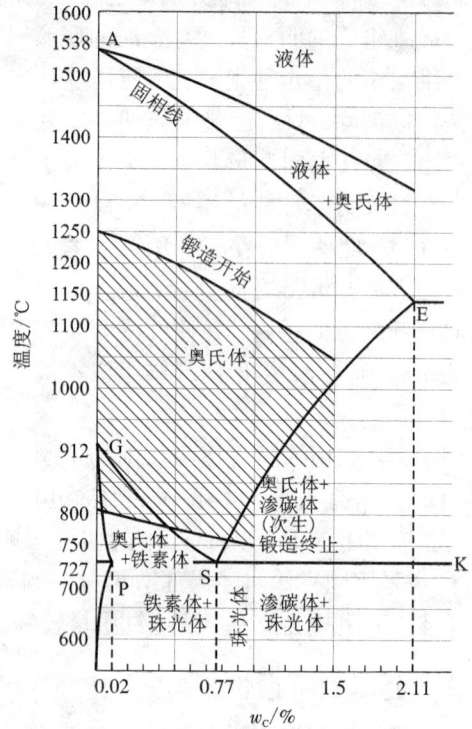

图 2 - 8 碳钢的锻造温度范围

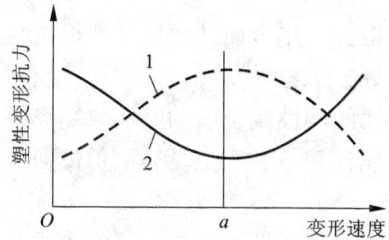

图 2 - 9 变形速度对塑性及变形抗力的影响
1—变形抗力曲线；2—塑性变化曲线

金属在经受不同方法变形时，所产生的应力性质（压应力或拉应力）和大小是不同的。例如，挤压变形时（图 2 - 10）为三向受压状态。而拉拔时（图 2 - 11）则为两向受压、一向受拉的状态。

实践证明，三个方向的应力中，压应力的数目越多，则金属的塑性越好；拉应力的数目越多，则金属的塑性越差。同号应力状态下引起的变形抗力大于异号应力状态下的变形抗力。拉应力使金属原子间距增大，尤其当金属的内部存在气孔、微裂纹等缺陷时，在拉应力作用下，缺陷处易产生应力集中，使裂纹扩展，甚至达到破坏报废的程度。压应力使金属内

34

部原子间距离减小,不易使缺陷扩展,故金属的塑性会增高。但压应力使金属内部摩擦阻力增大,变形抗力亦随之增大。

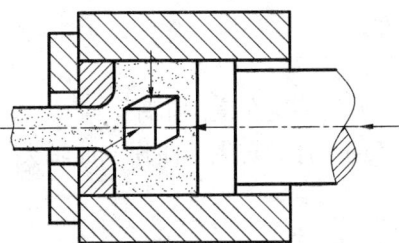

图 2 - 10　挤压时金属应力状态　　　　图 2 - 11　拉拔时金属应力状态

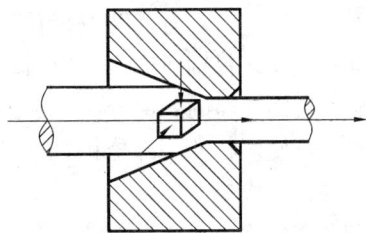

综上所述,金属的可锻性既取决于金属的本质,又取决于变形条件。在压力加工过程中,应力求创造最有利的变形条件,充分发挥金属的塑性,降低变形抗力,使功耗最少,变形进行得充分,达到加工目的。

2.2　锻造

锻造是利用冲击力或压力使热态金属坯料在上、下砧之间或锻模中产生变形,以获得锻件的方法。锻造包括自由锻造和模锻,是金属零件的重要成形方法之一,它能保证金属零件具有较好的力学性能,以满足使用要求。

2.2.1　锻造方法

（1）自由锻。

自由锻是利用冲击力或压力使热态金属在上、下砧之间产生变形,从而获得所需形状及尺寸锻件的方法。由于金属坯料在砧之间受力变形时,沿变形方向可以自由流动,不受限制,故而得名。

自由锻

自由锻生产所用工具简单,具有较大的通用性,因而它的应用范围较为广泛。锻件质量可以小于 1 kg,也可以大到几百吨。在重型机械中,自由锻是生产大型和特大型锻件的唯一成形方法。

自由锻所用设备根据它对坯料施加外力的性质不同,分为锻锤和液压机两大类。锻锤依靠冲击力使金属坯料变形,但由于能力有限,只用来锻造中、小型锻件。液压机依靠压力使金属坯料变形。其中,水压机可产生很大的作用力,能锻造质量达 300 t 的锻件,是重型机械厂锻造生产的主要设备。

1）自由锻工序。

自由锻的工序可分为基本工序、辅助工序和精整工序三大类。

①基本工序。它是使金属坯料实现主要的变形要求,达到或基本达到锻件所需形状和尺寸的工序。主要有以下几个:

镦粗:是使坯料高度减小、横截面积增大的工序。它是自由锻生产中最常用的工序,适用于饼块、盘套类锻件的生产。

拔长：是使坯料横截面积减小、长度增大的工序。它适用于轴类、杆类锻件的生产。为达到规定的锻造比和改变金属内部组织结构，锻制以钢锭为坯料的锻件时，拔长经常与镦粗交替反复使用。

冲孔：是使坯料具有通孔或盲孔的工序。对环类件，冲孔后还应进行扩孔工作。

弯曲：是使坯料轴线产生一定曲率的工序。

扭转：是使坯料的一部分相对于另一部分绕其轴线旋转一定角度的工序。

错移：是使坯料的一部分相对于另一部分平移错开的工序，是生产曲拐或曲轴类锻件所必需的工序。

切割：是分割坯料或去除锻件余量的工序。

②辅助工序。它是进行基本工序之前的预变形工序，如压钳口、倒棱、压肩等。

③精整工序。它是在完成基本工序之后，用以提高锻件尺寸及位置精度的工序。

2）锻件分类及基本工序方案。

一般自由锻件大致可分为六类，其形状特征及主要变形工序见表2-1。

表2-1　锻件分类及所需锻造工序

锻件类别	图例	锻造工序
盘类锻件	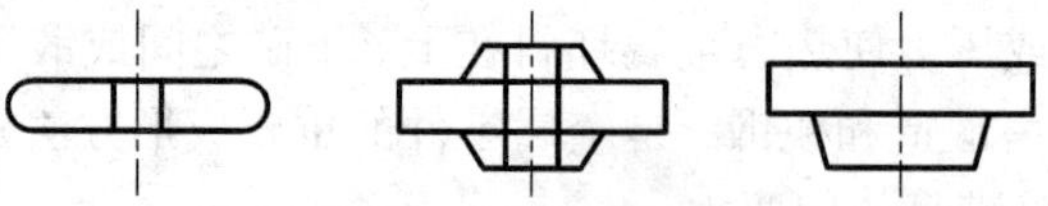	镦粗（或拔长及镦粗），冲孔
轴类锻件	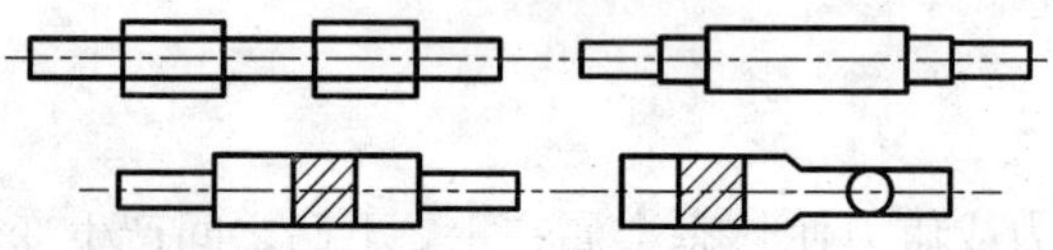	拔长（或镦粗及拔长），切肩和锻台阶
筒类锻件	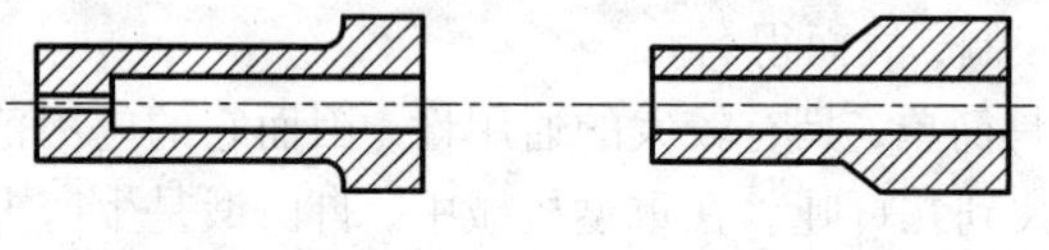	镦粗（或拔长及镦粗），冲孔，在心轴上拔长
环类锻件	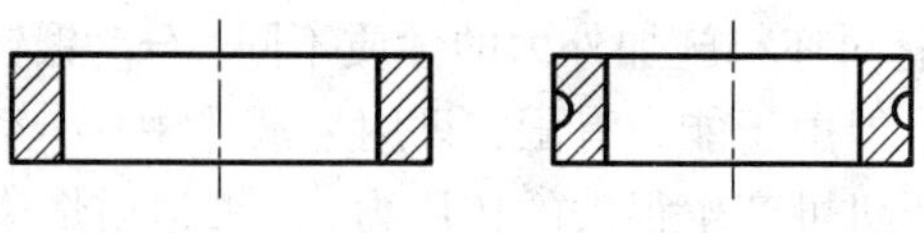	镦粗（或拔长及镦粗），冲孔，在心轴上拔长
曲轴类锻件	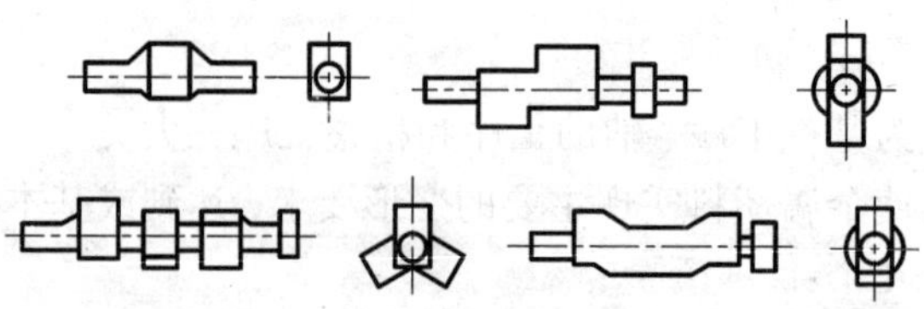	拔长（或镦粗及拔长），错移，锻台阶，扭转

36

续表 2－1

锻件类别	图例	锻造工序
弯曲类锻件		拔长，弯曲

（2）模锻。

模锻是利用冲击力或压力作用，使热态金属坯料在锻模模腔内变形，从而获得锻件的工艺方法。由于金属是在模腔内变形，其流动受到模壁的限制。模锻与自由锻造相比，生产效率要高几倍乃至几十倍，模锻生产的锻件形状复杂程度高、尺寸精确、机械加工余量少、纤维分布合理、力学性能好。但模锻用锻模加工成本高，因而只适用于大批量生产。由于模锻时工件是整体变形，受设备能力限制，一般仅用于锻造 450 kg 以下的中小型锻件。模锻按使用的设备不同分为锤上模锻、胎模锻、压力机上模锻等。

模锻

1）锤上模锻。

锤上模锻所用设备为模锻锤，该种设备上运动副之间的间隙小，运动精度高，可保证锻模的合模准确性。模锻锤的吨位（落下部分的重量）为 1～16 t，可锻制 150 kg 以下的锻件。

锤上模锻生产所用的锻模如图 2－12 所示。上模 2 和下模 4 分别用楔铁 10、7 固定在锤头 1 和模垫 5 上，模垫用楔铁 6 固定在砧座上。上模随锤头做上下往复运动。

根据模腔不同的功用，分为模锻模腔和制坯模腔两种。

由于金属在模锻模腔中发生整体变形，故作用在锻模上的抗力较大。模锻模腔又分为终锻模腔和预锻模腔两种。

①终锻模腔的作用是使坯料最后变形到锻件所要求的形状和尺寸，因此它的形状应和锻件的形状相同。但因锻件冷却时要收缩，终锻模腔的尺寸应比锻件尺寸放大一个收缩量。钢件收缩率取 1.5%。另外，沿模腔四周有飞边槽，用以增加金属从模腔中流出的阻力，促使金属更好地充满

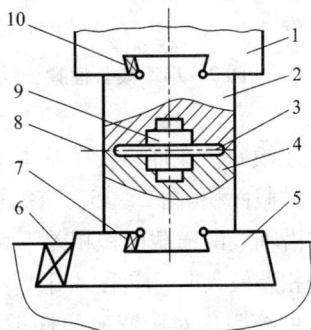

图 2－12　锤上模锻用锻模
1—锤头；2—上模；3—飞边槽；4—下模；
5—模垫；6、7、10—楔铁；8—分模面；9—模腔

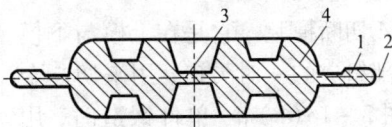

图 2－13　带有冲孔连皮及飞边的模锻件
1—飞边；2—分模面；3—冲孔连皮；4—锻件

模腔，同时容纳多余的金属。对于具有通孔的锻件，由于不可能靠上、下模的突起部分把金属完全挤压到旁边去，故终锻后在孔内留有一薄层金属，称为冲孔连皮（图 2－13）。因此，把冲孔连皮和飞边冲掉后，才能得到具有通孔的模锻件。

②预锻模膛的作用是使坯料变形到接近于锻件的形状和尺寸，这样再进行终锻时，金属容易充满终锻模膛，同时减少了终锻模膛的磨损，延长锻模的使用寿命。预锻模膛与终锻模膛的主要区别是，前者的圆角和斜度较大，没有飞边槽。对于形状简单或批量不够大的模锻件也可以不设预锻模膛。

对于形状复杂的模锻件，为了使坯料形状基本接近模锻件形状，使金属能合理分布和很好地充满模锻模膛，就必须预先在制坯模膛内制坯。制坯模膛有以下几种。

①拔长模膛。它用来减小坯料某部分的横截面积，以增加该部分的长度(图2-14)。当模锻件沿轴向横截面积相差较大时，常采用这种模膛进行拔长。拔长模膛分为开式[图2-14(a)]和闭式[图2-15(b)]两种，一般情况下，把它设置在锻模的边缘处。生产中进行拔长操作时，坯料除向前送进外还需不断翻转。

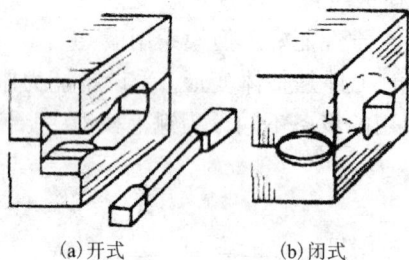

(a)开式　　　(b)闭式

图2-14　拔长模膛

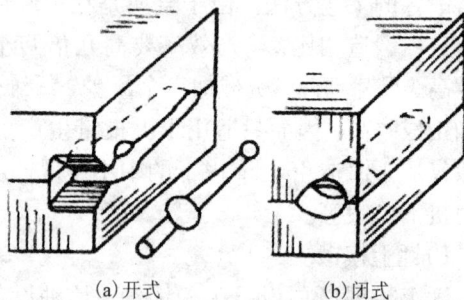

(a)开式　　　(b)闭式

图2-15　滚压模膛

②滚压模膛。在坯料长度基本不变的前提下用它来减小坯料某部分的横截面积，以增大另一部分的横截面积(图2-15)。滚压模膛分为开式[图2-15(a)]和闭式[图2-15(b)]两种。当模锻件沿轴线的横截面积相差不大或对拔长后的毛坯作修整时，采用开式滚压模膛。当模锻件的截面相差较大时，应采用闭式滚压模膛。滚压操作时需不断翻转坯料，但不作送进运动。

③弯曲模膛。对于弯曲的杆类模锻件，需采用弯曲模膛来弯曲坯料[图2-16(a)]。坯料可直接或先经其他制坯工步后放入弯曲模膛进行弯曲变形。弯曲后的坯料需翻转90°再放入模锻模膛中成形。

④切断模膛。它是在上模与下模的角部组成的一对刃口，用来切断金属[图2-16(b)]。单件锻造时，用它从坯料上切下锻件或从锻件上切下钳口；多件锻造时，用它来分离成单个锻件。

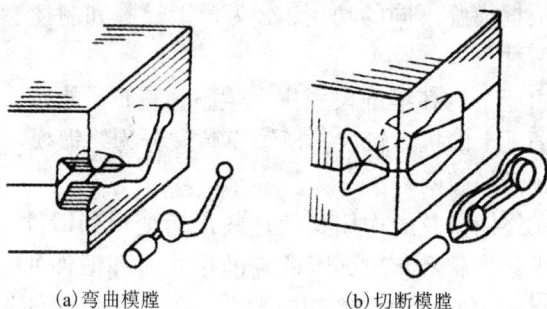

(a)弯曲模膛　　　(b)切断模膛

图2-16　弯曲和切断模膛

此外，还有成形模膛、镦粗台及击扁面等制坯模膛。

根据模锻件的复杂程度不同，所需变形的模膛数量不等，可将锻模设计成单膛锻模或多膛锻模。单膛锻模在一副锻模上只具有终锻模膛一个模膛。如齿轮坯模锻件就可将圆柱形坯料直接放入单膛锻模中一次终锻成形。多膛锻模是在一副锻模上具有两个以上模膛的锻模，如弯曲连杆模锻件的锻模(图 2 - 17)。

锤上模锻虽具有设备投资较少、锻件质量较好、适应性强、可以实现多种变形工步、可锻制不同形状的锻件等优点,但由锤上模锻震动大、噪声大,完成一个变形工步往往需要经过多次锤击,故难以实现机械化和自动化,生产率在模锻中相对较低。

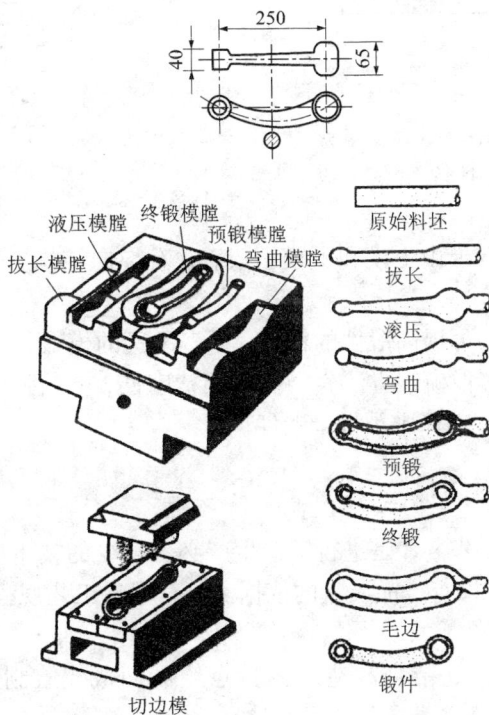

图 2 - 17 弯曲连杆锻造过程

2)胎模锻。

胎模锻是在自由锻设备上使用胎模生产模锻件的工艺方法。胎模锻一般采用自由锻方法制坯,然后在胎模中成形。胎模的种类较多,主要有扣模、筒模及合模三种。

①扣模(图 2 - 18)。扣模用来对坯料进行全部或局部扣形,以生产长杆非回转体锻件,也可以为合模锻造进行制坯。用扣模锻造时,坯料不转动。

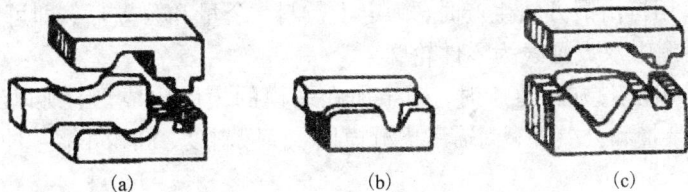

图 2 - 18 扣模

②筒模(图 2 - 19)。筒模主要用于锻造齿轮、法兰盘等盘类锻件。组合筒模[图 2 - 19(c)]由于有两个半模(增加一个分模面)的结构,可锻出形状更复杂的胎模锻件,扩大了胎模锻的应用范围。

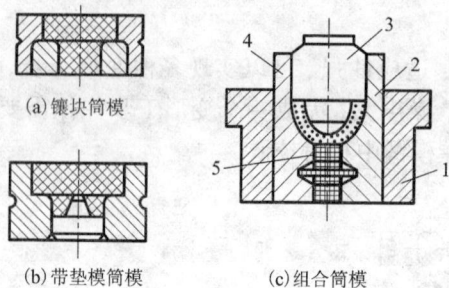

图 2-19 筒模

图 2-20 合模

1—筒模；2—右半模；3—冲头；4—左半模；5—锻件

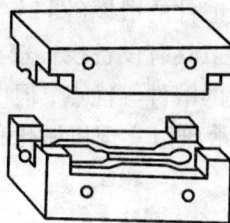

③合模(图 2-20)。合模由上模和下模组成，并有导向结构，可生产形状复杂、精度较高的非回转体锻件。

由于胎模结构较简单，可提高锻件的精度，不需昂贵的模锻设备，扩大了自由锻生产的范围。但胎模易损坏，较其他模锻方法生产的锻件精度低，劳动强度大，故胎模锻只适用于没有模锻设备的中小型工厂生产中小批量锻件。

2.2.2 锻造工艺规程的制订

制订工艺规程、编写工艺卡片是进行锻造生产必不可少的技术准备工作，是组织生产过程、规定操作规范、控制和检查产品质量的依据。制订锻造工艺规程时，其主要内容如下。

(1)绘制锻件图。

锻件图以零件图为基础，结合锻造工艺特点绘制而成。绘制锻件图应考虑如下几个内容。

1)敷料、余量及公差。

为了简化零件的形状和结构、便于锻造而增加的一部分金属，称为敷料。如消除零件上键槽、窄环形沟槽、尺寸相差不大的台阶结构而增加的金属均属敷料。

在零件的加工表面上为切削加工而增加的尺寸称为余量。余量的大小与零件的形状、尺寸、结构的复杂程度和锻造方法有关。其具体数值可查表确定。

锻件公差是锻件名义尺寸的允许变动量。其数值按锻件形状、尺寸、锻造方法等因素查表确定。

当零件毛坯采用自由锻方法生产时，确定了敷料、余量和公差后，即可绘制出自由锻锻件图(图 2-21)。图中双点画线为零件轮廓。

当零件毛坯采用模锻方法生产时，因金属在锻模的模膛中成形，所以绘制模锻锻件图时，除确定敷料、余量和公差外，尚需考虑分模面、模锻斜度、圆角半径、冲孔连皮等。

2)分模面。

分模面指上、下锻模在模锻件上的分界面。它在锻件上的位置是否合适，关系到锻件成形、锻件出模、材料利用率及锻模加工等一系列问题。选定分模面的原则是：

①应保证模锻件能从模膛中取出来。如图 2-22 所示轮形件，把分模面选定在 a—a 面时，已成形的模锻件就无法取出。一般情况，分模面应选在模锻件的最大截面处。

②按选定的分模面制成锻模后，应使上、下两模沿分模面的模膛轮廓一致，以便在安装

40

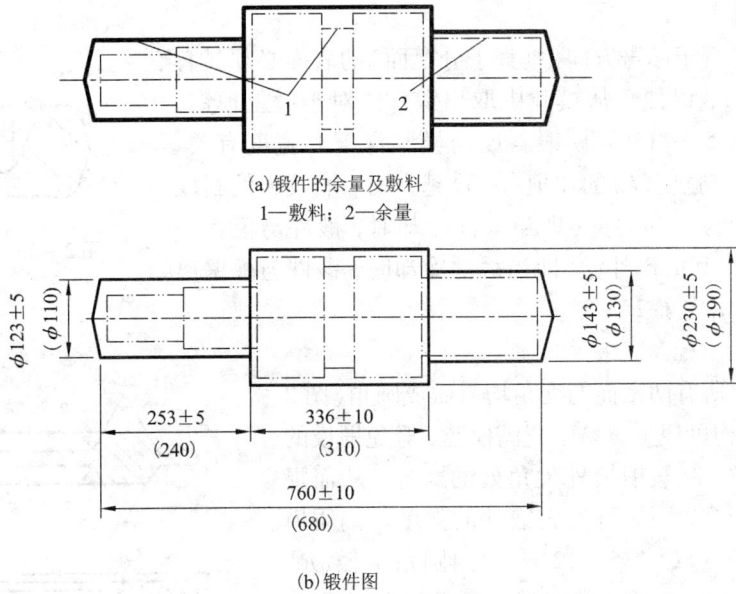

(a) 锻件的余量及敷料
1—敷料；2—余量

(b) 锻件图

图 2 - 21　典型锻件图

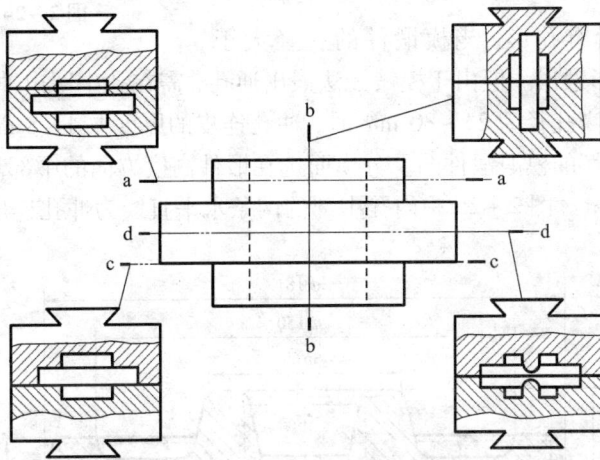

图 2 - 22　分模面的选择比较图

锻模和生产中容易发现错模现象，及时而方便地调整锻模位置。图 2 - 22 中的 c—c 面被选定为分模面，就不符合此原则。

③分模面应选在能使模腔深度最浅的位置上。这样有利于金属充满模腔，便于取件，并有利于锻模的制造。图 2 - 22 中的 b—b 面，就不适合作分模面。

④选定的分模面应使零件上的敷料最少。图 2 - 22 中的 b—b 面被选作分模面时，零件中间的孔不能锻出来，孔部金属都是敷料，既浪费金属，又增加了切削加工的工作量。所以该面不宜作分模面。

⑤分模面最好是一个平面，以便于锻模的制造，并防止锻造过程中上下锻模错动。

按上述原则综合分析，图 2 - 22 中的 d—d 面是最合理的分模面。

3）模锻斜度。

模锻件上平行于锤击方向（垂直于分模面）的表面必须具有斜度（图 2 - 23），以便于从模膛中取出锻件。对于锤上模锻，模锻斜度一般为 5° ~ 15°。模锻斜度与模膛深度和宽度有关。当模膛深度（h）与宽度（b）的比值（h/b）越大时，取较大的斜度值。图 2 - 23 中的 a_2 为内壁（即当锻件冷却时，锻件与模壁夹紧的表面）斜度，其值比外壁（即当锻件冷却时，锻件与模壁离开的表面）斜度 a_1 大了 2° ~ 5°。

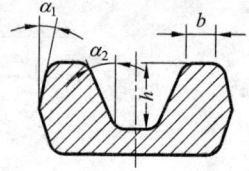

图 2 - 23 模锻斜度

4）模锻圆角半径。

在模锻件上所有两平面的交角均需做成圆角（图 2 - 24）。圆角结构可使金属易于充满模膛，避免锻模的尖角处产生裂纹，减缓锻模外尖角处的磨损，从而提高锻模的使用寿命，同时可增大锻件的强度。钢质模锻件外圆角半径（r）取 1.5 ~ 12 mm，内圆角半径（R）比外圆角半径大 2 ~ 3 倍。模膛越深圆角半径的取值就越大。

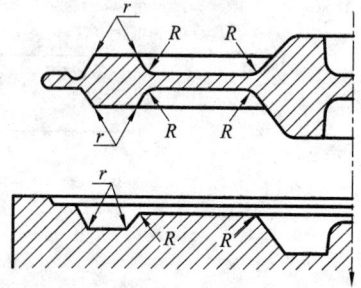

图 2 - 24 圆角半径

5）冲孔连皮。

许多模锻件都具有孔形，当模锻件的孔径大于 25 mm 时，应将该孔形锻出。但由于模锻无法锻出通孔，需在孔中留出冲孔连皮（图 2 - 13），其厚度依孔径而定。当孔径为 25 ~ 80 mm 时，冲孔连皮的厚度取 4 ~ 8 mm。

图 2 - 25 为齿轮坯的模锻锻件图。分模面选在锻件高度方向的中部。零件的轮辐部分不加工，故不留加工余量。图 2 - 25 中内孔中部的两条水平直线为冲孔连皮切除后的痕迹线。

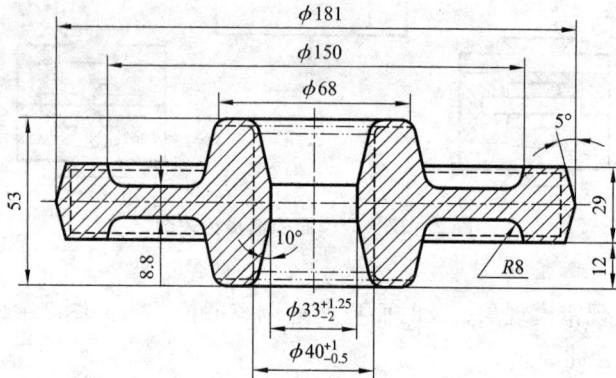

图 2 - 25 齿轮坯模锻件图

（2）坯料重量和尺寸的确定。

坯料重量可按下式计算：

$$G_{坯料} = G_{锻件} + G_{烧损} + G_{料头}$$

式中：$G_{坯料}$ 为坯料重量；$G_{锻件}$ 为锻件重量；$G_{烧损}$ 为加热中坯料表面因氧化而烧损的重量（第一

42

次加热取被加热金属重量的 2%~3%，以后各次加热的烧损量取 1.5%~2.0%）；$G_{料头}$ 为在锻造过程中冲掉或被切掉的那部分金属的重量（如冲孔时坯料中部被冲落的料芯，修切端部切除的金属及模锻生产中连皮和飞边的重量等；采用钢锭做坯料时，料头还包括所切掉的钢锭头部和尾部的金属量）。

坯料的尺寸根据坯料重量和几何形状确定，还应考虑坯料在锻造中所必需的变形程度，锻造工艺中用锻造比（y）来表示变形程度。

拔长时的锻造比为：

$$y_拔 = A_0 / A$$

镦粗时的锻造比为：

$$y_镦 = H_0 / H$$

式中：H_0、A_0 分别为坯料变形前的高度和横截面积；H、A 分别为坯料变形后的高度和横截面积。

对于以钢锭作为坯料并采用拔长方法锻制的锻件，锻造比一般不小于 2.5。对性能要求高的锻件，锻造比还可以大些。如果采用轧材作坯料，则锻造比可取 1.3~1.5。

（3）锻造工序（工步）的确定。

锻造工序（工步）都是根据工序（工步）特点和锻件类型来确定的。采用自由锻生产锻件时，其工序参阅表 2-1 选定。采用模锻方法生产模锻件时，其工步根据模锻件的形状和尺寸确定。

模锻件按形状和结构可分为两大类。

1）长轴类模锻件。锻件的长度与宽度之比较大，如台阶轴、曲轴、连杆、弯曲摇臂等（图 2-26）。此类锻件在锻造过程中，锤击方向垂直于锻件的轴线。终锻时，金属沿高度与宽度方向流动，而沿长度方向没有显著的流动。因此，常选用拔长、滚压、弯曲、预锻和终锻等工步。

对于小型长轴类锻件，为了减少钳口料和提高生产率，常采用一根棒料同时锻造出几个锻件的方法。因此应增设切断工步，将已锻好的模锻件分离开。

有一些模锻件选用周期轧制材料作坯料时（图 2-27），可以省去拔长、滚压等工步，简化模锻过程，并可显著提高生产率。

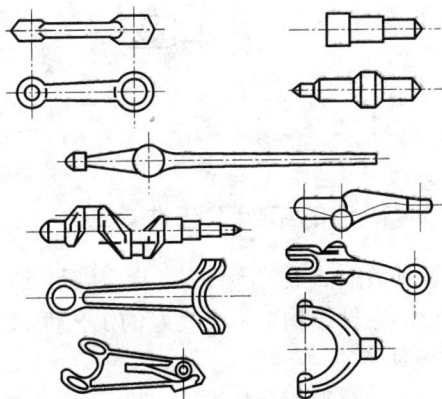

图 2-26　长轴类锻件

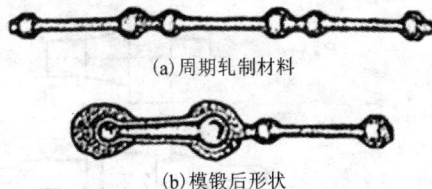

(a)周期轧制材料

(b)模锻后形状

图 2-27　用轧制坯料模锻

2）短轴类模锻件在分模面上的投影为圆形或长度接近于宽度或直径的锻件，如齿轮、法兰盘等（图 2-28）。此类模锻件在锻造过程中，锤击方向与坯料轴线相同。终锻时金属沿高度、宽度及长度方向均产生流动。因此常选用镦粗、预锻、终锻等工步。对于形状简单的短轴类模锻件，可只选用终锻工步成形。对于形状复杂、有深孔或有高筋结构的模锻件，则应增加镦粗工步。

（4）锻造工艺规程中的其他内容。

采用热变形进行锻造时，必须按锻件材质及其合金状态图确定始锻温度和终锻温度。同时还应确定加热规范（如加热速度、保温温度和时间等）和冷却规范（如冷却方式等）。这对高合金钢锻件尤为重要，以防止因热应力引起变形或开裂而报废。

无论用哪种方法进行锻造，都必须根据锻件重量、锻造方法等因素，选定相应的设备（如加热设备、锻造设备等）和确定锻后所必须的辅助工序（如校正、切飞边、冲连皮、清理、热处理等）。

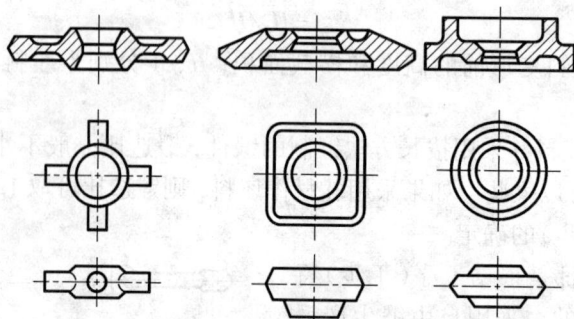

图 2 – 28 短轴类锻件

2.2.3 锻件的结构工艺性

设计锻造成形的零件时，除应满足使用性能要求外，还必须考虑锻造工艺的特点，即锻造成形的零件结构要具有良好的工艺性。这样可使锻造成形方便，节约金属，保证质量和提高生产率。

（1）自由锻件的结构工艺性。

自由锻锻件若有锥体或斜面结构［图 2 – 29（a）］，将使锻造工艺复杂，操作不方便，降低设备的使用效率。应改进设计，如图 2 – 29（b）所示。

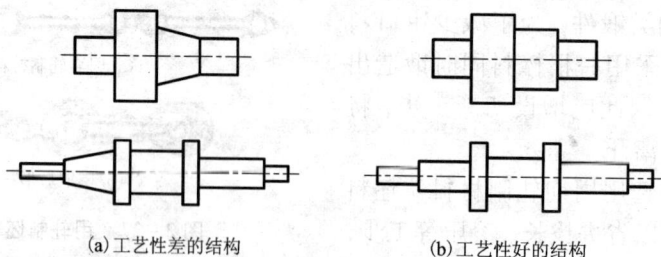

(a)工艺性差的结构   (b)工艺性好的结构

图 2 – 29 轴类锻件结构

锻件若由数个简单几何体构成时，几何体间的交接处不应形成空间曲线。图 2 – 30（a）所示结构，采用自由锻方法极难成形，应改成平面与圆柱、平面与平面相接的结构［图 2 – 30（b）］。

44

　　自由锻锻件上不应设计出加强筋、凸台、工字形截面或空间曲线形表面[图 2－31(a)]，应将锻件结构改成如图 2－31(b)所示结构。自由锻锻件的横截面若有急剧变化或形状较复杂时[图 2－32(a)]，应该设计成由几个简单件构成的组合体。每个简单件锻制成形后，再用焊接或机械连接方式构成整体件[图 2－32(b)]。

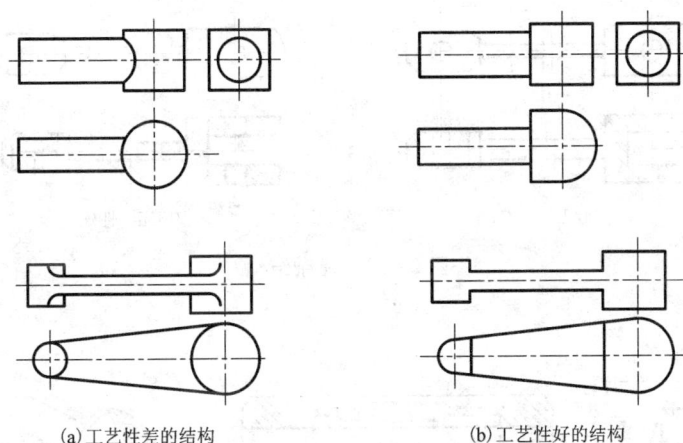

(a)工艺性差的结构　　　　　　　　　　(b)工艺性好的结构

图 2－30　杆类锻件结构

　　(2)模锻件的结构工艺性。

　　模锻件上必须具有一个合理的分模面，以保证模锻成形后，容易从锻模中取出，并且，应使敷料最少，锻模容易制造。

　　由于模锻件尺寸精度较高和表面粗糙度低，因此零件上只有与其他机件配合的表面才需进行机械加工，其他表面均应设计为非加工表面。模锻件上与分模面垂直的非加工表面，应设计出模锻斜度。两个非加工表面形成的角(包括外角和内角)都应按模锻圆角设计。

　　为了使金属容易充满模膛和减少工序，模锻件外形应力求简单、平直和对称。尽量避免模锻件截面间差别过大，或具有薄壁、高筋、高台等结构。图 2－33(a)所示零件的小截面直径与大截面直径之比为 0.5，不符合模锻生产的要求。图 2－33(b)所示模锻件扁而薄，模锻时，薄部金属冷却快，变形抗力剧增，易损坏锻模。图 2－33(c)所示零件有一个高而

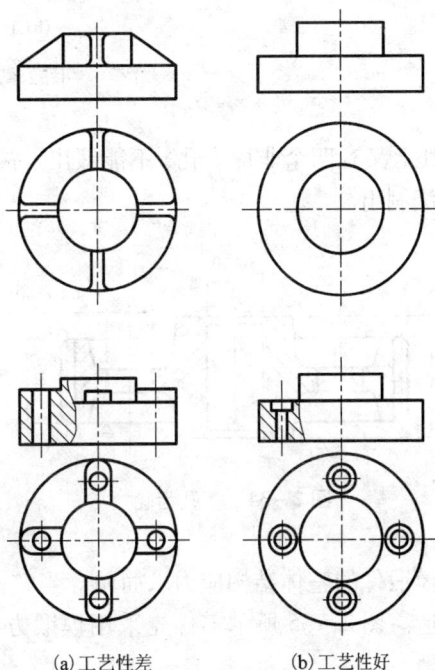

(a)工艺性差　　　　　　(b)工艺性好

图 2－31　盘类锻件结构

薄的凸缘，金属难以充满模膛，且使锻模制造和成形后取出锻件较为困难，应改进，设计成图 2－33(d)所示形状，使之易于锻制成形。

　　模锻件的结构中应避免深孔或多孔结构。图 2－34 所示零件的轴孔(ϕ60 mm)属深孔结

(a)工艺性差   (b)工艺性好

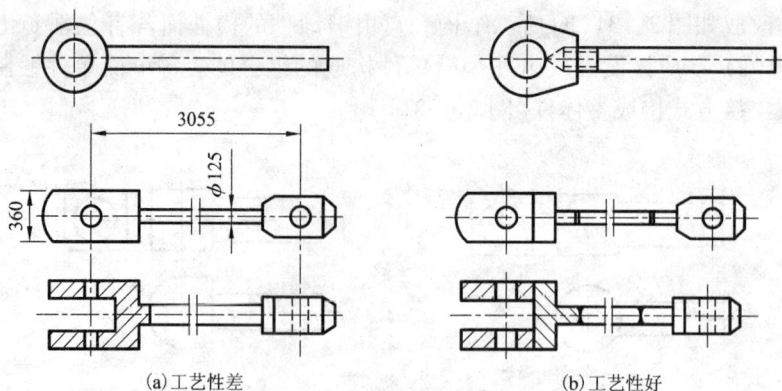

图 2－32　复杂结构

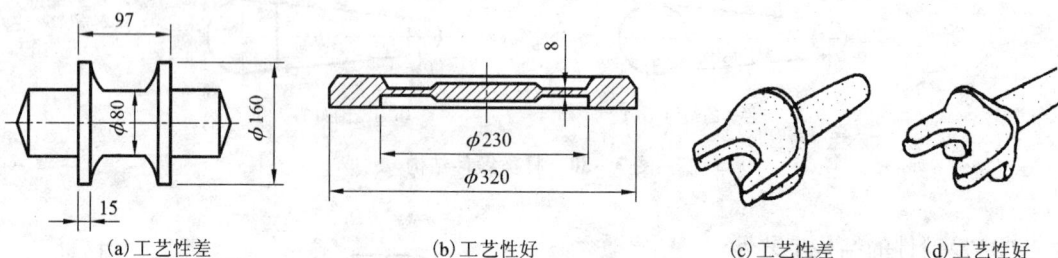

(a)工艺性差　　　　(b)工艺性好　　　　(c)工艺性差　　(d)工艺性好

图 2－33　模锻件形状

构，其上又有四个非加工孔，不能锻出。故应将轮毂高度减小，$\phi 40$ mm 的四个孔改用机械加工方法制出。

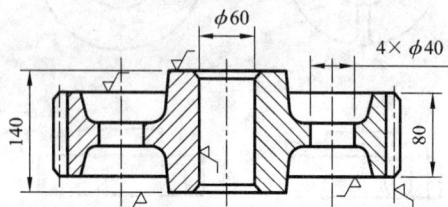

图 2－34　多孔齿轮

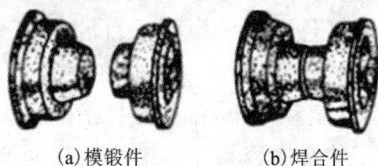

(a)模锻件　　　　(b)焊合件

图 2－35　锻－焊结构模锻件

　　模锻件的整体结构应力求简单。当整体结构在成形中需增加较多敷料时，可采用组合工艺制造。图 2－35 所示零件先采用模锻方法单个成形，然后采用焊接工艺组合成一个整体零件。

2.3　板料冲压

　　冲压成形是利用安装在压力机上的冲模使板料产生分离或变形，从而获得一定形状、尺寸和性能的冲压零件的生产技术。模具、板料和设备是冲压成形

冲压产品

46

的三要素。冲压成形通常是在室温下进行的，加工对象以金属板料为主，所以又叫冷冲压或板料冲压，简称冲压。它是金属塑形成形的主要加工方法之一。

板料冲压在汽车、拖拉机、航空、电器、仪表及国防等工业中应用广泛。与冲压加工和机械加工方法相比，具有生产率高、加工成本低、产品质量稳定、操作简便、容易实现机械化和自动化等一系列优点，特别适合于大批量生产。因此，冲压生产在汽车、拖拉机、电机、电器以及生活日用品等方面，占有重要的地位，在国防工业中也占有很大比例。

冲压生产的基本工序有分离工序和成形工序两大类。

2.3.1 分离工序

分离工序是利用模具使板料产生分离的一种冲压工序。从广义上讲，冲裁是分离工序的总称，使坯料的一部分与另一部分相互分离的工序。它包括落料、冲孔、切断、修边、切舌等工序，但冲裁主要指落料和冲孔。若使材料沿封闭曲线相互分离，曲线以内的部分作为冲裁件时，称落料；封闭曲线以外的部分作为冲裁件时，称冲孔。

冲孔落料

冲裁模就是落料、冲孔等分离工序使用的模具。冲裁模的工作部分零件(凸模、凹模、凸凹模)与成形模不同，一般都有锋利的刃口来对材料进行剪切加工，并且凸模进入凹模的深度较小，以减少刃口磨损。

根据变形机理的不同，冲裁分为普通冲裁和精密冲裁。

(1)冲裁变形过程。

冲裁时板料的变形和分离过程对冲裁件质量有很大影响。其过程可分为如下三个过程(图 2 - 36)。

1)弹性变形阶段。冲头(凸模)接触板料继续向下运动的初始阶段，将使板料产生弹性压缩、拉伸与弯曲等变形，板料中的应力值迅速增大。此时，凸模下的板料略有弯曲，凸模周围的板料则向上翘。间隙越大，弯曲和上翘越明显。

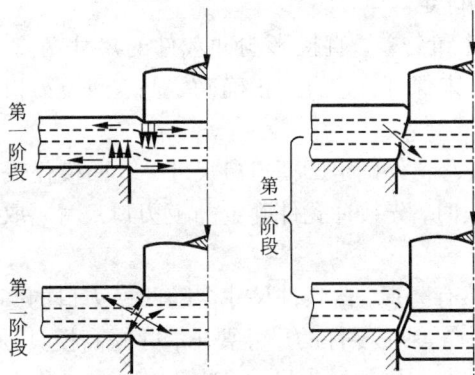

图 2 - 36 冲裁变形和分离过程

2)塑性变形阶段。冲头继续向下运动，板料中的应力值达到屈服极限，板料金属产生塑性变形。变形达到一定程度时，位于凸、凹模刃口处的金属硬化加剧，出现微裂纹。

3)断裂分离阶段。冲头继续向下运动，已形成的上下裂纹逐渐扩展。上下裂纹相遇重合，板料被剪断分离。

冲裁件分离面的质量主要与凸、凹模间隙及刃口锋利程度有关，同时也受模具结构、材料性能及板料厚度等因素影响。

（2）凸、凹模间隙。

凸、凹模间隙不仅严重影响冲裁件的断面质量，也影响着模具寿命、卸料力、推件力、冲裁力和冲裁件的尺寸精度。

间隙过大，凸模刃口附近的剪裂纹较正常间隙时向里错开一段距离，难以与凹模刃口附近的裂纹汇合，冲裁件被撕开，边缘粗糙。间隙过小时，凸模刃口附近的剪裂纹较正常间隙时向外错开一段距离，上下裂纹也不能很好重合。只有间隙值控制在合理范围内，上下裂纹才能重合于一线，冲裁断口质量最好。

间隙的大小也影响模具的寿命。间隙越小，摩擦越严重，模具的寿命将降低。间隙对卸料力、推件力也有较明显的影响。间隙越大，则卸料力和推件力越小。

因此，正确选择合理的间隙值对冲裁生产是至关重要的。当冲裁件断面质量要求较高时，应选取较小的间隙值。对冲裁件断面质量无严格要求时，应尽可能加大间隙，以利于提高冲模寿命。

单边间隙(c)的合理数值可按下述经验公式计算：

$$c = mt$$

式中：t 为板料厚度，单位为 mm；m 为与板料性能及厚度有关的系数。

实用中，板料较薄时，可以选用如下数据：

低碳钢、纯铁　　$m = 0.06 \sim 0.09$

铜、铝合金　　　$m = 0.06 \sim 0.1$

高碳钢　　　　　$m = 0.08 \sim 0.12$

当板料厚度 $t > 3$ mm 时，由于冲裁力较大，应适当把系数 m 放大。对冲裁件断面质量没有特殊要求时，系数 m 可放大 1.5 倍。

（3）凸凹模刃口尺寸的确定。

凸模和凹模的刃口尺寸和公差，直接影响冲裁件的尺寸精度。模具的合理间隙值也靠凸、凹模刃口尺寸及其公差来保证。应此，正确确定凸、凹模刃口尺寸和公差，是冲裁设计中的一项重要工作。

设计落料模时，应先按落料件确定凹模刃口尺寸，取凹模作设计基准件，然后根据间隙确定凸模尺寸。设计冲孔模时，先按冲孔件确定凸模刃口尺寸，取凸模作设计基准件，然后根据间隙确定凹模尺寸。

冲模在工作过程中必然有磨损，落料件尺寸会随凹模刃口的磨损而增大，而冲孔件尺寸则随凸模的磨损而减小。为了保证零件的尺寸要求，并提高模具的使用寿命，落料时凹模刃口的尺寸应靠近落料件公差范围内的最小尺寸；冲孔时，选取凸模刃口的尺寸靠近孔的公差范围内的最大尺寸。

（4）冲裁件的排样。

排样是冲裁件在条料、带料或板料上合理布置的方法。排样合理可使废料最少，材料利用率高。排样方法按有无废料分为三种类型：有废料排样、少废料排样和无废料排样。

1）有废料排样。在零件与零件之间，零件周边都有搭边，如图 2 - 37（a）。这种排样方法能保证零件质量，提高模具寿命，但材料利用率低。

48

2）少废料排样。沿零件部分外形轮廓切断或冲裁。一般情况下，只有在零件与零件之间或只有零件与侧边缘之间有搭边，如图 2 - 37(b)所示。

3）无废料排样。零件沿条料被顺次切下，零件与零件之间，零件与条料边缘之间均无搭边存在，如图 2 - 37(c)所示。

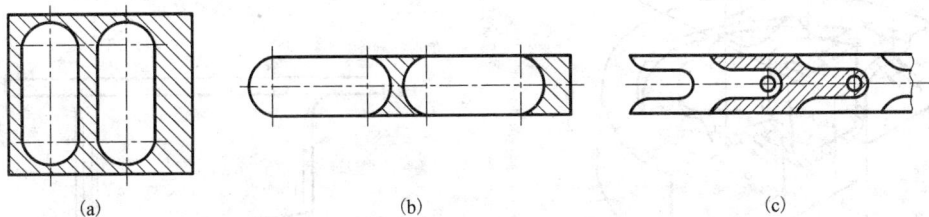

(a) 　　　　　　　　　(b) 　　　　　　　　　(c)

图 2 - 37　排样

2.3.2　成形工序

成形工序是使坯料在不破坏的条件下发生塑性变形而获得一定形状和尺寸的冲压件的工序，如拉深、弯曲、翻边、成形等。

（1）拉深。

1）拉深过程。

拉深是利用专用模具将平板毛坯制成开口空心零件的一种冲压工艺方法。用拉深方法可以制成筒形、阶梯形、锥形、球形和其他不规则形状的薄壁零件，如果和其他冲压成形工艺配合，还可以制造形状极为复杂的零件。用拉深方法来制造薄壁空心件，生产效率高，省材料，零件的强度和刚度好，精度较高，拉深可加工范围非常广泛，直径从几毫米的小零件直至 3 米的大型零件。因此，拉深在汽车、航空航天、国防、电器和电子等工业部门以及日用品生产中，占据相当重要的地位。

拉深过程如图 2 - 38 所示。在凸模的作用下，直径为 D_0 的毛坯被拉进凸、凹模之间的间隙里形成圆筒件。工件高度为 h 的直壁部分是由毛坯的凸缘（外径为 D_0，内径为 d）部分在切向压应力、径向拉应力共同作用下转变而成的，所以，拉深时毛坯的凸缘部分

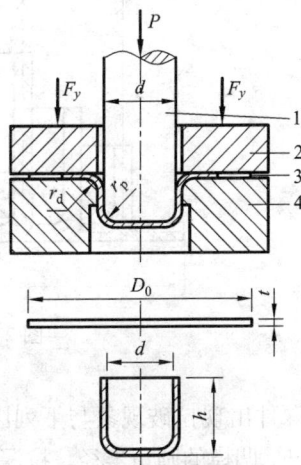

图 2 - 38　拉深示意图
1—凸模；2—压边圈；3—毛坯；4—凹模

是变形区；而底部通常是不参加变形的，称为不变形区；被拉入凸、凹模之间的直壁部分是已完成变形部分，称为已变形区。直壁区本身主要受轴向拉应力作用，厚度有所减小，而直壁与底部之间的过渡圆角部分被拉薄得最为严重。

2）拉深件的失效形式。

拉深时毛坯各区的应力、应变是不均匀的，且时刻在变化，因而拉深件的壁厚也是不均

匀的。拉深凸缘区在切向压应力作用下可能产生"起皱"和直壁与底部转角处在径向拉应力作用下可能被"拉裂"的现象。起皱(图 2 - 39)和拉破(图 2 - 40)是拉深件常见的失效形式。

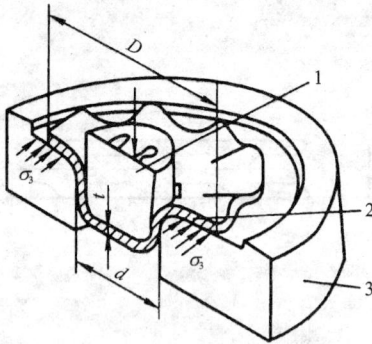

图 2 - 39　凸缘起皱
1—凸模；2—毛坯；3—凹模

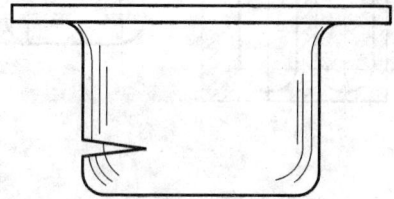

图 2 - 40　拉破示意图

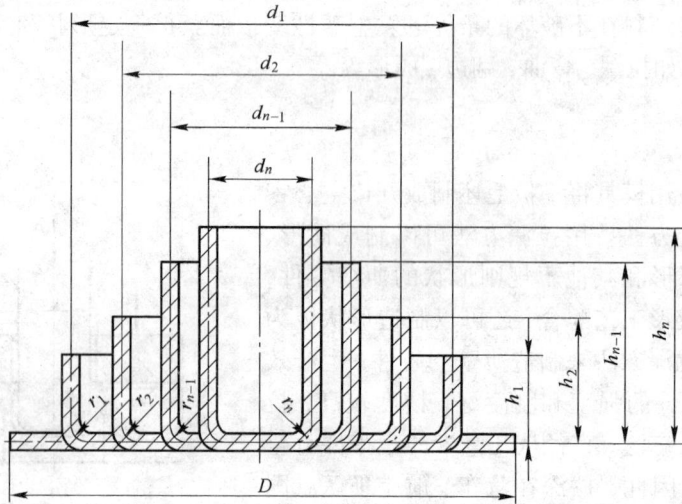

图 2 - 41　多次拉深时圆筒直径的变化

拉深件出现拉破现象与下列因素有关。

①凸、凹模的圆角半径。拉深模的工作部分不能是锋利的刃口，必须做成一定的圆角。对于钢的拉深件，取 $r_凹 = 10t$，而 $r_凸 = (0.6 \sim 1)r_凹$，凸、凹模圆角半径过小时，容易将板料拉破。

②凸、凹模间隙。拉深模的凸、凹模间隙远比冲裁模的大，一般单边间隙取板料厚度的 1.1 ~ 1.2 倍。间隙过小，模具与拉深件间的摩擦力增大，易拉破工件和擦伤工件表面，且降低模具寿命。间隙过大，又容易使拉深件起皱，影响拉深件的尺寸精度。

③变形程度。拉深件直径 d 与坯料直径 D 的比值称为拉深系数，用 m 表示。它是衡量拉深变形程度的指标。m 越小，变形程度越大，坯料被拉入凹模越困难，易拉破。如果拉深系数过小，不能一次拉深成形时，则可采用多次拉深工艺(图 2 - 41)。在多次拉深中，后次拉深系数应略大前次，以确保拉深件的质量使生产顺利进行。总拉深系数值等于各次拉深系

数的乘积。其次，多次拉深过程中，加工硬化现象严重，为保证坯料具有足够的塑性，应考虑安排工序间的退火处理。

④润滑。

为了减少摩擦、降低拉深件壁部的拉应力和减小模具的磨损，拉深时通常要加润滑剂或对坯料进行表润滑处理。

拉深过程中另一种常见缺陷是起皱(图 2 - 39)。这是凸缘部分在切向压应力作用下容易发生的现象。拉深件严重起皱后，凸缘部分的金属更难通过凸凹模间隙，致使坯料被拉断而报废。轻微起皱，凸缘部分的金属勉强通过间隙，也会在产品侧壁留下起皱痕迹，影响产品质量。为防止起皱，可采用设置压边圈(图 2 - 38)来防止起皱。起皱现象与毛坯的相对厚度 (δ/D) 和拉深系数有关。相对厚度越小或拉深系数越小，越容易起皱。

(2)弯曲。

弯曲是将坯料弯成一定角度和曲率形成所需形状零件的冲压成形工序(图 2 - 42)。弯曲过程中，板料弯曲部分的内侧受压缩，而外层受拉伸。当外侧的拉应力超过板料的抗拉强度时，即会造成金属破裂。板料越厚，内弯曲半径 r 越小，则拉应力越大，越容易弯裂。为防止弯裂，最小弯曲半径应为 $r_{min} = (0.25 \sim 1)t$。材料塑性好，则弯曲半径可小些。

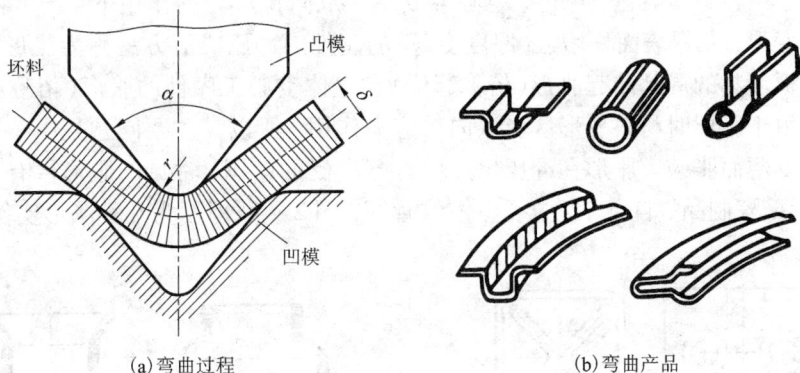

(a)弯曲过程　　　　　　　(b)弯曲产品

图 2 - 42　弯曲变形过程及弯曲产品

在弯曲结束后，由于弹性变形的恢复，使弯曲件形状和尺寸与模具形状和尺寸不一致，这种现象称为弯曲件的回弹。

(3)圆孔翻边。

在毛坯上或已成形的半成品上预先加工好预制孔，再将孔边沿材料翻成竖立凸缘的冲压工序(图 2 - 43)。凸模圆角半径 $r_{凸} = (4 \sim 9)t$。在进行翻边工序时，如果翻边孔的直径超过允许值，会使孔的边缘造成破裂。其允许值用翻边系数 K_0 来衡量。

$$K_0 = d_0/d$$

式中：d_0 为翻边前的孔径尺寸；d 为翻边后的内孔尺中。

对于镀锡铁皮，K_0 不小于 0.65；对于酸洗钢，K_0 不小于 0.68。

当零件所需凸缘的高度较大时，用一次翻边成形计算出的翻边系数 K_0 值很小，直接成形无法实现,则可采用先拉深、后冲孔、再翻边的工艺来实现。

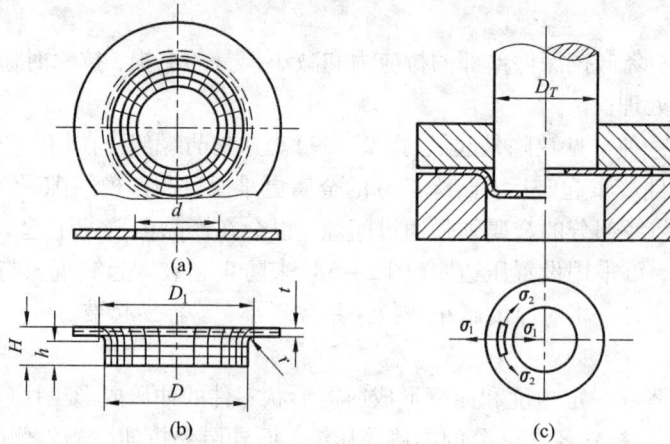

图 2 - 43 圆孔翻边

(4)胀形。

板料、空心工序件、空心半成品在双向拉应力的作用下,产生扩张(鼓凸)变形,获得表面积增大(厚度变薄)的制件的冲压成形方法称为胀形。胀形分平板坯料的局部凸起胀形(俗称起伏)和立体空心工序件的胀形(俗称凸肚)两类。由于胀形时材料变形区受双向拉应力作用,所以其主要问题是由于变形区材料变薄而胀破。胀形在冲压生产中有着广泛的应用,常见的胀形件有板料的压花(筋)件、肚形搪瓷制品、自行车管接头、波纹管等,图 2 - 44 所示为几种胀形实例。

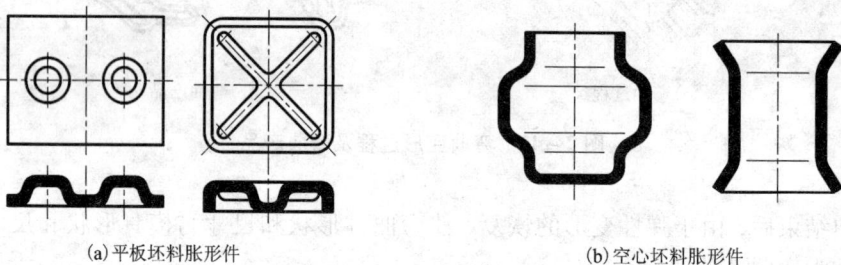

胀形

(a)平板坯料胀形件   (b)空心坯料胀形件

图 2 - 44 胀形件实例

2.3.3 冲模简介

冲压材料、冲压设备、冲压模具是冲压生产的三要素。冲模的结构合理与否对冲压件质量、生产率及模具寿命等都有很大的影响。按照冲压工序的组合程度冲模可分为单工序模、连续模(级进模)和复合模三种。

(1)单工序冲模。

在压力机滑块每次行程中只能完成同一种冲压工序的模具称为单工序模。其特点是结构简单、制造方便、成本低廉,但制件精度低、生产效率低。

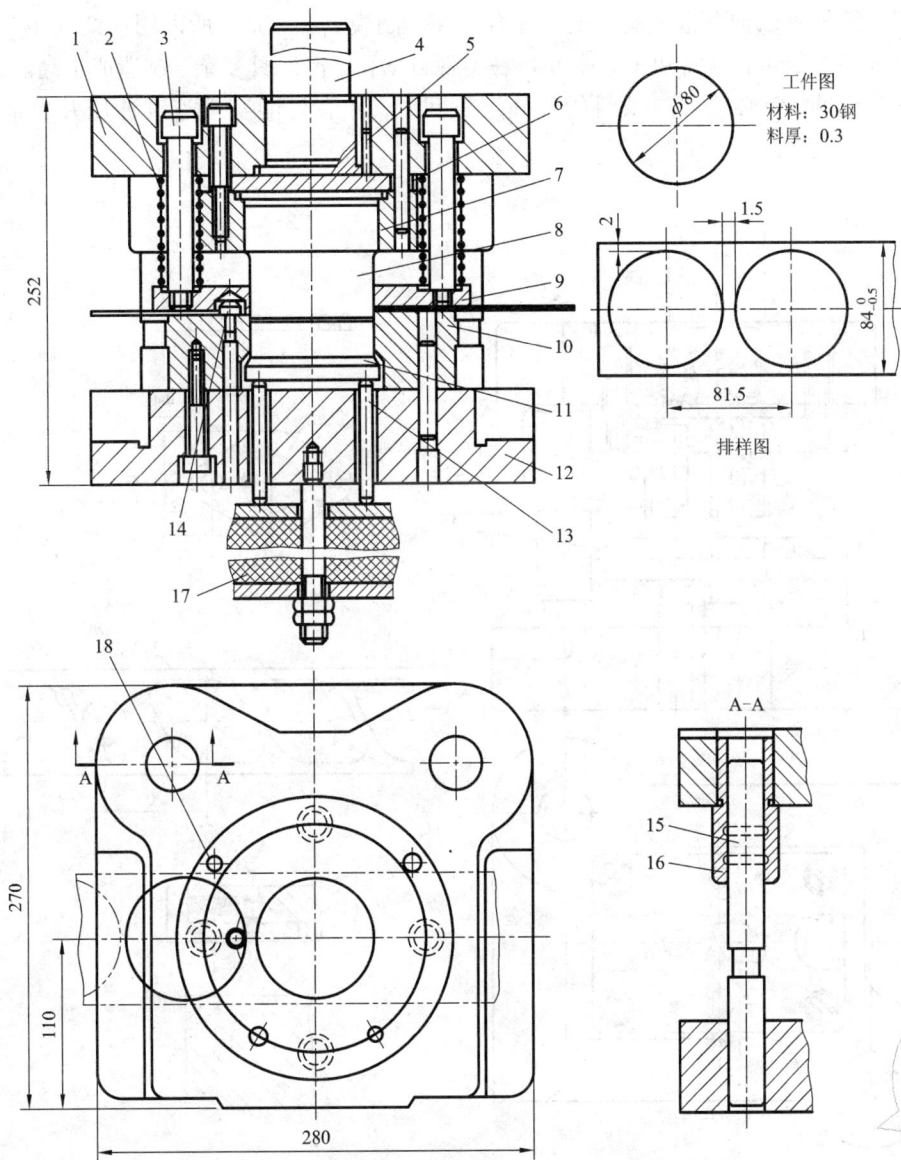

工件图

材料：30钢
料厚：0.3

排样图

图 2-45　落料模

1—上模座；2—卸料弹簧；3—卸料螺钉；4—模柄；5—止动销；6—垫板；7—凸模固定板；8—落料凸模；9—卸料板；
10—落料凹模；11—顶件板；12—下模座；13—顶杆；14—固定挡料销；15—导柱；16—导套；17—橡皮；18—导料销

图 2-45 为导柱式落料模，这副模具采用了由卸料板 9、卸料弹簧 2 与卸料螺钉 3 组成的弹性卸料装置和由安装在下模座下的橡皮 17、顶杆 13 与顶件板 11 组成的由下向上的弹性顶件装置。在冲压过程中不论对条料还是冲裁件均有良好的压料作用，所以冲出的工件表面比较平整，质量较好，特别适合于冲裁厚度较薄材质较软的冲裁件。

（2）连续冲模。

在压力机滑块每次行程中，在同一副模具的不同位置，同时完成二道或二道以上的工序的模具称为连续模，也称为级进模。

使用连续模可以把两道或更多的工序合并在一副模具中完成,所以用连续模生产可以减少模具和设备的数量,提高和生产率并容易实现自动化,但模具复杂、制造成本高。

用连续模冲压,必须解决条料的准确定位问题,才有可能实现连续冲压并保证工件的质量。

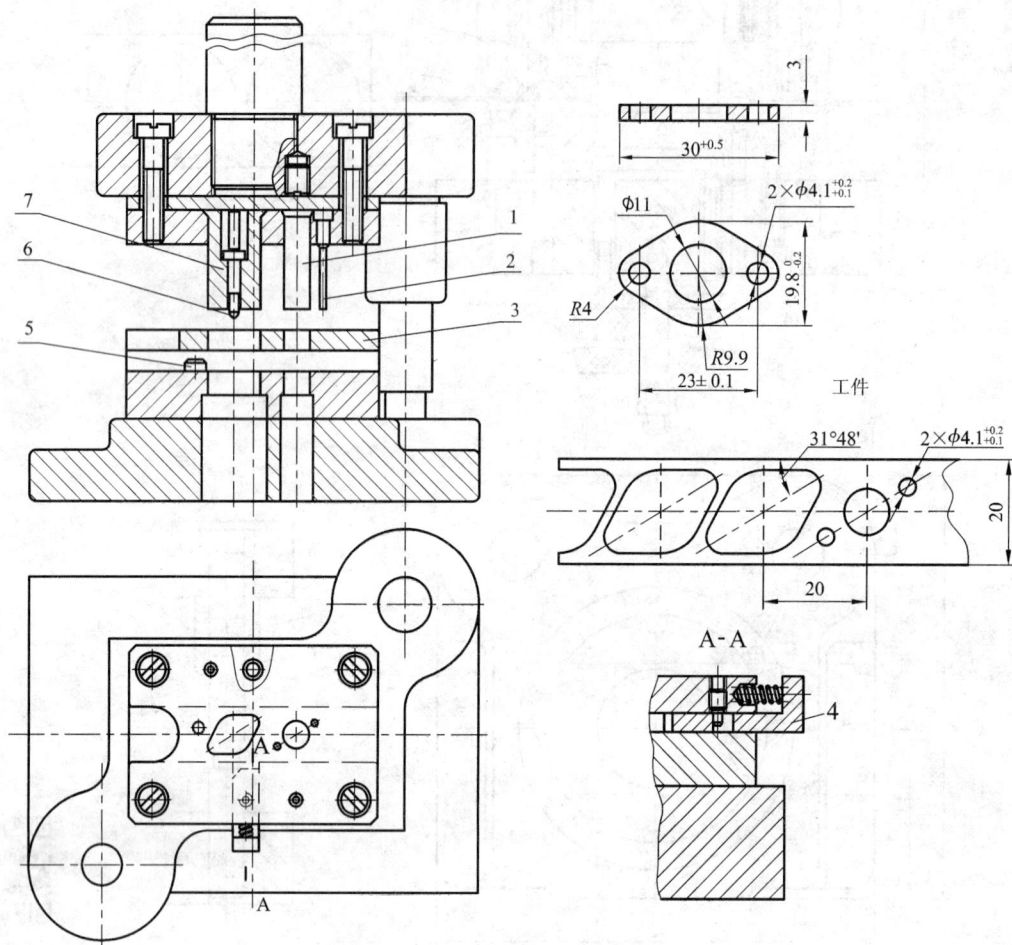

图 2–46 导正销定距连续模

1、2、7—凸模;3—固定卸料板;4—始用挡料销;5—挡料销;6—导正销

图 2–46 为导正销定距连续模,冲压时,始用挡料销 4 挡首件,上模下压,凸模 1、2 先将三个孔冲出,条料继续送进时,由固定挡料销 5 挡料,进行外形落料。此时,挡料销 5 只对步距起一个初步定位的作用。落料时,装在凸模 7 上的导正销 6 先进入已冲好的孔内,使孔与制件外形有较准确的相对位置,由导正销精确定位,控制步距。此模具在落料的同时冲孔工步也在冲孔,即下一个制件的冲孔与前一个制件的落料是同时进行的,这样就使冲床每一个行程均能冲出一个制件。

(3)复合冲模。

在压力机滑块每次行程中,在同一副模具的相同位置,同时完成二道或二道以上的工序

54

的模具称为复合模。

复合模的结构特征是具有一个既充当凸模又充当凹模的零件——凸凹模。

复合模的主要优点是结构紧凑，冲出的制件精度高、平整。但模具结构复杂，制造难度较大、成本较高。另外，凸凹模刃口形状与工件完全一致，其壁厚取决于制件相对应的尺寸，如果尺寸过小，则凸凹模强度差。

图 2 - 47 是倒装式复合模最典型的结构。凸凹模 18 装在下模，它的外轮廓起落料凸模的作用，而内孔起冲孔凹模的作用，故称凸凹模。它和固定板 19 一起装在下模座上，落料凹模 17 和冲孔凸模 15 则装在上模部分。

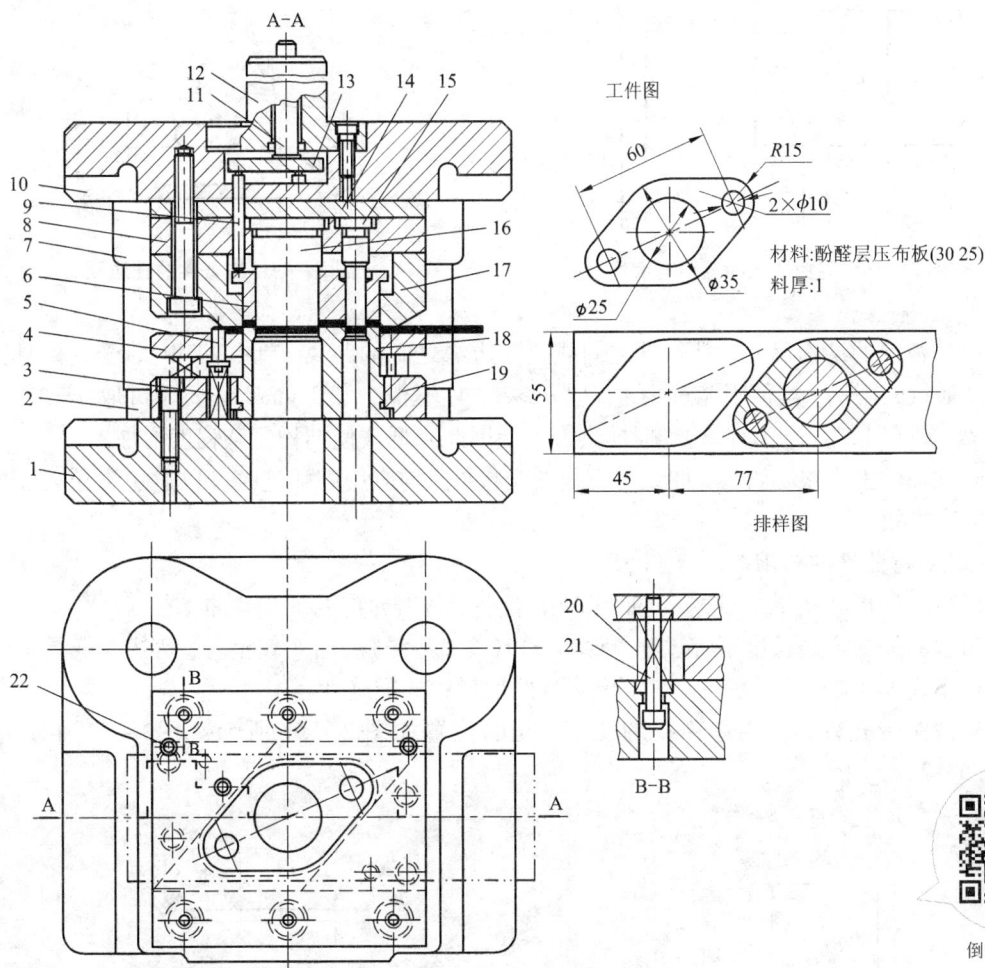

图 2 - 47　倒装式复合模

1—下模座；2—导柱；3、20—弹簧；4—卸料板；5—活动挡料销；6—推件杆；7—导套；
8—凸模固定板；9—连接推杆；10—上模座；11—打杆；12—凸缘模柄；13—推板；14—垫板；
15、16—冲孔凸模；17—落料凹模；18—凸凹模；19—固定板；21—卸料螺钉；22—导料销

2.3.4　冲压件的结构工艺性

冲压件的设计不仅应保证具有良好的使用性能，而且应具有良好的冲压工艺性能，以减少材料的消耗、延长模具寿命、提高生产率、降低成本及保证冲压件质量等。影响冲压工艺性的主要因素有：冲压件的形状、尺寸、精度及材料等。

（1）对冲裁件的要求。

1）落料件的外形和冲孔件的孔形应力求简单、对称。尽可能采用圆形或矩形等规则形状，应避免如图 2 - 48 所示的长槽或细长悬臂结构，否则使模具制造困难，降低模具寿命。

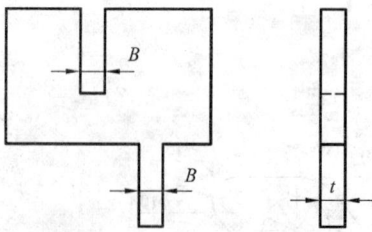

图 2 - 48　避免过长的悬臂与窄槽

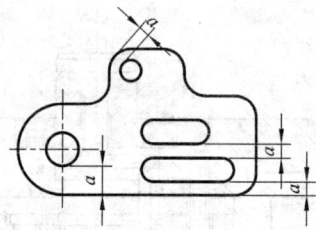

图 2 - 49　冲裁件的孔边距

2）冲裁件的结构尺寸。孔与孔之间或孔与边缘之间的距离 a（图 2 - 49），受到模具强度和冲裁质量的限制，其值不能过小，宜取 $a \geqslant 2t$，且不得小于 3 mm，必要时可取 $a = 1 \sim 1.5t$（当 $t \leqslant 1$ mm 时，按 $t = 1$ 计算），但模具寿命会因此降低或使结构复杂程度增加。

3）冲裁件上直线与直线、曲线与直线的交接处，均应用圆弧连接。以避免尖角处因应力集中而产生裂纹。

（2）对弯曲件的要求。

1）弯曲件形状应尽量对称，弯曲半径不能小于材料允许的最小弯曲半径。

2）弯曲件的弯边长度不宜过小，$h \geqslant R + 2t$（图 2 - 50）。当 h 较小时，弯边在模具上支持长度过小，不容易形成足够的弯矩，影响弯曲后形状的准确性。

3）弯曲带孔件时，为避免孔的变形，孔的位置如图 2 - 51 所示，图 2 - 51 中 L 应大于 $(1.5 \sim 2)t$。

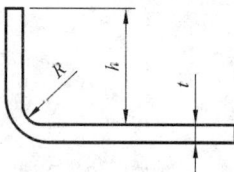

图 2 - 50　弯曲件的弯边长度

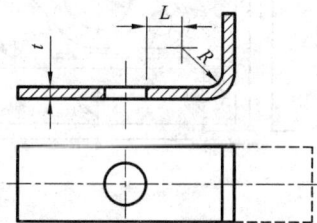

图 2 - 51　弯曲件孔的位置

（3）对拉深件的要求。

1）拉深件外形应简单、对称，深度不宜过大。以便使拉深次数最少，容易成形。

2）圆筒形件侧壁与底面或凸缘连接处的圆角半径 R_1、R_2（图 2 - 52），特别是 R_2 应尽量放大，以减少拉深次数，使零件容易成形。应取 $R_1 \geqslant t$，$R_2 \geqslant 2t$。最好取 $R_1 = (3 \sim 5)t$、$R_2 = (5 \sim 10)t$。

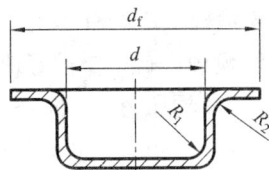

图 2 - 52　圆筒形拉深件

2.3.5　冲压件的精度和表面质量

对冲压件的精度要求，不应超过冲压工艺所能达到的一般精度，并应在满足需要的情况下尽量降低要求，否则将增加工艺过程，降低生产率，提高成本。

冲压工艺的一般精度：落料件不超过 IT10；冲孔件不超过 IT9；弯曲件不超过 IT10 ~ IT9；拉深件高度尺寸精度为 IT10 ~ IT8，直径尺寸精度为 IT10 ~ IT9，经整形后的尺寸精度可达 IT7 ~ IT6。

对冲压件表面质量的要求，一般应尽可能不要高于原材料所具有的表面质量，否则就要增加切削加工等工序，产品成本将大为提高。

2.4　其他塑性成形工艺

随着工业的不断发展，对塑性成形技术提出了越来越高的要求，该技术不仅仅用来生产毛坯，而且用在塑性成形加工后直接获得具有尺寸精度高和表面粗糙度低的机械构件。近年来，在塑性成形领域出现了许多先进的工艺方法，并得到迅速发展，如精密模锻、挤压、轧制及超塑性成形等。

（1）精密模锻。

精密模锻是在模锻设备上锻造出形状复杂、高精度锻件的锻造工艺，如精密锻造锥齿轮。其齿形部分可直接锻出而不必再切削加工。精密模锻件尺寸精度可达 IT15 ~ IT12，表面粗糙度 $R_a3.2 \sim 1.6$，可加工指数 $(M) = \dfrac{断裂韧性}{硬度} = \dfrac{K_{IC}}{Hv}$。图 2 - 53 是 TS12 差速齿轮锻件图。

保证精密模锻的措施：

1）精确计算原始坯料的尺寸，否则会增大锻件尺寸公差，降低精度。

2）精细清理坯料表面，除净坯料表面的氧化皮、脱碳层及其他缺陷等。

3）采用无氧化或少氧化加热法，尽量减少坯料表面形成的氧化皮。

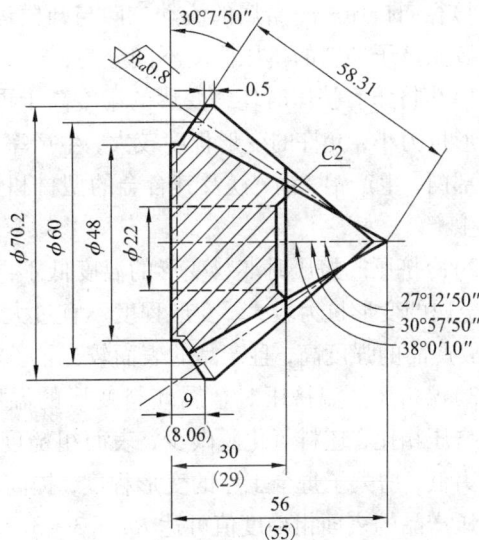

图 2 - 53　TS12 差速齿轮锻件图

4）精锻模膛的精度必须比锻件精度高两级。精锻模应有导柱导套结构，以保证合模准确。精锻模上应开有排气小孔，以减小金属的变形阻力，更好地充满模膛。

5）模锻进行中要很好地冷却锻模和进行润滑。精密模锻一般都在刚度大、运动精度高的设备（如曲柄压力机、摩擦压力机、高速锤等）上进行，它具有精度高、生产率高、成本低等优点。

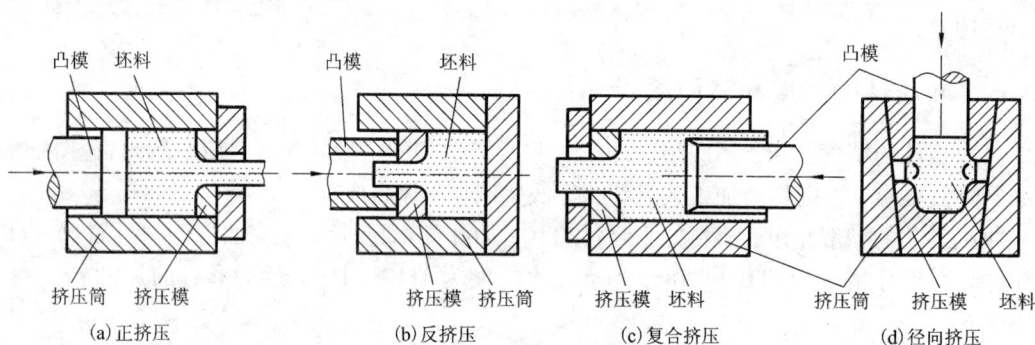

图2-54 挤压类型

（2）挤压。

挤压是使坯料在挤压模内受压被挤出模孔而变形的加工方法。按金属的流动方向与凸模运动方向的不同，挤压可分为如下四种：

1）正挤压——金属的流动方向与凸模运动方向相同［图2-54(a)］；

2）反挤压——金属的流动方向与凸模运动方向相反［图2-54(b)］；

3）复合挤压——在挤压过程中，一部分金属的流动方向与凸模运动方向相同，另一部分金属的流动方向与凸模运动方向相反［图2-54(c)］；

4）径向挤压——金属的流动方向与凸模运动方向呈90°［图2-54(d)］。

按照挤压坯料的挤压温度不同分为：

1）热挤压。挤压时坯料变形的温度高于再结晶温度，与锻造温度相同。热挤压中，金属的变形抗力小，允许的变形程度较大，生产率高，但产品表面较粗糙。热挤压广泛地应用于冶金部门，生产铝、铜、镁及其合金的型材和管材等。目前也越来越多地用于机器零件和毛坯的生产。

2）冷挤压。挤压时坯料变形的温度低于再结晶温度，经常是在室温条件下挤压。冷挤压中，金属的变形抗力较大，变形程度不宜过大。变形后的金属，其内部组织为冷变形强化组织，故产品的强度高，且产品的表面较光洁。

3）温挤压。温挤压时金属坯料变形的温度介于室温和再结晶温度之间（100~800℃）。与热挤压相比，坯料氧化脱碳少，表面粗糙度值低，产品尺寸精度较高。与冷挤压相比，变形抗力低，增大了每个工序的变形程度，提高了模具的寿命，扩大了冷挤压产品材料的品种。温挤压产品的表面粗糙度值可达 Ra 6.3~3.2，适合于挤压中碳钢和合金钢件。如电机不锈钢接头外壳，若采用冷挤压制作，需经多次挤压才能完成。现采用温挤压成形（变形温度360℃），只需两次挤压即可成形。

挤压工艺具有如下特点。

1)挤压时金属坯料处于三向受压状态,可提高金属坯料的塑性,因而适合于挤压的材料品种多,如非铁金属、碳钢、合金钢、不锈钢及工业纯铁等。在一定的变形量下,某些高碳钢、轴承钢、甚至高速钢等也可进行挤压。

2)可制出形状复杂、深孔、薄壁和异型断面的零件。

3)挤压零件的精度可达 IT7 ~ IT6,表面粗糙度值可达 Ra 3.2 ~ 0.4,从而可达到少、无屑加工的目的。

4)挤压变形后,零件内部的纤维组织基本上沿零件外形分布而不被切断,从而提高了零件的力学性能。

5)节省原材料。其材料利用率可达70%,生产率也较高,比其他锻造方法提高几倍。

挤压是在专用挤压机(液压式、曲轴式、肘杆式等)上进行的,也可在适当改造后的通用曲柄压力机或摩擦压力机上进行。

(3)轧制。

近些年来,用轧制工艺生产零件得到越来越广泛的发展。因为它具有生产率高、质量好、成本低,并可大量减少金属材料消耗等优点。根据轧辊轴线与坯料轴线方向的不同,轧制分为纵轧、横轧、斜轧、楔横轧等几种。

1)纵轧。

纵轧是轧辊轴线与坯料轴线互相垂直的轧制方法。它包括各种型材轧制和辊锻轧制等。

辊锻轧制是使坯料通过装有弧形模块的一对作相反旋转的轧辊,受压变形的生产方法(图2-55)。辊锻轧制既可作为模锻前的制坯工序,也可直接辊锻工件。目前,成形辊锻适用于生产如下三种类型的锻件。

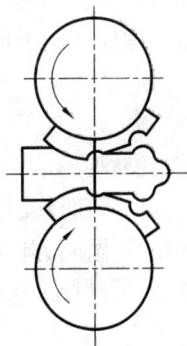

图2-55 辊锻示意图

①扁断面的长杆件,如扳手、活动扳手、链环等。

②带有不变形头部,而沿长度方向横截面面积递减的锻件,如叶片等。叶片辊锻成形与铣削成形相比,材料利用率提高4倍,生产率提高2.5倍,且叶片质量好。

③连杆件。用辊锻工艺锻制连杆生产率高,工艺过程得以简化,但需进行后续的精整工艺。

2)横轧。

横轧是轧辊轴线与坯料轴线互相平行的轧制方法,如辗环轧制、齿轮轧制等。

①辗环轧制它是用来扩大环形坯料的内外直径,获得各种环状零件的轧制方法(图2-56)。驱动辊1由电机带动旋转,利用摩擦力使坯料5在驱动辊和芯辊2之间受压变形。驱动辊还可由油缸推动做上下移动。改变1、2两辊间的距离,使坯料厚度逐渐变小,而直径得到扩大。导向辊3用以保持正确运送坯料。信号辊4用来控制环件直径。坯料变形到与辊4接触,信号辊立即发出信号,使辊1停止工作。

这种方法生产的环类件呈各种形状,如火车轮箍、轴承座圈、齿轮及法兰等。

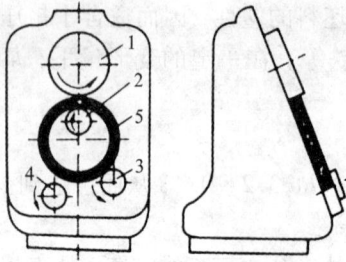

图 2－56　辗环轧制示意图

1—驱动辊；2—芯辊；3—导向辊；

4—信号辊；5—坯料

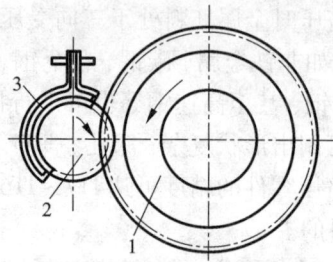

图 2－57　热轧齿轮示意图

1—轧轮；2—坯料；3—感应加热器

②齿轮轧制。采用热横轧可制造出直齿轮和斜齿轮(图 2－57)，这是一种无、少屑加工齿轮的新工艺。轧制前将坯料加热，然后使带有齿形的轧轮 1 作径向进给，迫使轧轮与坯料 2 对辗，这样坯料上的一部分金属受压形成齿谷，相邻部分的金属被轧轮齿部"反挤"而上升，形成齿顶。

3）斜轧。

斜轧亦称螺旋斜轧。它是轧辊轴线与坯料轴线相交一定角度的轧制方法(图 2－58)。如钢球轧制、周期轧制、冷轧丝杠等。螺旋斜轧采用两个带有螺旋形槽的轧辊，互相交叉成一定角度，并做同方向旋转，使坯料在轧辊间既绕自身轴线转动，又向前进，与此同时受压变形获得所需产品。产品形状由型槽决定，轧制过程连续进行。

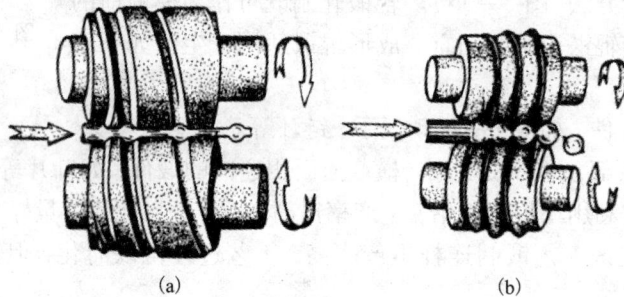

(a)　　　　　　　　　　　(b)

图 2－58　螺旋斜轧

思考练习题

1. 什么是塑性变形？塑性变形的实质是什么？
2. 碳钢在锻造温度范围内变形时，是否会产生冷变形强化现象？
3. 纤维组织是怎样形成的？它的存在有何利弊？
4. 解释"趁热打铁"的含意。
5. 为什么重要的巨型锻件必须采用自由锻造的方法制造？

6. 重要的轴类锻件为什么在锻造过程中安排镦粗工序？

7. 如何确定分模面的位置？为什么模锻生产中不能直接锻出通孔？

8. 摩擦压力机上模锻有何特点？

9. 板料冲压有何特点？

10. 弯曲变形程度用什么表示？

11. 拉深变形程度用什么表示？

12. 什么是连续模？有何特点？

13. 什么是复合模？有何特点？

第3章
焊接成形

　　焊接指通过局部的加热或加压(或两者并用)，使两块分离的金属借助于金属内部原子的结合力而形成永久性连接的加工方法。它是现代工业生产中用来制造各种金属构件和机械零件的重要加工方法之一。

　　焊接结构重量轻、省材料，焊接方法具有省工时、密封好、适应性广的特点，尤其能使大型复杂结构件简化为小型简单结构件，还能修补铸、锻件的缺陷和局部损坏的零件。因而焊接广泛地应用于汽车、船舶、压力容器、建筑、冶金设备、电子等工业领域。焊接也存在一些不足之处：结构不可拆，更换修理不方便；焊接接头组织性能变坏；存在焊接应力，容易产生焊接变形；容易出现焊接缺陷等。

　　按照焊接过程特点，焊接方法可分为熔化焊、压力焊、钎焊三大类。

　　熔化焊是将焊件结合处加热到熔化状态并加入填充金属，凝固后使之连成一体的焊接方法。常用的熔化焊有手工电弧焊、气焊、埋伏自动焊、氩弧焊和电渣焊等。

　　压力焊是对焊件的结合处施加压力或同时加热，使之紧密接触并产生塑性变形，通过原子间的结合使之连成一体的焊接方法。常用的压力焊有摩擦焊和电阻焊等。

　　钎焊是在焊件的结合处填充低熔点的钎料，将其加热至钎料熔化，冷却后连成一体的焊接方法。常用的钎焊有锡焊、铜焊和银焊等。

3.1　焊接的基本原理

3.1.1　焊接电弧

手工电弧焊

　　电弧实质是在一定条件下，电荷通过两极之间的气体空间的一种导电现象，或者说是一种气体放电现象，如图 3-1 所示。电极可以是碳棒、钨丝或焊条等。开始焊接时，先使焊条与焊件瞬时接触，然后将焊条略微提起，于是在焊条端部与焊件之间便产生了明亮的电弧，这是由于短路时强大的电阻热瞬时产生的高温，使两个电极(焊条与焊件)之间气体的中性分子或原子电离成带正电的阳离子和带负电的电子，这种电离称为热电离，同时，由阴极发射的电子对中性分子或原子的撞击也引起电离，这种电离称为碰撞电离。于是，这个气体空间便生成了许多带电粒子，在电场力作用下，这些带电粒子分别向两极运动，自由电子奔向阳极，阳离子奔向阴极。它们在运动途中和到达两极表面时，不断发生相互碰撞和复合，从而产生大量的热能和强烈的弧光，使电弧中心温度高达 5000~8000 K。焊接电弧所产生的热量与电极材料有关，如钨极电弧产生的热量比钢铁电极多，电弧温度也高，焊接电弧的热量还与焊接电流的大小成正比。电流增大，不仅焊条熔化速度加快，生产率提高，而且焊件的熔化深度也增大，所以厚度较大的焊件应该采用较大的电流进行焊接。手工电弧焊所用的焊接电流一般为 30～300 A。

在焊接电弧中，阳极区产生的热量和温度都比阴极区高。用钢焊条焊接钢材时，阳极区温度约为 2600 K，阴极区约为 2400 K。所以，采用直流电焊机焊接时有正接与反接之分。焊件接正极，焊条接负极，称为正接；反之，焊件接负极，焊条接正极，称为反接。正接时，焊件获得的热量较多，熔深较大。因此，除焊条有特殊要求以外，为保证焊透，一般生产中采用直流正接。交流电焊机焊接时，阴极、阳极不断交替变化，故不存在极性问题。

焊接电弧开始引燃时的电压称为引弧电压，即电焊机的空载电压，一般为 50～90 V。电弧稳定时的电压称为电弧电压，即焊接时的工作电压，其大小随电弧长度的增减而升降，一般为 15～35 V。当焊条直径和焊接电流一定时，如果电弧长度增加，则电弧电压升高，此时，焊件的熔化深度减小，空气中的氧、氮容易侵入熔化金属，而且电弧不稳，所以焊接时应该使电弧保持较短的长度，一般为 2～6 mm.

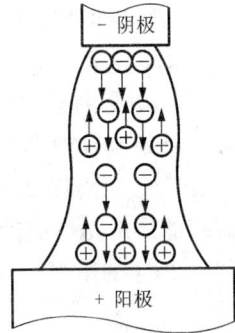

图 3-1 电弧结构图

3.1.2 焊接过程

焊接过程中，液态金属、溶渣和气体之间进行着一系列复杂的冶金反应，例如，金属的氧化与还原、气体的溶解与析出、有害杂质的去除等。因此，从某种意义上说，焊接熔池是一座微型的炼钢炉，但是焊接冶金过程比一般冶金过程条件差得多，这是由于电弧的高温使金属元素强烈蒸发与烧损，并提高了气体的活泼性；熔池体积小（2～3 cm^3），凝固快（从熔化到凝固仅 10 s 左右），并且电弧和熔化金属都暴露在空气中，所以焊接冶金反应难以达到平衡状态。

焊接过程一般是暴露在空气中进行的，而空气中的主要成分是氮气和氧气。焊接时，进入电弧区的空气以及熔池附近的铁锈、油污和材料表面的潮气，在电弧高温作用下将分解出原子态的氧、氮和氢。原子氧会与熔化金属中的铁、锰、硅等元素反应生成氧化物（FeO，MnO，SiO_2）；原子氮与液态金属中的铁反应生成脆性氮化物（Fe_4N，Fe_2N），结果，不仅使合金元素烧损，而且使焊缝金属的机械性能，尤其是塑性、韧性显著下降。同时，除了碳氧化生成的一氧化碳气孔以外，焊缝中还会产生氮气气孔和氢气气孔。这是因为原子态的氮和氢能大量溶解于高温液态金属中，而在随后的冷却过程中，溶解度又急剧下降，这些析出的气体如果在熔池凝固前来不及逸出，就会在焊缝内形成气孔。此外，原子氢如果溶解于焊接接头内，将使接头的塑性、韧性急剧下降，这种现象称为"氢脆"。

由此可见，电弧焊时，为了保证焊缝金属的化学成分与性能，除了必须清除焊件表面的铁锈、油污及烘干潮气外，还必须对液态金属进行机械保护和冶金处理。所谓机械保护，就是通过熔渣、保护气氛、真空等手段，机械地把液态金属与空气隔开，以防止空气中的氧、氮等气体侵入熔化金属。所谓冶金处理，就是通过冶金反应去除熔池中的氧、氢、硫等有害元素并向熔池中添加合金元素。

焊条电弧焊时，上述这些保证焊缝质量的措施，主要是通过带有药皮的焊条来实现的。埋弧焊是通过焊剂，而气体保护焊则是通过保护气体将高温熔池与空气隔离来实现的。

3.1.3 焊接接头的组织与性能

1. 焊接工件温度变化与分布

焊接时，电弧沿着工件逐渐移动并对工件进行局部加热。因此在焊接过程中，焊缝及其附近金属都由常温被加热到较高的温度，然后再逐渐冷却到常温。但随着各点金属所在位置的不同，其最高加热温度是不同的。图3-2给出了焊接时焊件横截面上不同点的温度变化情况。由于各点离焊缝中心距离不同，所以各点最高温度不同。但总地看来，在焊接过程中，焊缝的形成是一次冶金过程，焊缝附近区域金属相当于受到一次不同规范的热处理，必然会产生相应的组织与性能的变化。

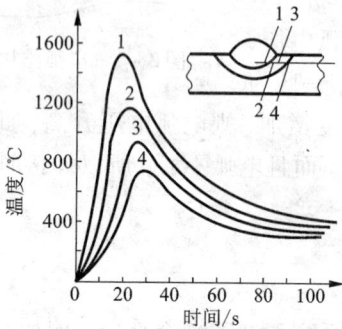

图3-2 焊缝附近区各点温度曲线

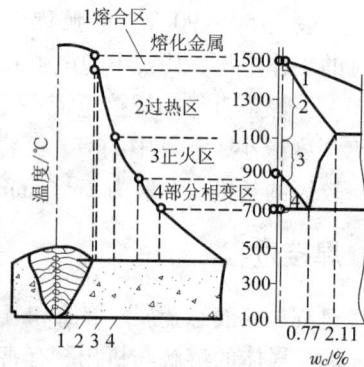

图3-3 低碳钢焊件的横截面组织

2. 焊接接头的组织与性能

下面以低碳钢为例说明焊缝和焊缝附近区域由于受到电弧不同程度的加热而产生的组织性能的变化。图3-3左侧下部是焊件的横截面，上部是相应各点在焊接过程中被加热的最高温度曲线(并非某一瞬时该截面的实际温度分布曲线)。图3-3中1、2、3等各段金属组织的获得，可用右侧所示的部分铁-碳合金状态图来对照分析。

(1)焊缝。

焊缝的结晶是从熔池底壁开始向中心成长的。因结晶时各个方向冷却速度不同，从而形成柱状的铸态组织，其由铁素体和少量珠光体所组成。因结晶是熔池底部的半熔化区开始逐次进行的，低熔点的硫、磷杂质和氧化铁等易偏析物集中在焊缝中心区，将影响焊缝的力学性能。因此，应慎重选用焊条。

焊接时，熔池金属受电弧吹力和保护气体吹动，熔池底壁柱状晶体的成长受到干扰，柱状体呈倾斜状，晶体有所细化。同时由于焊接材料的渗合金作用，焊缝金属中锰、硅等合金元素含量可能比母材(即焊件)金属高，焊缝金属的性能可能不低于母材的性能。

(2)焊接热影响区。

焊接热影响区指焊缝两侧金属因焊接作用而发生组织和性能变化的区域。由于焊缝附近各点受热情况不同，热影响区可分为熔合区、过热区、正火区和部分相变区。

1）熔合区。熔合区是焊缝和基体金属的交界区。此区温度处于固相线和液相线之间，由于焊接过程中母材部分熔化，所以也称为半熔化区。此时，熔化的金属凝固成铸态组织，未熔化金属因加热温度过高而成为过热粗晶。在低碳钢焊接接头中，熔合区虽然很窄（0.1～1 mm），但因其强度、塑性和韧性都下降，而且此处接头断面变化大，易引起应力集中，所以熔合区在很大程度上决定着焊接接头的性能。

2）过热区。被加热到 Ac_3 以上 100～200℃至固相线之间的温度区间。由于奥氏体晶粒急剧长大，形成过热组织，故塑性及韧性降低。对于易淬火硬化钢材，此区脆性更大。

3）正火区。被加热到 Ac_3 以上 100～200℃之间的区间。加热时金属发生重结晶，转变为细小的奥氏体晶粒。冷却后得到均匀而细小的铁素体和珠光体组织，其力学性能优于母材。

4）部分相变区。相当于加热到 Ac_1～Ac_3 温度区间。珠光体和部分铁素体发生重结晶，转变成细小的奥氏体晶粒。部分铁素体不发生相变，但其晶粒有长大趋势。冷却后晶粒大小不均，因而力学性能比正火区稍差。

焊接热影响区的大小和组织性能变化的顺序，决定于焊接方法、焊接参数、接头形式和焊后冷却速度等因素。表 3－1 表示不同焊接方法焊接低碳钢时，焊接热影响区的平均尺寸数值。

表 3－1　不同焊接方法热影响区的平均尺寸数值

焊接方法	过热区宽度/mm	热影响区总宽度/mm
焊条电弧焊	2.2～3.5	6.0～8.5
埋弧自动焊	0.8～1.2	2.3～4.0
手工钨极氩弧焊	2.1～3.2	5.0～6.2
气焊	21	27
电渣焊	18～20	25～30
电子束焊接	—	0.05～0.75

同一焊接方法使用不同焊接参数时，热影响区的大小不相同。在保证焊接质量的条件下，增大焊接速度或减少焊接电流都能减少焊接热影响区的尺寸。

（3）改善焊接热影响区组织和性能的方法。

焊接热影响区在电弧焊接接头中是不可避免的。用焊条电弧焊或埋弧焊方法焊接一般低碳钢结构时，因热影响区狭窄，危害性较小，焊后不进行处理即可使用。但对重要的碳钢构件、合金钢构件或用电渣焊焊接的构件，则必须注意热影响区带来的不利影响。为消除其影响，一般采用焊后正火处理，使焊缝和焊接热影响区的组织转变为均匀的细晶结构，以改善焊接接头的性能。

对焊后不能进行热处理的金属材料或构件，则只能正确选择焊接方法与焊接工艺以减少焊接热影响区的范围。

1）合理选择电弧焊接方法与焊接规范。

用焊条电弧焊或埋弧焊焊接一般低碳钢时，因热影响区较窄，危害性较小，但对合金钢件接头应选择小能量多道焊接来减少热影响区的危害。对特别重要的接头则可选择电子束或激光焊接。

2）焊后热处理。

为了改善热影响区尤其是过热区的危害，焊后应进行退火处理，如中碳钢或合金结构钢构件，电渣焊接头等。

3.1.4 焊接应力与变形

焊接过程是一个极不平衡的热循环过程，即焊缝及其相邻区金属都要由室温被加热到很高温度（焊缝金属处于液态），然后再快速冷却下来。在这个热循环过程中，由于焊件各部分的温度不同，随后的冷却速度也各不相同，因而焊件各部分在热胀冷缩及塑性变形的影响下，必将产生内应力，形成裂纹。

焊缝是靠一个移动的点热源加热，然后逐次冷却下来形成的。因而应力的形成、大小分布状况较为复杂。为简化问题，假定整条焊缝同时形成。焊缝及其相邻区金属处于加热阶段时都会膨胀，但受到焊件冷金属的阻碍，不能自由伸长而受压，形成压应力。该压应力使处于塑性状态的金属产生压缩变形。随后再冷却到室温时，其收缩又受到周边冷金属的阻碍，不能缩短到自由收缩所应达到的位置，因而产生焊接应力。图 3－4 所示为平板对接焊缝和钢筒环形焊缝的焊接应力分布状况。以"＋"表示拉应力，"－"表示压应力。

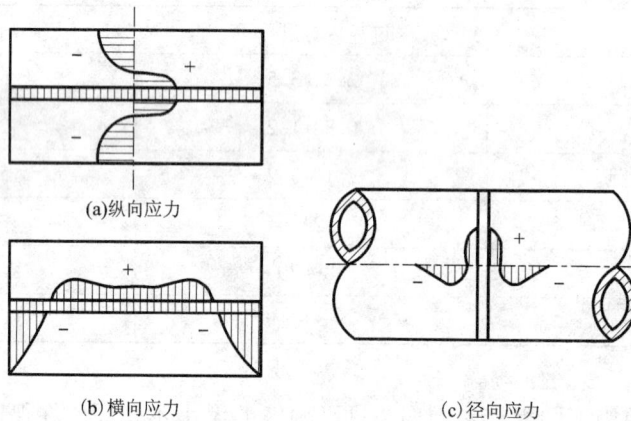

(a)纵向应力

(b)横向应力　　　　　　　　　　　(c)径向应力

图 3－4　平板对接焊缝和圆筒环形焊缝的焊接应力

焊接应力的存在将影响焊接构件的使用性能，其承载能力大为降低，甚至在外载荷改变时可能出现脆断的危险后果。为降低焊接应力，可采取如下措施：

（1）在结构设计时应选用塑性好的材料，要避免使焊缝密集交叉，避免使焊缝截面过大和焊缝过长。

（2）在施焊中应确定正确的焊接次序。焊前对焊件预热是较为有效的工艺措施，这样可减弱焊件各部位间的温差，从而显著减小焊接应力。焊接中采用小能量焊接方法或锤击焊缝亦可减小焊接应力。

（3）当需较彻底地消除焊接应力时，可采用焊后去应力退火方法来达到。此时可将焊件加热到 500～650℃，保温后缓慢冷却至室温。

(4)亦可采用水压试验或振动法消除焊接应力。

焊接应力的存在会引起焊件的变形。焊接变形的基本类型如图 3－5 所示。具体焊件会出现哪种变形，与焊件结构、焊缝布置、焊接工艺及应力分布等因素有关。一般情况下，结构简单的小型焊件，焊后仅出现收缩变形，焊件尺寸减小。当焊件坡口横截面的上下尺寸相差较大或焊缝分布不对称，以及焊接次序不合理时，焊件易发生角变形、弯曲变形或扭曲变形。对于薄板焊件，最容易产生不规则的波浪变形。

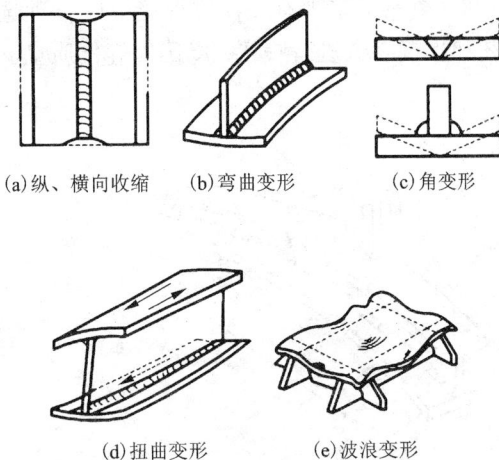

(a)纵、横向收缩　　(b)弯曲变形　　(c)角变形

(d)扭曲变形　　(e)波浪变形

图 3－5　焊接变形的基本类型

焊件出现变形将影响使用，过大的变形量将使焊件报废，因此必须加以防止和消除。当对焊件的变形有较高限定时，在结构设计中采用对称结构、大刚度结构或焊缝对称分布结构，都可减少或不出现焊接变形。施焊时，采用反变形(图 3－6)措施或刚性夹持方法(图 3－7)，都可减少焊件的变形。但刚性夹持法不适合焊接淬硬性较大的钢结构件和铸铁件。

(a)焊前反变形　　　　　　　　(b)焊后

图 3－6　平板焊反变形

尽可能对称地选择焊接次序，这样可使焊件受热区的温度分布更加均衡，开始焊接时产生的变形可被后来焊接部位的变形所抵消，从而获得无变形的焊件(图 3－8)。对于焊后变形小但已超过允许值的焊件，可采用机械矫正法(图 3－9)或火焰加热矫正法(图 3－10)加以消除。火焰加热矫正焊件时，要注意加热部位，使焊件在加热一冷却后产生相反方向的变形，以消除焊接时产生的变形。

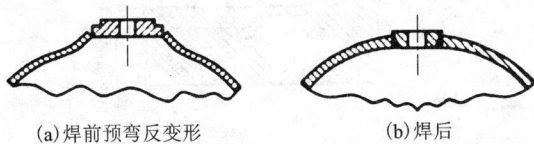

(a)焊前预弯反变形　　　　(b)焊后

图 3－7　刚性夹持

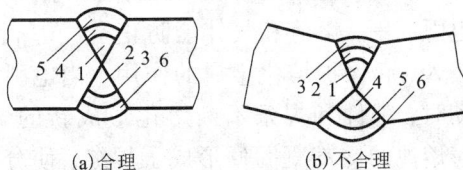

(a)合理　　　　　　(b)不合理

图 3－8　焊接次序

焊接应力过大的严重后果是使焊接产生裂纹。焊接裂纹存在于焊缝或热影响区的熔合区，而且往往是内裂纹，危害很大。因此，对重要焊件，焊后应进行焊接接头的内部探伤检

查。焊件产生裂纹也与焊接材料的成分(如硫、磷含量高)、焊缝金属的结晶特点(结晶区间大小)和含氢量的多少有关。故焊接中应合理选材,采取措施减小应力,并应选用合理的焊接工艺和焊接参数进行焊接,以确保焊件质量。

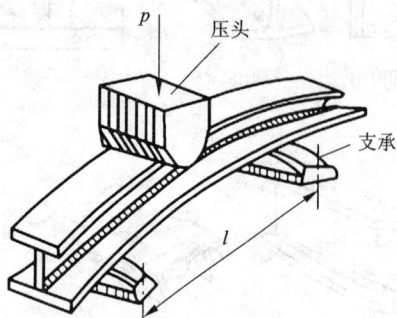

图3-9 机械矫正法

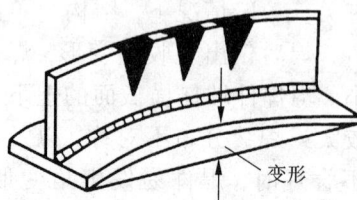

图3-10 火焰加热矫正法

3.2 常用电弧焊方法

3.2.1 焊条电弧焊

焊条电弧焊是利用焊条与工件间产生电弧热,将工件和焊条熔化而进行焊接的方法。

焊条电弧焊的主要设备有交流电焊机和直流电焊机。焊条电弧焊操作灵活,设备简单,适用于各种接头形式和焊接位置,是目前应用最广泛的焊接方法。

1. 电弧焊的焊接过程

焊条电弧焊的焊接过程如图3-11所示。电弧在焊条和被焊工件间燃烧,电弧热使工件和焊条同时熔化形成溶池,也使焊条的药皮熔化和分解,药皮熔化后与液态金属发生物理化学反应,所形成熔渣不断从熔池中浮起;药皮受热分解产生大量的CO_2和H_2等保护气体,围绕在电弧周围,熔渣和气体能防止空气中氧和氮的侵入,起保护熔化金属的作用。当电弧向前移动时,工件和焊条不断熔化形成新的熔池。随着熔池的冷却凝固便形成了焊缝,使分离的焊件连成整体。覆盖在焊缝表面的熔渣也逐渐

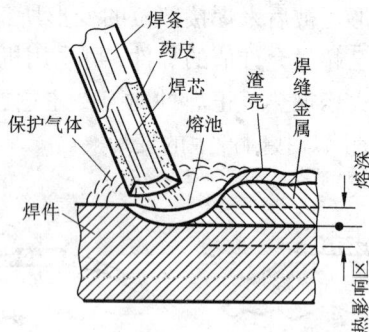

图3-11 焊条电弧焊焊接过程

凝固成为固态渣壳。这层熔渣和渣壳对焊缝成形的好坏和减缓金属的冷却速度有着重要的作用。焊缝质量由很多因素决定,如母材金属和焊条的质量、焊前的清理程度、焊接时电弧的稳定情况、焊接操作技术、焊后冷却速度以及焊后热处理等。

68

2. 焊条

(1)焊条的组成及其作用。

焊条由金属焊芯和药皮组成。焊芯是焊接专用的金属丝,作用是导电、生弧和作为填充金属,熔化后与熔化的母材共同形成焊缝。作为焊缝的填充金属,焊芯钢丝都是专门冶炼的,并且特别规定了它们的牌号和成分。按照 GB 1300—1977《焊接用钢丝》规定,焊接用钢丝分为碳素钢、合金钢和不锈钢三类,牌号冠以"焊"字,代号为"H",其后的数字和符号意义与结构钢牌号相同。焊接碳钢和低合金结构钢时,一般用低碳钢焊丝 H08、H08A、H08MnA 作为焊芯。为保证焊缝的塑性和韧性,上述焊丝中硫、磷、硅的含量,比通常的碳素结构钢和合金结构钢都要低。

药皮是黏结在焊芯外面的涂料层,药皮的成分相当复杂,一般由 7～15 种原料配制而成。药皮在焊接过程中对保证焊缝质量和改善工艺性能起着极其重要的作用。药皮的主要作用有:稳弧、造气、造渣、脱氧、合金化和改善熔滴过渡。

(2)焊条的种类、型号和牌号。

焊条的种类很多,按化学成分不同分为七大类,即碳钢焊条、低合金钢焊条、不锈钢焊条、堆焊焊条、铸铁焊条、铜及铜合金焊条、铝及铝合金焊条等。按药皮熔渣的化学性质可分为酸性焊条和碱性焊条。

国家标准 GB 5117—1995 规定以"E"加四位数字表示碳钢焊条。如 E4303、E5015、E5016 等。"E"表示焊条;前两位数字表示焊缝金属的最低抗拉强度值(MPa);第三位数字表示焊接位置("0"或"1"表示全位置焊接;"2"表示平焊及平角焊位置);第三位和第四位组合起来表示焊接电流种类及药皮类型("03"为钛钙型药皮,交直流两用;"05"表示低氢型药皮,直流焊接)。

焊条牌号是焊条行业统一的焊条代号。焊条牌号一般用一个大写拼音字母和三位数字表示,如 J422、J507 等。拼音字母表示焊条的大类,如"J"表示结构钢焊条(碳钢焊条和普通低合金钢焊条),"A"表示奥氏体不锈钢焊条,"Z"表示铸铁焊条等;前两位数字表示各大类中若干小类,如结构钢焊条前两位数字表示焊缝金属抗拉强度等级;最后一位数字表示药皮类型和电流种类(1～5 为酸性焊条,6、7 为碱性焊条)。

酸性焊条适合各种电源、操作性较好、电弧稳定、成本低,但焊缝塑、韧性稍差,渗合金作用弱,故不宜焊接承受动载荷和要求高强度的重要结构件。碱性焊条一般要求采用直流电源,焊缝塑、韧性好,抗冲击能力强,但操作性差,电弧不够稳定,价格较高,故只适合焊接重要结构件。

(3)焊条的选用原则。

焊条种类很多,选用是否得当,直接影响焊接质量、生产效率和产品成本。选用焊条时通常要考虑以下几个方面。

1)等强度原则。结构钢的焊接,一般应使得焊缝金属与母材等强度,即焊条的强度等级等于或稍高于母材的强度。对于不要求等强度的接头,可选用强度等级比母材低的焊条。

2)同成分原则。对特殊用钢(耐热钢、低温钢、不锈钢等)的焊接,为保证接头的特殊性能,应使得焊缝金属的主要合金成分与母材相同或相近。

3)抗裂性要求。通常对要求塑性好、冲击韧性高、开裂能力强或低温性能好的,且刚性大、结构复杂或承受动载构件焊接时,应选用抗裂性好的碱性焊条。

4)抗气孔要求。对于难以焊前清理,容易产生气孔的焊件,应选用酸性焊条。

5)低成本要求。在酸、碱性焊条都能满足要求时,一般应选用酸性焊条。

以上几条,前两条原则一般必须遵循,后三条应视具体情况而定。

3.2.2 埋弧焊

焊条电弧焊时,引燃电弧、维持弧长、移动电弧以及焊接结束时填满弧坑等动作完全是靠手工进行的。所以手弧焊生产效率低,而且工人的技术水平和思想情绪对焊接质量影响很大,产品质量不够稳定。如果手弧焊的上述几个焊接动作完全由机械自动完成,则上述缺点就能得到较好的克服,埋弧焊就是为了满足这种要求而出现的。

1. 埋弧焊

埋弧焊的焊接过程如图 3 - 12 所示。焊接电源两极分别接在导电嘴和焊件上。颗粒状焊剂由漏斗流出后,均匀地堆敷在装配好的焊件上,40 ~ 60 mm 厚。由送丝电机驱动的送丝滚轮,靠摩擦力把焊丝盘上的焊丝经导电嘴往下送进。

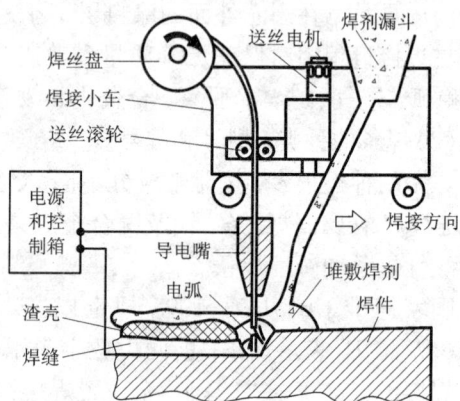

图 3 - 12 埋弧焊

当焊丝末端与焊件之间引燃电弧后,电弧热使周围的焊剂熔化以致部分蒸发,金属和熔剂的蒸发气体形成一个气泡,电弧就在这个气泡内燃烧,气泡上部被一层渣膜所包围,这层渣膜把空气与电弧和熔池有效地隔开,并使电弧更加集中,同时,还能使有碍操作的弧光不致散发出来。

为了实现电弧的自动移动,送丝机构、焊丝盘、焊剂漏斗和控制盘等全都装在一台小车上。焊接时,只要按下启动按钮,整个焊接过程(包括引弧,稳弧,送进焊丝,移动电弧及焊接结束时填满弧坑等)都将自动进行。由于采用光焊丝,且导电嘴长度仅为 50 mm,同时,渣膜可防止金属滴的外溅,所以埋弧焊可采用大电流(300 ~ 2000 A)进行焊接,使焊接速度和熔深大大增加。

埋弧焊与手弧焊一样,焊前应将焊缝两侧 50 ~ 60 mm 内的一切污垢及铁锈清除干净,以保证焊缝质量。

2. 埋弧焊的特点

埋弧焊的特点是焊接质量好、生产效率高、劳动条件好,但设备复杂、成本高,不能全方位施焊,主要用于成批生产水平位置的长直焊缝或大直径环状焊缝的中厚板焊接,如船舶、锅炉、桥梁等结构。

3. 埋弧焊的焊丝与焊剂

埋弧焊时,焊丝的作用相当于焊芯,焊剂的作用相当于药皮。在焊接过程中,焊剂能隔离空气,使焊缝金属免受空气侵害,同时对熔池金属起类似焊条药皮的一系列冶金作用。因此,焊丝和焊剂是决定焊缝金属成分和性能的主要因素,应合理选用。

常用焊剂的使用范围及配用焊丝见表 3 - 2。

表 3 - 2　国产焊剂使用范围及配用焊丝

牌号	焊剂类型	配用焊丝	使用范围
HJ130	无锰高硅低氟	H10Mn2	低碳钢及低合金结构钢如 Q345(16Mn) 等
HJ230	低锰高硅低氟	H08MnA，H10Mn2	低碳钢及低合金结构钢
HJ250	低锰中硅中氟	H08MnMoA，H08Mn2SiA	焊接 15MnV、14MnMoV、18MnMoNb 等焊
HJ260	低锰高硅中氟	Cr19Ni9	焊接不锈钢
HJ330	中锰高硅中氟	H08MnA，H08Mn2	重要低碳钢及低合金钢，如 15#钢、20#钢、16Mn 钢等
HJ350	中锰中硅中氟	H08MnMoA，H08MnSi	焊接含 MnMo、MnSi 的低合金高强度钢
HJ431	高锰高硅低氟	H08A，H08MnA	低碳钢及低合金结构钢

4. 埋弧焊工艺

埋弧焊要求更仔细地下料，准备坡口装配。焊接前，应将焊缝两侧 50 ~ 60 mm 内的一切污垢与铁锈清除掉，以免产生气孔。

埋弧焊一般在平焊位置焊接。对焊接厚 20 mm 以下工件时，可以采用单面焊。如果设计

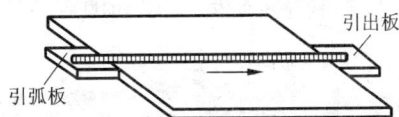

图 3 - 13　埋弧焊引弧板与引出板

上有要求（如锅炉或容器）也可双面焊接。当厚度超过 20 mm 时，可进行双面焊接，或采用开坡口单面焊接。由于引弧处和断弧处质量不易保证，焊前应在接缝两端焊上引弧板与引出板（图 3 - 13），焊后再去掉。

为了保持焊缝成形和防止烧穿，生产中常采用各种类型的焊剂垫板（图 3 - 14），或者先用焊条电弧焊封底。

焊接筒体对接焊缝时（图 3 - 15），工件以一定的焊接速度旋转，焊丝位置不动。为防止熔池金属流失，焊丝位置应逆旋转方向偏离焊件中心线一定距离 a，其大小视筒体直径与焊接速度等而定。

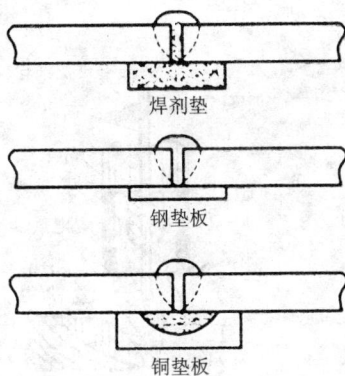

图 3 - 14　埋弧焊垫板，焊剂垫板

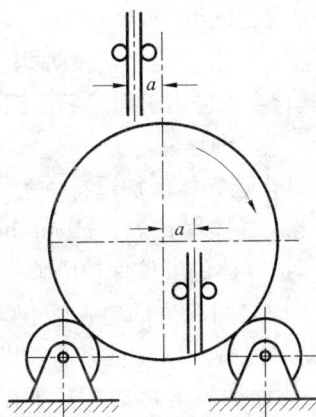

图 3 - 15　筒体对接埋弧焊

3.2.3 气体保护电弧焊

1. 惰性气体保护焊

惰性气体保护焊是以氩、氦、氖等惰性气体作为保护气体的气体保护电弧焊。由于氩气相对容易获得，故常用氩气来起保护作用（图3-16），又称为氩弧焊。

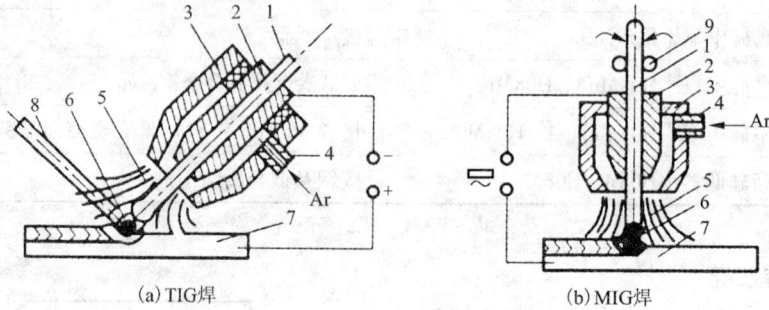

(a) TIG焊　　　　(b) MIG焊

图3-16 氩弧焊

1—焊丝或电极；2—导电嘴；3—喷嘴；4—透气管；
5—氩气流；6—电弧；7—工件；8—填充焊丝；9—送丝辊轮

在高温下，氩气不与金属起化学反应，也不溶于金属，因此氩弧焊的质量很高，氩弧焊按所用电极的不同，可分为不熔化极氩弧焊［因常用钨极，故又称钨极氩弧焊 TIG(tungsten inert gas arc welding)］和熔化极氩弧焊［MIG(metal inert gas welding)］。由于氩气只起保护作用，焊接冶金过程比较单纯，所以焊接前必须把接头表面清理干净。

氩弧焊主要有以下特点：

(1)适用于焊接各类合金钢，易氧化的非金属及锆、钽、钼等稀有金属材料。

(2)氩弧焊电弧稳定，飞溅小，焊缝致密，表面没有熔渣，成形美观。

(3)电弧和熔池区受气流保护，明弧可见，便于操作，容易实现全位置自动焊接。

(4)电弧在气流压缩下燃烧，热量集中，熔池较小，焊接速度较快，焊接热影响区较窄，因而工件焊后变形小。

由于氩气价格较高，氩弧焊目前主要用于焊接铝、镁、钛及其合金，也用于焊接不锈钢、耐热钢和一部分重要的低合金结构钢焊件。

2. 二氧化碳气体保护焊

二氧化碳气体保护焊(carbon-dioxide arc welding)是以 CO_2 为保护气体的气体保护电弧焊。它用焊丝作电极，靠焊丝和焊件之间产生的电弧熔化工件与焊丝，熔池凝固后成为焊缝。焊丝的送进靠送丝机构实现。

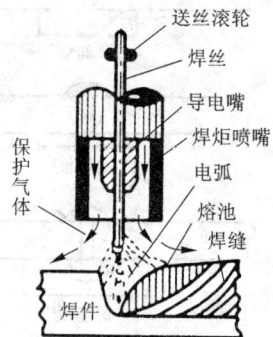

图3-17 二氧化碳气体保护焊

CO_2 气体保护焊的焊接装置如图3-17所示。焊丝由送丝机构送入送丝软管，再经导电嘴送出。CO_2 气体从焊炬喷嘴中以一定流量喷出。电弧引燃后，焊丝端部及熔池被 CO_2 气体所包围，故可防止空气对高温金属的侵害。但 CO_2 是氧化性气体，在电弧热作用下能分解为 CO 和 O_2，与熔池中的铁、碳及其他金属元素作用，易造成气体的强烈飞溅，使焊缝含氧量增加并烧损。为保证焊接质量和焊缝的合金成分，需采用锰、硅含量高的焊接钢丝或含有相应合金元素的钢焊丝。例如，焊接低碳钢常选用 H08MnSiA 焊丝，焊接低合金结构钢则常选用 H08Mn2SiA。

CO_2 气体保护焊主要用于低碳钢和普通低合金的焊接，如机车车辆、汽车、拖拉机等结构。

3.2.4 等离子弧焊接与切割

1. 等离子弧的形成和特点

由物理学可知，处于极高温度下的气体可高度离解，成为几乎全部由阳离子和电子组成的电离气体，称为等离子体。它是物质三态(固态、液态、气态)之外的第四态。一般的焊接电弧，未受到外部拘束，气体电离程度不高，弧柱截面随功率的增加而增加，能量不集中，称为自由电弧。如果把前述钨极氩弧焊的钨极缩入焊炬内，再加一个带有上直径孔道的铜质水冷

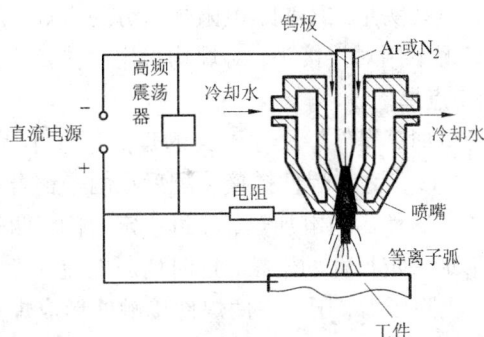

图 3 - 18 等离子弧焊接

喷嘴，即压缩嘴(图 3 - 18)，这样电弧在冲出喷嘴时就会受到三种压缩作用：一是喷嘴细孔道的机械压缩，称为机械压缩效应；二是水冷喷嘴使弧柱外层冷却，迫使带电粒子流向弧柱中心收缩，称为热收缩效应；三是无数根平行通电导体的弧柱所产生的自身磁场，使弧柱进一步受到收缩，称为磁压缩效应。在以上三种压缩效应作用下，电弧便成为弧柱直径很细、气体高度电离、能量非常密集的等离子体。

用来产生等离子弧的气体称为等离子气。等离子弧焊接时，常用氩气作等离子气，同时还需要另外通入氩保护气体。等离子弧切割时，常用富氮的氮氢混合气体作等离子气，不另通入保护气体。

2. 等离子弧焊接

等离子弧的特点是焊接速度快、焊缝成形好、生产效率高，但设备复杂、成本高，主要用于各种难熔、易氧化及某些热敏感性强的金属材料(钨、铍、铜、铝、钽、镍、钛及其合金以及不锈钢、超高强度钢)的焊接，目前广泛应用于国防工业及尖端技术领域。

3. 等离子弧切割

目前工业生产中切割金属最常用的方法是气割。它是利用氧气将金属剧烈氧化成液态渣，然后吹除而实现切割的。气割主要适用于低、中碳钢和低合金结构钢。对于不锈钢、铜、铝等难以气割或不能气割的金属材料，可采用等离子弧切割。这种切割方法是利用等离子弧能量密集和高速等离子流冲力大的特点，把金属局部迅速熔化，并立即吹离而形成切口的。等离子弧切割的切口狭窄、整洁、平直、变形小，热影响区小，切割厚度可达 150 ~ 200 mm，切割速度一般高达每小时几十至上百米。目前，它已成功切割各种耐高温、易氧化、导热性好的金属材料(如不锈钢，耐火砖等)。随着空气等离子弧切割技术(利用压缩空气作为等离子弧切割气体)的发展及切割成本的降低，它有逐步扩大到用于切割碳钢和低合金钢的趋势。

3.2.5 电阻焊

电阻焊是利用电流通过接触面及其邻近区域所产生的电阻热作为热源的一种焊接方法。

根据焦耳－楞次定律，电阻焊过程中产生的热量为：$Q = I^2Rt$。

由于焊件本身及其接触处的总电阻 R 很小，为提高生产率，减少热量损失，通电加热时间也很短（一般为 0.01 秒至几秒），所以欲获得足够的热量，使焊接接头迅速达到焊接所需要的高温，电阻焊必须使用几千至几万安培的强大电流（电压仅几伏），这种强大电流由电阻焊机上专用的大功率变压器来供给。电阻焊机装有加压结构，可对接头施加几十兆帕的压力。

根据接头形式不同，电阻焊可分为点焊、焊缝和对焊三种。点焊、缝焊都采用搭接接头，个别情况下用对接接头；对焊均采用对接接头。

1. 点焊

点焊时，焊件靠尺寸不大的焊点形成牢固接头。如图 3－19 所示，焊件搭接装配后在两个铜合金电极间预压压紧然后通电加热，经过一定时间，两焊件接触处形成一定尺寸的熔核，这时切断电流，待熔核凝固后，去除压力，于是在两焊件接触处形成焊点。熔核周围的环状塑性变形区称为塑性环，它将熔核与大气隔离，保护液态金属，并可防止飞溅。显然，点焊属于熔态压焊。

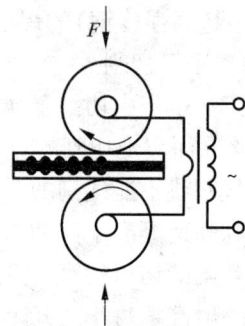

图 3－19　点焊

点焊的主要工艺参数是电极压力、焊接电流和通电时间。电极压力过大，接触电阻下降，热量减少，可造成焊点强度不足。电极压力过小，则板间接触不良，热源虽强，但不稳定，甚至出现飞溅、烧穿等缺陷。焊接电流对焊接质量的影响如图 3－20 所示，图 3－20 中示出了焊接电流逐渐增大时点焊接头的情况。图 3－20(a)中，电流不足，熔深过小，若电流再小，可造成未熔化；图 3－20(b)中，电流大小合适；图 3－20(c)中，电流过大，熔深过大，并有金属飞溅现象，若电流再大，可烧穿。通电时间对点焊质量的影响，与焊接电流相似。

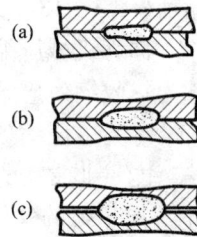

图 3－20　焊接电流对焊接质量的影响

点焊时，焊件表面必须进行焊前清理，以除去油污和氧化膜。此外，点焊时部分电流可能流经已焊好的焊点，使焊接处电流减少，这种现象称为分流。为减少分流的影响，焊点间距不应太小。

2. 缝焊

将焊件装配成搭接接头并置于两滚轮电极之间，滚轮加压工件并转动，连续或断续送电，形成一条连续焊缝的电阻焊方法，如图 3－21 所示。

缝焊的焊接过程与点焊相似，但由于很大的分流通过已焊合的部分，所以焊接相同的工件时，所需要的焊接电流为点焊时的 1.5～2 倍，故一般仅用于厚度

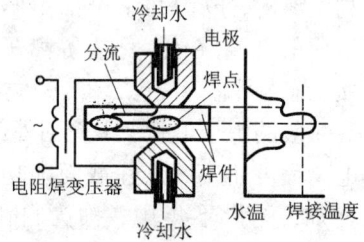

图 3－21　缝焊

不大于 3 mm 的薄板。为了节约电能，并使焊件和焊接设备有冷却时间，缝焊一般采用连续送进、断续通电的操作，此时，因焊点间有 50% 以上是重叠的，故焊缝仍然是连续的。

3. 对焊

将两个焊件端面相互接触，利用焊接电流加热，然后加压完成焊接的电阻焊方法。

对焊可分为电阻对焊和闪光对焊，如图 3 - 22 所示。

(1) 电阻对焊　将焊件置于电极中夹紧，在加压状态下通电，利用焊件的内部电阻热和对接端面的接触电阻热，加热接头至塑性状态并进行顶锻（也可在焊接全过程中压力一直保持不变），使焊件在固态下产生大量塑性变形并在接合面形成共同晶粒，从而形成牢固接头。显然，电阻对焊属于固态压焊。

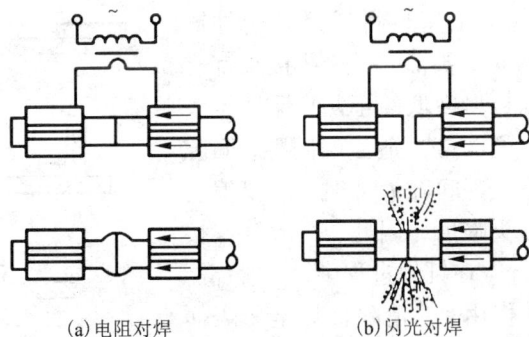

(a) 电阻对焊　　　(b) 闪光对焊

图 3 - 22　对焊

电阻对焊时焊前清理工作要求较严，否则接头内易产生氧化物夹杂，使焊接质量下降。同时，电阻对焊耗电量也大。所以，它常限于焊接截面不大的零件，如 $\phi20$ mm 以下的钢棒和钢管，以及 $\phi8$ mm 以下的有色金属线材等。

(2) 闪光对焊　先把焊件置于电极中夹紧，然后接通电源，并使焊件缓慢靠拢接触。因端面局部接触，触点在高电流密度作用下迅速熔化、蒸发、爆破，使高温金属飞溅出来。由于焊件不断呈火花溅出，形成"闪光"。经过一定时间，当焊件被加热到端面全部熔化且具有一定塑性区后，突然加速送进焊件，进行顶锻（顶锻中途或顶锻后适时断电），使熔化金属全部被挤到结合面之外，并产生大量塑性变形使焊件焊合。

对焊生产率高，易于实现自动化，广泛用于刀具、管子，铁路钢轨、船用锚链、万向轴壳、连杆和汽车后桥壳体等。

3.2.6　钎焊

钎焊是指采用比母材熔点低的金属材料作为钎料，将焊件和钎料加热到高于钎料熔点，利用液态钎料填充间隙并与母材相互扩散实现连接焊件的方法。

根据钎料熔点的不同，钎焊可分为硬钎焊与软钎焊两类。

1. 硬钎焊

钎料熔点在 450℃ 以上，接头强度在 200 MPa 以上的称硬钎焊。常用的硬钎料有铜基、银基和镍基钎料等。银基钎料焊的接头具有较高的强度、良好的导电性和耐蚀性，而且熔点较低、工艺性好。但银钎料较贵，只用于要求高的焊件。镍铬合金钎料可用于钎焊耐热的高强度合金钢与不锈钢。工作温度可高达 900℃，但钎焊时的温度要求高于 1000℃，工艺要求很严。硬钎焊主要用于受力较大的钢铁和铜合金构件的焊接(如自行车架、带锯锯条等)以及工具、刀具的焊接。

2. 软钎焊

钎料熔点在 450℃ 以下，接头强度不超过 70 MPa 的称软钎焊。常用的钎料是锡铅合金，所以通称锡焊。这类钎料的熔点一般低于 230℃，熔化后渗入接头间隙的能力较强。所以具有较好的焊接工艺性能。软钎焊广泛用于焊接受力不大的常温下工作的仪表、导电元件以及钢件、铜及铜合金等制造的构件。

钎焊构件的接头形式都采用板料搭接和套件镶接。图 3 - 23 是几种常见的接头形式，这些接头都有较大的钎接面，以弥补钎料强度低的不足，保证接头有一定的承载能力。接头之间应有适当的间隙，间隙太小时，会影响钎料的渗入。间隙太大时，不仅浪费钎料，而且会降低焊接接头强度。因此，一般钎焊接头间隙值取 0.05 ~ 0.2 mm。在钎焊过程中，一般都需要使用溶剂，即钎剂。其作用是：清除被焊金属表面的氧化膜及其他杂质，保护钎料及焊件不被氧化，因此，对钎焊质量影响很大。

软钎焊时，常用的钎剂为松香或氯化锌溶液。硬钎焊钎剂的种类较多，主要有硼砂、硼酸、氟化物、氯化物等，应根据钎料种类选用。

钎焊的加热方法有烙铁加热、火焰加热、电阻加热、感应加热、炉内加热、盐浴加热等。加热方法的选择，可根据钎料种类、工件形状及尺寸、接头数量、质量要求与生产批量等综合考虑，其中烙铁加热温度低，一般只适用于软钎焊。

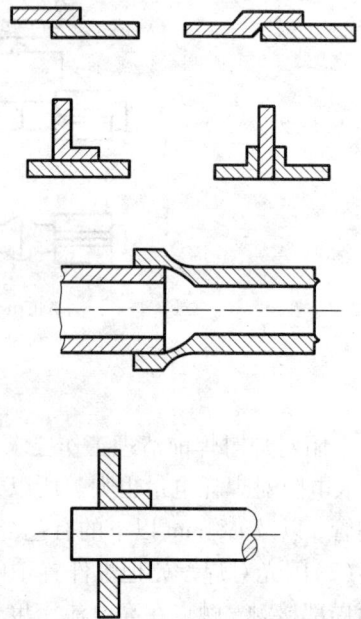

图 3 - 23　几种常见的钎焊接头形式

3.3　常用金属材料的焊接

1. 焊接性的概念

焊接性(weldability)指被焊金属在采用一定的焊接方式、焊接材料、工艺参数及结构形式条件下，获得优质焊接接头的难易程度。它包括了两个方面的概念：一是在焊接加工时金属材料形成完整焊接接头的能力；二是焊成的焊接接头在使用条件下安全运行的能力。

2. 钢材焊接性的估算方法

影响钢材焊接性的主要因素是化学成分。各种化学元素对焊缝组织、性能、夹杂物的分布、焊接热影响区的淬硬程度及产生裂纹倾向等的影响不同。在各种元素中，碳的影响最为明显，其他元素的影响可折合成碳的影响。因此可用碳当量(carbon equivalent)法来估算焊接性。

碳钢及低合金结构钢的碳当量经验公式为：

$$W_{(c)当量} = W_{(c)} + W_{(Mn)}/6 + [W_{(Cr)} + W_{(Mo)} + W_{(V)}]/5 + [W_{(Ni)} + W_{(Cu)}]/15$$

式中：$W_{(c)}$、$W_{(Mn)}$、$W_{(Cr)}$、$W_{(Mo)}$、$W_{(V)}$、$W_{(Ni)}$、$W_{(Cu)}$ 为钢中相应元素的质量百分数。

根据经验：$W_{(c)当量} \leq 0.4\%$ 时，钢材塑性良好，淬硬倾向不明显，焊接性良好。在一定的焊接工艺条件下，焊件不会产生裂纹，但厚大工件或在低温下焊接时，应考虑预热。

$W_{(c)当量} = 0.4\% \sim 0.6\%$ 时，钢材塑性下降，淬硬倾向明显，焊接性能相对较差。焊前工件需要适当预热，焊后应注意缓冷。要采取一定的焊接工艺措施才能防止裂纹。

$W_{(c)当量} \geq 0.6\%$ 时，钢材塑性较低，淬硬倾向很强，焊接性不好。焊前工件必须预热到较高温度，焊接时要采取减少焊接应力和防止开裂的工艺措施，焊后要进行适当的热处理，才能保证焊接接头质量。

利用碳当量法估算钢材焊接性是粗略的，因为钢材的焊接性还受结构刚度、焊后应力条件、环境温度等因素的影响。例如，当钢板厚度增加时，结构刚度增大，焊后残余应力也较大，焊缝中心部位处于三向拉应力状态，因此焊接性下降。在实际工作中确定材料焊接性时，除初步估算外，还应根据实际情况进行抗裂试验及焊接接头使用性试验，为制定合理的工艺规程提供依据。

3. 常用材料的焊接性

(1)低碳钢的焊接性。

低碳钢含碳量 $\leq 0.25\%$，其塑性好，一般没有淬硬倾向，对焊接过程不敏感，焊接性好。焊这类钢时，不需要采取特殊的工艺措施，通常在焊后也不需要进行热处理。

厚度大于 50 mm 的低碳钢结构，常用大电流多层焊，焊后进行消除内应力退火。低温环境下焊接刚度较大的结构时，由于焊件各部分温差较大，变形后受到限制，焊接过程容易产生较大的内应力，有可能导致结构开裂，因此应进行焊前预热。

低碳钢可以用各种焊接方法进行焊接，应用最广泛的是焊条电弧焊、埋弧焊、气体保护焊和电阻焊等。

采用熔焊法焊接结构钢时，焊接材料及工艺的选择主要应保证焊接接头与工件材料等强度。焊条电弧焊焊接一般低碳钢结构，可选用 E4313(J421)、E4303(J422)、E4320(J424)焊条。焊接动载荷结构、复杂结构或复板结构时，应选用 E4316(J426)、E4315(J427)或 E5015(J507)焊条。埋弧焊时，一般采用 H08A 或 H08MnA 焊丝配焊剂 431 进行焊接。

(2)中、高碳钢的焊接性。

中碳钢含碳量在 $0.25\% \sim 0.6\%$ 之间。随着含碳量的增加，淬硬倾向也越明显，焊接性越差。焊接中碳钢焊件，焊前必须预热，使焊件各部分的温差小，以减小焊接应力，同时减慢热影响区的冷却速度，避免产生淬硬组织。焊接时应选用抗裂能力较强的碱性焊条。不论用哪种焊条焊接中碳钢件，均应选用细焊条，小电流，开坡口进行多层焊，以防止工件材料过多地熔入焊缝，同时减小焊接热影响区的宽度。

高碳钢的焊接特点与中碳钢基本相似。由于含碳量更高，焊接性变得更差。进行焊接时，应采用更高的预热温度，更严格的工艺措施。实际上，高碳钢的焊接一般只限采用焊条电弧焊进行修补工作。

（3）合金结构钢的焊接。

低合金结构钢焊接时，热影响区可能产生淬硬组织，随着钢材强度级别的提高，产生冷裂纹的倾向也加剧。影响冷裂纹的因素主要有三个方面：一是焊缝及热影响区的含氢量，二是热影响区的淬硬程度，三是焊接接头的应力大小。

根据低合金结构钢的焊接特点，生产中可分别采取以下措施进行焊接。

对于强度级别较低的钢材，在常温下焊接时其方法与低碳钢基本一样；在低温或在大刚度、大厚度构件上进行小焊脚，短焊缝焊接时，应防止出现淬硬组织，要适当增大焊接电流，减慢焊接速度，选用抗裂性强的低氢型焊条，必要时需采用预热措施。

对锅炉、受压容器等重要构件，当厚度大于 20 mm 时，焊后必须进行退火处理，以消除应力。

对于强度级别高的低合金结构钢件，焊前一般均需预热。焊接时，应调整焊接参数，以控制热影响区的冷却速度（不宜过快），焊后还应进行热处理以消除内应力。不能立即热处理的，可先进行消氢处理，即焊后立即将工件加热到 200～350℃，保温 2～6 h，以加速氢扩散逸出，防止产生因氢引起的冷裂纹。

中高合金结构钢零件（包括调质钢、渗碳钢），一般都采用轧制或锻造的坯料，焊接结构较少，如需焊接，因其焊接性与中碳钢相似，所以其焊接工艺措施与中碳钢基本相同。

（4）不锈钢的焊接。

不锈钢是指耐大气、酸、碱、盐等腐蚀的合金钢统称。按成分和组织可将常用的不锈钢分为奥氏体不锈钢、铁素体不锈钢和马氏体不锈钢。

奥氏体不锈钢焊接性良好，焊接时一般不需要采取特殊的工艺措施。

铁素体不锈钢的塑性和韧性很低，焊接裂纹倾向较大，一般焊接前要求预热，同时，铁素体不锈钢在高温下晶粒急剧长大，使钢的脆性增大，晶粒粗大还容易引起晶间腐蚀，降低腐蚀性能，故焊接时宜采用快速窄道焊接，多层焊时应严格控制层间温度。焊接铁素体不锈钢时往往选用铬镍奥氏体不锈钢焊条，这样得到的焊缝塑性、韧性高，不必进行热处理。

马氏体不锈钢有强烈的淬硬倾向，焊后残余应力较大，易产生裂纹，其含碳量越高，则淬硬和裂纹倾向也越大。为提高焊接接头的塑性、减少内应力、避免产生裂纹，焊前必须进行预热。预热温度可根据焊件的厚度和刚性大小来决定；当选用马氏体不锈钢焊条焊接时，焊后应及时进行高温回火处理（730℃左右回火）；当选用奥氏体不锈钢焊条焊接时，焊后可不进行热处理，但应注意热影响区有淬硬层。

（5）非铁金属及其合金的焊接性。

铜及铜合金、铝及铝合金的焊接比低碳钢的焊接困难得多。

铜及铜合金可用氩弧焊、钎焊等方法进行焊接。其中氩弧焊主要用于焊接紫铜和青铜件。

焊接铝及铝合金的常用方法有氩弧焊、点焊、缝焊和钎焊。其中氩弧焊是焊接铝及铝合金较好的方法，焊接时可不用溶剂，但要求氩气纯度大于 99.9%。

3.4　焊接件的结构工艺性

3.4.1　焊接结构件材料的选择

　　焊接结构在满足工作性能要求的前提下，首先要考虑选择焊接性较好的材料，低碳钢和碳当量小于0.4%的合金钢都具有良好的焊接性，设计中应尽量选用，含碳量或碳当量大于0.4%的合金钢，焊接性不好，设计时一般不宜选用，若必须选用，应在设计和生产工艺中采取必要措施。

　　强度等级低的低合金钢结构，焊接性与低碳钢基本相同，但只要采取合适的焊接材料与工艺也能获得满意的焊接接头。强度级别要求较高的低合金钢，焊接性稍差，设计强度要求高的重要的焊接结构可以选用。

　　镇静钢脱氧完全、组织致密、质量较高，可选作重要的焊接结构。

　　沸腾钢含氧量较高，组织成分不均匀，焊接时易产生裂纹。厚板焊接时还可能出现层状撕裂(lamellar tearing)。因此不宜用作承受动载荷或严寒下工作的重要焊接结构以及盛装易燃、有毒介质的压力容器。

　　异种金属的焊接，必须特别注意它们的焊接性及差异。一般要求接头强度不低于被焊钢材中的强度较低者，并应在设计中对焊接工艺提出要求，按焊接性较差的钢种采取措施，如预热或焊后热处理等。对不能用熔焊方法获得满意接头的异种金属应尽量不选用。

　　此外，设计焊接结构时，应多采用工字钢，槽钢，角钢和钢管等型材，以降低结构重量、减少焊缝数量、简化焊接工艺、增加结构件的强度和刚性。对形状比较复杂的部分，还可以选用铸造件、锻件或冲压件来焊接。

3.4.2　焊接接头设计

　　接头形式应根据结构形状、强度要求、工件厚度、焊后变形大小、焊条消耗、坡口加工难易程度、焊接方法等因素综合考虑决定。

　　焊接碳钢和低合金钢的接头形式可分为对接接头、T形接头、角接接头和搭接接头四种，如图3-24所示。其中对接接头受力比较均匀，是最常用的接头形式，重要的受力焊缝应尽量选用这种接头形式。角接接头与T形接头受力情况都比对接接头复杂，但接头成直角或一定角度连接时，必须采用这种接头形式。搭接接头因两工件不在同一平面，受力时将产生附加弯矩，而且金属消耗也大，一般应避免采用。但搭接接头不需开坡口，装配时尺寸要求不高，对某些受力不大的平面连接与空间构架，采用搭接节省工时。

1. 坡口形式

　　焊条电弧焊的焊接接头形式如图3-24所示。

　　焊条电弧焊对板厚为1~6 mm对接接头施焊时，一般可不开坡口(即I形坡口)直接焊成。但当板厚增大时，为了保证焊缝焊透，接头处应根据工件厚度预先加工出各种形式的坡口。坡口角度和装配尺寸按标准选用。两个焊接件的厚度相同时，常用的坡口形式角度可按图3-24选用。Y形坡口和带钝边U形坡口用于单面焊，其焊接性较好，但焊后角变形较大，焊条消耗量也大些。双Y形坡口双面施焊，受热均匀，变形较小，焊条消耗量较少，但

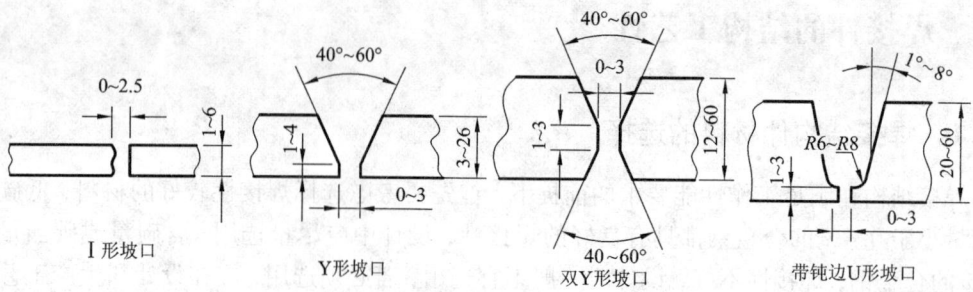

（a）对接接头

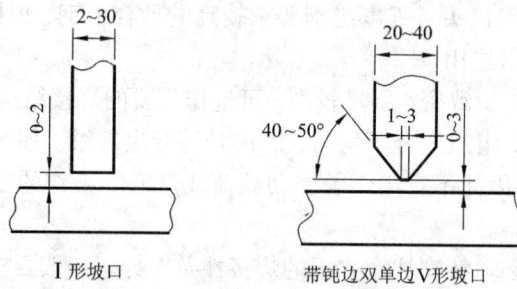

（b）T形接头

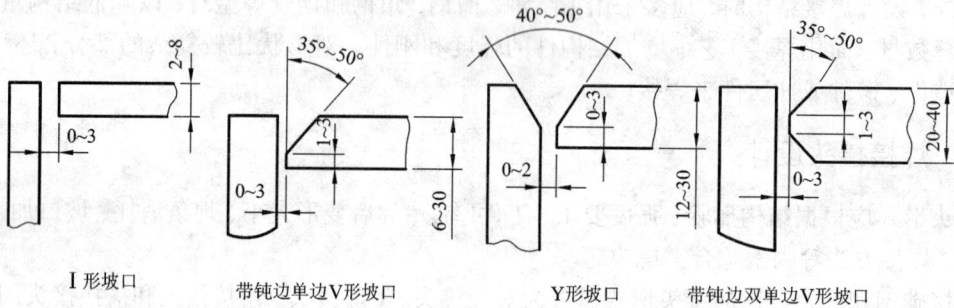

（c）角接接头

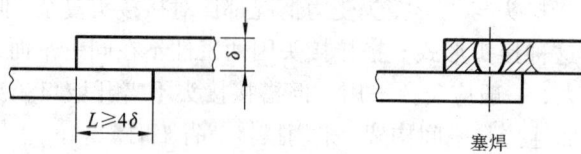

（d）搭接接头

图3-24　焊条电弧焊接头形式

焊接结构工艺

有时受结构形状限制。带钝边U形坡口根部较宽，允许焊条深入，容易焊透，而且坡口角度小，焊条消耗量较小，但因坡口形状复杂，一般只在重要的受动载的厚板结构中采用。带钝边双单边V形坡口主要用于T形接头的焊接结构中。

2. 接头过渡形式

设计焊接构件最好采用相等厚度的金属材料,以便获得优质的焊接接头。当两块厚度相差较大的金属材料进行焊接时,接头处会造成应力集中。而且接头两边受热不匀易产生焊不透等缺陷。不同厚度金属材料对接时,允许的厚度差见表 3 - 3。如果 $\delta_1 - \delta$ 超过表中规定值,或者双面超过 $2(\delta_1 - \delta)$,应该在较高的板料上加工单面或双面斜边的过渡形式,如图 3 - 25 所示。

表 3 - 3　不同厚度金属材料对接时允许的厚度差

较薄板的厚度/mm	2 ~ 5	6 ~ 8	9 ~ 11	≥12
允许厚度差($\delta_1 - \delta$)/mm	1	2	3	4

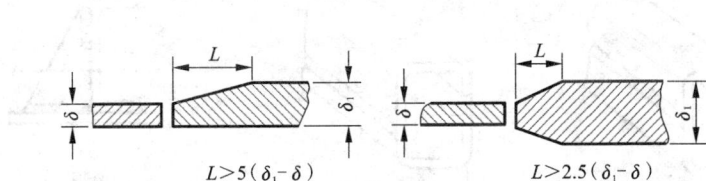

图 3 - 25　不同厚度金属材料对接时的过渡形式

3.4.3　焊接件的结构工艺性

1. 焊缝的布置

合理的焊缝位置是焊接结构设计的关键,与产品质量、生产率、成本及劳动条件密切相关。其一般工艺设计原则如下:

(1)焊缝布置应尽量分散,焊缝密集或交叉,会造成金属过热、热影响区加大,使组织恶化。因此两条焊缝的间距一般要求大于三倍板厚,且不小于 100 mm,图 3 - 26 所示(a)(b)(c)的结构应改为图 3 - 26(d)(e)(f)的结构形式。

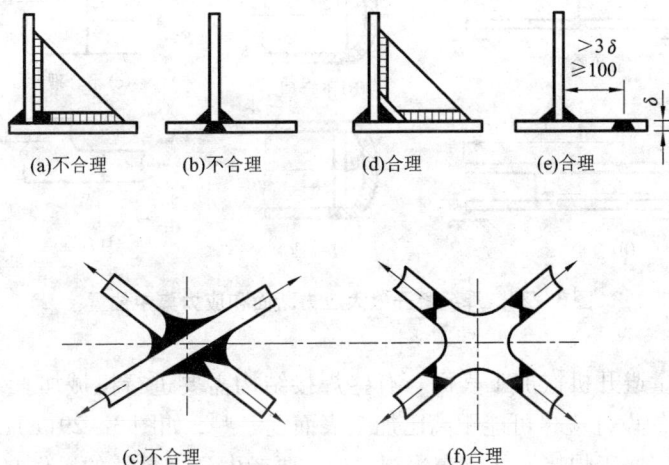

图 3 - 26　焊缝分散布置

（2）焊缝的位置应尽可能对称布置。图3-27(a)(b)所示的焊件，焊缝位置偏离截面中心，并在同一侧，由于焊缝的收缩，会造成较大的弯曲变形。图3-27(c)(d)(e)所示的焊缝位置对称布置，焊后不会发生明显的变形。

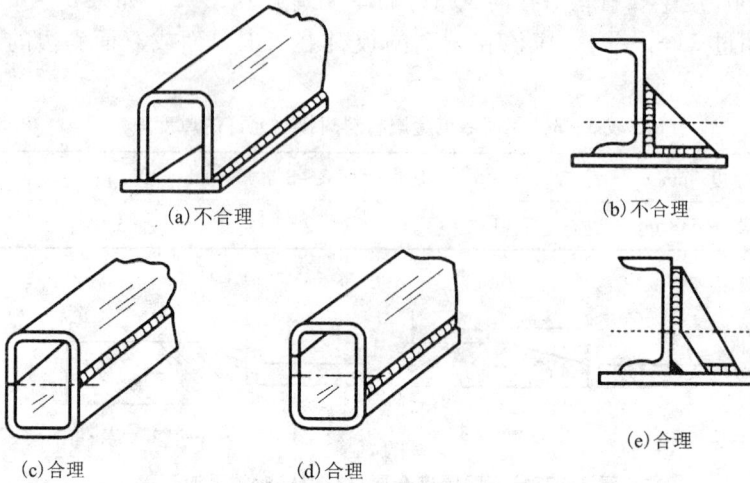

图3-27　焊缝对称布置

（3）焊缝应尽量避开最大应力断面和应力集中位置。对于受力较大、结构复杂的焊接构件，在最大应力断面和应力集中位置不应该布置焊缝。例如大跨度的焊接钢梁板坯的拼料焊缝不应放在梁的中间，图3-28(a)应改图3-28(d)的状态。压力容器的封头应有一段直壁，图3-28(b)应改为图3-28(e)状态，使焊缝避开应力集中的转角位置，直壁段不小于25 mm。在构件截面有急剧变化的位置或尖锐棱角部位，极易产生应力集中，应避免布置焊缝，图3-28(c)应改为图3-28(f)。

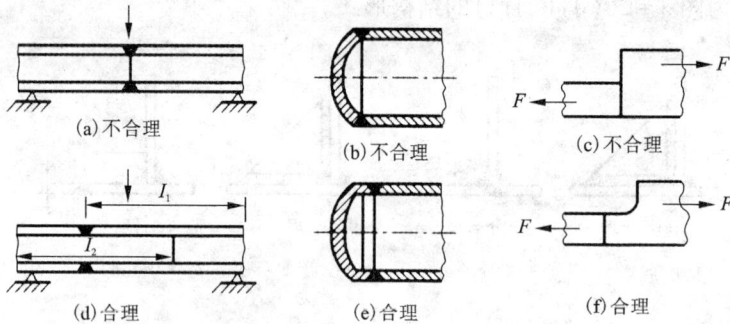

图3-28　焊缝避开最大应力断面和应力集中位置

（4）焊缝应尽量避开机械加工表面。有些焊接结构需要进行机械加工，如焊接轮毂、管件等，其焊缝位置的设计应尽可能距离已加工表面远一些，如图3-29(c)(d)所示。

（5）焊缝位置应便于焊接操作。布置焊缝时，要考虑到有足够的操作空间，图3-30(a)、(b)应改为(c)、(d)所示的设计。埋弧焊结构要考虑接头处在施焊中存放焊剂和熔池保持问题（图3-31）；点焊与缝焊应考虑电极伸入方便（图3-32）。

82

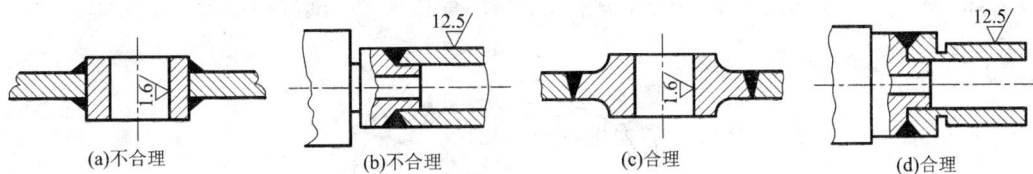

图 3 - 29　焊缝避开机械加工表面

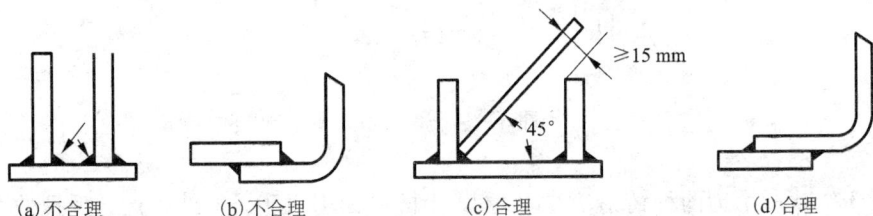

(a)不合理　　(b)不合理　　(c)合理　　(d)合理

图 3 - 30　焊缝位置便于焊条电弧焊焊接操作

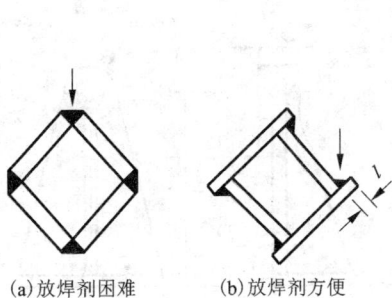

(a)放焊剂困难　(b)放焊剂方便

图 3 - 31　焊缝位置便于埋弧焊焊接操作

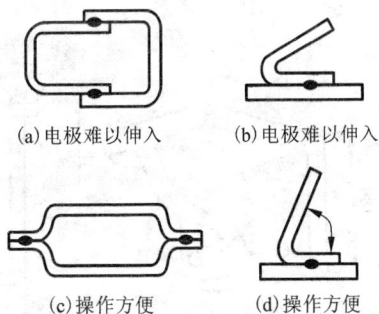

(a)电极难以伸入　(b)电极难以伸入

(c)操作方便　(d)操作方便

图 3 - 32　焊缝位置便于点焊、缝焊焊接操作

　　此外,焊缝应尽量放在平焊位置,尽可能避免仰焊焊缝,减少横焊焊缝。良好的焊接结构设计,还应尽量使全部焊接部件,至少是主要部件能在焊接前一次装配点固,以简化装配焊接过程、节省场地面积、减少焊接变形、提高生产效率。

思考练习题

1. 如图 3 - 33 所示三种焊件,其焊缝布置是否合理? 若不合理请加以改正。

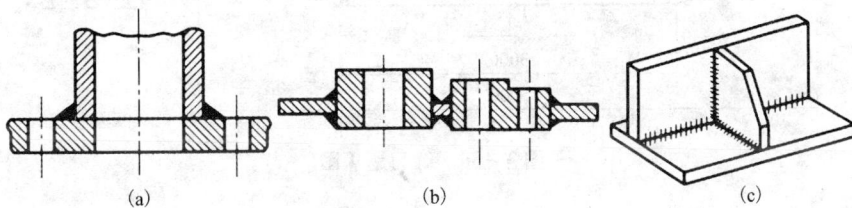

(a)　　　　　(b)　　　　　(c)

图 3 - 33　练习题 1

83

2. 如图 3-34 所示的低碳钢煤气炉钢圈，采用焊接生产，试选择焊接方法及焊接次序。

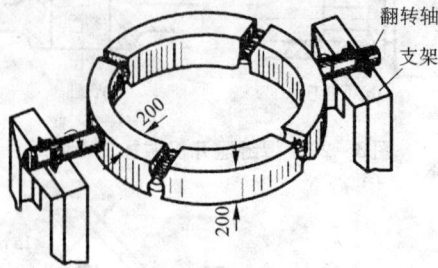

图 3-34　练习题 2

3. 图 3-35 所示为两种铸造支架。原设计材料为 HT150，单件生产，现拟改为焊接结构，请设计结构图，选择原材料及焊接方法。

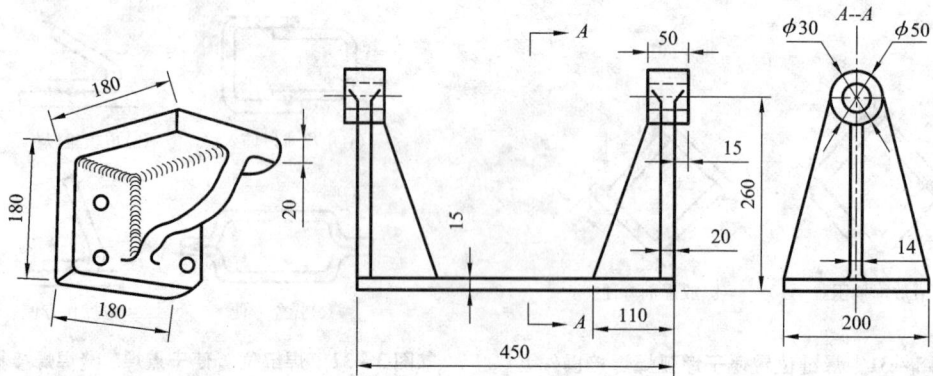

图 3-35　练习题 3

4. 焊接梁(图 3-36)材料为 20 钢。现在钢板最大长度为 2500 mm。请确定腹板与上下翼板的焊缝位置，选择焊接方法，画出各条焊缝接头形式，并制订装配和焊接次序。

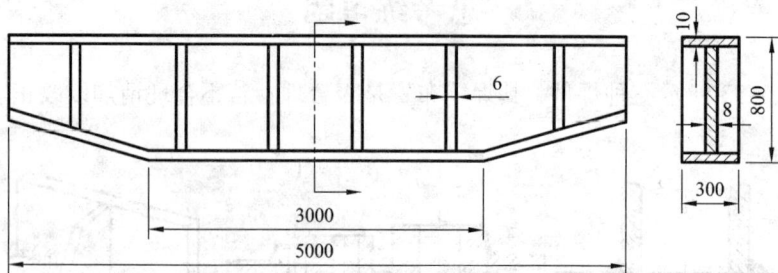

图 3-36　练习题 4 图

5. 焊接电弧是怎样一种现象？用直流电和交流电焊接时电弧有何差异？

84

6. 何谓焊接热影响区？低碳钢焊缝及焊接热影响区硬度如何分布？

7. 减少焊接热影响区有什么方法？有什么实际效果？

8. 焊接应力是什么原因引起的？它对焊接结构有什么危害？如何消除焊接应力？

9. 分层焊时，焊工有时会用网头小锤对红热状态的焊缝进行敲击？请解释原因。

10. 焊接变形有哪些形式？在焊前有哪些措施可防止和减小焊接变形？

11. 焊条药皮有哪些作用？在药皮形成中是否可以用硅铁、钛铁来代替锰铁？

12. 为什么用等离子弧可以切割不锈钢及铜、铝合金，而乙炔则难以切割这些金属或合金？

13. 电弧焊分为哪几类？它们各有何优缺点？

第4章
粉末冶金成形

4.1 粉末冶金理论基础

4.1.1 粉末冶金的定义

粉末冶金技术是利用金属粉末或金属粉末与非金属粉末的混合物作为原料，经过成形、烧结以及烧结后的处理来制备金属材料、复合材料以及各类制品的工艺过程。广泛应用于机械、电子、交通、航空航天、兵器、生物、新能源、信息和核工业等领域，是新材料科学中最具发展活力的分支之一。

4.1.2 粉末冶金技术的特点

粉末冶金技术由于其独特的制品制备方法，在技术上和经济上具有一系列的优点。

(1)粉末冶金制品微观组织的晶粒度大小可控。

粉末冶金工艺的第一步是制备粉末，粉末的物理性能(如粒度大小、形貌、化学成分)能有效地通过粉末制备工艺进行调节。由于粉末的粒度在很大程度上决定了制品的晶粒度，因此合金制品的晶粒度大小是可控的。例如通过调节氢气还原氧化钨的工艺参数，可制备出粒度为 $0.1 \sim 30 \ \mu m$ 系列的钨粉，经碳化后得到粒度为 $0.2 \sim 30 \ \mu m$ 系列的碳化钨粉，制备得到的硬质合金碳化钨晶粒度可在 $0.2 \sim 10 \ \mu m$ 范围内变化，从而使硬质合金满足不同工况条件下的应用。这是其他材料成形方法无法实现的。

(2)最大限度地减少合金成分偏聚，消除粗大、不均匀的组织。

一般情况下，粉末冶金采用几种粉末机械混合均匀，然后再成形、烧结，因此最大限度地减少了合金成分偏聚，消除粗大、不均匀的组织，从而使制品具有独特的化学组成和良好的机械、物理性能，而这些性能是用传统的熔铸方法无法获得的。如粉末高速钢、粉末超合金正是采用粉末冶金的方法制备，保证了晶粒的细小、组织的均匀，使合金性能明显提高。

(3)生产难熔金属材料或制品。

利用熔铸法生产金属材料或制品，熔铸成分的熔点不能太高。对于钨、钼硬质合金等难熔材料来说，钨的熔点高达3380℃，钼的熔点高达2610℃，碳化钨的熔点高达2870℃，所以这些材料都无法实现浇铸，只能采用粉末冶金的方法进行成形。

(4)致密性可控，如多孔材料、高密度材料等。

运用粉末冶金技术可以直接制成多孔、半致密或全致密材料和制品，既能生产硬质合金等高致密度的产品，也能生产多孔材料如泡沫镍等，如图 4 - 1 所示。

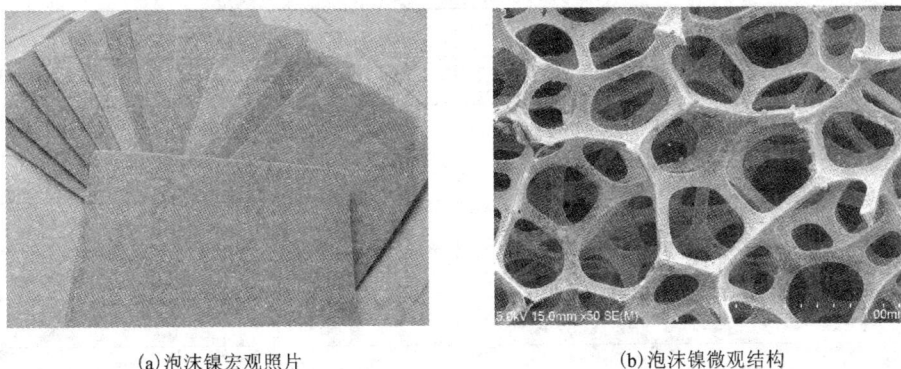

(a)泡沫镍宏观照片　　　　　　　　(b)泡沫镍微观结构

图 4-1　泡沫镍

（5）粉末冶金成形为近净成形，是一种少或无切削的新工艺，可以大量减少机加工量，节约金属材料，提高劳动生产率。在制造复杂的机械零件方面具有明显的优势。

总之，相比较于其他成形方法，粉末冶金法具有独特的优点，但也有不足，如成本高、制品的大小和形状受到限制、烧结零件韧性较差等。

4.1.3　粉末冶金发展简史

粉末冶金伴随着人类文明的发展而发展。在现代粉末冶金出现以前，粉末冶金经过了漫长的历史，发展速度缓慢。据考古学资料，最早的粉末冶金可追溯到公元前 3000 年，埃及人用碳还原氧化铁得到海绵铁，经高温锻造成致密块，再捶打成器件。公元前 300 年，印度人用同样方法制得重达 6.5 t 的"德里柱"。18 世纪初，出现了粉末冶金产品，19 世纪出现铂粉的冷压、烧结、热锻工艺。

近代粉末冶金的开始则是 1909 年 W. D. Coolidge 提供钨粉给爱迪生制造钨灯丝，至此，粉末冶金进入了高速发展的阶段。表 4-1 是粉末冶金典型材料和制品出现的年代。

表 4-1　典型粉末冶金材料与制品出现年代

粉末冶金材料和制品	出现年代
钨	1909
难熔碳化物	1900—1914
电触头材料	1917—1920
WC – Co 硬质合金	1923—1925
烧结摩擦材料	1929
多孔青铜轴承	1921—1930
WC – TiC – Co 硬质合金	1929—1932

粉末冶金材料和制品	出现年代
烧结磁铁	1936
多孔铁轴承	1921—1930
机械零件、合金钢机械零件	1936—1946
烧结铝	1946
金属陶瓷[TiC - Ni]	1949
钢结硬质合金	1957
粉末高速钢	1968

由上述材料和制品出现的年代来看，粉末冶金技术发展的三个重要标志分别是：第一，钨丝和硬质合金的出现，克服了难熔金属无法熔铸的缺点。第二，多孔含油轴承的研制成功。第三，新型材料不断涌现。近二十年来，粉末冶金技术取得了蓬勃发展，粉末冶金产品的应用领域也在不断增大，随着新工艺、新技术、新材料的快速发展，以及与其他交叉学科的相互贯通，粉末冶金的发展呈现出一个崭新的局面。

4.2　粉末冶金工艺过程

粉末冶金工艺过程主要包括三个典型步骤：粉末的制备、成形、烧结及烧结后的处理。粉末冶金的生产工艺流程如图 4 - 2 所示。

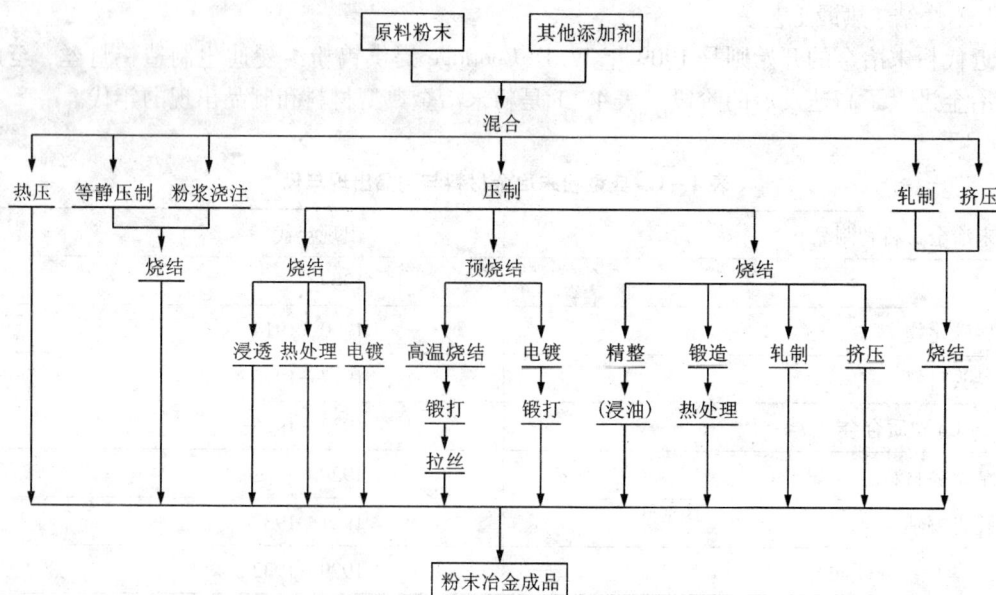

图 4 - 2　粉末冶金生产工艺流程图

（1）粉末的制备。现有的制粉方法大体可分为两类：机械法和物理化学法。机械法可分为机械粉碎和雾化法；物理化学法又分为电化腐蚀法、还原法、化合法、还原 – 化合法、气相沉积法、液相沉积法以及电解法。其中应用最为广泛的是还原法、雾化法和电解法。

（2）成形。成形的目的是将粉末通过压制形成具有一定形状和尺寸并具有一定的密度和强度的压坯。

（3）烧结及烧结后的处理。烧结是压制后的压坯在适当的温度和气氛条件下加热所发生的现象或过程。烧结完成后，颗粒之间发生黏结，烧结体强度增加，一般情况下，密度提高。根据产品应用要求的不同，需进行烧结后处理，如精整、浸油、机加工、热处理及电镀。

4.2.1　粉末的制备

制备粉末是粉末冶金工艺过程的第一步，粉末质量的优劣也在一定程度上决定了粉末冶金制品的质量。因此如何优化制粉的工艺流程和工艺参数，仍然是现代粉末冶金工作者的重要任务。随着粉末冶金材料和制品不断地增多，要求提供的粉末的种类愈来愈多。从材质范围来看，有金属粉末、合金粉末、金属化合物粉末等；从粉末形貌来看，有球形粉末和不规则形状的粉末；从粉末粒度来看，有粒度从 $0.1~\mu m$ 的纳米粉末至 $1 \sim 3~mm$ 的粗粉末。

粉末的制备方法主要有两类：即机械法和物理化学法。机械法是将原材料机械地粉碎，而化学成分基本上不发生变化的工艺过程。机械法包括机械研磨和气流研磨，气流研磨由于具有粉碎速度快、效率高、无铁等杂质污染等优点，近年来取得了较快的发展。物理化学法是借助化学的或物理的作用，改变原料的化学成分或聚集状态而获得粉末的工艺过程。一般来说，物理方法主要有雾化法和蒸发凝聚法，化学方法主要有化学气相沉积法、化学还原法、电化学制粉法。制备粉末的各种方法以及典型实例见表 4 – 2。钨粉和铁粉是目前粉末冶金工艺中应用最广泛的两种金属粉末。

钨是一种典型的稀有金属，也是一种重要的战略资源，是当代高科技新材料的重要组成部分。钨的用途主要是制备硬质合金、钨制品、钨合金。钨粉的主要用途是将不同粒度级别的钨粉制备成不同粒度级别的碳化钨粉，从而制备各种硬质合金产品，加工成各种硬质合金制品，如辊环、铣刀、球齿、钻头和模具等。碳化钨粉末由于硬度高、与钴润湿性好，成为硬质合金的主要原材料。钨的另一个重要用途是制备钨制品和钨合金。纯钨粉可通过粉末冶金制备成钨丝、钨棒、钨坩埚、钨板等制品。钨粉还可与其他金属粉末混合，制备成各种钨合金，如高密度钨合金、钨铼合金、钨铜合金和钨钼合金等。因此钨粉的制备是钨工业应用的一个关键环节。

氧化钨是制取钨的主要原料。稳定的钨氧化物有四种，即黄钨（α 相）– WO_3、蓝钨（β 相）– $WO_{2.90}$、紫钨（γ 相）– $WO_{2.72}$、褐色氧化钨 – WO_2。其中，生产中常用的黄钨、蓝钨、紫钨有三种，形貌分别如图 4 – 3、图 4 – 4、图 4 – 5 所示。

表 4-2　粉末制备方法

生产方法			原材料	粉末产品举例			
				金属粉末	合金粉末	金属化合物粉末	包覆粉末
物理化学	还原	碳还原	金属氧化物	Fe, W	—	—	—
		气体还原	金属氧化物及盐类	W, Mo, Fe, Ni, Co, Cu	Fe-Mo, W-Re	—	—
		金属热还原	金属氧化物	Ta, Nb, Ti, Zr, Th, U	Cr-Ni	—	—
	还原-化合	碳化或碳与金属氧化物作用	金属粉末或金属氧化物	—	—	碳化物	—
		硼化或碳化硼法	金属粉末或金属氧化物	—	—	硼化物	—
		硅化或硅与金属氧化物作用	金属粉末或金属氧化物	—	—	硅化物	—
		氧化或氮与金属氧化物作用	金属粉末或金属氧化物	—	—	氮化物	—
	气相还原	气相氢还原	气态金属卤化物	W, Mo	Co-W, W-Mo或Co-W涂层石墨	—	W/UO$_2$
		气相金属热还原	气态金属卤化物	Ta, Nb, Ti, Zr	—	—	—
	化学气相沉积		气态金属卤化物	—	—	碳化物或碳化物涂层	—
				—	—	硼化物或硼化物涂层	—
				—	—	硅化物或硅化钼丝	—
				—	—	氧化物或氮化物涂层	—
	气相冷凝或离解	金属蒸气冷凝	气态金属	Zn, Cd	—	—	—
		羰基物热离解	气态金属羰基物	Fe, Ni, Co	Fe-Ni	—	Ni/Al, Ni/SiC
	液相沉淀	置换	金属盐溶液	Cu, Sn, Ag	—	—	—
		溶液氢还原	金属盐溶液	Cu, Ni, Co	Ni-Co	—	Ni/Al, Co/WC
		从熔盐中沉淀	金属熔盐	Zr, Be	—	—	—
	从辅助金属浴中析出		金属和金属熔体	—	—	碳化物	—
				—	—	硼化物	—
				—	—	硅化物	—
				—	—	氮化物	—
	电解	水溶液电解	金属盐溶液	Fe, Cu, Ni, Ag	Fe, Ni	—	—
		熔盐电解	金属熔盐	Ta, Nb, Ti, Zr, Th, Be	Ta-Nb	碳化物	—
						硼化物	
						硅化物	
	电化腐蚀	晶间腐蚀	不锈钢	—	不锈钢	—	—
		电腐蚀	任何金属和合金	任何金属	任何合金	—	—
机械法	机械粉碎	机械研磨	脆性金属和合金	Sb, Cr, Mn, 高碳铁	Fe-Al, Fe-Si, Fe-Cr等铁合金	—	—
			人工增加脆性的金属和合金	Sn, Pb, Ti	—	—	—
		旋涡研磨	金属和合金	Fe, Al	Fe-Ni, 钢	—	—
		冷气流粉碎	金属和合金	Fe	不锈钢, 超合金	—	—
	雾化	气体雾化	液态金属和合金	Sn, Pb, Al, Cu, Fe	钢铜, 青铜, 合金钢, 不锈钢	—	—
		水雾化	液态金属和合金	Cu, Fe	黄铜, 青铜, 合金钢	—	—
		旋转圆盘雾化	液态金属和合金	Cu, Fe	黄铜, 青铜, 合金钢	—	—
		旋转电极雾化	液态金属和合金	难熔金属, 无氧铜	铝合金, 钛合金, 不锈钢, 超合金	—	—

图 4 - 3　黄钨的形貌

图 4 - 4　蓝钨的形貌

(a) ×500

(b) ×5000

图 4 - 5　紫钨的形貌

氢还原氧化钨制取钨粉的总反应方程式为：

$$WO_3 + 3H_2 \rightleftharpoons W + 3H_2O \uparrow \tag{4-1}$$

由于钨具有 4 种稳定的氧化物相，还原反应过程中分步反应方程式如下：

$$WO_3 + 0.1H_2 \rightleftharpoons WO_{2.90} + 0.1H_2O \uparrow \tag{4-2}$$

$$WO_{2.90} + 0.18H_2 \rightleftharpoons WO_{2.72} + 0.18H_2O \uparrow \tag{4-3}$$

$$WO_{2.72} + 0.72H_2 \rightleftharpoons WO_2 + 0.72H_2O \uparrow \tag{4-4}$$

$$WO_2 + 2H_2 \rightleftharpoons W + 2H_2O \uparrow \tag{4-5}$$

上述反应都是吸热反应，反应平衡常数随温度的升高而增大。平衡常数用水蒸气分压和 H_2 分压表示：

$$K_p = \frac{p_{H_2O}}{p_{H_2}} \tag{4-6}$$

上述反应都是可逆的，其反应方向决定于温度、水蒸气和氢气的浓度。在无掺杂的情况下，钨粉粒度还原过程中长大机理主要有：

(1)升华 – 沉积长大。

钨氧化物具有挥发性，当温度高于 600℃ 时，在有水蒸气的情况下，显著升华，生成 $WO_3 \cdot nH_2O$，$WO_{2.9} \cdot nH_2O$、$WO_2 \cdot nH_2O$ 等类型化合物。挥发性的 $WO_3 \cdot nH_2O$，$WO_{2.9} \cdot nH_2O$、$WO_2 \cdot nH_2O$ 被 H_2 还原后沉积在已生成的钨颗粒上而长大。随着温度的升高，钨氧化物挥发性增大，从而钨粉长大更显著。

（2）氧化–还原长大。

还原反应均为可逆反应，被还原的低价氧化钨或钨颗粒又被重新氧化成高价氧化钨，这些氧化钨再被还原并黏附在原有钨核表面，而使钨粉颗粒长大。

（3）烧结再结晶长大。

在温度较高的条件下，两个或两个以上颗粒会烧结成一个粗大颗粒。

因此钨粉粒度的影响因素主要有：

（1）温度。

温度越高、氧化钨挥发越快，其升华–沉积长大越迅速，粉末长大越明显。

（2）H_2流量。

增大 H_2 流量有利于反应向还原方向进行，使钨氧化物在低温充分还原，从而可得细钨粉。H_2 流量小，反应慢，水蒸气在炉内停留时间较长，$WO_3 \cdot nH_2O$，$WO_{2.9} \cdot nH_2O$、$WO_2 \cdot nH_2O$ 生成多，细钨粉再氧化、再挥发的机会增多，钨粉长大明显。

（3）H_2露点。

H_2露点高，气氛中水的分压大，W 形核减小，升华–沉积加剧、反复还原氧化，钨粉颗粒变粗。反之，H_2露点低，钨颗粒细。

（4）装舟量。

装舟量愈多，到达舟皿底部氢气的扩散路径越长，因而水蒸气的分压越高，$WO_3 \cdot nH_2O$ 量增加，钨粉粒度长粗。所以细颗粒装舟量要少，粗颗粒装舟量要多。

因此，通过调整工艺参数，便可实现钨粉粒度的调整，从而制备出不同粒度的钨制品或硬质合金。图 4–6 是同一台四管还原炉和同一批氧化钨原料生产的几种不同粒度的钨粉电镜照片。

(a) 粒度为0.4 μm   (b) 粒度为2 μm

(c) 粒度为6 μm   (d) 粒度为20 μm

图 4–6　不同工艺条件下制备的钨粉形貌

4.2.2　粉末压制成形

成形是通过外加压力把粉末压制成所需几何形状且使产品具有一定密度和强度的过程。压制成形是粉末冶金制品制造过程中一个非常重要的工艺过程，比其他工序对粉末冶金整个生产过程的影响更大。成形方法合理与否直接决定整个生产过程能否顺利进行。成形后压坯的密度与强度影响随后各工序及最终产品质量。成形方法的优劣直接影响生产的自动化、生产率和生产成本。

手动压坯

1. 成形前粉末的预处理

为了满足最终产品的性能要求，在成形前一般要进行粉末的预处理。根据不同材料的要求，粉末的预处理主要如下。

自动压坯

粉末的退火：消除粉末的加工硬化；使粉末中微量的氧化物还原；降低杂质含量，提高粉末纯度。

粉末的混合：根据粉末冶金制品成分的要求，将两种或两种以上不同成分的粉末均匀混合，得到新成分的粉末。

粉末的研磨：将一定成分的粉末通过机械研磨进行活化，以提高后续烧结过程中的活化能，使制品易于致密。

粉末的制粒：为提高压制过程中粉末的流动性，改善压坯密度分布，在压制前将粉末进行制粒。

添加成型剂与润滑剂：为了降低压制过程中粉末颗粒与模具壁的摩擦力，改善压坯密度分布，一般加入一定数量的成型剂与润滑剂。

2. 粉末压制成形

压制成形过程由装粉、压制和脱模三阶段组成。按成形过程中有无压力，分为有压（压力）成形、无压成形；按成形过程中粉末的温度，分为冷压（常温）成形、温压成形、热成形；按成形过程的连续性，分为间隙成形、粉末连续成形；按成形料的干湿程度，分为干粉压制成形、可塑成形、浆料成形；根据成形方式的应用情况，分为普通模压成形和特殊成形。

（1）普通模压成形。

模压成形是将准备好的粉末填装进模具的凹模后，在凹模中对粉末施加轴向压力，达到成形的目的的过程。根据受压方式的差异，分为四种压制方式：单向压制、双向压制、浮动压制、拉下式压制。四种压制方式的示意图如图 4-7 所示。

1）图 4-7(a)所示为单向压制。阴模不动，上模冲单向加压。由于粉末流动过程中存在摩擦力，单向压制时，压坯密度分布不均匀，上端密度较下端高，且压坯直径越小，高度越大，则上下部分的密度差也越大。故单向压制一般适用于高径比较小或密度均匀性要求较低的产品。

2）图 4-7(b)所示为双向压制。为了改善单向压制密度不均匀的缺点，双向压制是阴模固定不动，上、下模冲从两端同时加压，又称同时双向压制。显然，双向压制的压坯密度分布较单向压制均匀，密度差小，适用范围广。

3）图 4-7(c)所示为浮动压制。下模冲固定不动，阴模由弹簧、汽缸或油缸支撑可上下浮动。压制时对上模冲加压，随着粉末被压缩，阴模壁与粉末间的摩擦逐渐增大。当摩擦力大于弹簧等的支承力（浮动力）时，阴模与上模冲一同下降，相当于下模冲上升反向压制而起

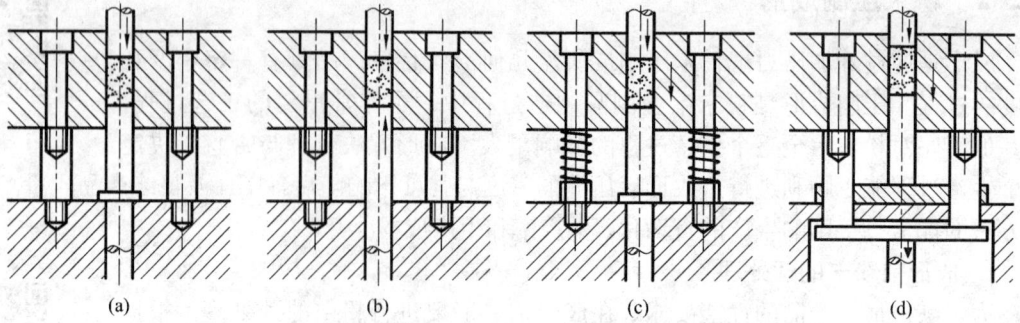

图4-7 四种压制方式的示意图

双向压制的作用。

4）图4-7(d)所示为拉下式压制，又称引下式压制、强动压制。压制开始时，上模冲被压下一定距离，然后与阴模一同下降（阴模被强制拉下）。阴模下降的速度可调整，其拉下的距离相当于浮动的距离。压制终了时，上模冲回升，阴模则进一步被拉下以便压坯脱出。其压坯密度分布类似于双向压制。

（2）特殊成形。

为了满足粉末冶金材料性能及制品形状和尺寸的更高要求，发展了各种特殊成形技术。主要包括：等静压成形、挤压成形、温压成形、注射成形等。

等静压成形：等静压成形指在密闭高压容器内用水、油或气体作为介质使粉末在各向均等的超高压压力状态下成形。等静压技术按成型和固结时的温度高低，分为冷等静压、温等静压、热等静压三种不同类型。等静压制的原理如图4-8所示。

等静压技术作为一种成型工艺，与常规模压成型技术相比，具有以下特点：

①等静压成型的压坯密度高；

②压坯的密度分布更均匀。在模压成型中，无论是单向还是双向压制，都会出现压坯密度分布不均现象。等静压流体介质传递压力，在各方向上相等。包套与粉料受压缩大体一致，粉料与包套无相对运动，坯体密度是均匀的；

③有利于生产棒状、管状细而长的产品；

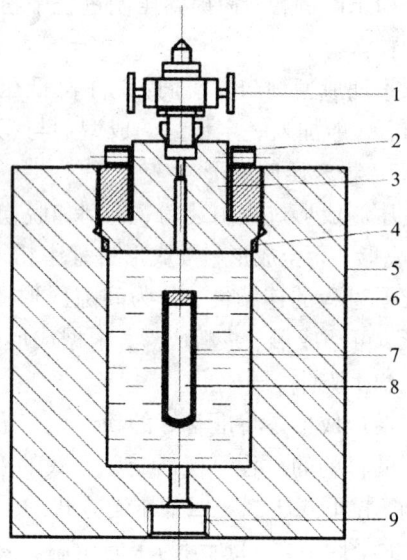

图4-8 等静压制原理图

1—排气阀；2—压紧螺母；3—盖顶；
4—密封圈；5—高压容器；6—橡皮塞；
7—模套；8—压制料；9—压力介质入口

④等静压成型工艺，一般不需要在粉料中添加润滑剂，这样既减少了对制品的污染，又简化了制造工序。

挤压成形：粉末体或粉末压坯在定向压力的作用下，在压力方向通过挤压模成为压坯或制品的一种成形方法。挤压成形的优点是：压坯的长径比不受限制；压坯密度高且均匀。它广泛应用于硬质合金不同直径的长棒以及带孔和螺旋孔棒压坯的制备。粉末挤压成形工艺如图4-9所示。

94

温压成形:铁基粉末与模具被加热到 150℃ 左右的一种刚性压制技术。铁基制品的温压成形具有以下优点:压坯密度高,普通刚性模压压坯密度一般低于 7.1 g/cm³,经温压成形后压坯密度可达 7.4 g/cm³;零件精度高;便于制造形状复杂的零部件。粉末温压成形工艺流程图如图 4-10 所示。

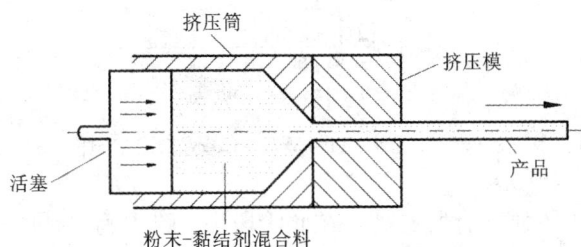

图 4-9 粉末挤压成形工艺

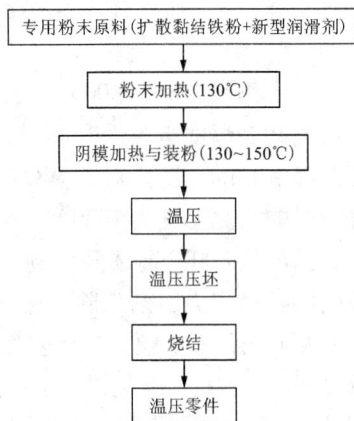

图 4-10 粉末温压成形工艺流程图

4.2.3 烧结及烧结后的处理

1. 烧结的分类

烧结是粉末或粉末压坯在适当的温度和气氛条件下加热所发生的一系列物理化学现象或过程,是粉末冶金生产过程中最后一道主要工序,对最终产品的性能有决定性作用。烧结后,坯体粉末颗粒之间发生黏结,强度增加,多数情况下密度提高。根据粉末原材料成分和种类的区别,烧结分为以下几类:

(1)单元系烧结。对于纯金属(如钨、钼)或稳定化合物(Al_2O_3、$MoSi_2$、BN),在其熔点以下的温度进行固相烧结的过程。烧结温度一般是 $0.7 \sim 0.8\ T_m$(T_m 为绝对熔点,以 K 计)。

(2)多元系固相烧结。

由两种或两种以上的组分构成的烧结体系,在其低熔点组分的熔点温度以下所进行的固相烧结过程,如 Cu-Ni、W-Ni、Ag-W 等。

(3)多元系液相烧结

由两种或两种以上的组分构成的烧结体系,在其低熔点组分的熔点温度以上所进行的液相烧结过程。如 WC-Co、W-Cu、Cu-Sn 等。

2. WC-Co 硬质合金烧结过程中的物理化学变化

以 WC-Co 硬质合金烧结为例,分析烧结过程中的物理化学变化。

WC-Co 伪二元状态图如图 4-11 所示。WC-Co 共晶点的温度为 1320℃,在升温烧结过程中主要发生以下变化。

(1)脱蜡预烧阶段(<800℃)。

在此阶段中烧结体发生如下变化。

1)成形剂的脱除。烧结初期随着温度由室温升高到 600℃ 时,成形剂逐渐热裂(如橡胶)

或汽化(如石蜡),并排除出烧结体,与此同时,成形剂或多或少会使烧结体增碳。

2)粉末表面氧化物还原。当在800℃以下的氢气中烧结时,氢气还原颗粒表面的钴和钨氧化物。真空烧结时,碳起还原这些钴和钨的氧化物的作用。

(2)固相烧结阶段(800℃～共晶温度)。

所谓共晶温度指缓慢升温时,烧结体中开始出现共晶液相的温度。对于WC-Co合金,在平衡烧结时的共晶温度为1320℃。

当温度从800℃继续升高到1100℃时,粉末颗粒间的接触应力逐渐消除,黏结金属粉末开始

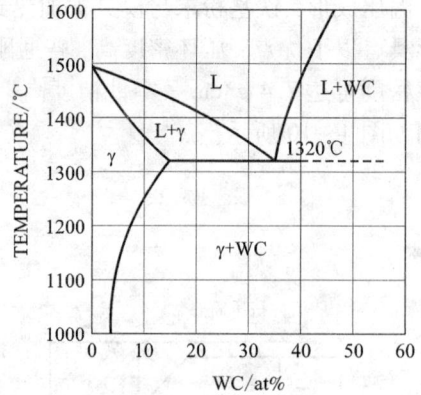

图4-11　WC-Co伪二元状态图

产生回复和再结晶,颗粒开始表面扩散,压坯强度有所提高。在此阶段中,碳化钨在钴中的溶解度很小,因此,碳化钨向钴中的扩散过程还不活跃,只进行表面扩散。此时在钴粉颗粒之间的接触区域产生某些"焊接",而彼此接触的碳化钨颗粒间亦可产生很微弱的连接。

在从1100℃升高到1320℃出现液相之前的温度之间时,除了继续上一阶段所发生的过程外,烧结体中的某些固相反应加剧,扩散速度增加,颗粒塑性流动加强,使烧结出现明显的收缩。在压坯中很均匀细散分布的WC和Co颗粒呈现出相对致密的结构。随着温度的上升,组元晶格振动的幅度以及原子的运动加剧,进行表面扩散、晶界扩散与体积扩散。同时在固相烧结致密化的颗粒重排过程中,由于烧结收缩,晶粒之间会有力的传递,如果相邻WC颗粒间的界面是低错配度晶面,邻接WC颗粒容易通过短程移动或旋转并合使接触晶粒取向一致,消除晶界而成为粗大的WC晶粒。晶粒长大的驱动力是晶粒长大前后的界面能差,它是整个系统力求使总的界面自由能达到最小值的一个自发过程。

(3)液相烧结阶段(共晶温度～烧结温度)。

当烧结体出现液相后,烧结体收缩很快完成,碳化物晶粒长大并形成骨架,从而奠定了合金的基本组织结构。

若混合料纯度极高,并达到理想的均匀程度,而且烧结时升温极其缓慢,就可以认为烧结体处于平衡烧结状态。在缓慢升温过程中,WC慢慢溶解到Co中形成γ-固溶体,其溶解度随温度的升高而增大,γ-固溶体成分沿液相线变化。当温度升到共晶温度1340℃时,烧结体内开始出现共晶成分液相,同时,WC不断向γ-固溶体中溶解,固溶体数量不断增加,液相数量也随之增加。在共晶温度下保持足够长的时间后,所有γ-固溶体的成分都达到共晶点成分的液相。继续缓慢升温时,则WC继续向液相中溶解,液相成分也发生变化,液相数量不断增加。当温度达到1400℃时,此时烧结体内液相的数量可以按杠杆定律算出:对含碳化钨94%、85%、和70%的合金分别约为12%、29%、58%(重量)。

随着碳化钨向固相钴中扩散,以及钴相颗粒间焊接作用的加强,烧结体在此阶段发生激烈的收缩,并在液相出现后由于粘性流动的加强,收缩过程迅速完成。就Co相对晶粒的生长作用而言,在固相和液相烧结所起的作用是相反的。在固相烧结阶段,由于Co层的隔离作用而阻止W、C原子的扩散和WC晶粒长大。因此在固相烧结阶段因为Co相的存在而阻止了WC晶粒的长大,而在液相烧结阶段,WC通过在钴相中的溶解析出而长大。

4.3　粉末冶金制品的应用

粉末冶金制品主要应用领域有：机械零件和结构材料、工具材料、磁性材料和电工合金、耐热材料等，其应用举例见表 4 – 3。

表 4 – 3　粉末冶金材料的应用领域及举例

类别	材料	举例
机械零件和结构材料	摩擦材料	铁基摩擦材料、铜基摩擦材料
	减摩材料	铁基多孔含油轴承、铜基多孔含油轴承、铝基多孔含油轴承
	机械零件	铁基机械零件、有色金属机械零件
	多孔材料	过滤器、多孔电极、发汗材料、吸音材料、密封材料
工具材料	硬质合金	WC – Co 硬质合金、WC – TiC – Co 硬质合金、碳化钛基硬质合金
	超硬材料	立方氮化硼、金刚石
	陶瓷工具材料	
	粉末高速钢	
磁性材料和电工合金	磁性材料	软磁材料、硬磁材料、高温磁性材料、旋磁铁氧体
	电触头材料	金属 – 金属触头、金属 – 石墨触头、金属氧化物触头
	电热材料	金属电热材料、难熔金属化合物电热材料
耐热材料	粉末超合金	粉末镍基超合金、粉末钴基超合金
	难熔金属及其合金	
	金属陶瓷	氧化物基金属陶瓷、碳化钛基金属陶瓷、高温涂层
	弥散强化材料	氧化物、碳化物、硼化物、氮化物弥散强化材料
	纤维强化材料	

从产品的角度来说，应用最广的两大粉末冶金产品是硬质合金和铁基制品。

(1)硬质合金。以难熔金属碳化物为硬质相，以铁族金属钴或镍作黏结金属，用粉末冶金方法制备的合金材料。硬质合金具有很高的硬度、强度、耐磨性和耐腐蚀性，被誉为"工业牙齿"，广泛应用于机械加工、石油钻井、矿山工具、电子通讯、建筑、军工、航天航空、冶金等领域。伴随下游产业的发展，硬质合金市场需求也在不断扩大。硬质合金的主要用途如下。

1)切削工具。硬质合金可用作各种各样的切削工具，主要有硬质合金可转位刀具、硬质合金微钻、硬质合金微铣、硬质合金小圆锯片等，如图 4 – 12、图 4 – 13 所示。

2)地质矿山工具。地质矿山工具同样是硬质合金的一大用途。主要用于冲击凿岩用钎头、地质勘探用钻头、矿山油田用潜孔钻、牙轮钻以及截煤机截齿、建材工业冲击钻等。地质矿山硬质合金的应用如图 4 – 14 所示。

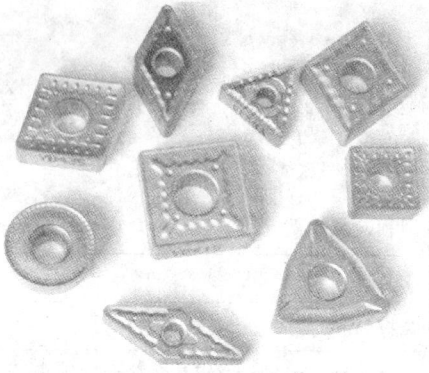

图 4-12　硬质合金涂层刀片

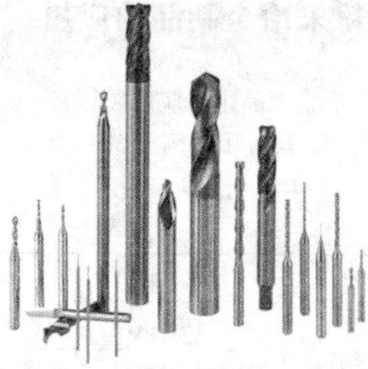

图 4-13　硬质合金刀具

（a）铣刨机滚筒

（b）牙轮钻

（c）采矿用钻头

图 4-14　地质矿山工具

3）模具。有拉丝模、冷镦模、冷挤压模、热挤压模、热锻模、成形冲模以及拉拔管芯棒，如长芯棒、球状芯棒、浮动芯棒等，近十几年轧制线材用各类硬质合金轧辊用量增速很快，我国轧辊用硬质合金已占硬质合金生产总量的 3%。

此外，硬质合金还可作结构零件、耐磨零件、耐高压高温用腔体以及其他用途。硬质合金用途越来越广，近几年已在民用领域不断扩展，如表链、表壳、高级箱包的拉链头、硬质合金商标等。

（2）铁基制品。主要包括三大类：自润滑制品、结构件、软磁材料。在粉末冶金生产中，铁粉的用量比其金属粉末大得多。铁粉的 60%～70% 用于制造粉末冶金零件。主要类型有铁基材料、铁镍合金、铁铜合金及铁合金和钢。粉末冶金铁基结构零件具有精度较高，表面粗糙值小，不需或只需少量切削加工，节省材料，生产率高，制品多孔，可浸润滑油，减摩、减振、消声等特点。它广泛用于制造机械零件，如机床上的调整垫圈、调整环、端盖、滑块、底座、偏心轮，汽车中的油泵齿轮、活塞环，拖拉机上的传动齿轮、活塞环，以及接头、隔套、油泵转子、挡套、滚子等。图 4-15 为部分粉末冶金铁基结构零件。

图 4 – 15　部分粉末冶金铁基结构零件

4.4　粉末冶金新技术、新工艺

随着科学技术的飞速发展，粉末冶金作为材料制备的一种新方法，也得到了广泛而迅速的发展。概括来说，粉末冶金的发展趋势主要有以下方面。

（1）向计算机控制集成自动化方向发展。

（2）向粉末冶金近净成形技术方向发展，如注射成形、挤压成形、3D 打印技术均是少、无切削工艺，近年得到了迅猛的发展。

（3）向粉末冶金快速成形技术方向发展，如高速压制、选择性激光烧结、喷射成形等。

4.4.1　注射成形

注射成形是将塑料注射成型技术引入粉末冶金领域而形成的一门新型粉末冶金近净成形技术，是由美国在上个世纪 70 年代发明的一种新型制造工艺，在发明后的二十几年中，由于其非常强的适应性得到了飞速的发展，尤其是从 2000 年开始，发展速度更加迅猛。

注射成形基本工艺过程是：首先将固体粉末与有机黏结剂均匀混炼，经制粒后在加热塑化状态下用注射成型机注入模腔内固化成型，然后用化学或热分解的方法将成型坯中的黏结剂脱除，最后经烧结致密化得到最终产品。

注射成形技术适合大批量小型、精密、三维形状复杂以及具有特殊性能要求的金属零部件的生产，能够用多种合金制造出任意形状的产品，例如侧凹、十字孔、盲孔等复杂结构。其产品广泛应用于电子信息工程、生物医疗器械、办公设备、汽车、机械、五金、体育器械、钟表业、兵器及航空航天等工业领域。与传统工艺相比，其具有精度高、组织均匀、性能优异、生产成本低等特点。

（1）直接成形几何形状复杂的零部件（大小通常为 $0.1 \sim 200$ g）；

（2）产品尺寸精度可达 $\pm 0.1\% \sim 0.5\%$，表面光洁，一次性可达 $Ra3.2$；

(3)产品内部致密性好,密度高,可达95%~99%;

(4)内部组织均匀,对合金来讲,无成分偏析现象;

(5)生产效率高,在大批量生产情况下,生产成本大幅降低;

(6)材质适用范围广,包括难熔、难铸和难加工材料。

图4-16、图4-17为注射成形产品。

图4-16 金属粉末注射成形制品

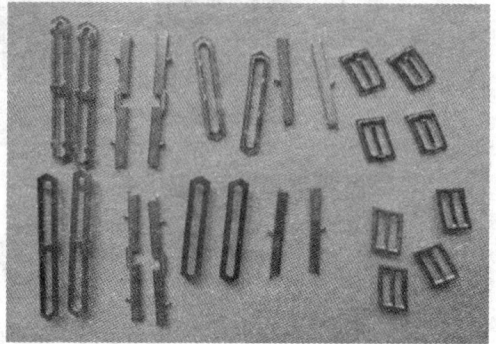

图4-17 手机零件

4.4.2 放电等离子烧结

放电等离子烧结(Spark Plasma Sintering)简称SPS,是近年来发展起来的一种新型快速烧结技术。放电等离子烧结的基本原理是在粉末颗粒间直接通入脉冲电流进行加热烧结,因此有时也被称为等离子活化烧结(Plasma Activated Sinteriny,PAS)或等离子体辅助烧结(Plasma Assister Sinteriny,PAS)。放电等离子烧结系统示意图如图4-18所示。

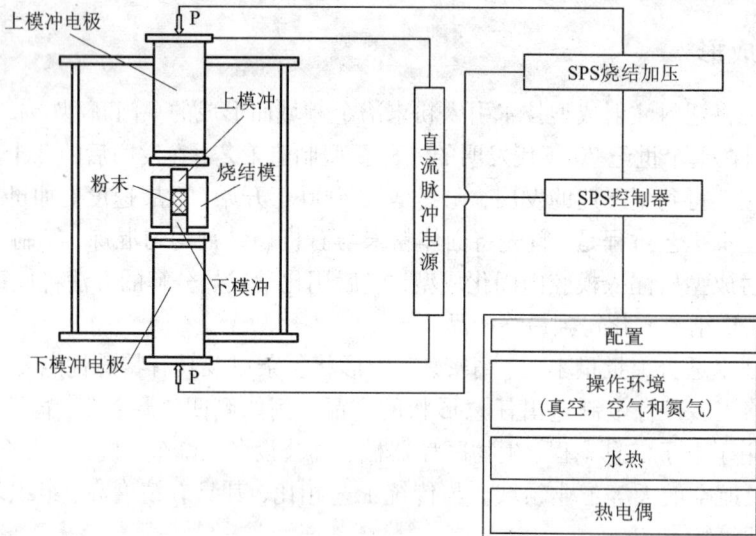

图4-18 放电等离子烧结系统示意图

　　放电等离子烧结融等离子活化、热压、电阻加热为一体,升温速度快、烧结时间短、烧结温度低、晶粒均匀、有利于控制烧结体的细微结构,概括来说具有以下优点。

　　(1)粉末原料广泛:各种金属、非金属、合金粉末,特别是活性大的各种粒度粉末都可以用作 SPS 烧结原科;

　　(2)成形压力低:SPS 烛结时经充分微放电处理,烧结粉末表面处于向度活性化状态。为此,其成形压力只需要冷压烧结的 1/20 ~ 1/10;

　　(3)烧结时间短:烧结小型制件时一般只需要数秒至数分钟,其加热速度可以高达106℃/s,自动化生产小型制件时的生产率可达 400 件/h。

第5章
非金属材料成型技术

非金属材料指具有非金属性质(导电性、导热性差)的材料。自19世纪以来,人类以天然的矿物、植物、石油等为原料,制造和合成了许多新型非金属材料,如人造石墨、特种陶瓷、合成橡胶、塑料、合成纤维等。通常,非金属材料成型具有以下特点:①可以是流态成型,也可以是固态成型。例如塑料可以用注塑、挤塑、压塑成型,还可以用浇注和粘接等方法成型;陶瓷可以用注浆成型,也可用注射、压注等方法成型。②非金属材料的成型温度较低,成型工艺较简便。③非金属材料的成型一般要与材料的生产工艺结合。例如,陶瓷应先成型再烧结,复合材料常常是将固态的增强料与呈流态的基料同时成型。在机械制造领域,应用于机械设备生产和制造的主要非金属材料是塑料、橡胶、陶瓷和玻璃。本章主要介绍塑料和陶瓷材料的成型。

5.1　塑料及塑料成型

5.1.1　塑料概述

塑料件

塑料是以树脂(或在加工过程中用单体直接聚合)为主要成分,以增塑剂、填充剂、润滑剂、着色剂等添加剂为辅助成分,在加工过程中能流动成型的材料。塑料具有优良的性能:密度小、比强度高、耐化学腐蚀能力强、绝缘性能好、隔热隔音性能好、减摩耐磨性能好、抗震减振性能好、光学性能好等。

塑料的种类繁多,按理化特性可分为热塑性塑料和热固性塑料;按使用特性,又可分为通用塑料、工程塑料和特种塑料。热塑性塑料包括聚乙烯(PE)、聚丙烯(PP)、聚氯乙烯(PVC)、聚苯乙烯(PS)、丙烯腈－丁二烯－苯乙烯共聚物(ABS)、聚甲基丙烯酸甲酯(PMMA)、聚酰胺(PA)、聚甲醛(POM)、聚碳酸酯(PC)等。热固性塑料包括酚醛塑料(PF)、氨基塑料和环氧树脂。

塑料的主要成分是聚合物,聚合物大分子是由单体分子聚合而成的,基本上都属于长链状结构,通过聚合反应形成的大分子长链结构犹如一根细丝,十分容易弯曲。如果整条大分子像一根长长的链条,旁边没有分支,则这种结构的大分子称为线型大分子。由线型大分子构成的聚合物称为线型聚合物;如果整条大分子具有一个线型主链,旁边带有一些支链,则这种结构的大分子称为支链型大分子,由支链型大分子构成的聚合物称为支链型聚合物;它们可以被反复加热和冷却。

如果多个大分子之间发生交联化学反应,则它们彼此就会连接起来,形成一种网状的大分子结构,这种大分子结构称为体型大分子或网状大分子,由体型大分子构成的聚合物称为体型聚合物或热固性聚合物，它们一般都是由相对分子质量较小的预聚物经过交联化学反应之后生成的。这种聚合物只能在交联时进行一次加热，交联之后便会永远固化，即使再用高温也不会软化，直到在很高的温度下被烧焦碳化为止。

聚合物在加工过程中表现出可挤压性、可模塑性、可纺性、可延性等多种性质和行为，这均与聚合物的长链结构和缠结，以及聚集态所处的力学状态有关。聚合物在不同条件下表现出的分子热运动特征称为聚合物的物理状态。聚合物的物理状态分为玻璃态（结晶聚合物称为结晶态）、高弹态和粘流态三种，它们在一定条件下可以发生转变。当聚合物处于玻璃态时，整个大分子链和链段的运动均被冻结，宏观性质为硬、脆、形变小，只呈现一般硬性固体的弹性形变。聚合物处于高弹态时，链段运动高度活跃，表现出高形变能力的高弹性。当线型聚合物在粘流温度以上时，聚合物变为熔融、黏滞的液体，受力可以流动，并兼有弹性和粘流行为，称黏弹性。

通常，塑料都要加入一定量的添加剂，以提高其实用性能。这些添加剂主要有着色剂、润滑剂、稀释剂、增塑剂、稳定剂、抗静电剂、填料等。添加剂在聚合物中所占的比例不大，但加入添加剂后，聚合物大分子间的作用力会发生很大变化，熔体的黏度也会随之改变。

5.1.2　塑料成型方法

塑料成型方法的种类繁多，主要有注射（注塑）成型、压缩成型、压注成型、挤出成型、气压成型等。而塑料的种类和塑料的工艺特性是影响塑料成型过程的主要因素。常用塑料特性表见表 5－1。本书将简单介绍注射成型和挤出成型。

1．注射成型

注射成型原理如图 5－1 所示，将粒状或粉状塑料从注射机的料斗送入加热的料筒中加热熔融塑化，使之成为粘流态熔体，然后在注射机柱塞或螺杆的高压推动下，以很高的流速通过料筒前端的喷嘴注入温度较低的模腔中，经冷却定型后，开模分型便可从模腔中脱出具有一定形状和尺寸的塑料制品，这样便完成了一个成型周期。通常，一个成型周期从几秒钟到几分钟不等，时间的长短取决于塑件的大小、形状和厚度、塑料的品种、模具的结构、注射机的类型及成型工艺条件等因素。每个塑件的质量可从小于一克至数十千克不等，视注射机的规格及塑件的需要而异。

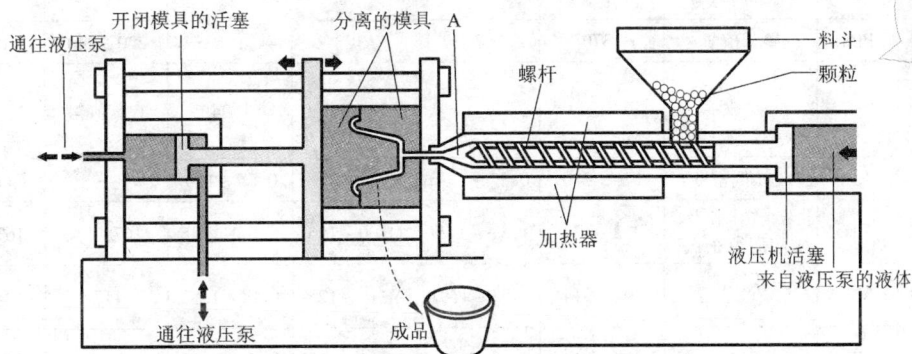

图 5－1　注射成型原理

表 5-1　常用塑料特性表

分类	序号	英文名称	中文名称	机械特性			比重 ASTM D792	耐热性	
				抗拉强度 /(kgf·cm^{-2}) ASTM DG38.DG51	冲击强度 /(kgf·cm^{-2}) ASTM D256	硬度 ASTM D785		耐热温度(连续)/℃	热变形温度(18.5kg/cm^2)/℃ ASTM D618
通用塑料									
结晶型	1	PP	聚丙烯	300~390	2~6.4 (2.3℃)	R85~110	0.90~0.91	121~60	57~64
	2	LDPE	低密度聚乙烯	80~160	不折断	D41~46	0.91~0.93	82~100	32~41
	3	HDPE	高密度聚乙烯	220~390	86	D60~70	0.94~0.97	121	43~49
非结晶型	4	PS	聚苯乙烯	350~840	1.1~1.7	M65~80	1.04~1.09	66~76	≪104
	6	ABS	丙烯腈-丁二烯-苯乙烯(耐热用)	490~560	10.9~21.8 (23℃)	R100~105	1.02~1.04	77~99	102~103
	7	AS (SAM)	丙烯腈-苯乙烯	665~840	1.9~2.7	M80~90	1.08~1.1	66~96	88~102
	8	PMMA	聚甲基丙烯酸甲酯(压克力)	350~630	2.7~24.6	R99~120	1.08~1.18	71~84	74~102
	9	PVC	聚氯乙烯	480.550	1.7~8.6	D65~85	1.35~1.45	66~79	54~80
结晶型	10	PA	聚酰胺(尼龙6)	490~840	4.3~24	R100~120	1.12~1.14	79~118	66~80
	11		聚酰胺(尼龙66)	630~840	5.5~10.9	R108~120	1.13~1.15	82~149	66~86
	12	POM	聚甲醛	700~840	7.6	M94(R120)	1.42	85	124
	13		聚甲醛(玻璃207)	595~770	4.4	M75~90	1.56	85~104	157~174
	14	PBT	聚丁烯对酞酸	620	4	R119	1.31	—	60
	15		聚乙烯对酞酸(玻璃30%)	1170	7	R120	1.63	—	200
特需工程塑料									
非结晶型	16	PC	聚碳酸酯	560~670	30~100	R115	1.2	121	130~138
	17	变性PPO	变性聚苯醚	770	8.2~10.4	R118~120	1.06	—	191
结晶型	18	PET	聚对苯二甲酸乙二醇(玻璃45%)	1930	12.8	R120	1.69	140	226
	19	PPS	聚苯硫醚	1370	7	R123	1.6	220~240	≫260
非结晶型	20	PSU	聚砜	714	7.1	M69.MR120	1.24	121~174	181
热硬化性	21	EP	环氧(低密度)	176~280	0.82~1.36	—	0.75~1.0		111~139
	22	PF	苯酚(木粉及棉屑填充)	352~633	1.31~3.27	M100~115	1.34~1.45	167~94	167~206
	23	MF	三聚氰胺(a纤维素填充)	492~914	1.31~1.91	M115~125	1.47~1.52	117	194~206
	24	UF	尿素(纤维素填充)	387~914	1.36~2.18	M110~120	1.47~1.52	94.5	144~161
	25	UP	不饱和聚酯(低收缩)	316~1410	13.6~81.6	40~70	1.6~2.4	167	175~278

注射成型是热塑性塑料成型的一种重要方法。到目前为止，除氟塑料外，几乎所有的热塑性塑料都可以采用此法成型。注射成型具有对塑料品种适应性强、一次成型形状复杂、尺寸精确、生产效率高、易于实现全自动化生产等优点，因此应用非常广泛，其产品占目前塑料制件的30%左右。但应当注意的是，注射成型的设备价格及模具制造费用较高，不适合单件及小批量塑件的生产。

注射成型的生产过程可以用图 5-2 表示，按其先后顺序应包括：成型前的准备、注射过程、塑件的后处理等。

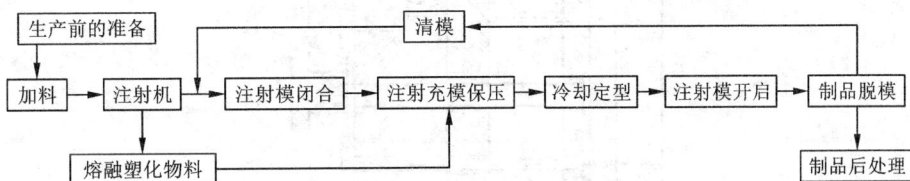

图 5-2　注射成型生产工艺过程

(1)成型前的准备。为使注射过程能顺利进行和保证塑料制件的质量，在成型前应进行一些必要的准备工作：原料的外光检验、工艺性能测定、原料的染色和造粒、原料干燥处理、料筒清洗、嵌件预热、喷(涂)脱模剂等。

(2)注射过程。注射过程一般包括加料、塑化、注射、保压、冷却和脱模等步骤。塑料在料筒中进行加热，由固体颗粒转变成粘流态并具有良好可塑性的过程称为塑化。注射指用柱塞或螺杆推动塑化后的塑料熔体充满塑料模型腔，并使熔体在压力下冷却凝固定型，直至制品脱模的全过程。

(3)塑件的后处理。塑料制品脱模后，常需要进行适当的后处理来改善制品的性能和提高制品的尺寸稳定性。其主要方法有退火和调湿处理。

如图 5-3 所示为卧式注射机上使用的典型注射模结构，下面以该模具为例简单分析注射模的工作原理和结构组成。注射模包括定模(零件9~14)和动模(零件1~8,15~19)两大部分。定模部分安装在注射机的固定模板上，在注射成型过程中始终保持静止不动；动模部分则安装在注射机的移动模板上，在注射成型过程中随注射机上的合模机构左右移动。开始注射时，合模机构带动动模向右移动，并在分型面处与定模合模形成闭合的型腔，型腔被合模机构提供的锁模力锁紧，以避免在塑料熔体的压力作用下胀开。

图 5-3 为合模状态，注射机从喷嘴中注射出的塑料熔体经由开设在定模中央的主流道进入模具，再经由分流道和浇口进入模腔，待熔体充满模腔并经过保压、补缩和冷却定型之后，合模机构便带动动模向左移动，从而使动模和定模分开，浇注系统凝料在拉料杆17的约束下从主流道衬套中脱出，并和塑件一起随动模运动。滑块11在斜导柱10的作用下产生侧向运动，使固定在滑块上的型芯脱离制品。当动模移动到一定位置时，脱模机构(零件16~19),将制品和凝料顶出脱落，就此完成一次注射成型过程。

按各部分的作用，图 5-3 所示典型注射模一般由以下几个部分组成。

(1)成型零件。包括凸模(或型芯)、凹模等。

(2)浇注系统。包括主流道、分流道、浇口、冷料穴等。

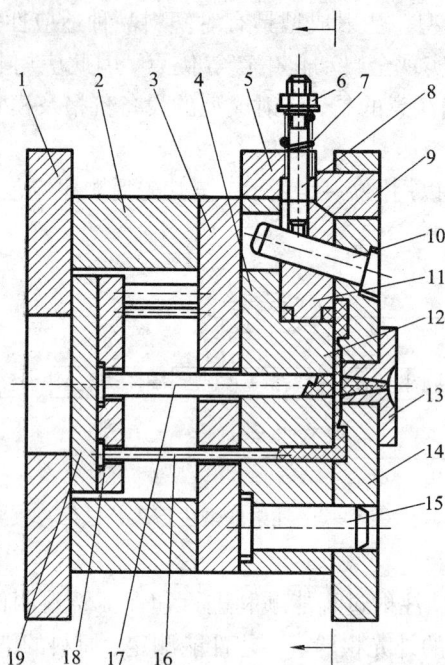

图 5 - 3　带有侧向抽芯的卧式注射模

1—动模底板；2—垫块；3—支承板；4—动模板；5—挡块；6—螺母；7—弹簧；8—滑块拉杆；
9—楔紧块；10—斜导柱；11—侧型芯滑块；12—型芯；13—浇口套；14—定模座板；
15—导柱；16—推杆；17—拉料杆；18—顶杆固定板；19—推板

（3）导向系统。

（4）脱模机构。由图中 16、18、19 组成顶杆顶出脱模机构。

（5）侧向抽芯机构。图 5 - 3 所示为带有侧孔的塑件，为了抽出型芯，设置了抽芯机构（由件 6 ~ 11 组成）。

（6）温度调节系统。为满足注射成型工艺对模具温度的要求，注射模设有冷却或加热系统。冷却系统一般是在型腔或型芯周围开设冷却水道；加热装置则是在模具内部或周围安装加热元件。

（7）支承零件。包括固定板、支承板（垫板）、支承块（垫块）以及模座（动、定模底板）等，用来安装和固定注射模中的各种功能零件。

2. 挤出成型

挤出成型又称为挤出模塑，一般是指借助螺杆或柱塞，通过加热加压的方式使塑料塑化并以流动状态通过口模，成为具有恒定截面的连续型材的成型方法。挤出制品主要有薄膜、管材、板材、片材、型材、棒材、丝、网、带、电线、电缆包覆、中空容器、复合材料等，被广泛地应用于农业、建材、包装、机械、电子、汽车、家电、石化、国防以及人们的日常生活等各个领域。

以热塑性塑料管材的挤出为例，其成型原理如图 5 - 4 所示。粒状或粉状塑料在旋转的挤出机螺杆的推动下，沿螺杆的螺旋槽向前方输送。在此过程中，它不断地接受外加热和螺杆与物料之间、料筒与物料之间以及物料与物料之间的剪切摩擦热而逐渐熔融呈粘流态；然后在螺杆的推动下，塑料熔体通过一定形状的挤出模具(机头)、口模以及一系列辅助装置(定型、冷却、牵引、切割等装置)，最终获得所需截面形状的塑料型材。

同其他成型方法相比，挤出成型具有以下突出优点：①设备成本低，制造容易，因此投资少，上马快。②生产效率高。③可以连续化生产。能制造较长的管材、板材、型材、薄膜等，而且产品质量均匀、密实。④生产操作简单，工艺控制容易，易于实现自动化。占地面积小，生产环境清洁，污染少。⑤可以一机多用。一台挤出机，只要更换机头口模，就能加工多种塑料制品。

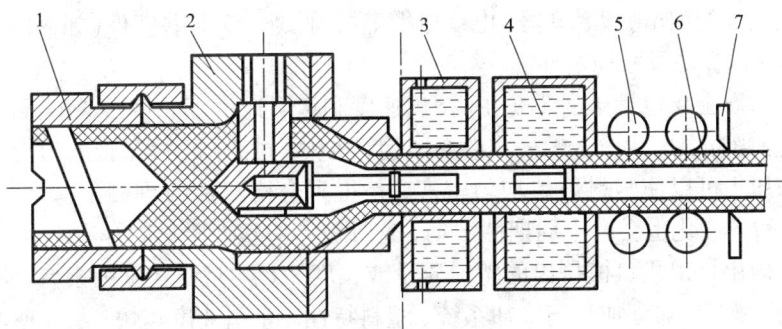

图 5 - 4　管材挤出成型原理

1—挤出机料筒；2—机头；3—定型装置；4—冷却装置；5—牵引装置；6—塑料管；7—切割装置

挤出成型原理

热塑性塑料的挤出成型工艺过程可分为塑化、成型和定型三个阶段。第一阶段塑化。可分为干法塑化和湿法塑化。塑料原料在挤出机料筒的加热、螺杆的旋转压实及混合作用下，由粒状或粉状转变成粘流态的过程称为干法塑化。塑料原料在机外溶解于有机溶剂中而成为粘流态物质(称为湿法塑化)，然后加入挤出机的料筒中，挤出并且去掉溶剂，得到制品。生产中通常采用干法塑化方式。第二阶段成型。粘流态塑料熔体在挤出机螺杆的推挤作用下，通过口模得到截面与口模形状相似的连续型材。第三阶段定型。通过定型、冷却处理等，使挤出后的塑料连续型材固化为塑料制件。

下面简单介绍热塑性塑料的干法塑化挤出成型工艺过程。

(1)原料的准备。挤出成型用的原料大多是粒状塑料，粉状用得很少。无论粉状物料还是粒状物料在成型之前都应在烘箱或烘房中进行干燥处理，将原料的水分控制在0.5%以下。

(2)挤出成型。将挤出机预热到规定温度，保温一定时间(时间长短视塑料具体情况而定)后启动，使螺杆旋转输送物料。料筒中的塑料在外加热和剪切摩擦热作用下塑化后，在螺杆不断旋转推挤作用下，通过滤板和过滤网，再经机头成型为与口模形状相似的连续型材。

(3)塑件的定型与冷却。热塑性物料离开机头口模后仍处于高温熔融状态，应立即进行定型和冷却，否则塑件在自重作用下会变形，出现凹陷或扭曲现象。一般情况下，定型和冷却是同时进行的，定型只不过是在限制挤出物变形条件下的冷却。挤出棒材、管材及型材时，需要有个独立的定型过程；而挤出薄膜、单丝等制品时无须定型，仅通过自然冷却即可。对于某些有特殊要求，如透明或低结晶的制品也要采用独立的冷却系统。挤出板材与片材一般还要通过压辊压平,压辊也有定型与冷却的作用。

(4)塑件的牵引、卷取和切割。塑件自机头口模挤出后,其强度、刚度很低,通过冷却定型装置时摩擦阻力又较大,如果不加以引导,则会造成挤出停滞而无法进行。因此,在冷却的同时,需要连续均匀地将塑件引出即牵引。牵引过程是通过牵引装置(一般作为挤出机的辅机)实现的,牵引速度与挤出速度相适应,一般是牵引速度略大于挤出速度。不同塑件制品的牵引速度不同,通常薄膜和单丝的牵引速度可以快些,以使塑件的厚度和直径减小,纵向断裂强度增高,扯断伸长率降低。硬质塑件的牵引速度则不宜过大,并且要求均匀,不然会影响其尺寸均匀性和力学性能。

经过牵引的塑件可根据使用要求在切割装置上裁剪(如棒、管、板、片及型材等),或在卷取装置上绕制成卷(如薄膜、单丝、电线电缆等)。此外,对某些塑件(如薄膜等)有时还需要进行后处理,以提高尺寸稳定性。

挤出工艺参数主要包括温度、压力、挤出速度和牵引速度等。挤出成型温度包括料筒温度、塑料温度、螺杆温度。由于螺杆和料筒结构、机头、过滤网、过滤板的阻力,使塑料内部存在压力。该压力可以使塑料熔体均匀密实,是得到合格塑件的重要条件之一。和温度一样,压力随时间的变化也会产生周期性波动,这种波动对塑件质量同样有不利影响。挤出速度是单位时间内由挤出机口模挤出的塑料质量或长度。影响挤出速度因素有:机头阻力、螺杆与料筒结构、螺杆转速、加热与冷却系统、塑料特性。牵引速度越快,制品壁厚越薄,冷却后的制品长度方向的收缩也越大;牵引速度越慢,制品壁越厚,且越容易在口模与定型装置之间积料。通常,牵引速度应与挤出速度相匹配,两者的比值称为牵引比,其值必须等于或大于1。

5.1.3 塑料件结构设计

塑料件结构设计必须遵循以下原则。①尽量选用成型性能较好、价格低廉的塑料;②应力求使形状简单、结构合理,以简化模具结构,并利于模具分型、排气、补缩和冷却;③壁厚均匀,使其成型容易,制件精度高;④避免明显的各向异性,以免制品翘曲变形;⑤表面质量、尺寸精度及技术要求尽量放低。

1. 尺寸精度及表面质量

塑料件的尺寸精度指成型后所获得的塑料产品的实际尺寸与图纸中所标尺寸的相符程度。影响塑料件尺寸精度的因素较多,见表5-2,在保证使用要求的前提下,尺寸精度应尽可能选用低精度等级。塑料件的表面质量包括表面粗糙度和表观质量等。塑料件的表面粗糙度主要决定于模具的粗糙度,且要比模具的成型部分粗糙度低1~2级。

表5-2 塑料制品产生尺寸误差的原因

原因类别	产品误差原因
与模具直接有关的原因	①模具的形式或基本结构 ②模具的制造误差 ③模具的磨损程度、变形、热膨胀

续表 5 - 2

原因类别	产品误差原因
与塑料有关的原因	①不同种类塑料收缩率的变化 ②不同批次塑料成型收缩率、流动性、结晶程度的差别 ③再生塑料的混合、着色剂等附加物的影响 ④塑料中水分及挥发、分解气体的影响
与成型工艺有关的原因	①成型条件变化引起的收缩率变化 ②成型操作变化的影响 ③顶出脱模时的塑料变形
与成型后时效有关的原因	①环境温度、湿度变化造成的尺寸变化 ②残余应力、残余变形引起的变化

2. 总体结构

塑料件的内外表面形状尽可能保证有利于成型。由于侧向型芯或瓣合凹模不但使模具结构复杂，制造成本提高，而且还会在分型面上留下飞边，增加塑料件的修整量，因此塑料件设计时应尽可能避免侧向内凹，如果必须有侧向内凹凸，则在模具设计时，在保证塑件使用要求的前提下，可适当改变塑料制件的结构，以简化模具的结构。

3. 脱模斜度

由于冷却时产生收缩，塑料件紧包在凸模上，或由于黏附作用，塑料件紧贴在凹模型腔内，脱模时会使塑料件表面被划伤、擦毛，甚至使塑料件变形等。为了保证塑料件顺利脱模和塑料件质量，对模塑产品的任何一个侧面，都需有足够的脱模斜度。脱模斜度的大小与塑料性能、塑料收缩率、塑料制品的形状和壁厚等因素有关。

4. 壁厚

塑料件的厚度应满足塑料件的强度、刚度及工艺性要求。对成型工艺而言壁厚过小成型时流动阻力大，熔体难以充满型腔，脱模时易引起塑料件变形。因此，塑料件规定有最小壁厚值，它随塑料品种和塑料件大小不同而异，见表 5 - 3。但壁厚也不能过大，否则不但造成原料的浪费，降低生产率，而且产生气泡、缩孔、凹陷等缺陷，影响产品质量。

表 5 - 3　热塑性塑料最小壁厚及推荐壁厚(单位: mm)

塑料品种	制件流程 50 mm 时的最小壁厚	一般制件壁厚	大型制件壁厚
聚酰胺(PA)	0.45	1.75 ~ 2.60	>2.4 ~ 3.2
聚乙烯(PE)	0.6	2.25 ~ 2.60	>2.4 ~ 3.2
聚苯乙烯(PS)	0.75	2.25 ~ 2.60	>3.2 ~ 5.4
改性聚苯乙烯	0.75	2.29 ~ 2.60	>3.2 ~ 5.4
聚甲醛(POM)	0.80	2.40 ~ 0.60	>3.2 ~ 5.4
有机玻璃(PMMA)	0.80	2.50 ~ 2.80	>4.0 ~ 6.5
聚氯乙烯(软)(LPVC)	0.85	2.25 ~ 2.50	>2.4 ~ 3.2

塑料品种	制件流程 50 mm 时的最小壁厚	一般制件壁厚	大型制件壁厚
氯化聚醚(CPT)	0.85	2.35 ~ 2.80	>2.5 ~ 3.4
聚丙烯(PP)	0.85	2.45 ~ 2.75	>2.4 ~ 3.2
聚碳酸酯(PC)	0.95	2.60 ~ 2.80	>3.0 ~ 4.5
聚氯乙烯(硬)(HPVC)	1.15	2.60 ~ 2.80	>3.2 ~ 5.8
聚苯醚(PPO)	1.20	2.75 ~ 3.1	>3.5 ~ 6.4

塑料件的壁厚应尽可能一致,否则会因冷却不均而产生附加内应力,使塑料件产生翘曲、缩孔、裂纹,甚至开裂。塑件局部过厚,外表面会出现凹痕,内部会产生气泡。如果结构要求必须有不同壁厚,不同壁厚的比例不应超过 1:3,且应采用适当的修饰半径以减缓厚薄过渡部分的突然变化。

5. **加强筋与支承面**

为了确保塑件的强度和刚性,而又不致使塑件的壁厚过厚,可以在塑件的适当部位设置加强筋。加强筋还可以避免塑件的变形,在某些情况下,加强筋还可以改善塑件成型过程中塑料流动的情况。

6. **圆角**

制品的两相交平面之间尽可能以圆弧过渡。制品圆角的作用有:①分散载荷避免应力集中,增强及充分发挥制品的机械强度。②改善塑料熔体的流动性,便于充满与脱模,消除壁部转折处的凹陷等缺陷。③便于模具的机械加工和热处理,从而提高模具的使用寿命。

7. **孔**

塑件上常见的孔有通孔、盲孔、螺纹孔等。理论上讲,可用模具上的型芯成型任何形状的孔,但如果孔的形状和位置设置不当,会使模具结构复杂,制造困难,成本增加。因此,在塑件上设计孔时应同时考虑其使用性和工艺性。

8. **螺纹**

塑件上的螺纹一般在注射成型时直接获得,生产批量较小时,也可以模塑后进行机械加工,对于需要经常装拆和受力较大的螺纹,应采用金属螺纹嵌件。

注射成型时,塑件上的螺纹直径一般不小于 2 mm,精度不超过 IT7 级,并选用较大的螺距,直径较小时应避免选用细牙螺纹,否则会影响使用强度。螺纹直径小于 2 mm 时,可采用金属螺纹嵌件。

一般塑料的强度远低于金属材料,最外圈螺纹在使用时易产生变形或崩裂,所以注射成型螺纹的螺牙应以圆弧过渡,螺纹的始端和末端均不应突然开始和结束,应有过渡段。因收缩会引起塑料件上的螺距变小,与金属螺纹的匹配性较差,所以塑料螺纹与金属螺纹的配合长度应小于螺纹直径 1.5 倍,否则会造成塑料件上螺纹的损坏及连接强度的降低。

9. **嵌件**

塑料成型过程中所嵌入的螺栓、接线柱等金属或其他材质零件,统称为塑料制品中的嵌件。嵌件可增加制品的功能或对制品进行装饰。嵌件的模塑使操作变繁,周期加长,生产率降低。嵌件的材料有金属、玻璃、木材、橡胶和已成型的塑料等，其中金属嵌件用得最为普遍。

5.2 陶瓷及陶瓷成型

5.2.1 先进陶瓷概述

陶瓷是一种与人类生活和生产密切相关的材料。人们习惯将陶瓷分为两大类，即传统陶瓷和先进陶瓷。传统陶瓷是以天然硅酸盐矿物为原料（黏土、长石、石英等），经过粉碎加工、成型、烧结等过程得到的制品，因此又叫硅酸盐陶瓷。先进陶瓷是采用纯度较高的人工合成化合物（如 Al_2O_3、ZrO_2、SiC、Si_3N_4、BN），通过恰当的结构设计、精确的化学计量、合适的成型方法和烧结制度，并经过加工处理得到的无机非金属材料。经过精细控制化学组成、显微结构、形状及制备工艺，制备获得的先进陶瓷具有机械、热学、化学、电子、磁性、光学、生物及其复合工况下的某些高性能特性，广泛应用于各种高技术领域。

先进陶瓷材料具有硬度高、脆性大等特点，因此其成型加工有别于普通金属材料和有机高分子材料的加工。其中，影响陶瓷材料加工性的因素主要有以下几点：①材料的力学及物理性能。②材料组分及分布。③材料的结构。④工艺过程。

根据陶瓷的性能和使用功能，先进陶瓷可分为结构陶瓷和功能陶瓷两大类。结构陶瓷指具有力学和机械性能及部分热学和化学功能的新型陶瓷，适用于高温下使用的结构陶瓷又称为高温结构陶瓷。该类材料用于制造工业和技术领域的设备及部件，以充分发挥其耐高温、耐腐蚀、高强度、高硬度等优异性能。按结构陶瓷的组成，又可将其分为氧化物、碳化物、氮化物、硼化物、硅化物等类型。

功能陶瓷指以非力学性能（如电、磁、热、化学、生物等性能）为主的陶瓷材料。有些陶瓷材料既是结构材料也是功能材料，如 ZrO_2、Al_2O_3、SiC 等。功能陶瓷制品具有品种多、应用广、更换频繁、体积小、附加值高等特点，主要有金属氧化物和 Ba、Pb、Mg 及 Sr 的钛酸盐等。

需要指出的是随着科学技术的发展、新材料的不断出现，结构陶瓷与功能陶瓷的界限正在逐渐淡化，有些材料同时具备优越的结构性能与优良的功能。当然，结构陶瓷和功能陶瓷不可能截然分开，功能陶瓷在力学性能上亦有基本要求，有些结构陶瓷尚有其他功能特性，如碳化硅是常见的研磨材料，但亦可用其半导性作高温发热元件。

5.2.2 陶瓷成型方法

先进陶瓷的制备工艺过程主要包括原始粉料的合成、制品成型、烧结、加工及检验等环节。本书仅针对需要模具结构的先进陶瓷材料的成型方法进行简单介绍。先进陶瓷成型方法主要包括压制成型、可塑成型、浆料成型、轧膜成型等。下面将简单介绍压制和轧膜成型工艺过程。

1. 压制成型

压制成型法又称模压成型，它是将粉料（含水量控制在 4% ~ 7%，甚至可为 1% ~ 4%）加入少量黏结剂进行造粒，然后将造粒后的粉料置于金属模（一般为钢模）中，在压力机械上加压形成一定形状的坯体。压制成型法的特点是黏结剂含量较低，不经过干燥就可以直接焙烧，坯体的收缩率小，该方法大大提高了坯体的致密程度，进而提高了制件的强度，而且压制成型的机械化水平较高。在日用陶瓷和先进陶瓷的生产中常常采用的压制成型方法，可分为干法、半干法和湿法压制。干法压制：坯料的含水量为 0～5%，包括润滑介质和其他液态加入物。半干法压制：坯料的含水量为 5%～8%。湿法压制：坯料的含水量为 8%～18%。本书仅对干法压制进行介绍。

干压成型是基于较大的压力将粉状坯料在模型中压制成型。其实质是在外力作用下颗粒在模具内相互靠近，并借助于内摩擦力牢固地把各颗粒联系起来并保持一定形状的工艺。这种内摩擦力作用在相互靠近的颗粒外围结合剂薄层上。压制成型的过程如图 5－5 所示。干压成型的工艺过程包括：①喂料。将粉料颗粒装填入模框内，为了保证坯体的规格和质量，喂料应该均匀并定量。定量喂料分为定容式喂料和定量式喂料这两种方式，其中既有手工操作也有专门的喂料装置来实现自动喂料。最简单的定容式喂料装置以模框作为容器，把粉体加满后刮平，也有的装料则是通过电子秤的称量来实现粉料的定量。②加压成型。利用模具之间的相对运动给疏松的粉料施加压力，使粉料压紧坯体。该工序是压制成型中的关键工艺，需要控制施加压力的大

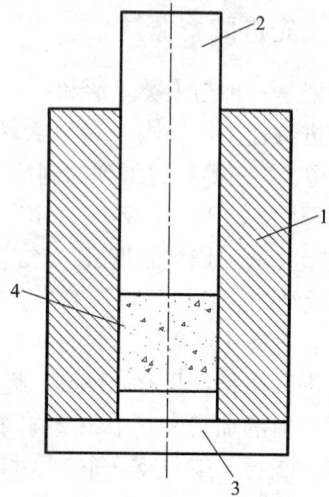

图 5－5　压制成型的过程
1—阴模；2—上模冲；3—下模冲；4—粉体

小、压制时间及压制方式等因素，任何条件的改变都有可能导致坯体质量发生变化。③脱模。将成型好的坯体从模具型腔内脱出。可采用多种脱模方式，如采用模腔固定、下模上升的方法将成型好的坯体顶出；也有用下模固定、模腔下行的方法脱模的。④出坯。将坯体移动至放坯台面上或输送带上。出坯过程有手工操作，也有用专门的推出装置或真空吸坯机械手完成的。⑤清理模具。必要时还需要在模腔内壁喷油来润滑。

干压成型在先进陶瓷、工程陶瓷的生产中是较为常用的成型方法，这主要由于该方法具有工艺简单、操作方便、周期短、效率高、便于实现自动化生产等优点。此外，由此成型方法获得的坯体具有密度大、尺寸精确、收缩小、机械强度高和电性能好等优点。但是，干压成型对大型坯体的生产有困难，模具磨损大、加工复杂、成本高。其次，该方法加压只能上下加压且可能因压力分布不均匀，导致制件致密度不均、收缩不均等问题而使产品产生开裂、分层等现象。随着现代成型方法的发展，这一缺点被等静压成型方法所克服。目前，干压成型技术被广泛应用于 PTC 陶瓷材料、氧化铝陶瓷及陶瓷真空管壳的准备成型。

模具是压制成型的一个关键因素，对成型的质量和生产效率有着十分重要的影响。一般来说，陶瓷压制成型的模具应选用高合金不变形模具钢、高速工具钢及轴承钢等高硬度、高强度材料。目前，形状复杂零部件的压制常采用浮动式压模和拉下式压模。在用带浮动阴模的模具压制时，阴模安装在弹簧或液压缸等浮动装置上，如图 5－6 所示，压制时下模冲固定不动，但阴模可以上下浮动。当上模冲以一定速率进入模腔时，粉末颗粒与模腔内表面之间存在摩擦力使阴模克服弹簧的阻力向下运动，所起的作用与下模冲向上运动的作用是一致的，均起到了双向加压的效果。用带浮动阴模的双向压制方法成型不仅压坯的密度均匀性得

到改善，而且操作方便，生产效率高。

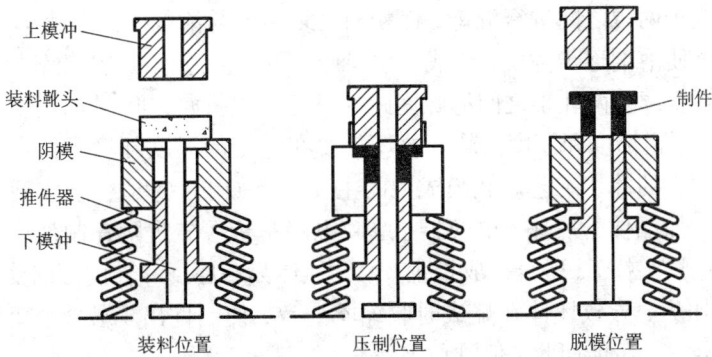

图 5 - 6 用带浮动阴模的模具压制

拉下式模具是另一种常用的双向加压成型模具，在这种形式的模具中，必须有一个工具支架。工具支架由一个安装在加压机架上的基板和两块可以上下运动的可动板组成，这两块可动板一块是阴模板，另一块是下连接板，两块可动板通过基板轴承的支柱相互连接，组装在一起。图 5 - 7 表示了压制带内孔圆环形零件的拉下式模具系统。在这一系统中，下模冲安装在基板上，在压制过程中固定不动，阴模和芯杆分别安装在阴模板和下连接板上。工作时，通过装料靴头填充粉料，上模冲压入模腔后，上模冲和阴模板同时向下运动，其压制效果和双向加压相同。拉下式模具的特点是改变了下模冲向上运动的脱模方式。在脱模时，上模冲向上运动，而阴模板和下连接板继续向下运动，直至零件被脱出阴模，这也是拉下式模具名称由来。

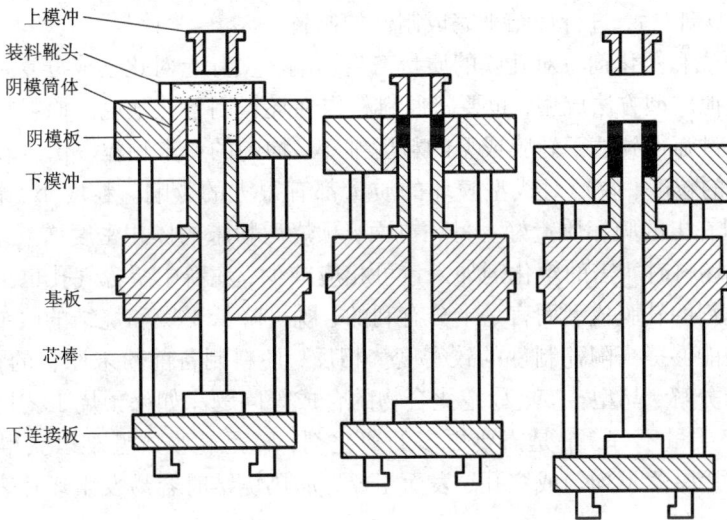

图 5 - 7 压制内孔圆环形零件的拉下式模具系统

4. 轧膜成型

轧膜成型工艺过程通常是将预烧过的粉料磨细过筛并拌以一定量的有机黏结剂、增塑剂和溶剂等,将其置于两辊之间进行混炼,使粉料、黏结剂或溶剂等成分充分混合均匀。再将其进行热风干燥,使溶剂逐步挥发,形成一层厚膜,该工艺过程称为"粗轧"。粗轧之后要进行精轧,精轧是逐步调小两轧辊之间缝隙间距并进行多次折叠,90°转向反复轧炼以达到良好的均匀度、致密度、粗糙度和厚度。轧好的坯片要在一定的温度环境中储存,防止其干燥脆化,以便进行下一步的冲切工艺。轧膜成型的主要特点如下:①适合于成型厚度极薄的片状电子陶瓷元器件,如晶体管底座、电容器、厚膜电路基板等先进陶瓷制件;②制件厚度均匀致密、气孔少、生产效率高,适合于成批生产;③坯体只在厚度和长度方向受到碾压,在宽度方向缺乏足够的压力,导致坯体在烧成时收缩不一致,使制件出现裂纹、变形等缺陷;④冲片多余的边角料较多,虽能回收,但难免浪费。

轧膜成型工艺主要借鉴了橡胶、塑料生产工艺中薄片或带状材料的成型原理。对于陶瓷材料而言,首先将粉末与一定量的塑化成型剂溶液混合均匀,使各个粉末颗粒被塑化成型剂薄层所包裹,形成具有良好可塑性的轧膜用坯料。轧膜机也是由两个反向转动的轧辊构成,两个辊之间的缝隙距离可调。成型用的坯料放于两个轧辊之间,当轧辊转动时依靠轧辊表面与坯料之间的摩擦力来带动坯料从两辊制件的缝隙中挤出。由于粉末颗粒已经被塑化成型剂包裹黏结,在轧辊之间发生延展变形的是塑化成型剂本身,而粉末颗粒只是借助于成型剂的延展变形进行重新排列。坯料的两轧辊之间被挤轧,一般要反复数次,每次都要逐步调小两辊之间的缝隙间距。最后成型出的带坯厚度极薄,通常在 1 mm 以下。

轧膜成型的带坯可由引导、卷绕装置卷成长度很长的坯卷存放,也可与干燥机、冲切机组成生产流水线。由于掺有塑化成型剂的极薄带坯具有很好的可塑性,可以采用与冲压工艺类似的方法,将薄带坯在冲切机上用切刀冲切成众多的、形状多种多样的小薄片器件生坯。由于轧膜成型的带坯既薄又软,所以冲切机也远比冲床简单得多。小薄片生坯再经过脱胶处理(除去塑化成型剂)后,进行烧结来完成制件的制备。

粉体原料预烧和塑化剂将对轧膜的质量产生影响。实际上对化学成分复杂的功能陶瓷材料,即使使用其他成型方法成型,也要将原料粉末在坯料制备前预烧。原料粉末经预烧处理后再重新粉碎、过筛得到适于轧膜成型的粒度细小、均匀的粉末颗粒。由于轧膜坯体厚度很薄,坯料中颗粒的粒度、粒形对成型膜坯的质量都有很大的影响。粒度小、粒度分布均匀、粒形等轴性好则轧出的膜坯质量好。另一方面,预烧后粉末的体积密度增大,粉末的比表面积减小,则制备坯料时所需的塑化剂加入量可相应减少、坯料中所含气孔也少。这对于坯料中含有较多塑化剂的轧膜成型而言是十分有利的,既可降低干燥和烧结的收缩率、减少变形和开裂的概率又能够提高陶瓷制件的致密度。相反,坯料制备前粉末原料的预烧工艺不当,则会产生气体的分解、晶型转变、稳定化合物的合成等问题。如果预烧工艺进行不充分或预烧后粉末的粉碎质量不好,一是需要更多的塑化剂,二是轧膜成型难以获得较好的坯片质量,容易造成坯片厚薄不均匀或穿孔、表面粗糙、加热烧结时容易发生坯片表面气泡、变形过大甚至开裂等缺陷。

轧膜成型用的塑化剂是由黏结剂、增塑剂和溶剂配合而成。不同的陶瓷材料,应根据其化学成分选择合适的黏结剂和塑化剂,这需要在理论指导下,通过一系列试验来验证,从而确定最合适的塑化剂配比,这也是一个工作经验的积累。对于轧膜成型而言,为保证轧膜的质量，使用聚乙烯醇水溶液再加入适量的甘油作为塑化剂较为普遍。

轧膜成型在生产集成电路基片、电容器及电阻等各种片式功能陶瓷元器件方面具有独特的优势。此成型方法因生产效率高、工艺简单、成本低、劳动强度小而获得了广泛应用。

5.3.3　陶瓷结构工艺性

陶瓷件在进行压制成型时一般采用模具方法，因此在对陶瓷件进行结构设计时应考虑一些基本准则。

(1) 避免高精度配合准则。

高精度的公差配合要求，在陶瓷件装配中很难满足，这是因为：①在毛坯制作和烧结过程中构件的尺寸、形状、精度难以提高；②烧结后的陶瓷材料很坚硬，机械加工困难；③陶瓷材料的弹性变形很小，靠构件弹性变形来减低装配难度的方法行不通，所以，陶瓷构件要避免紧密配合。图 5-8(a) 所示结构因成型、烧结过程中难以避免的尺寸、形状误差，会引起装配困难，甚至根本无法装配，而将圆孔变长孔[如图 5-8(b)]，则装配起来要方便得多。

(2) 方便模具制作准则。

对于用模具生产的构件，减少其模具制作难度和制作成本是基本要求。图 5-9(a) 所示的椭圆形结构所需的成型模具，制作难度远高于图 5-9(b) 所示结构所需要的模具难度。图 5-10(a) 所示的结构比之右边的结构虽然节省了原材料，但模具制作难度大、费用高。带有边孔的结构对应的模具制作困难，如在不妨碍构件功能的前提下，将边孔设计为贯通到棱边的孔，将封闭孔变成开通孔，如图 5-10(b) 所示，则对应的模具制作要简单得多。

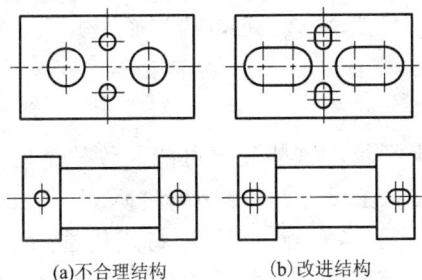

图 5-8　陶瓷制品高精度配合结构改进

(a)不合理结构　　(b)改进结构

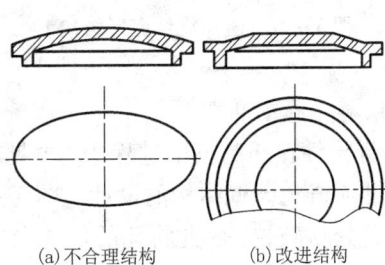

图 5-9　陶瓷制品方便模具制作结构改进

(a)不合理结构　　(b)改进结构

(3) 避免烧结变形准则。

烧结过程中，构件容易产生弯曲变形。在刚度弱的地方，要采取加强措施，以降低烧结变形的危险。图 5-11(a) 所示结构两竖板横向抗弯能力差。毛坯制作和烧结过程中，竖板壁厚方向一定程度的不均匀性是不可避免的，这种不均匀性将导致烧结弯曲的危险。改进措施之一是设置加强筋，如图 5-11(b) 所示。而图 5-12(a) 所示结构的底板因底板受自重作用，支承点间距越大，横向弯曲变形越大，在烧结时产生了变形，改进措施之一是在中间多加一个支点，如图 5-12(b) 所示。增加壁厚也是提高刚度，防止烧结变形的有效措施。图 5-13(a) 所示结构因壁太薄，有烧结弯曲的危险，而图 5-13(b) 所示的结构因增加了壁厚，可减少烧结弯曲的危险。

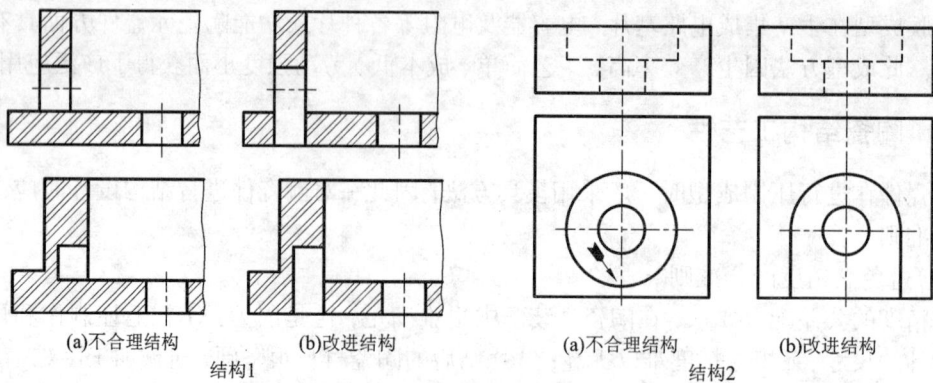

(a)不合理结构　　(b)改进结构　　　　　　　(a)不合理结构　　(b)改进结构

结构1　　　　　　　　　　　　　　　　结构2

图 5 - 10　带有边孔结构

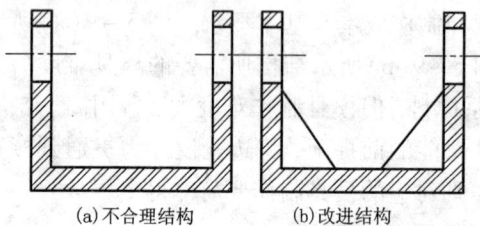

(a)不合理结构　　(b)改进结构

图 5 - 11　避免烧结变形结构 1

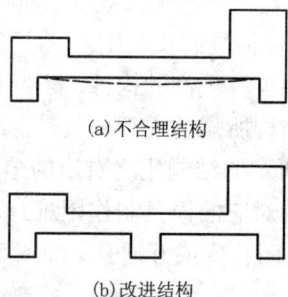

(a)不合理结构

(b)改进结构

图 5 - 12　避免烧结变形结构 2

（4）避免薄壁准则。

陶瓷构件在压制成型过程中，壁厚较薄处易产生裂纹。这些裂纹可能导致整个构件报废，因此应避免薄壁结构的设计。图 5 - 14(a)所示结构在箭头所指地方壁过薄，压制成型过程中，此处易破裂，因此将孔的位置向中心移。若做不到这一点，则干脆将孔开通，彻底消除薄边，如图 5 - 14(b)所示。

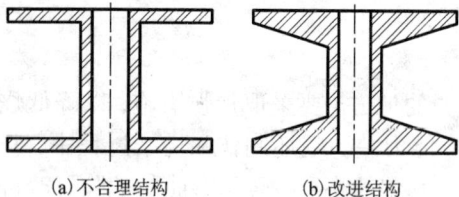

(a)不合理结构　　(b)改进结构

图 5 - 13　避免烧结变形结构 3

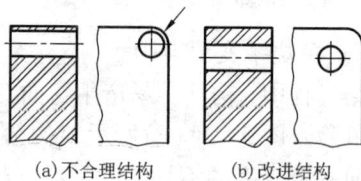

(a)不合理结构　　(b)改进结构

图 5 - 14　避免薄壁结构 1

（5）避免尖锐棱边准则。

尖锐棱边处有缺口效应及应力集中，是易产生裂纹的区域，尖锐棱边若在外部，则不安全，且有碍外观。尖锐棱边可用圆弧、倒角代替，如图 5 - 15 和图 5 - 16 所示。

116

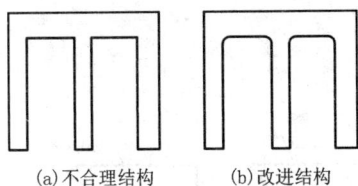

(a)不合理结构　　(b)改进结构

图 5 - 15　避免尖锐棱边结构 1

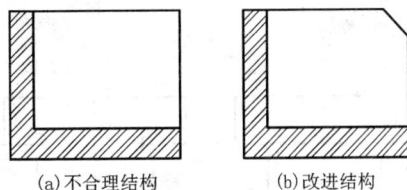

(a)不合理结构　　(b)改进结构

图 5 - 16　避免尖锐棱边结构 2

(6)便于涂釉准则。

涂釉可以增加陶瓷构件的外表美观度。涂釉后的构件表面,在烧结固化以前不能触及,否则釉层将被破坏。而图 5 - 17(a)所示的结构无法满足这一要求,因为构件缺少不损坏釉层的支承点。改进的方案如图 5 - 17(b)所示。第一种方案是在底面设三个支承点;第二种方案是留一个无涂釉面作支承面;第三种方案是增设一个支承孔,孔内无涂釉必要。在拐角处涂釉会堆积,形成凸块,从而影响涂层质量,如图 5 - 18(a)所示。解决这一问题的办法是在拐角处留有 0.5 mm 左右的凹槽,如图 5 - 18(b)所示。

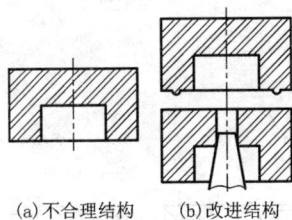

(a)不合理结构　　(b)改进结构

图 5 - 17　便于涂釉结构 1

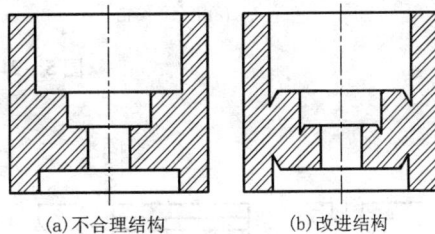

(a)不合理结构　　(b)改进结构

图 5 - 18　便于涂釉结构 2

(7)便于磨削准则。

磨削加工是陶瓷构件最常用的后加工方法,它在烧结以后进行。由于陶瓷材质坚硬,磨削加工不像金属件那样方便。因此,如有可能,该加工面应在烧结以前被加工出来,即毛坯加工优先于磨削加工。从磨削加工角度来看,陶瓷构件的设计基本相同于金属构件的设计。最主要的区别是:陶瓷承受点载荷的能力远低于金属,局部受载时,由于陶瓷弹性变形能力差,将局部载荷分摊给周围材料的能力差,所以,此时易引起局部损坏。因此应避免图 5 - 19(a)所示两磨削面交界处结构。而图 5 - 19(b)所示结构,方便磨削轮退刀便于磨削加工。为避免磨削加工过程中的局部损坏,小于 90°的夹角应避免,如图 5 - 20 所示。除此之外,便于磨削加工的具体措施还有:①减少磨削加工量(图 5 - 21);②方便夹持固定(图 5 - 22);③优先外面加工(图 5 - 23);④尺寸合理标注(图 5 - 24)。

(8)大面积承载准则。

陶瓷件常和金属件连接在一起,由于陶瓷承受局部集中载荷的能力差,因此在此类结构的设计中要充分注意克服陶瓷材料的这一弱点。如图 5 - 25(b)所示在螺栓头底部加一个垫片,从而加大了陶瓷件的承载面积。图 5 - 26 所示是一插销联结结构,用可变形的环形插销代替直插可以增大承载面积。图 5 - 27 所示是一键连接方式。在传递扭矩不大的情况下,可以用图5-27(b)所示结构代替图5-27(a)所示结构,这样不仅增大了承载面积,而且避免了缺口效应。

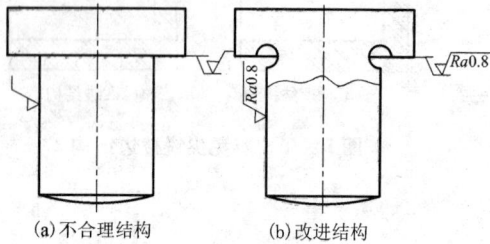
(a)不合理结构　　(b)改进结构

图5-19　便于磨削结构1

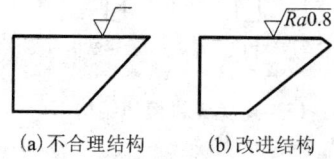
(a)不合理结构　　(b)改进结构

图5-20　便于磨削结构2

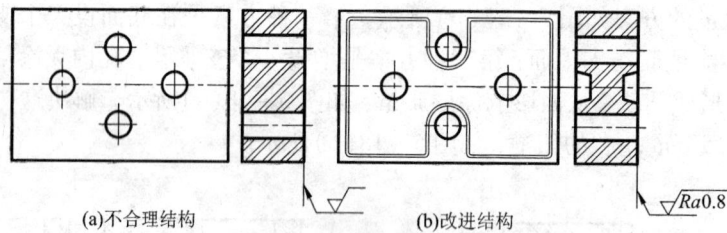
(a)不合理结构　　(b)改进结构

图5-21　减小磨削加工量

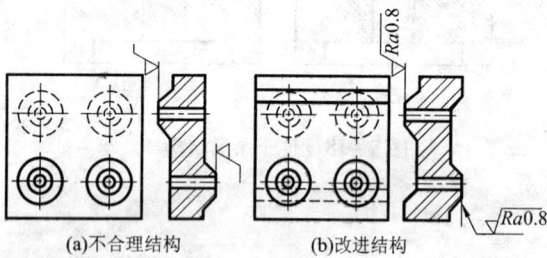
(a)不合理结构　　(b)改进结构

图5-22　方便夹持固定

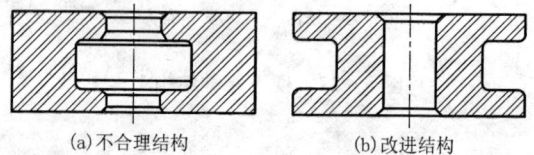
(a)不合理结构　　(b)改进结构

图5-23　优先外面加工

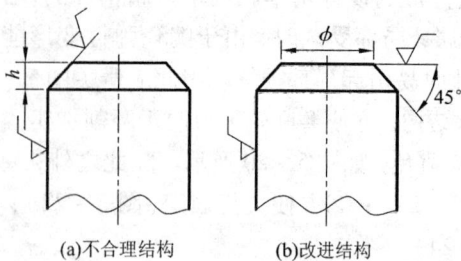
(a)不合理结构　　(b)改进结构

图5-24　尺寸合理标注

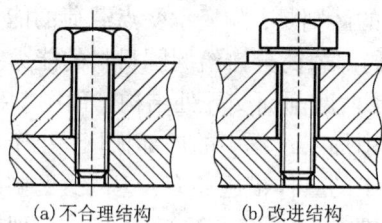
(a)不合理结构　　(b)改进结构

图5-25　大面积承载

118

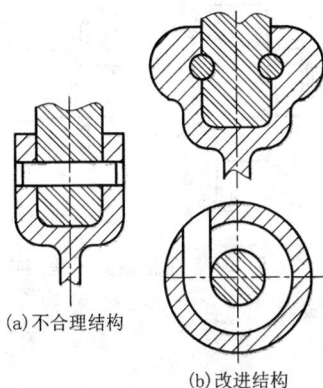

(a)不合理结构

(b)改进结构

图 5 - 26　插销联结结构

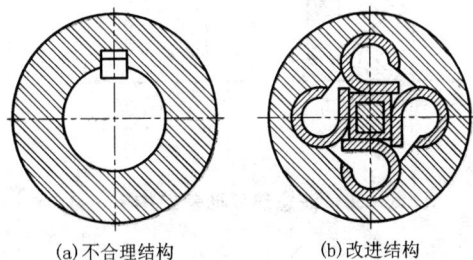

(a)不合理结构　　　　(b)改进结构

图 5 - 27　键联结方式

（9）优先受压准则。

陶瓷件和金属件的联接中，应尽量使陶瓷件受压，金属件受拉。金属材料受拉受压性能几乎一样，而陶瓷件受压能力显著高于其受拉能力。陶瓷优先受压能充分发挥陶瓷材料的优点。图 5 - 28 所示是压紧配合，合理的联接方式如图 5 - 28(b))所示。图 5 - 29(b)所示结构明显改善了陶瓷件的受载状况。

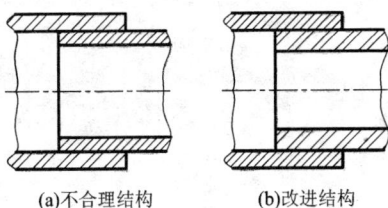

(a)不合理结构　　　　(b)改进结构

图 5 - 28　压紧配合结构

(a)不合理结构　　　　(b)改进结构

图 5 - 29　优先受压结构

（10）注意热变形差准则。

陶瓷材料几乎无热胀冷缩的性质，即温度变化时，仅有很小的尺寸变化。因此，在陶瓷金属组合结构中，两种材料的交界处，当有热载荷时，可能引起很大的热变形差异。这种热变形差异，加上陶瓷材料弹性变形很小的缘故，会引起很大的热应力。因此，在设计陶瓷金属组合结构时，要充分注意热变形差异这一问题，避免过大的热应力，如图 5 - 30 所示。图 5 - 31 所示是一锥面配合的陶瓷金属组合结构，在有大的热载荷情况下，要尽量采用小锥度，因为锥面上热变形量和端面直径成正比，而过大的锥度配合不均匀。

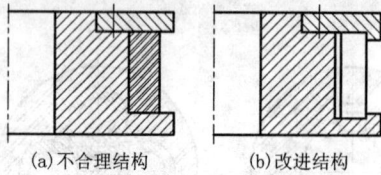

(a)不合理结构　　　(b)改进结构

图 5 – 30　注意热变形差结构 1

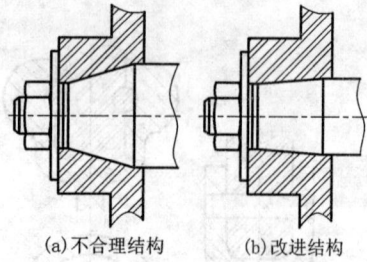

(a)不合理结构　　　(b)改进结构

图 5 – 31　注意热变形差结构 2

思考练习题

1. 观察你身边哪些产品属于非金属材料？它们属于哪一种非金属？尝试思考该产品是怎么加工而成的？

2. 试述非金属材料成型特点。

3. 试述塑料的定义，并根据不同的标准对常用塑料进行分类？

4. 试述注射成型的基本原理及其主要生产过程。

5. 普通注射模由哪几个部分组成？

6. 试述挤出成型基本原理及主要优点。

7. 试述塑料件结构设计的基本原则。

8. 试述陶瓷的定义及其分类。

9. 陶瓷成型的主要方法有哪些？

10. 陶瓷进行结构设计时应考虑的基本准则有哪些？

120

第二篇　机械加工工艺

第6章
金属切削加工基础

6.1 金属切削加工基本定义

目前绝大多数零件的机械加工都要通过金属切削过程来完成。金属切削过程是工件和刀具相互作用的过程。刀具从工件上切除多余的金属，并在高生产率和低成本的前提下，使工件得到符合技术要求的形状、位置、尺寸精度和表面质量。为实现这一过程，工件与刀具之间要有相对运动，即切削运动，它由金属切削机床来完成。机床、夹具、刀具和工件构成一个机械加工工艺系统，切削过程的各种现象和规律都要在这个系统的运动状态中去研究。

6.1.1 切削运动与切削用量

在金属切削中，为了要从工件中切去一部分金属，刀具与工件之间必须完成一定的切削运动。如外圆车削时，工件做旋转运动，刀具做连续纵向直线运动，形成了工件的外圆柱表面。在新表面形成过程中，工件上有三个不断变化的表面，如图6-1所示。

待加工表面：即将被切除金属层的表面，随着切削过程的进行，它将逐渐减小，直至全部切除。

已加工表面：已经切除一部分金属形成的新表面，并随着切削的继续进行而逐渐扩大。

加工表面：切削刃正在切削着的表面，它总是处在待加工表面和已加工表面之间，它在下一切削行程（如刨削）或刀具与工件的下一转里（如单刃镗削或车削）将被切除，或者由下一切削刃（如铣削）切除。

这些定义也适用于其他切削。图6-2(a)、(b)、(c)分别表示了刨削、钻削、铣削时的切削运动。

1. 切削运动

在切削过程中，刀具和工件之间必须有相对运动，这些运动是由金属切削机床完成的。金属切削机床的基本运动有直线进给运动和回转运动。但是，按切削时工件与刀具相对运动所起的作用可分为主运动和进给运动，如图6-1所示。

（1）主运动。

主运动是切削金属所必需的最主要的运动。它使刀具切削刃及其邻近的刀具表面切入工件材料，使切削层转变为切屑。通常它的速度最高，消耗机床功率最多。任何切削过程必须有一个，且只有一个主运动。主运动可以是旋转运动，也可以是直线运动。例如，车削加工时工件的旋转运动，钻削和铣削加工时刀具的旋转运动，牛头刨床刨削时刀具的直线往复运动等都是主运动。主运动可以由工件完成(如车削、龙门刨削等)，也可以由刀具完成(如钻削、铣削、牛头刨床上刨削及磨削加工等)。

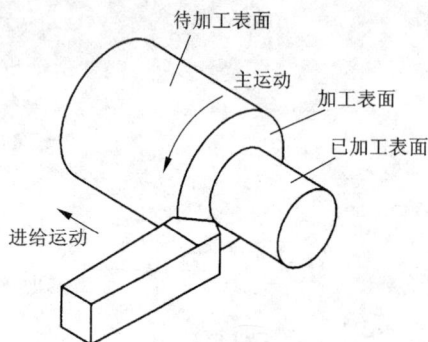

图6－1　车削时的切削运动

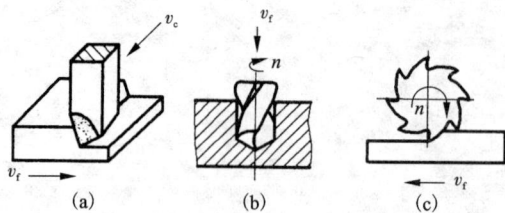

图6－2　刨削、钻削、铣削时的切削运动

(2)进给运动。

进给运动是使新的金属不断投入切削，配合主运动加工出完整表面所需的运动。它保证切削工作连续或反复进行，从而切除切削层形成已加工表面。一般情况下，进给运动的速度较低，功率消耗也较少。机床的进给运动可以是一个，如钻削时钻头的轴向进给；也可以是多个，如外圆磨削时的轴向进给、圆周进给和径向进给；甚至没有进给运动，如拉削加工。进给运动可以是连续运动，如钻孔、车外圆、铣平面等；也可以是间歇运动，如刨平面、车外圆的横向进给等。进给运动可由工件完成，如刨削、磨削等；也可以由刀具完成，如车削、钻削等。

主运动和进给运动可由刀具和工件分别完成，也可由刀具单独完成。

(3)合成运动与合成切削速度。

主运动和进给运动可以同时进行(车削、铣削等)，也可交替进行(刨削等)。当主运动与进给运动同时进行时，刀具切削刃上某一点相对工件的运动称为合成切削运动，大小与方向用合成速度向量 v_e 表示，如图6－3所示，合成速度向量等于主运动速度与进给运动速度的向量和，即

$$v_e = v_c + v_f \qquad (6.1)$$

由于通常进给速度 v_f 比主运动速度 v_c 小得多，故常将主运动看成是合成切削运动，即一般认为 $v_e \approx v_c$。

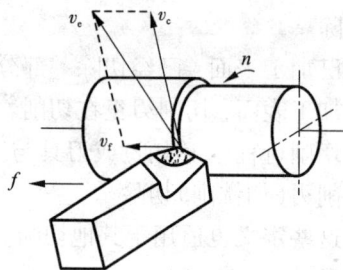

图6－3　切削时合成切削速度

2. 切削用量三要素

在切削加工过程中，需要针对不同的工件材料、刀具材料和其他技术经济要求来选定适宜的切削速度、进给量或进给速度，还要选定适宜的切削深度。其中切削速度、进给量、切削深度称为切削用量三要素。切削用量是调整机床，计算切削力、切削功率、工时定额及核算工序成本等所必需的参数。

(1)切削速度。

124

　　大多数切削加工的主运动采用回转运动。回转体(刀具或工件)上外圆或内孔某一点的切削速度计算公式如下：

$$v_c = \frac{\pi d n}{1000} \tag{6.2}$$

式中：d 为工件或刀具上某一点的回转直径(mm)；n 为工件或刀具的转速(r/s 或 r/min)。

　　在当前生产中，磨削速度单位用 m/s，其他加工的切削速度单位习惯用 m/min。

　　在转速 n 值一定时，切削刃上各点的切削速度不同。考虑到刀具的磨损和已加工表面质量等因素，计算时应取最大的切削速度，如外圆车削时计算待加工表面上的速度(用 d_w 代入公式)，内孔车削时计算已加工表面上的速度(用 d_m 代入公式)，钻削时计算钻头外径处的速度。

　　若主运动为往复直线运动(如刨削、插削等)，则常以其平均速度为切削速度，即

$$v_c = \frac{2 L n_r}{1000 \times 60} \text{m/s} \tag{6.3}$$

式中：L 为工件或刀具作往复直线运动的行程长度(mm)；n_r 为主运动每分钟往复次数(str/min)。

　　(2)进给速度、进给量和每齿进给量。

　　进给速度是单位时间的进给量，单位是 mm/s。

　　进给量是工件或刀具每回转一周时两者沿进给运动方向的相对位移，单位是 mm/r。

　　对于刨削、插削等主运动为往复直线运动的加工，虽然可以不规定进给速度，却需要规定间歇进给的进给量，其单位为 mm/(d·str)。

　　对于铣刀、铰刀、拉刀、齿轮滚刀等多刃切削工具，在它们进行工作时，还应规定每一个刀齿的进给量 f_z，即后一个刀齿相对于前一个刀齿的进给量，单位是 mm/Z。

　　显而易见：

$$v_f = f \cdot n = f_Z \cdot Z \cdot n \quad \text{mm/s 或 mm/min} \tag{6.4}$$

　　(3)切削深度。

　　对于车削和刨削加工来说，切削深度为工件上已加工表面和待加工表面间的垂直距离，单位为 mm。车削圆柱面时的切削深度为该次的切削余量的一半；刨削平面的切削深度等于该次的切削余量。

　　外圆柱表面车削的切削深度可用式(6.5)计算

$$a_P = \frac{d_w - d_m}{2} \tag{6.5}$$

　　对于钻孔的切削深度可用式(6.6)计算

$$a_P = \frac{d_m}{2} \tag{6.6}$$

式中：d_m 为已加工表面直径(mm)；d_w 为待加工表面直径(mm)。

6.1.2　刀具切削部分的基本定义

1. 刀具切削部分的构造要素

　　金属切削刀具的种类虽然很多，形状各异，但它们切削部分的几何形状与参数都有着共

性，即不论刀具构造如何复杂，它们的切削部分都可以看做是以外圆车刀切削部分为基本形状的演变和组合。各种多刃刀具或复杂刀具，就其一个刀齿而言，都可近似为一把车刀的刀头。因此，外圆车刀是最基本、最典型的切削刀具。

外圆车刀由刀头和刀杆两部分组成。刀头是车刀的切削部分（用于承担切削工作），刀体是夹持部分（用来安装刀片或与机床连接）。国际标准化组织（ISO）在确定金属切削刀具的切削部分几何形状的一般术语时，就是以车刀切削部分为基础的。普通外圆车刀切削部分由"三面两刃一尖"（前刀面、主后刀面、副后刀面、主切削刃、副切削刃、刀尖）组成，各部分定义和说明如下（图6-4）。

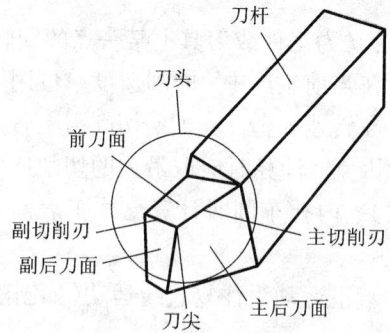

图6-4 典型外圆车刀切削部分的构成

（1）前刀面。

前刀面是刀具上切屑流过的表面。

（2）后刀面。

后刀面分为主后刀面与副后刀面。

主后刀面是指与工件加工表面相对的刀具表面；副后刀面指与工件已加工表面相对的刀具表面。

（3）切削刃。

切削刃是前刀面上直接进行切削的锋边，有主切削刃和副切削刃之分。主切削刃指前刀面与主后刀面相交的锋边，完成主要的切削工作；副切削刃指前刀面与副后刀面相交的锋边，配合主切削刃完成切削工作，并最终形成已加工表面。

（4）刀尖。

刀尖可以是主、副切削刃的实际交点（图6-5），也可以是把主、副两条切削刃连接起来的一小段切削刃，它可以是圆弧，也可以是直线，通常都称为过渡刃。

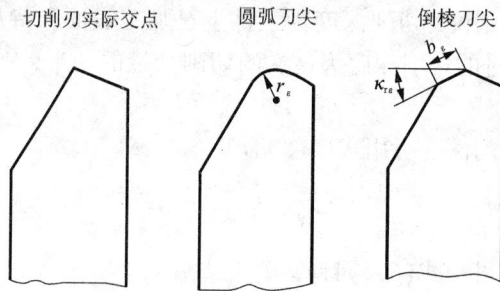

图6-5 刀尖形状

2. 刀具标注角度的参考系

为了确定刀具前刀面、后刀面及切削刃在空间的方位，首先应建立参考系。此参考系是一组用于定义和规定刀具角度的各基准坐标平面。这样就可以用刀具前刀面、后刀面和切削刃相对各基准平面的夹角来表示它们在空间的位置，这些夹角就是刀具切削部分的几何角度。

用来确定刀具几何角度的参考系有两类：一类称为刀具静止参考系，又称刀具标注角度参考系，是刀具在设计、制造、刃磨、测量时用于定义刀具几何参数的参考系；另一类称为刀具工作角度参考系，又称动态参考系，是确定刀具在切削运动中有效工作角度的基准。刀具工作角度参考系与标注角度参考系的区别在于，它在确定参考平面时考虑了进给运动及实际安装情况的影响。

标注角度参考系实质上是在假定条件下的工作角度。因此，在确定刀具标注角度参考系时作了两个假定。

(1)假定运动条件：首先给出刀具的假定主运动方向和假定进给运动方向；其次假定进给速度值很小，可以用主运动向量 v_c 近似代替合成速度向量 v_e；然后再用平行和垂直于主运动方向的坐标平面构成参考系。

(2)假定安装条件：假定标注角度参考系的诸平面平行或垂直于刀具上便于制造、刃磨和测量时定位与调整的平面或轴线(如车刀底面，车刀刀杆轴线，铣刀、钻头的轴线等)。反之也可以说，假定刀具的安装位置恰好使其底面或轴线与参考系的平面平行或垂直。

这样一来，刀具位置是标准的，切削运动是简化的，参考系便很容易确定。而所谓的"静止系"本质上并不是静止的，它仍然是把刀具同工件和运动联系起来的一种特定的参考系。

刀具标注角度的参考系由下列诸平面构成。

(1)基面 P_r。

基面即通过切削刃选定点，垂直于假定主运动方向的平面。通常，基面应平行或垂直于刀具上便于制造、刃磨和测量的某一安装定位平面或轴线。例如，图 6-6 所示为普通车刀、刨刀的基面 P_r，它平行于刀具底面。

钻头、铣刀和丝锥等旋转类刀具，其切削刃各点的旋转运动(即主运动)方向都垂直于通过该点并包含刀具旋转轴线的平面，故其基面 P_r 就是刀具的轴向剖面。例如，图 6-7 所示为钻头切削刃上选定点的基面。

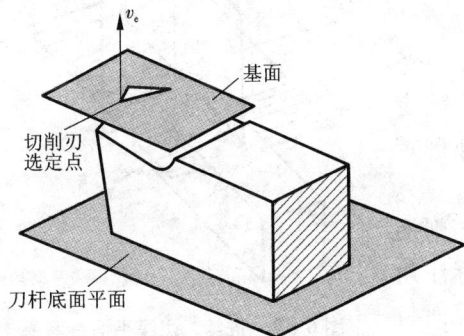

图 6-6　普通车刀的基面

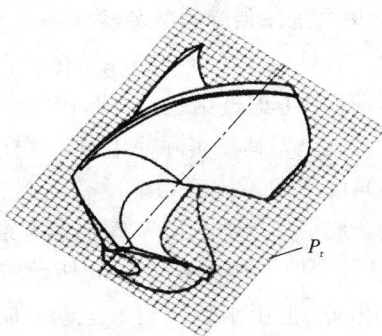

图 6-7　钻头的基面

(2)切削平面 P_s。

切削平面即通过切削刃选定点，与主切削刃相切，并垂直于基面 P_r 的平面，也就是主切削刃与切削速度方向构成的平面(图 6-8)。

基面和切削平面十分重要。这两个平面加上以下所述的任一剖面，便构成各种不同的刀具标注角度参考系。可以说，不懂得基面和切削平面就不懂得刀具。

（3）主剖面 P_o 和主剖面参考系。

主剖面是通过切削刃选定点，同时垂直于基面 P_r 和切削平面 P_s 的平面。由此可知，主 P_o 剖面垂直于主切削刃在基面上的投影。图 6-8 表示由 P_r - P_s - P_o 组成的一个正交的主剖面参考系。这是目前生产中最常用的刀具标注角度参考系。

（4）法剖面 P_n 和法剖面参考系。

法剖面 P_n 是通过切削刃选定点，垂直于切削刃的平面。图 6-8 所示是由 P_r - P_s - P_n 组成的一个法剖面参考系。图 6-8 把两个参考系画在一起，在实际使用时一般分别使用某一个参考系。

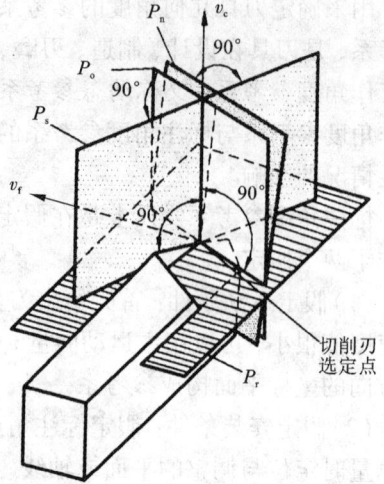

图 6-8 主剖面和法剖面参考系

由图 6-8 可知，两个参考系的基面和切削平面相同，再加上不同的剖面就构成不同的参考系。

（5）进给剖面 P_f 和切深平面 P_p 及其组成的进给、切深平面参考系。

进给剖面是通过切削刃选定点，平行于进给运动方向并垂直于基面 P_r 的平面。通常，它也平行或垂直于刀具上便于制造、刃磨和测量的某一安装定位平面或轴线。例如，普通车刀和刨刀的 P_f 垂直于刀杆轴线；钻头、拉刀、端面车刀、切断刀等的 P_f 平行于刀具轴线；铣刀的 P_f 则垂直于铣刀轴线。

切深平面 P_p 是通过切削刃选定点，同时垂直于 P_r 和 P_f 的平面。

由 P_r - P_f - P_p 组成的进给、切深平面参考系如图 6-9 所示。

3. 刀具工作角度的参考系

上述刀具标注角度参考系，在定义基面时，都只考虑主运动，不考虑进给运动，即在假定运动条件下确定的参考系。但刀具在实际使用时，这样的参考系所确定的刀具角度往往不能确切地反映切削加工的真实情形。只有用合成切削运动方向来确定参考系，才符合切削加工的实际情况。例如，图 6-10 所示三把刀具的标注角度完全相同，但由于合成切削运动方向不同，后刀面与加工表面之间的接触和摩擦的实际情形有很大的不同；

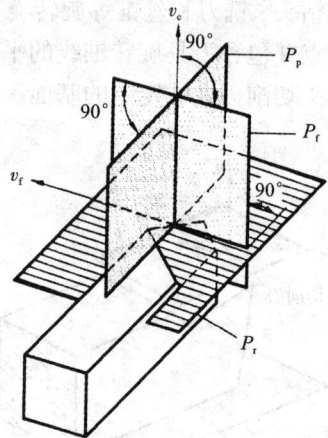

图 6-9 进给、切深平面参考系

图 6-10（a）所示刀具后刀面同工件已加工表面之间有适宜的间隙，切削情况正常；图 6-10（b）所示两个表面全面接触，摩擦严重；图 6-10（c）所示刀具的背棱顶在已加工表面上，切削刃无法切入，切削条件被破坏。可见，在这种场合下，只考虑主运动的假定条件是不合适的，还必须考虑进给运动速度的影响，也就是必须考虑合成切削运动方向来确定刀具工作角度的参考系。

128

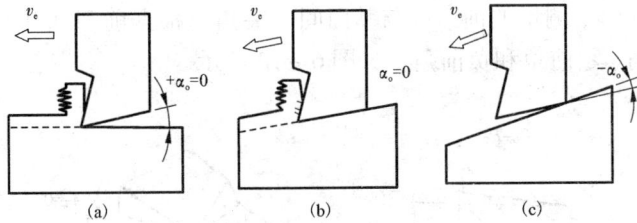

图 6 – 10　刀具工作角度示意图

同样，刀具实际安装位置也影响工作角度的大小。只有采用刀具工作角度的参考系，才能反映切削加工的实际。

刀具工作角度参考系同标注角度参考系的唯一区别是用 v_e 取代 v_c，用实际进给运动方向取代假定进给运动方向。

4. 刀具的标注角度

刀具在设计、制造、刃磨和测量时，在刀具的标注角度参考系中确定的切削刃与刀面的方位角度，称为刀具标注角度。

注意：由于刀具角度的参考系沿切削刃各点可能是变化的，故所定义的刀具角度应指明是切削刃选定点处的角度；凡未特殊注明者，则指切削刃上与刀尖毗邻的那一点的角度。在切削刃是曲线或者前、后刀面是曲面的情况下，定义刀具角度时，应该用通过切削刃选定点的切线或切平面代替曲刃或曲面。

（1）主剖面参考系内的标注角度。

主剖面参考系里的标注角度的名称、符号与定义如下（图 6 – 11）。

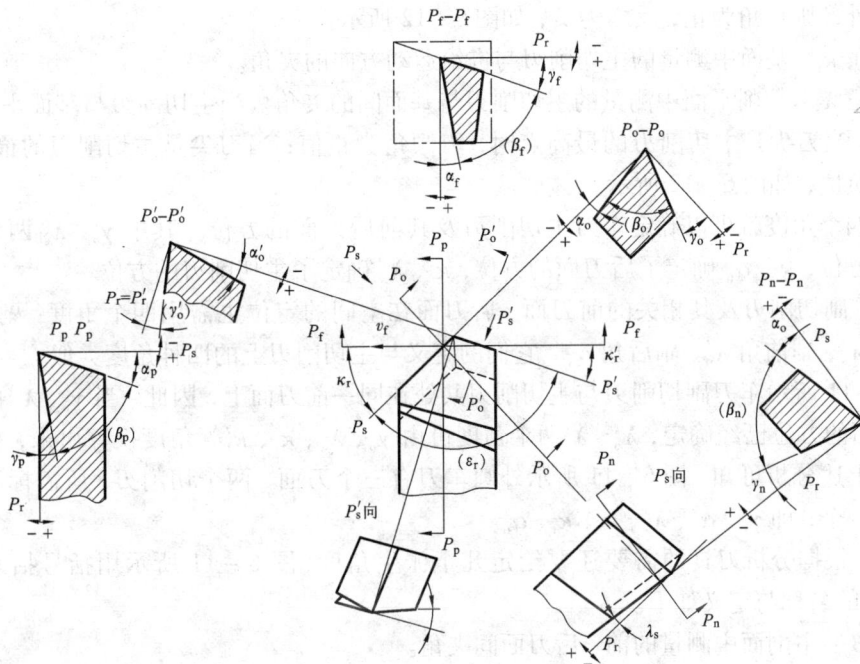

刀具角度测量

图 6 – 11　车刀的标注角度

129

前角 γ_o：在主剖面中测量的前刀面与基面间的夹角。根据前刀面和基面相对位置不同，又分别规定为正前角、零前角和负前角。如图 6-12 所示。

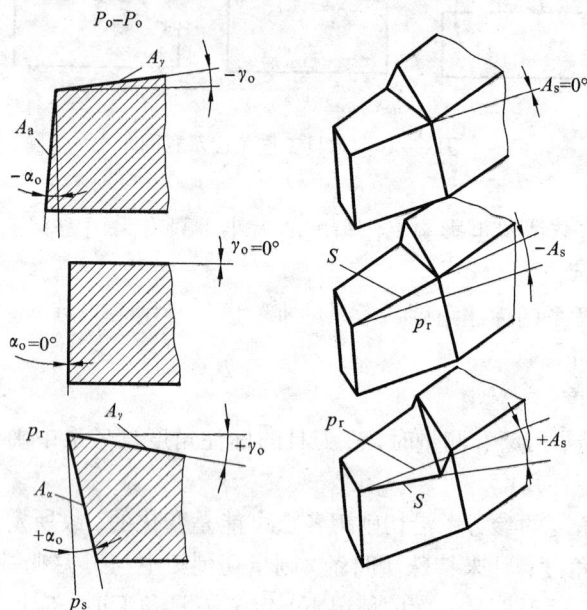

图 6-12　刀具角度正负的规定

后角 α_o：在主剖面中测量的后刀面与切削平面间的夹角。后角的正负规定是：切削平面位于刀具外部则后角为正，反之为负，如图 6-12 所示。

主偏角 κ_r：基面中测量的主切削刃与进给运动方向的夹角。

刃倾角 λ_s：切削平面中测量的主切削刃与基面间的夹角。当主切削刃与基面平行时，刃倾角为零；当刀尖是主切削刃的最高点时，刃倾角为正值；当刀尖是主切削刃的最低点时，刃倾角为负值，如图 6-12 所示。

上述四个角度就可以确定车刀主切削刃及其前后刀面的方位。其中 γ_o、λ_s 两角确定了前刀面的方位，κ_r、α_o 确定了后刀面的方位，κ_r、λ_s 确定了主切削刃的方位。

同理，副切削刃及其相关的前刀面、后刀面在空间的定位也需用四个角度：副偏角 κ_r'、副刃倾角 λ_s'、副前角 λ_o'、副后角 α_o'。它们的定义与主切削刃上的四种角度类似。

图 6-11 所示车刀副切削刃与主切削刃共处在同一前刀面上，因此，当 γ_o、λ_s 两者确定后，前刀面的方位已经确定，λ_o'、λ_s' 两个角度可由 γ_o、λ_s、κ_r、κ_r' 等角度换算出来，称为派生角度。由上述分析可知，图 6-11 所示外圆车刀有三个刀面、两个切削刃，所需标注的独立角度只有六个，即 γ_o、α_o、λ_s、κ_r、κ_r'、α_o'。

此外，根据分析刀具的需要还要给定几个派生角度（图 6-11 所示用括号括起来的角度），它们的名称与定义如下。

楔角 β_o：主剖面中测量的前、后刀面间夹角。

$$\beta_o = 90° - (\gamma_o + \alpha_o) \tag{6.7}$$

刀尖角 ε_r：基面中测量的主、副切削刃间夹角。

130

$$\varepsilon_r = 180° - (\kappa_r - \kappa_r') \tag{6.8}$$

（2）法剖面参考系内的标注角度（$P_r - P_s - P_n$）。

法剖面参考系与主剖面参考系的区别，仅在于以法剖面代替主剖面作为测量前角和后角的平面。在法剖面内测量的角度有法向前角 γ_n、法向后角 α_n、法向楔角 β_n，其定义同主剖面参考系内的前、后角等类似。其他如主偏角、副偏角、刃倾角、刀尖角的定义则和主剖面参考系完全相同，如图 6-11 所示。

（3）进给、切深平面参考系内的标注角度（$P_r - P_f - P_p$）。

除基面上表示的角度与上面相同外，前角、后角和楔角是在进给剖面 P_f 和切深平面 P_p 内标出的，故有进给前角 γ_f、进给后角 α_f、进给楔角 β_f 和背前角 γ_p、背后角 α_p、背楔角 β_p 等角度，如图 6-11 所示。

6.1.3　刀具角度的换算

在设计和制造刀具时，需要对不同参考系内的标注角度进行换算，也就是主剖面、法剖面、切深平面、进给剖面之间的角度换算。

在刀具设计、制造、刃磨和检验中，常常需要知道主切削刃在法剖面内的角度。许多斜角切削刀具，特别是大刃倾角刀具，必须标注法剖面角度。图 6-13 所示为刃倾角 λ_s 的车刀主切削刃在主剖面和法剖面内的角度。它们的计算公式如下。

$$\tan\gamma_n = \tan\gamma_o \cdot \cos\lambda_s \tag{6.9}$$

$$\cot\alpha_n = \cot\alpha_o \cdot \cos\lambda_s \tag{6.10}$$

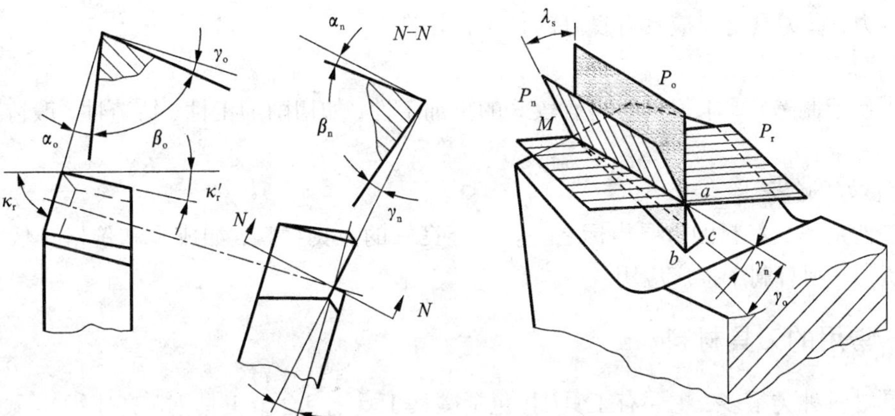

图 6-13　主剖面与法剖面的角度换算

6.2　刀具材料

在切削过程中，刀具直接切除工件上的余量并形成已加工表面。影响刀具切削性能的因素，除了有刀具的几何形状和结构以外，刀具材料是最重要的因素之一，它对金属切削的生产率、成本、质量有很大的影响，因此要重视刀具材料的正确选择与合理使用，并不断研制新型刀具材料。

6.2.1 刀具材料应具备的基本性能

在切削加工时,刀具切削部分与切屑、工件相互接触的表面上承受着很大的压力和强烈的摩擦,刀具在高温、高压以及冲击和振动下切削,因此作为刀具的材料应满足以下基本要求。

(1)高的硬度和耐磨性。

硬度是刀具材料应具备的基本性能。刀具要从工件上切下切屑,其硬度必须比工件材料的硬度大。切削金属所用刀具的切削刃的硬度,常温硬度在62HRC以上。

耐磨性表示材料抵抗磨损的能力,一般来说,刀具材料的硬度越高,耐磨性就越好。组织中硬质点(碳化物、氮化物等)的硬度越高、数量越多、颗粒越小、分布越均匀,则耐磨性越高。但刀具材料的耐磨性实际上不仅取决于它的硬度,而且也和它的化学成分、强度和显微组织等有关。

(2)足够的强度和韧性。

为了承受切削中的压力、冲击和振动,避免崩刃和折断,刀具材料应该具有足够的强度和韧性。一般强度用抗弯强度表示,韧性用冲击值表示。

(3)高的耐热性(热稳定性)。

耐热性是衡量刀具材料切削性能的主要标志。它是刀具材料在高温下保持硬度、耐磨性、强度和韧性的能力。刀具材料的高温硬度越高,则刀具的切削性能越好,允许的切削速度也越高。除高温硬度外,刀具材料还应具有在高温下抗氧化的能力以及良好的抗黏结和抗扩散的能力,即刀具材料应具有良好的化学稳定性。

(4)良好的工艺性。

为了便于制造,要求刀具材料有较好的可加工性,如切削加工性、铸造性、锻造性、热处理性等。

(5)良好的经济性。

经济性是刀具材料的重要指标之一。性能良好的刀具材料,如成本和价格较低,且立足于国内资源,则有利于推广应用。

6.2.2 常用的刀具材料

刀具材料种类很多,主要有工具钢(包括碳素工具钢、合金工具钢、高速钢)、硬质合金、陶瓷、立方氮化硼和金刚石等几种类型。目前,生产中所用的刀具材料以高速钢和硬质合金居多。碳素工具钢(如T10A、T12A)、合金工具钢(如9SiCr、CrWMn)因耐热性差,仅用于一些手工或切削速度较低的刀具。

1. 高速钢

高速钢是一种加入较多钨、钼、铬、钒等合金元素的高合金工具钢,有较高的热稳定性(切削温度达500~650℃时仍能进行切削),有较高的强度(抗弯强度为一般硬质合金的2~3倍,为陶瓷的5~6倍)、韧性(较硬质合金及陶瓷高几十倍),具有一定的硬度和耐磨性;其制造工艺简单,容易磨成锋利的切削刃,可锻造,这对于一些形状复杂的工具,如钻头、成形刀具、拉刀、齿轮刀具等尤为重要,是制造这些刀具的主要材料。

高速钢按用途分为通用型高速钢和高性能高速钢；按制造工艺不同分为熔炼高速钢和粉末冶金高速钢。

(1)通用型高速钢。

1)钨钢。典型牌号为 W18Cr4V(简称 W18)，含 W18%、Cr4%、Vl%。其优点是：有良好的综合性能，在 600℃时其高温硬度为 48.5HRC，可以制造各种复杂刀具；淬火时过热倾向小；含钒量小，磨加工性好；碳化物含量高，塑性变形抗力大。缺点是：碳化物分布不均匀，影响薄刃刀具或小截面刀具的耐用度；强度和韧性显得不够；热塑性差，很难用作热成形方法制造的刀具(如热轧钻头)。

2)钨钼钢。它是将钨钢中的一部分钨以钼代替而得的一种高速钢。典型牌号为 W6Mo5Cr4V2(简称 M2)，含 W6%、Mo5%、Cr4%、V2%。其特点是：碳化物分布细小均匀，具有良好的机械性能，抗弯强度比 W18 高 10% ~15%，韧性高 50% ~60%；可做承受冲击力较大的刀具，热塑性特别好，更适用于制造热轧钻头等；磨削加工性也好，目前各国广为应用。

(2)高性能高速钢。

高性能高速钢是在通用高速钢的基础上再增加一些含碳量、含钒量及添加钴、铝等元素的高速钢，按其耐热性又称高热稳定性高速钢。在 630 ~650℃时仍可保持 60HRC 的硬度，具有更好的切削性能，耐用度较通用型高速钢高 1.5 ~3 倍。它适合于加工高温合金、钛合金、超高强度钢等难加工材料。典型牌号有高碳高速钢 9W18Cr4V、高钒高速钢 W6Mo5Cr4V3、钴高速钢 W6Mo5Cr4V2Co8、铝高速钢 W6Mo5Cr4V2A1、超硬高速钢 W2Mo9Cr4VCo8 等。

(3)粉末冶金高速钢。

粉末冶金高速钢是将高频感应炉熔炼的钢液用高压惰性气体(氩气或氮气)雾化成细小的高速钢粉末，再将这种粉末在高温下压制成致密的钢坯，而后锻压成材或刀具形状的高速钢。这有效地解决了一般熔炼高速钢时铸锭产生粗大碳化物共晶偏析的问题，得到细小、均匀的结晶组织，使之具有良好的机械性能。其强度和韧性分别是熔炼高速钢的 2 倍和2.5 ~3 倍；磨加工性能好；物理机械性能高度各向同性，淬火变形小；耐磨性能提高 20% ~30%，适合制造切削难加工材料的刀具、大尺寸刀具(如滚刀、插齿刀)、精密刀具、磨加工量大的复杂刀具、高压动载荷下使用的刀具等。

2. 硬质合金

硬质合金是由高硬度、难熔的金属碳化物(如 WC、TiC)的粉末，用 Co、Mo、Ni 等作粘结剂，按一定比例混合，压制成形，在高温下烧结而成的粉末冶金制品。金属碳化物有熔点高、硬度高、化学稳定性好、热稳定性好等特点，因此硬质合金的硬度、耐磨性和耐热性都很高。硬度可达 89 ~93HRA，在 800 ~1000℃还能承担切削，耐用度较高速钢高几十倍。当耐用度相同时，切削速度可提高 4 ~10 倍。但抗弯强度较高速钢低得多，仅为 0.9 ~1.5 GPa(90 ~150 kgf/mm^2)，冲击韧性差，切削时不能承受大的振动和冲击负荷。

硬质合金的性能主要取决于金属碳化物的种类、性能、数量、粒度和粘结剂的含量。在硬质合金中碳化物含量较高时，硬度高，但抗弯强度低；粘结剂含量较高时，抗弯强度高，但硬度低。当粘结剂含量一定时，碳化物的粒度越小，则碳化物颗粒的总表面积越大，而黏结层的厚度越小，因而使合金的硬度提高，而抗弯强度降低。相反，粒度增大就相当于黏结层金属相对增厚，使合金的抗弯强度提高，而硬度降低。

硬质合金以其切削性能优良被广泛用作刀具材料(约占50%)，如大多数的车刀、端铣刀以及深孔钻、铰刀、拉刀、齿轮刀具等，它还可用于加工高速钢刀具不能切削的淬硬钢等硬材料。

(1)普通硬质合金。

国际标准化组织 ISO 将切削用的硬质合金分为四类。

1)K 类硬质合金(相当于我国的 YG 类)，即 WC – Co 类硬质合金。

它由 WC 和 Co 组成。常用牌号有 YG6、YG8、YG3X、YG6X，含钴量分别为 6%、8%、3%、6%，硬度为 89～91.5HRA，抗弯强度为 1.1～1.5 GPa(110～150 kgf/mm^2)。组织结构有粗晶粒、中晶粒、细晶粒之分。一般(如 YG6、YG8)为中晶粒组织，细晶粒硬质合金如 YG3X、YG6X。

硬质合金刀具

细晶粒在含钴量相同时比中晶粒的硬度、耐磨性要高些，但抗弯强度、韧性则低些。

此类合金韧性、磨削性、导热性较好，较适于加工产生崩碎切屑、有冲击切削力作用在刃口附近的脆性材料，如铸铁、有色金属及其合金、导热系数低的不锈钢和对刃口韧性要求高(如端铣)的钢料等。

2)P 类硬质合金(相当于我国的 YT 类)，即 WC – TiC – Co 类硬质合金。

YT 类硬质合金的硬质点除 WC 外，还含有 5%～30% 的 TiC。常用牌号有 YT5、YT14、YT15、YT30，其中 TiC 的含量分别为 5%、14%、15%、30%，相应的钴含量为 10%、8%、6%、4%。硬度为 91.5～92.5 HRA，抗弯强度为 0.9～1.4 GPa(90～140 kgf/mm^2)。随着合金成分中 TiC 含量的提高和 Co 含量的降低，硬度和耐磨性提高，但是冲击韧性显著降低。

此类合金有较高的硬度和耐磨性，抗黏结扩散能力和抗氧化能力好；但抗弯强度、磨削性能和导热系数下降，低温脆性大，韧性差。适于高速切削钢料。

含钴量增加，抗弯强度和冲击韧性提高，此类合金适于粗加工；含钴量减少，硬度、耐磨性及耐热性增加，适于精加工。

应注意：此类合金不适于加工不锈钢和钛合金。因 YT 类硬质合金中的钛元素和工件中的钛元素之间的亲和力会产生严重的粘刀现象，在高温切削及摩擦系数大的情况下会加剧刀具磨损。

3)M 类硬质合金(相当于我国的 YW 类)，即 WC – TiC – TaC – Co 类硬质合金。

在 YT 类中加入 TaC(NbC)可提高其抗弯强度、疲劳强度、冲击韧性、高温硬度、高温强度、抗氧化能力、耐磨性等。它既可用于加工铸铁，也可用于加工钢，因而又有通用硬质合金之称。常用的牌号有 YW1 和 YW2。

以上三类硬质合金的主要成分均为 WC，所以又称 WC 基硬质合金。

4)TiC 基硬质合金。

这类硬质合金是以 TiC 为主体，加入少量其他的碳化物，以镍(Ni)和钼(Mo)为粘结剂压制烧结而成，即 Ti – Ni – Mo 合金。典型牌号为 YN10、YN05。

因 TiC 在所有碳化物中硬度最高，所以此类合金硬度很高，达 90～94HRA，有较高的耐磨性、抗月牙洼磨损能力，耐热性、抗氧化能力以及化学稳定性好，与工件材料的亲和性小，摩擦系数小，抗黏结能力强，刀具耐用度比 WC 提高好几倍，可加工钢，也可加工铸铁。牌号 YN10 与 YT30 相比较，硬度较接近，焊接性及刃磨性均较好，基本上可代替 YT30 使用。

但抗弯强度比 WC 低,当前主要用于精加工及半精加工,因其抗塑性变形、抗崩刃性差,所以不适用于重切削及断续切削。

表 6 - 1 列出了各种硬质合金牌号刀具的应用范围。

表 6 - 1　各种硬质合金牌号的应用范围

牌号	合金性能	使用范围
YG3X	是 YG 类合金中耐磨性能最好的一种,但抗冲击性能差	适用于铸铁、有色金属及其合金的精镗、精车等,亦可用于合金钢、淬火钢及钨、钼材料的精加工
YG6X	属细晶粒合金,其耐磨性较 YG6 高,而使用强度接近于 YG6	适用于冷硬铸铁、合金铸铁、耐热钢及合金钢的加工,亦适用于普通铸铁的精加工,并可用于制造仪器仪表工业用的小型刀具和小模数滚刀
YG6	耐磨性较高,但低于 YG6X、YG3X,韧性高于 YG6X、YG3X,可使用较 YG8 高的切削速度	适用于铸铁、有色金属及合金与非金属材料连续切削的粗车,间断切削的半精车、精车、小端面精车、粗车螺纹,旋风车丝,连续断面的半精铣与精铣,孔的粗扩与精扩
YG8	使用强度较高,抗冲击和抗振动性能比 YG6 好,耐磨性及允许的切削速度较低	适用于铸铁、有色金属及其合金与非金属材料加工中不平整断面和间断切削时的粗车、粗刨、粗铣,一般孔和深孔的钻孔、扩孔
YG10H	属超细晶粒合金,耐磨性较好,抗冲击和抗振动性能高	适用于低速粗车、铣削耐热合金、作切断刀及丝锥等
YT5	在 YT 类合金中,强度最高,抗冲击和抗振动性能好,不易崩刃,但耐磨性较差	适于碳钢及合金钢,包括钢锻件、冲压件及铸铁的表面加工,以及不平整端面和间断切削时的粗车、粗刨、半精刨、粗铣、钻孔
YT14	使用强度高,抗冲击性能和抗振动性能好,但较 YT5 稍差,耐磨性及允许的切削速度比 YT5 高	适于碳钢及合金钢连续切削时的粗车、不平整端面和间断切削时的半精车和精车、连续面的粗铣、铸孔的扩钻等
YT15	耐磨性优于 YT14,但抗冲击韧性比 YT14 差	适于碳钢及合金钢加工中连续切削时的半精车及精车、间断切削时的小端面精车、旋风车丝、连续面的半精铣及精铣、孔的精扩及粗扩
YT30	耐磨性及允许的切削速度比 YT15 高,但使用强度及抗冲击韧性比 YT14 差,焊接及刃磨时极易产生裂纹	适于碳钢及合金钢的精加工,如小端面精车、精镗、精扩等
YG6A	属细晶粒合金,耐磨性及使用强度与 YG6X 相似	适于硬铸铁、球墨铸铁、白口铁、有色金属及其合金的半精加工,亦可用于高锰钢、淬火钢及合金钢的半精加工及精加工
YG8A	属中颗粒合金,其抗弯强度与 YG8 相同,而硬度和 YG6 相同,高温切削时热硬性较好	适于硬铸铁、球墨铸铁、白口铁及有色金属的精加工,亦适于不锈钢的粗加工和半精加工
YW1	热硬性较好,能承受一定的冲击负荷,通用性较好	适于耐热钢、高锰钢、不锈钢等难加工材料的精加工,也适于一般钢材以及普通铸铁及有色金属的精加工

(2)新型硬质合金。

1)超细晶粒硬质合金。这种硬质合金在细化碳化物颗粒的同时，增加粘结剂含量，钴质量分数一般为9%~15%，使粘结层保持一定厚度。这种合金由于硬质相和粘结相的高度均匀分散，增加了粘结面积，就可在提高硬质合金的硬度和耐磨性的同时也提高其抗弯强度。平均晶粒尺寸为0.5~1μm，称亚微细晶粒合金；平均尺寸在0.5μm以下者称超细晶粒合金（WC颗粒在0.2~1μm之间，大部分在0.5μm以下）。超细晶粒结构多用于YG类合金（K类），但近年来P类和M类合金也在向晶粒细化的方向发展。

超细晶粒硬质合金与普通晶粒硬质合金相比，主要有以下特点。

提高了硬质合金的硬度和耐磨性。试验指出：当WC晶粒的平均尺寸由5μm减小到1μm时，可使硬质合金的耐磨性提高10倍。因此，它适于加工高硬度难加工材料。

提高了抗弯强度和冲击韧性，部分超细晶粒硬质合金的强度已接近高速钢，因此，超细晶粒硬质合金有很高的切削刃强度。允许用低速切削和断续切削而可避免崩刃现象，适合做小尺寸的铣刀、钻头、切断刀等。

由于超细晶粒硬质合金晶粒极细，可以磨出非常锋利的刀刃（经仔细刃磨的刃口圆弧半径r_n为粗晶粒的2/5~1/2）和刀尖圆弧半径，并采用较大的前角，适用于小进给量和小切削深度的精细切削。

2)高速钢基硬质合金。以TiC或WC作硬质相（占30%~40%），以高速钢作粘结相（占60%~70%），用粉末冶金的方法制成，其性能介于高速钢和硬质合金之间，能够锻造、切削加工、热处理和焊接。常温硬度可达70~75HRC，耐磨性比高速钢提高6~7倍。切削用高速钢基硬质合金可用来制造钻头、铣刀、拉刀、滚刀等复杂刀具，适用于加工不锈钢、耐热钢及有色金属合金。高速钢基硬质合金导热性差，容易过热，切削时要求充分冷却。其高温性能较硬质合金差，不宜用于高速切削。

3)涂层硬质合金。它采用化学气相沉积（CVD）工艺或物理气相沉积工艺（PVD），在硬质合金表面涂覆一层或多层（5~13μm）难熔金属碳化物。涂层合金有较好的综合性能，基体强度韧性较好，表面耐磨、耐高温。但涂层硬质合金刃口锋利程度与抗崩刃性不及普通硬质合金。目前硬质合金涂层刀片广泛用于普通钢材的粗加工、半精加工及精加工。涂层材料主要有TiC、TiN、TiCN、Al_2O_3及其复合材料。

TiC涂层具有很高的硬度与耐磨性，抗氧化性也好，切削时能产生氧化钛薄膜，降低摩擦系数，减少刀具磨损。一般切削速度可提高40%左右。TiC与钢的粘结温度高，表面晶粒较细，切削时很少产生积屑瘤，适合于精车。TiC涂层的缺点是线膨胀系数与基体差别较大，与基体间形成脆弱的脱碳层，降低了刀具的抗弯强度。因此，在重切削、加工硬材料或带夹杂物的工件时，涂层易崩裂。

TiN涂层在高温时能形成氧化膜，与铁基材料摩擦系数较小，抗粘结性能好，能有效地降低切削温度，TiN涂层刀片抗月牙洼及后刀面磨损能力比TiC涂层刀片强，适合切削钢与易粘刀的材料，加工表面粗糙度较小，刀具寿命较高。此外，TiN涂层抗热振性能也较好。缺点是与基体结合强度不及TiC涂层，而且涂层厚时易剥落。

TiC-TiN复合涂层：第一层涂TiC，与基体粘结牢固不易脱落；第二层涂TiN减少表面层与工件的摩擦。

TiC-Al_2O_3复合涂层：第一层涂TiC，与基体粘结牢固不易脱落；第二层涂Al_2O_3使表面层具有良好的化学稳定性与抗氧化性能。这种复合涂层能像陶瓷刀那样高速切削，寿命比涂层刀片高。同时又能避免陶瓷刀的脆性、易崩刃的缺点。

目前单涂层刀片已很少应用，大多采用 TiC – TiN 复合涂层或 TiC – Al$_2$O$_3$ – TiN 三复合涂层。

涂层硬质合金是一种复合材料，基体是强度、韧性较好的合金，而表层是高硬度、高耐磨、耐高温、低摩擦的材料。这种新型材料有效地提高了合金的综合性能，因此发展很快，广泛用于较高精度的可转位刀片、车刀、铣刀、钻头、铰刀等。

涂层刀具

6.2.3　其他刀具材料

1. 陶瓷

陶瓷有纯 Al$_2$O$_3$ 陶瓷及 Al$_2$O$_3$ – TiC 混合陶瓷两种，以其微粉在高温下烧结而成。其主要特点有：

(1)有很高的硬度(91 ~ 95HRA)和耐磨性。

(2)有很高的耐热性，在高温 1200℃ 以上仍能进行切削，切削速度比硬质合金高 2 ~ 5 倍，而且高温条件下抗弯强度、韧性降低极少。

(3)有很高的化学稳定性，与金属的亲和力小，抗粘结和抗扩散的能力好。

(4)有较低的摩擦系数，切屑不易粘刀、不易产生积屑瘤。

(5)主要缺点是脆性大、抗弯强度低、冲击韧性差、易崩刃，使其使用范围受到限制。

陶瓷刀具可用于加工钢、铸铁，车、铣加工也都适用。

2. 金刚石

金刚石是一种碳的同素异形体，是目前自然界中最硬的材料，天然金刚石价格昂贵，使用很少。人造金刚石是在高温、高压和其他条件配合下由石墨转化而成。金刚石刀具的特点有：

超硬刀具

(1)有极高的硬度和耐磨性，硬度高达 10000 HV，耐磨性好，可用于加工硬质合金、陶瓷、高硅铝合金及耐磨塑料等高硬度、高耐磨的材料，刀具耐用度比硬质合金可提高几倍到几百倍。

(2)有较低的摩擦系数，切屑与刀具不易产生黏接，不产生积屑瘤，能进行高精度切削。

(3)切削刃锋利，能切下极薄的切屑，加工冷硬现象较少，很适于精密加工。

(4)有很好的导热性及较低的热膨胀系数。

(5)主要缺点是：热稳定性差，切削温度不宜超过 700 ~ 800℃；强度低、脆性大、对振动敏感，只宜微量切削；不适于加工铁族金属，因为金刚石中的碳元素和铁族元素有极强的亲和力，碳元素向工件扩散，加快刀具磨损。

金刚石目前主要用于磨具和磨料，对有色金属及非金属材料进行高速精细车削及镗孔。加工银合金、铜合金时，切削速度可达 800 ~ 3800 m/min。

金刚石刀具有以下三类。

(1)单晶天然金刚石刀具。它主要用于有色金属及非金属材料的精密车削。刃口质量与结晶方向有关，制造刀具时应考虑刃磨方向。

(2)聚晶金刚石刀具。它是将金刚石微晶经高压烧结而成的，尺寸较大，能直接镶焊在刀杆上使用。聚晶金刚石没有方向性，可按所需角度方向刃磨。

（3）复合金刚石刀具，又称金刚石压层刀片。它是在硬质合金基体表面经高温高压烧结上一层聚晶金刚石（一般厚度为 0.5 mm），形成了金刚石与硬质合金的复合刀片。刀片强度较高，能承受冲击载荷，允许切削断面较大，也能进行间断切削。压层刀片没有方向性，材质稳定，可多次重磨使用。复合金刚石刀具优点较多，是金刚石刀具的发展方向。

3. 立方氮化硼

立方氮化硼由软的六方氮化硼（俗称白石墨）在高温高压下加入催化剂转变而成。主要特点有：

（1）有很高的硬度（8000~9000 HV）及耐磨性，仅次于金刚石。

（2）有比金刚石高得多的热稳定性（1400℃），可用来加工高温合金，但在高温时（1000℃以上）与水易起化学反应，故只宜干切削。

（3）化学惰性大，与铁族金属直至1300℃时也不易起化学反应，可用于加工淬硬钢及冷硬铸铁。

（4）有良好的导热性。

（5）有较低的摩擦系数。

它目前不仅用于磨具，也逐渐用于车、镗、铣、铰。

立方氮化硼有整体聚晶立方氮化硼和立方氮化硼复合片两种类型。整体聚晶立方氮化硼能像硬质合金一样焊接，并可多次重磨；立方氮化硼复合片，即在硬质合金基体上烧结一层厚度为 0.5 mm 的立方氮化硼而成。

思考练习题

1. 外圆车削加工时，工件上出现了哪些表面？试绘图说明，并对这些表面下定义。

2. 何谓切削用量三要素？怎样定义？如何计算？

3. 为什么要建立刀具角度参考系？有哪两类刀具角度参考系？它们有什么差别？

4. 确定一把单刃刀具切削部分的几何形状最少需要哪几个基本角度？

5. 试述判定车刀前角、后角和刃倾角正负号的规则。

6. 为什么要对主剖面、切深、进给剖面之间的角度进行换算？有何实用意义？

7. 刀具切削部分材料应具备哪些性能？为什么？

8. 刀具材料与被加工材料应如何匹配？怎样根据工件材料的性质和切削条件正确选择刀具材料？

9. 陶瓷刀具、人造金刚石和立方氮化硼各有什么特点？适用场合如何？

第7章

金属切削过程的基本规律及其应用

7.1　金属切削加工基本规律

7.1.1　切屑的形成过程

1. 切屑形成的基本特征及典型模型

在研究切削过程中，为了使问题简化，便于观察和分析，大多采用直角自由切削方式。这时主切削刃与主运动方向垂直，而且切削刃上各点的切屑流出方向相同，金属变形基本上在一个平面内。用直角自由切削进行研究得出的基本理论是进一步研究非自由切削的基础。

根据材料力学的分析，塑性金属受挤压时，其内部在产生主应力的同时还将产生剪应力；物体内最大剪应力达到某一限度时就产生塑性变形。如图 7 - 1(a) 所示，工件受到挤压时，工件内部产生剪应力，其中与作用力大致呈 45° 的平面内剪应力最大，因而剪切变形沿此两面产生，当剪应力达到屈服极限时，工件即沿 AB 或 CD 面剪切滑移，产生塑性变形。

金属切削过程如同压缩过程，切削层在刀具作用下，在与前刀面呈 45° 方向上将产生最大的剪应力，如图 7 - 1(b) 所示，由于在 CD 方向上受到切削层以下金属的限制，所以通常只在 AB 方向产生滑移。如果是脆性材料(如铸铁)，则沿此剪切面被剪断。如果刀具不断向前移动，则此种滑移将持续下去。如图 7 - 2(a) 所示，当刀具作用于切削层，切削刃由 m 至 A 时，切削层单元 1′、2′、3′、4′等沿着到切面 AB 依次发生剪切滑移，于是被切金属层就转变为切屑。从力学观点看，刀具前刀面对切削层金属所作用的压力使切屑产生一个弯曲力矩，迫使切屑卷曲，如图 7 - 2(b) 所示。

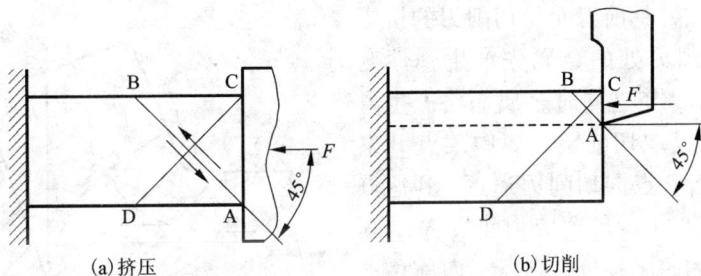

(a)挤压　　　　　　　　　　　(b)切削

图 7 - 1　金属的挤压与切削

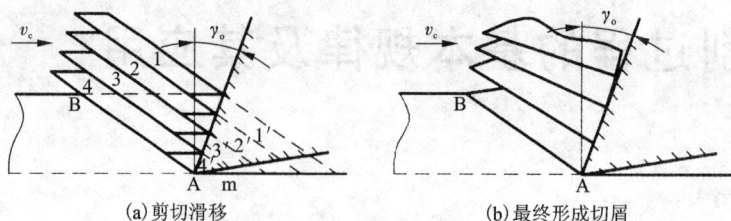

(a)剪切滑移　　　　　　　　　(b)最终形成切屑

图7-2　切屑形成典型模型

研究表明金属切削过程的实质，就是被切削金属在刀具切削刃及前刀面的推挤作用下，沿着剪切面产生剪切变形并转变为切屑的过程。

2. 金属切削过程中的三个变形区

经过剪切变形区后，一方面形成的切屑要沿前刀面方向流出，还必须克服刀具前刀面对切屑挤压而产生的摩擦力，切屑进一步发生变形，这个变形主要集中在与前刀面摩擦的切屑底面一薄层金属里，表现为该处晶粒纤维化的方向和前刀面平行。显然，切屑底层金属的变形比切屑的其他部分要大。另一方面由于已加工表面受到切削刃钝圆部分和后刀面的挤压、摩擦，同样产生弹、塑性变形。

为了便于进一步分析切削层变形规律，可将整个切削区域划分为三个变形区，如图7-3所示。

第Ⅰ变形区：也即剪切区，是产生变形的主要区域。

第Ⅱ变形区：也即刀-屑接触区，是前刀面与切屑产生摩擦的区域。

第Ⅲ变形区：也即刀-工件接触区，是后刀面与已加工表面间产生摩擦的区域。

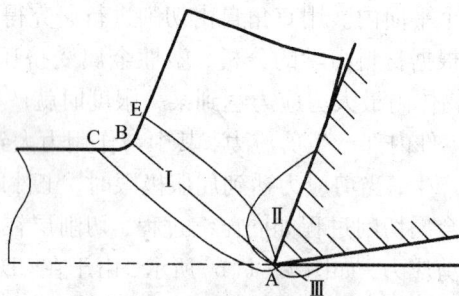

图7-3　金属切削过程中的三个变形区

三个变形区各具有特点，又存在着相互联系、相互影响。

3. 剪切区的变形

（1）第Ⅰ变形区的剪切滑移。

为了深入了解切削层变形的规律，还需详细地分析变形区的变形过程。

切削层金属在刀具前刀面与切削刃的挤压作用下，使近切削刃处的金属先产生弹性变形，继而塑性变形，在这同时金属晶格产生滑移。图7-4所示是取切削层金属中某点P来分析滑移过程：当P点向切削刃逼近，到达点1位置时，若通过点1的等剪应力曲线AC，其剪应力达到材料的屈服强度，则点1向前移动到点1'，同时，也沿AC面剪切滑移，其合成运动的结果是点1流动到点2，随着剪切滑移的

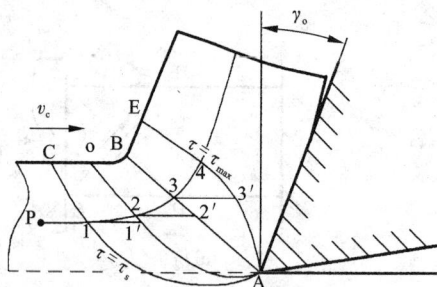

图7-4　切屑形成过程（质点滑移）

140

产生，剪切力将逐渐增加。之后同理，继续剪切滑移至点 3、点 4，到达点 4 后，其流动方向与前刀面平行，不再进行剪切滑移，沿着前刀面方向流出而成为切屑上的一个质点。在切削层上其余各点移动至 AC 线均开始滑移，离开线终止滑移。在沿切削宽度范围内称 AC 是始滑移面，AE 是终滑移面。AC、AE 之间为第 I 变形区：由于切屑形成时应变速度很快、时间极短，故 AC、AE 面相距很近，一般为 $0.02 \sim 0.2$ mm，所以可用 AB 滑移面来表示第 I 变形区，AB 面亦称为剪切面，它与切削速度方向的夹角称为剪切角，用 φ 表示。

（2）变形程度的度量。

1）相对滑移 ε。

我们知道，切削过程中金属变形的主要特征是剪切滑移，所以常用第 I 变形区的滑移变形大小近似地表示切削过程的变形量，即可近似地用相对滑移 ε 来度量切屑的变形程度。相对滑移 ε 越大，变形程度越大。如图 7-5 所示，在切削过程中，当平行四边形 AA′B′B 发生剪切变形，变为 AA″B″B 时，这个相对滑移可以近似地认为发生在剪切面 A′B′ 上。

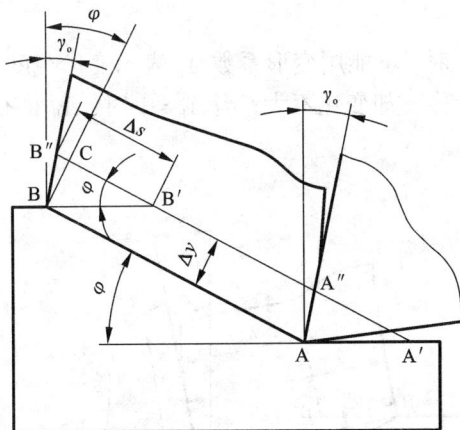

图 7-5　相对滑移

2）变形系数 Λ_h。

变形系数是衡量变形的另一个参数，用它来表示切屑的外形尺寸变化大小。如图 7-6 所示，切屑经过剪切变形，又受到前刀面摩擦后，与切削层比较，它的长度缩短即 $l_{ch} < l_c$，厚度增加即 $h_{ch} > h_D$（宽度不变），这种切屑外形尺寸变化的变形现象称为切屑的收缩。

变形系数 Λ_h 表示切屑收缩的程度，即

$$\Lambda_h = \frac{l_c}{l_{ch}} = \frac{h_{ch}}{h_D} \tag{7.1}$$

式中：l_c、h_D 为切削层长度和厚度；l_{ch}、h_{ch} 为切屑长度和厚度。

加工普通塑性金属时，Λ_h 总是大于 1（加工钛合金除外），例如切削中碳钢时，$\Lambda_h = 2 \sim 3$。工件材料的塑性越大，Λ_h 也越大。由于变形系数测量方便，一般常用它来表示变形量的大小。

由图 7-6 可知剪切角 φ 变化对切屑收缩的影响。φ 增大，剪切面 AB 减短，切屑厚度 h_{ch} 减小，故 h_{ch} 变小，它们之间的关系如下。

$$\Lambda_{h} = \frac{h_{ch}}{h_{D}} = \frac{\overline{AB}\cos(\varphi - \gamma_{o})}{\overline{AB}\sin\varphi} = \cot\varphi\cos\gamma_{o} + \sin\gamma_{o} \qquad (7.2)$$

式(7.2)表明,剪切角 φ 与前角 γ_{o} 是影响切削变形的两个主要因素。

变形系数 Λ_{h} 可以用来近似地衡量和表示切削过程中金属的变形程度,它的优点是比较直观,而且容易测量。将式(7.1)代入式(7.2),可得 ε 与 Λ_{h} 的关系:

$$\varepsilon = \frac{\Lambda_{h}^{2} - 2\Lambda_{h}\sin\gamma_{o} + 1}{\Lambda_{h}\cos\gamma_{o}} \qquad (7.3)$$

通过计算可知:

①在 $\Lambda_{h} > 1.5$ 时, ε 与 Λ_{h} 的值呈线性关系。此时 Λ_{h} 值在一定程度上反映了相对滑移 ε 的大小。

②$\Lambda_{h} = 1$ 时,切屑似乎没有变形,但此时相对滑移 ε 并不等于零,说明此时不能用 Λ_{h} 值来反映切削变形的规律。

③在 $\gamma_{o} = -15 \sim 30°$ 时,随着前角的增大,对于相同的变形系数 Λ_{h},相对滑移 ε 呈减小趋势。

④当变形系数 $\Lambda_{h} < 1.2$ 时,不能用变形系数 Λ_{h} 表示变形程度。这是考虑到:当 $\Lambda_{h} = 1 \sim 1.2$ 时。Λ_{h} 虽减小,相对滑移 ε 却变化不大;当 $\Lambda_{h} < 1$ 时,Λ_{h} 稍有减小,相对滑移 ε 反而大大增加。

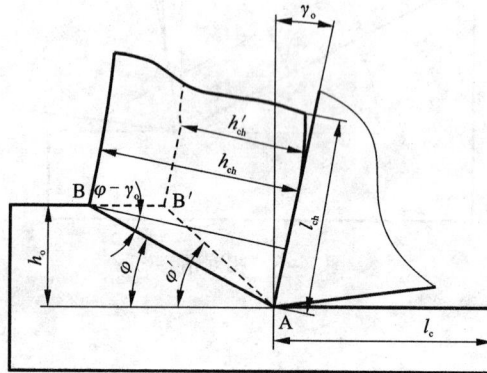

图 7 - 6　切屑的收缩

(3)剪切面与剪切角。

如图 7 - 6 所示,切削时,当切削层受塑性压缩达一定程度后,会以单元形式沿 AB 面剪切,而 φ 称为剪切角。剪切角指出了切屑单元剪切的方向,是说明切削变形的重要参数之一。在一定的简化情况下,可从作用于切削层的力系来确定剪切角 φ 的大小。

1)作用力分析。

为了深入了解切削变形的实质,掌握切削变形的规律,下面进一步在形成带状切屑的过程中考虑第 Ⅱ 变形区的变形及其对剪切角的影响。

如图 7 - 7 所示,以切屑作为研究对象,在直角自由切削下,作用在切屑上的力有:刀具作用的正压力 F_{n} 与摩擦力 F_{f} 组成的合力 F_{r}';剪切面上正压力 F_{ns} 与剪切力 F_{s} 组成的合力 F_{r}

（F_r 与 F_r' 共线并处于平衡）。将合力 F_r 分解成在运动方向的水平分力 F_z、垂直分力 F_y；分力 F_z、F_y 可利用测力仪测得。由于剪切力 F_s 的作用，使切削层在剪切面上产生剪切变形。通常情况下，剪切面近似为一平面，剪切面面积

$$A_s = \frac{A_D}{\sin\varphi} = \frac{h_D b_D}{\sin\varphi} \tag{7.4}$$

式中：A_D 为切削层面积。

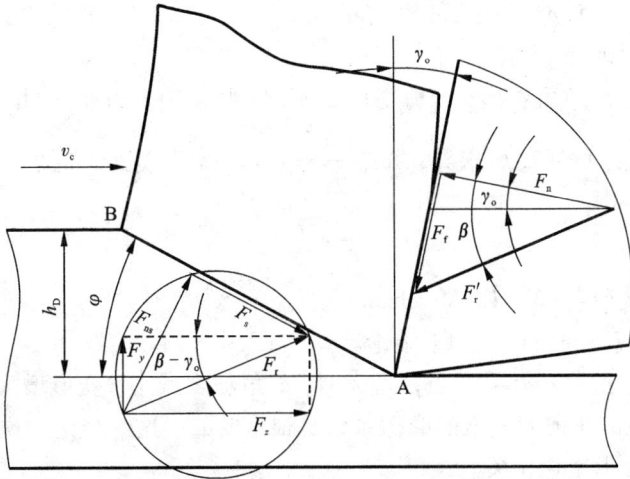

图 7-7　切屑上的受力分析

用 τ_s 表示剪切面上产生剪切滑移变形时的屈服剪应力，则

$$F_s = \tau_s A_s = \frac{\tau_s h_D b_D}{\sin\varphi} \tag{7.5}$$

$$F_s = F_r \cos(\varphi + \beta - \gamma_o) \tag{7.6}$$

得

$$F_r = \frac{F_s}{\cos(\varphi + \beta - \gamma_o)} = \frac{\tau_s h_D b_D}{\sin\varphi \cos(\varphi + \beta - \gamma_o)} \tag{7.7}$$

$$F_z = F_r \cos(\beta - \gamma_o) = \frac{\tau_s h_D b_D \cos(\beta - \gamma_o)}{\sin\varphi \cos(\varphi + \beta - \gamma_o)} \tag{7.8}$$

$$F_y = F_r \sin(\beta - \gamma_o) = \frac{\tau_s h_D b_D \sin(\beta - \gamma_o)}{\sin\varphi \cos(\varphi + \beta - \gamma_o)} \tag{7.9}$$

式(7.8)与式(7.9)说明摩擦角 β 对切削分力 F_z 和 F_y 有影响。如能测出 F_z 和 F_y，则可以用式(7.10)求出摩擦角 β：

$$\frac{F_y}{F_z} = \tan(\beta - \gamma_o) \tag{7.10}$$

其中，前刀面上摩擦力 F_f 与正压力 F_n 之比，即为前刀面与切屑接触面同摩擦系数 μ：

$$\mu = \tan\beta = \frac{F_f}{F_n} \tag{7.11}$$

由于前刀面与切屑间产生塑性变形，其间接触面积远大于普通滑动摩擦条件的局部接

触，因此摩擦系数 μ 不能运用库仑定理来计算。

2）剪切角 φ 的确定。

根据主应力方向与最大剪应力方向呈 45° 原理确定的剪切角：

图 7-7 中，合力 F_r 的方向即为主应力的方向，F_s 的方向就是最大剪应力的方向。由金属塑性变形理论可知，它们之间的夹角 $(\varphi + \beta - \gamma_o)$ 约呈 $\pi/4$。因此剪切角为：

$$\varphi = \frac{\pi}{4} + \gamma_o - \beta \tag{7.12}$$

式（7.12）称为李和谢弗（Lee and Shaffer）公式。

根据合力最小原理确定的剪切角：

从图 7-7 及式（7.7）可看出，若剪切角 φ 不同，则切削合力亦不同。存在一个剪切角值使得 F_r 最小，可通过对式（7.7）求导，并令 $\frac{\mathrm{d}F_r}{\mathrm{d}\varphi} = 0$，求得 F_r 为最小时的 φ 值，即

$$\varphi = \frac{\pi}{4} + \frac{\gamma_o}{2} - \frac{\beta}{2} \tag{7.13}$$

式（7.13）称为麦钱特（M. E. Merchant）公式。

从式（7.12）和（7.13）可得出如下结论。

① 剪切角 φ 与摩擦角 β 有关。当 β 增大时，φ 角随之减小，变形增大。因此，在低速切削时，使用切削液以减小前刀面上的摩擦系数是很重要的。这一结论也说明第 I 变形区的变形与第 II 变形区的变形密切相关。

② 当前角 γ_o 增大时，剪切角 φ 随之增大，变形减小。可见在保证切削刃强度的前提下，增大前角对改善切削过程是有利的。

上面两个公式的计算结果和试验结果在定性上是一致的，但在定量上有出入，其原因是切削模型的简化。

（4）剪切速度。

如图 7-8 所示，切屑流出时由于受第 II 变形区的影响，使切屑沿前刀面流出时的速度 v_x 低于原来的切削速度 v_c。切削层以速度 v_c 被切除，以速度 v_s 沿剪切面剪切滑移。v_c、v_s 与 v_x 三个向量组成一个封闭三角形，即

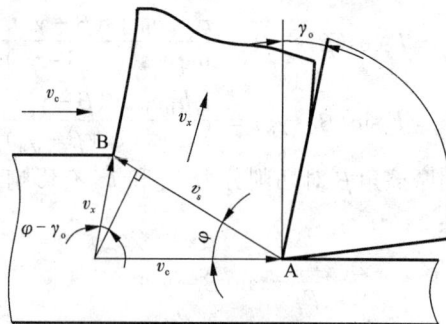

图 7-8　切削速度、切屑流出速度与剪切速度间的关系

144

$$\vec{v}_c + \vec{v}_s = \vec{v}_x \tag{7.14}$$

根据正弦定律：

$$\frac{v_c}{\sin(90° - \varphi + \gamma_o)} = \frac{v_x}{\sin\varphi} = \frac{v_s}{\sin(90° - \gamma_o)} \tag{7.15}$$

可得：

$$v_x = \frac{\sin\varphi}{\sin(90° - \varphi + \gamma_o)}v_c = \frac{\sin\varphi}{\cos(\varphi - \gamma_o)}v_c \tag{7.16}$$

$$v_s = \frac{\sin(90° - \gamma_o)}{\sin(90° - \varphi + \gamma_o)}v_c = \frac{\cos\gamma_o}{\cos(\varphi - \gamma_o)}v_c \tag{7.17}$$

可见，只要知道刀具前角、切削速度与剪切角就可求出切屑流出速度 v_x 与剪切速度 v_s。

4. 前刀面上的挤压摩擦与积屑瘤

切削层金属经过剪切面 AB，形成切屑沿前刀面流出时，切屑底层仍受到刀具的挤压及接触面间强烈摩擦的作用，它影响到切屑的形成、切削力、切削温度及刀具的磨损；此外，还影响积屑瘤的形成，从而影响已加工表面的质量。

(1)刀 – 屑接触区的摩擦特性。

当两个接触表面间受到一法向载荷时，在接触面凸凹不平处的顶点上就会产生塑性变形，使实际接触面积增大。但对于大部分的机器零件间的摩擦而言，实际接触面积只是名义接触面积的一小部分。接触面积随法向力的增大而增大，摩擦力与法向力成正比，摩擦系数是一常数，符合库仑定律。

金属切削时，由于在刀 – 屑接触界面间存在着很大的压力(可达 $2 \sim 3.5$ GPa)，切削液不易流入接触界面，再加上几百度的高温，切屑底层又总是以新鲜表面与前刀面接触，从而使刀 – 屑接触面间产生黏接，黏接面间相对滑动产生的摩擦就不再是一般意义上的外摩擦，而是内摩擦。内摩擦的实质就是金属内部的剪切滑移，内摩擦力等于剪切其中较软金属层材料所需的力。

采用一定的试验方法可测出切削塑性金属时前刀面上的应力分布情况。由图 7 – 9 所示，在刀 – 屑接触面上正应力 σ 的分布是变化的，以切削刃处为最大，离切削刃越远，前刀面上正压力越小，随着切屑沿前刀面的流出而逐渐减小，在刀 – 屑分离处为零。因此切屑与前刀面接触部分划分为两个摩擦区域，即黏接区和滑动区。

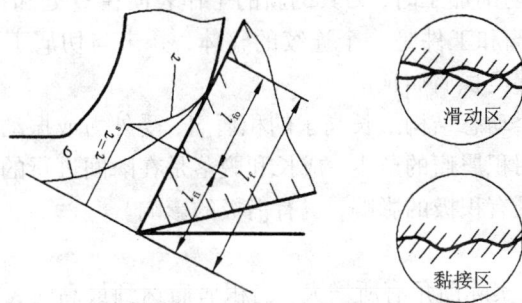

图 7 – 9　前刀面应力分布

黏接区：近切削刃长度 l_f 内，属于内摩擦性质，在黏接区内剪应力 τ 基本上是不变的，它等于较软金属的剪切屈服极限 τ_s。

滑动区：切屑即将脱离前刀面时在 l_fo 长度内的接触区。该区域内的摩擦性质为外（滑动）摩擦，其外摩擦力可应用库仑定律计算。在滑动区内剪应力 τ 是变化的，离切削刃越远，剪应力 τ 越小。

切屑与前刀面接触总长度 l_f 根据加工条件不同而改变。例如对中碳钢试验可知，采用高的切削速度 v_c、减小切削厚度 h_D、增大前角 γ_o 或加工抗拉强度 σ_b 高的材料，均可减短接触长度 l_f。

由此可见，切屑与前刀面间的摩擦是由内摩擦和外摩擦组成，且内摩擦力远大于外摩擦力，内摩擦力约占总摩擦力的 85%，但在切削温度低、压力小时，应考虑外摩擦的影响。

由于黏接区内正应力 σ 是变化的，因此摩擦系数 μ 按平均应力计算，故称为平均摩擦系数，β 称为平均摩擦角。通常分析时所提及的切屑与前刀面间摩擦系数就是该平均摩擦系数，显然，它与一般为常数值的外摩擦系数不同。这些知识有助于我们了解刀具材料所必需的性能，合理选择刀具材料。

（2）积屑瘤。

积屑瘤现象及其产生条件：

切削塑性金属时，往往会在切削刃口附近堆积一楔状或鼻状的金属块，它包围着切削刃且覆盖部分前刀面，这种堆积物叫做积屑瘤。积屑瘤是堆积在前刀面上近切削刃处的一个楔块，经测定它的硬度为金属母体的 2~3 倍。切削钢、铝合金等塑性金属材料时，在切削速度不高，而又能形成带状切屑的情况下易生成积屑瘤。

积屑瘤的形成和刀具前刀面上的摩擦有着密切关系，通常认为它是由于切屑在前刀面上黏接造成的。在一定的加工条件下，随着切屑与前刀面间温度和压力的增加，摩擦力也增大，使近前刀面处切屑中塑性变形层流速减慢，产生"滞流"现象。当温度和压力增加到一定程度时，滞流层中底层与前刀面产生了黏接。当切屑底层中剪应力超过金属的剪切屈服极限时，底层金属被剪断并黏接在前刀面上。该黏接层经过了剧烈的塑性变形使硬度提高，在继续切削时，硬的黏接层又剪断软的金属层，这样层层堆积，高度逐渐增加，形成了积屑瘤。

图 7-10(a)所示为通过快速落刀获取的在低速下切削含碳量为 0.15% 钢时的积屑瘤图片。

图 7-10(b)所示为切削加工时，刀具的新的工作表面在 O 处和切屑下表面的 A 处形成，但在 O 与 A 之间的积屑瘤和工件是一个连续的整体，并未与切屑下表面分隔开来。实际上滞流层已从刀具表面转移至积屑瘤顶部。

研究认为积屑瘤是个动态结构。长高了的积屑瘤，受外力或振动的作用可能发生局部断裂或脱落。有些资料表明积屑瘤的产生、成长和脱落是在瞬间进行的，它们的频率很高。

积屑瘤对切削过程既有积极的影响，也有消极的影响。

1）实际前角增大。

随着积屑瘤的增大，实际前角有所增大，当积屑瘤达到最高时，实际前角可达 30° 左右，因而减小了变形，降低了切削力。

2）对切削刃及前刀面的影响。

积屑瘤覆盖着切削刃及前刀面的一部分，可代替切削刃及前刀面进行切削，从而使切削

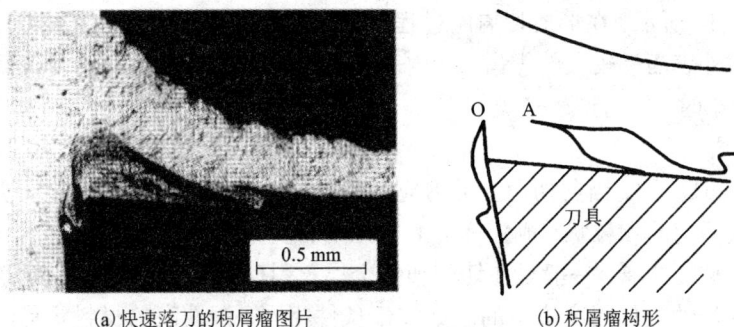

(a)快速落刀的积屑瘤图片　　　　(b)积屑瘤构形

图 7 – 10　积屑瘤

刃及前刀面得到保护。积屑瘤的产生、成长和脱落是在瞬间进行的，稳定性很差，脱落时易带走前刀面金属颗粒，这又加剧了刀具的磨损。

3）增大切削深度。

积屑瘤前端伸出切削刃之外，因而增大了切削深度，影响了加工尺寸。

4）增大已加工表面粗糙度值。

由于积屑瘤的不稳定性，可造成已加工表面粗糙度值增加，因此在精加工时必须设法避免积屑瘤。形成积屑瘤的条件主要取决于切削温度。在切削温度很低时，切屑与前刀面呈点接触，摩擦系数 μ 较小，故不易形成黏接；在温度很高时，接触面间切屑底层金属呈微熔状态，起润滑作用，摩擦系数也较小，积屑瘤同样不易形成；在中温区，切屑底层材料软化，黏接严重，摩擦系数最大，产生的积屑瘤高度达到很大值。

合理控制切削条件，调节切削参数，尽量不形成中温区域，就能较有效地抑制或避免积屑瘤的产生。切削温度与切削速度密切相关，切削速度不同，积屑瘤生长所能达到的最大高度也不同。切削时，对于精加工工序，为了提高加工表面质量，应尽量不采用中速加工，否则应配合其他改善措施；在切削硬度和强度高的材料时，由于剪切屈服强度 τ_s 高，不易切除切屑，即使采用较低的切削速度，也易达到产生积屑瘤的中温区域，为了抑制积屑瘤，通常选用中等以上切削速度加工；同时，切削塑性高的材料，需选用高的切削速度才能消除积屑瘤；另外采用润滑性能好的切削液，以减小摩擦，增大前角、减小进给量、提高刀具刃磨质量、将工件预先经适当的热处理以提高工件材料硬度都可以防止积屑瘤的产生。

7.1.2　切屑的类型

由于工件材料不同，切削条件不同，切削变形的程度也就不同，因而所形成的切屑种类也就多种多样。

按照切屑形成机理的差异，通常将切屑分为四类。

（1）带状切屑。

如图 7 – 11(a)所示，这是最常见的一种切屑，它是经过上述塑性变形过程形成的切屑，与前刀面接触的内表面是光滑的，外表面呈毛茸。一般加工塑性金属材料，当切削厚度较小、切削速度较高、刀具前角较大时常得到这类切屑。它的切削过程比较平稳，切削力波动较小，因而已加工表面粗糙度值也较小，但有时需采取断屑措施。

（2）挤裂切屑。

如图 7 - 11(b)所示，在形成切屑的过程中，剪切面上局部位置处的剪应力 τ 达到材料的强度极限。切屑外表面呈较大的锯齿形，内表面有时有裂纹。在切削速度较低、切削厚度较大、刀具前角较小时，容易产生这类切屑。

（3）单元切屑。

如图 7 - 11(c)所示，当剪切面上的剪应力超过材料的强度极限时产生了剪切破坏，使切屑沿厚度断裂成均匀的颗粒状，成为梯形的单元切屑。

以上三种类型的切屑，一般是在切削塑性金属材料时产生的，切屑的类型是由材料的应力 - 应变特性和塑性变形程度决定的。如加工条件相同，塑性高的材料不易断裂，易形成带状切屑改变加工条件，使材料产生的塑性变形程度随之变化，切屑的类型便会相互转化，假如改变得到挤裂切屑的条件，即进一步减小前角、降低切削速度或加大切削厚度，就可得到单元切屑，反之，则可得到带状切屑。这说明切屑的形态是可以随着切削条件而转化的。

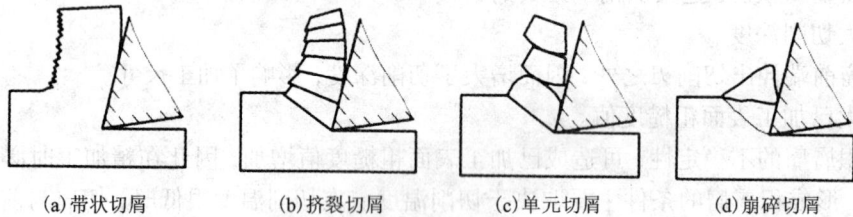

(a)带状切屑　　(b)挤裂切屑　　(c)单元切屑　　(d)崩碎切屑

图 7 - 11　切屑的类型

（4）崩碎切屑。

如图 7 - 11(d)所示，在切削脆性金属时，切削层几乎不经过塑性变形就产生脆性崩裂，得到的切屑呈不规则的粒状，同时使工件加工表面凸凹不平。这种切屑同前刀面的接触长度较短，切削力集中在切削刃附近，易造成崩刃。所以无论从切削力还是加工表面质量的观点都应设法避免此类切屑。工件材料越脆、刀具前角越小、切削厚度越大，越容易产生这类切屑。此时应减小切削厚度，使切屑呈针状或片状。

在生产实践中，切削过程中排出的切屑形状多种多样。如图 7 - 12 所示，有呈带状（图示 1）、卷曲（图示 2）或长螺旋状（图示 3、4、5、6），这些屑形是不理想的。它们会缠绕工件和刀具，甚至对操作者造成伤害，也很难清除和运输。而 C 形屑（图示 8、9）不缠绕工件，也不易伤人，是一种较好的屑形。但 C 形屑高频率的折断与碰撞会影响切削过程的平稳性，对已加工表面质量有影响。一般说来，切屑卷曲半径小时，比较容易处理。所以精车时希望形成螺卷屑；在重型机床上用大的切削深度、大的进给量车削钢件时，通常希望形成发条状切屑；在自动机或自动线上，宝塔状切屑（图示 7）是一种比较好的屑形。图示 10 为崩碎屑。

影响屑形的基本因素有工件材料、刀具几何角度、切削液、机床的动态性能及切削条件。掌握了各种屑形的形成条件、特点及变化规律，就可以控制切屑的变形、形态及尺寸，达到卷屑和断屑的目的。

148

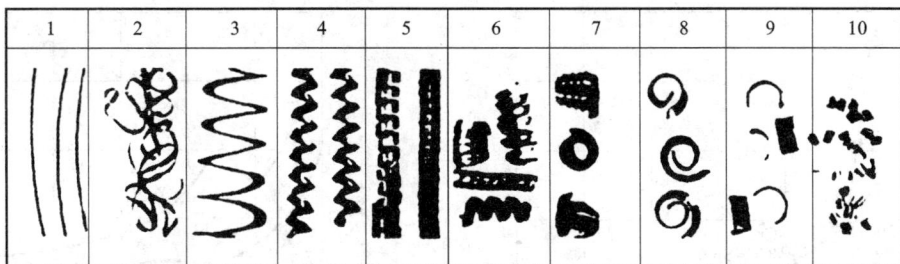

图 7 - 12　常见切屑的形状

7.1.3　影响切削变形的因素

切削过程中变形越大,切削力就越大,加工质量就会差些,严重时引起振动等。因此,掌握变形的规律,不但有助于了解切削力的变化,更重要的是可以控制切削过程,提高加工质量。

切削变形是个复杂的过程,切削变形的大小主要取决于第 I 变形区及第 11 变形区挤压和摩擦情况。凡是影响这两个变形区变形和摩擦的因素都会影响切削的变形。

影响切削变形的因素很多,下面介绍的是其中最主要的、起决定作用的几个因素。

(1)工件材料。

工件材料的机械性能不同,切削变形也不同。生产实践表明:工件材料的塑性越大,切削变形就越大;工件材料的强度、硬度高,正压力 F_n 增大,平均正应力 σ_{av} 增大,因此,摩擦系数 μ 下降,剪切角 φ 增大,切削变形减小。试验结果也表明,工件材料的强度和硬度越大,变形系数越小,如图 7 - 13 所示。

(2)前角。

从剪切角的表达式可知,增大前角 γ_o 使剪切角 φ 增大。试验证明,在一定的切削速度范围内,随着前角 γ_o 增大,前刀面上正应力减小,材料的剪切屈服强度与正压力之比增加,也即摩擦角 β 有所增大。例如,用高速钢刀具切削 40 号钢,$h_D = 0.1$ mm,当 $\gamma_o = 10°$ 时,$\mu = 0.61$;当 $\gamma_o = 30°$ 时,$\mu = 0.79$。综合作用的结果是,随着前角 γ_o 的增大,β 的增加不如 γ_o 增加得多,最终剪切角 φ 增大,变形系数 Λ_h 减小,如图 7 - 14 所示。

掌握这些规律,在车削细长轴时,就可以用大前角车刀减小变形和切削力以免工件弯曲和振动。

生产实践表明,采用大前角刀具切削,刀刃锋利、切入金属容易,切屑与前刀面接触长度 l_f 减短,切屑流出阻力小,因此,切屑变形小、切削省力。但若切削速度较高,则前角对变形的影响很小。因此高速切削时若工件材料很硬,就可以用负前角,这时切削变形和切削力都增加不多。

被切金属材料的塑性大小,是在选择刀具几何参数,特别是在选择刀具前角时主要考虑的因素。

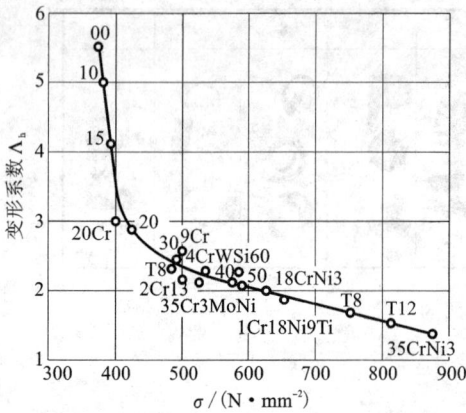

图7-13 工件材料强度对变形系数的影响

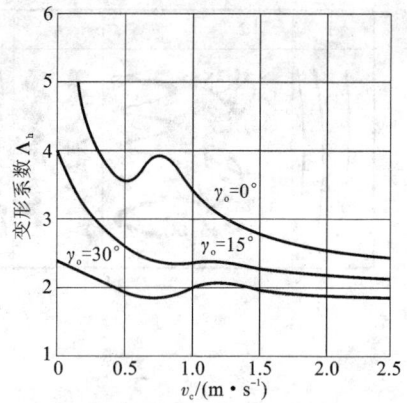

图7-14 前角对变形系数的影响

（3）切削速度。

切削速度对切削变形的影响比较复杂，主要与积屑瘤有关。在产生积屑瘤的速度范围内，切削速度 v_c 是通过积屑瘤的高度所形成的实际前角改变，从而改变剪切角 φ 来影响切削变形的。如图7-15所示，以30号钢为例，切削速度 v_c 在 3~20 m/min 范围内提高，随着积屑瘤高度增加，刀具实际前角增大，使剪切角增大，故变形系数 Λ_h 减小；切削速度 $A = 20$ m/min左右时，此时积屑瘤高度最大，故 Λ_h 值最小；切削速度 v_c 在 20~40 m/min 范围内提高，积屑瘤逐渐消失，刀具实际前角逐渐减小，使 φ 减小 Λ_h 增大。

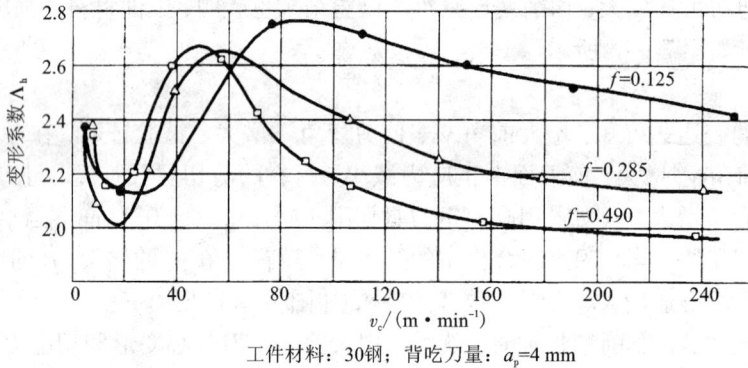

工件材料：30钢；背吃刀量：a_p=4 mm

图7-15 切削速度 v_c 及进给量 f 对变形系数 Λ_h 的影响

在中等切削速度以上不产生积屑瘤的范围内，切削速度 v_c 越大，Λ_h 越小或基本不变。主要是因为：其一，切削速度增高，金属流动速度大于塑性变形速度，剪切面后移，剪切角变大，而使切削变形减小；其二是由于随着切削速度的提高切削温度继续增高，致使摩擦因数 μ 下降，故变形系数 Λ_h 减小。

这就是通过提高切削速度 v_c 可减小切削变形、降低切削力和提高表面质量的原因，也是高速切削的理论依据。

150

（4）进给量。

进给量 f 增大，使变形系数 Λ_h 减小。这是由于进给量 f 增大后，使切削厚度 h_D 增加，正压力 F_n 增大，平均正应力 σ_{av} 增大，因此摩擦系数下降，剪切角增大所致。

从另一方面来说，在一定切削厚度 h_D 的切屑中，各切削层变形的应力分布是不均匀的。越靠近前刀面的金属层，其变形和应力越大；离前刀面越远，变形和应力越小。因此，切削厚度 h_D 增加，切屑中平均变形减小；反之，薄切屑的变形增大。

7.2　切削力

切削过程中刀具和工件相互作用的力称为切削力。切削力是金属切削过程中主要的物理现象之一。它影响着切削热的产生，并影响刀具的磨损、加工精度以及表面质量。在生产实践中，切削力又是计算切削功率，设计和使用机床、刀具、夹具的必要依据。因此，研究切削力、掌握其变化规律将有助于分析切削过程。

切削力测量

7.2.1　切削力的来源、合力及其分力

在刀具作用下，被切削金属层、切屑和已加工表面层金属都要产生弹性变形和塑性变形。如图 7-16（a）所示，必然有力 $F_{n\gamma}$ 和 $F_{n\alpha}$ 分别作用于前、后刀面上；由于切屑沿前刀面流出，故有摩擦力 $F_{f\gamma}$ 作用于前刀面；刀具与工件之间有相对运动，又有摩擦力 $F_{f\alpha}$ 作用于后刀面；它们的合力 F_r' 作用在前刀面上近切削刃处，其反作用力 F_r 作用在工件上。

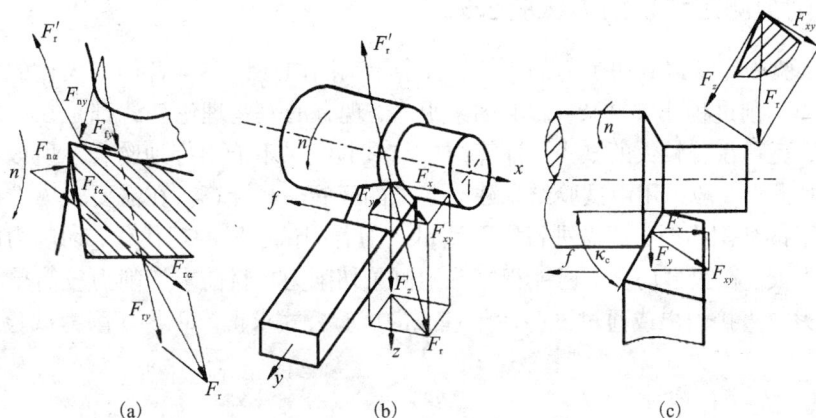

图 7-16　切削力的来源、合力及分力

综上所述，切削力的来源有两个：一是切削层金属、切屑和工件表层金属的弹性变形抗力和塑性变形抗力；二是切屑、工件与刀具间的摩擦阻力。

实际生产中的金属切削过程都是三维的非自由切削。如图 7-16（b）所示，以车削外圆为例，当刃倾角 λ_s 绝对值较小，过渡刃所占比例较小，副切削刃的切削力不大时，可近似认为合力 F_r 作用在刀具主剖面内。为了便于分析切削力的作用及测量、计算切削力的大小，通常将合力尺分解成三个相互垂直的分力。

主切削力 F_z：主运动切削速度方向的分力。

切深抗力 F_y：切深（切削深度）方向的分力。

进给抗力 F_x：进给方向的分力。

在铣削平面时，上述分力亦称为：F_z 为切向力，F_y 为径向力，F_x 为轴向力。

由图 7 – 16(b)可知，合力与各分力间的关系为：

$$F_r = \sqrt{F_z^2 + F_{xy}^2} = \sqrt{F_z^2 + F_y^2 + F_x^2} \tag{7.18}$$

$$F_y = F_{xy}\cos\kappa_r \qquad F_x = F_{xy}\sin\kappa_r \tag{7.19}$$

式中：F_{xy} 为合力 F_r 在基面上的分力。

主切削力 F_z 是最大的一个分力，它消耗了切削总功率的 95% 左右，是设计与使用刀具的主要依据，并用于验算机床、夹具主要零部件的强度和刚度以及机床电动机功率。切深抗力 F_y 不消耗功率，但在机床 – 工件 – 夹具 – 刀具所组成的工艺系统刚性不足时，它是造成振动的主要因素。

进给抗力 F_x 消耗了总功率的 5% 左右，它是验算机床进给系统主要零、部件强度和刚度的依据。

一般情况下，F_z 比 F_y 及 F_x 大，但使用负前角刀具加工淬硬钢时，F_y 可能比 F_x 大。因而 F_y、F_x 相对于 F_z 的比值，随工件材料、刀具几何参数、刀具磨损情况以及切削用量的不同，有较大变化。刀具的主偏角越小、刀尖圆弧半径越大以及切削深度越小，F_y 越大，而 F_x 越小。

F_z、F_y 及 F_x 大小可用三向测力仪测得。

7.2.2　切削力测定和切削力试验公式

生产、试验中经常遇到切削力的计算，百余年来国内外许多学者作了大量的工作。但由于实际的金属切削过程非常复杂，影响因素很多，现有的一些理论公式都是在一些假设的基础上得到的，还存在着较大的缺点，计算结果与试验结果不能很好地吻合。所以在生产实际中，切削力的大小一般采用由试验结果建立起来的经验公式计算。在需要较为准确地知道某种切削条件下的切削力时，还需进行实际测量。随着测试手段的现代化，切削力的测量方法有了很大的发展，在很多场合下已能很精确地测量切削力。目前求切削力较简单又实用的方法是利用测力仪直接测出或通过试验后整理成的试验公式求得。现将切削力试验公式的来源简述如下。

(1)测力仪的工作原理。

测力仪的类型很多，目前较为普遍使用的是电阻应变片式和压电式测力仪。

1)电阻应变片式测力仪。

如图 7 – 17 所示，其测量原理是：利用切削力作用在测力仪的弹性元件上所产生的变形，经过转换处理后，得出切削力各分力。

测力传感器是一个在弹性体上粘贴着电阻应变片的转换元件，通过它使切削力的变化转换成电量的变化。将电阻应变片连接成电桥电路，当应变片的电阻值变化时，则电桥不平衡产生了电流或电压讯号输出。

在测力时根据输出的电量，经过微机处理可以得出对应的切削力数值：电阻应变片式测力仪的传感器有很多结构形式，在车削测力仪中较常用的如图 7 – 18 所示，有能测主切削力

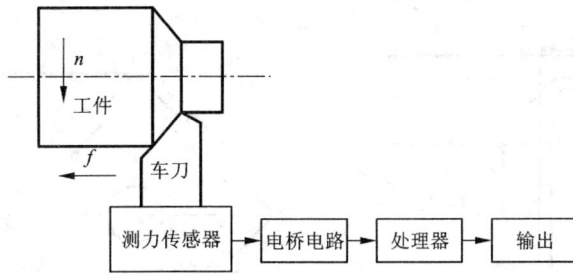

图 7 - 17　电阻应变片式测力系统示意图（车削力）

F_z 的直杆式和能测 F_z、F_y 及 F_x 三向分力的八角环式。它们的测力原理相同。

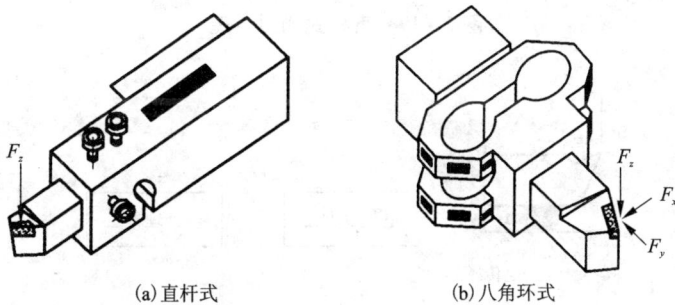

(a)直杆式　　　　　(b)八角环式

图 7 - 18　车削测力传感器

　　以图 7 - 19(a)直杆式为例，其顶面与底面分别贴有应变片 R_1、R_2，R_1、R_2 与外接应变片组成电桥电路，如图 7 - 19(b)所示。在主切削力 F_z 的作用下，直杆弹性体顶面产生拉伸变形，应变片 R_1 伸长、阻值增大 ΔR_1；其底面产生压缩变形，应变片 R_2 缩短、阻值减小 ΔR_2。这样，电桥的平衡条件受到破坏，2、4 点之间就产生了输出电压(电流)信号，该电压(电流)值与切削力 F_z 大小成正比。当然，测力仪使用前必须经过标定。同理，在八角环式传感器上，也是通过三向分力的作用，使粘贴在相应表面上的应变片产生拉、压变形，然后由应变片分别组成的三个电桥电路产生电压(电流)变化信号。

　　传感器是测力仪的主要组成部分。合理确定弹性体的结构、形状和参数，提高弹性体的制造精度，保证应变片的合理布局和粘贴质量，是提高测力仪的测量精度、刚性和灵敏度以及减小各分力间相互干涉的主要途径。

　　2)压电式测力仪。

　　如图 7 - 20 所示，压电式测力仪由于刚性好、灵敏度高，可测动态切削力，因此应用逐渐增多。它的工作原理是基于石英晶体的正压电效应。石英晶体由于其内部结构的特点，当晶体受外力作用时将产生变形，从而在晶体表面产生电荷，所产生电荷的多少与外力的大小成正比，从而测得切削力的大小。

　　(2)车削力试验公式的建立。

　　测力试验的方法有单因素法和多因素法，通常采用单因素法。即固定其他试验条件，在

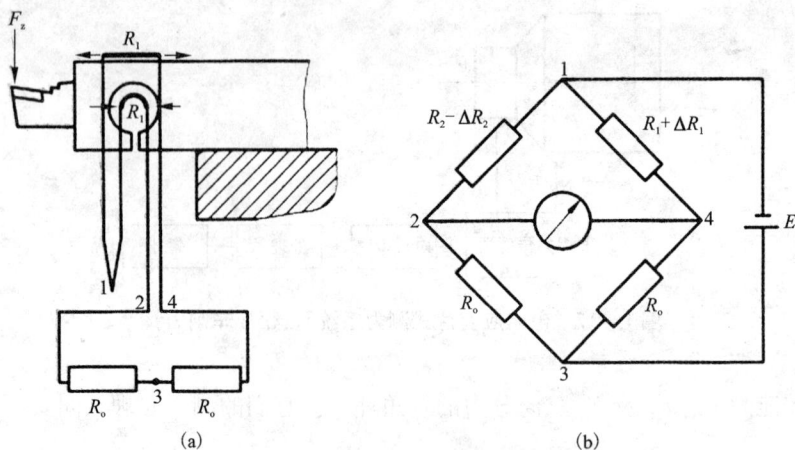

(a)   (b)

图 7-19 直杆式测刀原理

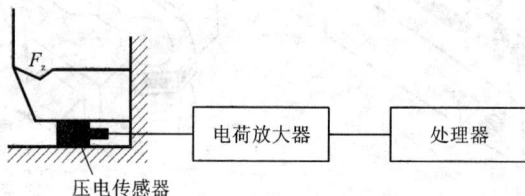

图 7-20 压电式测力系统示意图(车削力)

切削时分别改变切削深度 a_P 和进给量 f，并从测力仪上读出对应切削力数值，然后经过数据整理求出它们之间的函数关系式。

通过切削力试验建立的车削力试验公式，其一般形式为：

$$F_z = C_{Fz} a_P^{x_{Fz}} f^{y_{Fz}} K_{Fz} \tag{7.20}$$

$$F_y = C_{Fy} a_P^{x_{Fy}} f^{y_{Fy}} K_{Fy} \tag{7.21}$$

$$F_x = C_{Fx} a_P^{x_{Fx}} f^{y_{Fx}} K_{Fx} \tag{7.22}$$

式中：C_{Fz}、C_{Fy}、C_{Fx} 为影响系数，它们的大小与试验条件有关；x_{Fx}、x_{Fy}、x_{Fz} 为切削深度 a_p 对切削力影响指数；y_{Fx}、y_{Fy}、y_{Fz} 为进给量 f 对切削力影响指数；K_{Fx}、K_{Fy}、K_{Fz} 为计算条件与试验条件不同时对切削力的修正系数。

7.2.3 单位切削力、切削功率和单位切削功率

切削力的计算公式，除了常用指数公式外，亦可通过单位切削力进行计算。

单位切削力 p 指切除单位切削层面积所产生的主切削力，可用式(7.23)表示：

$$p = \frac{F_z}{A_D} = \frac{C_{Fz}}{f^{1-y_{Fz}}} \tag{7.23}$$

式(7.23)表明，单位切削力不受切削深度 a_p 的影响，这是因为切削深度改变后，切削力 F_z 与切削层面积 A_D 以相同的比例随着变化。而进给量 f 增大，切削面积 A_D 随之增大，而切

154

削力 F_z 增大不多。单位切削力 p 与进给量 f 和系数 C_{Fz} 有关，它随着进给量 f 增大而减小，与 $\Lambda_h - f$ 的规律相同，说明 p 也能反映切削的平均变形量。C_{Fz} 取决于工件材料的强度(σ_b)和硬度(HB)。利用单位切削力 p 来计算主切削力 F_z 较为简易直观。

显然进给量 f 不同时，单位切削力也不同。求出所有进给量下的单位切削力是很烦琐的，在实际使用中，取 $f = 0.3$ mm/r 时的单位切削力，当 $f \neq 0.3$ mm/r 时，乘以修正系数加以修正。

(2)切削功率。

切削功率 P_m 指车削时在切削区域内消耗的功率，通常计算的是主运动所消耗的功率。

$$P_m = \frac{F_z v_c \times 10^{-3}}{60} \text{ kW} \tag{7.24}$$

式中：F_z 为主切削力(N)；v_c 为主运动切削速度(m/min)。

机床电动机所需功率 P_E 应为：

$$P_E = \frac{P_m}{\eta} \text{ kW} \tag{7.25}$$

式中：η 为机床传动效率。

(3)单位切削功率。

单位切削功率 P_s 指单位时间内切除单位体积金属所消耗的功率。

$$P_s = \frac{P_m}{Z_w} \text{ kW/(mm}^3 \cdot \text{s)} \tag{7.26}$$

另外可导出 P_s、p 之间的关系式：

$$P_s = \frac{P_m}{Z_w} = \frac{p a_p f v_c}{1000 a_p f v_c} \times 10^{-3} = p \times 10^{-6} \text{ kW/(mm}^3 \cdot \text{s)} \tag{7.27}$$

7.2.4　影响切削力的因素

由于切削力来源于工件材料的弹、塑性变形及刀具与切屑、工件表面的摩擦，因此，凡是影响切削过程中材料的变形及摩擦的因素都影响切削力。

影响切削力的因素很多，可归纳为四个方面：工件材料、切削用量、刀具几何参数及其他方面的因素。

(1)工件材料的影响。

工件材料是通过材料的剪切屈服强度 τ_s、塑性变形、切屑与刀具间摩擦因数 μ 等方面影响切削力的。

工件材料的硬度或强度越高，材料的剪切屈服强度 τ_s 越高，虽然变形系数 Λ_h 略有减小，但总的切削力还是增大的。材料的制造、热处理状态不同，得到的硬度也不同，切削力随着硬度提高而增大。强度、硬度接近的材料，若其塑性或韧性越高，则切屑越不易折断，使切屑与前刀面间摩擦增加，故切削力增大。例如不锈钢 1Crl8Ni9Ti 的硬度接近 45 号钢(229HB)，但延伸率是 45 号钢的 4 倍，所以同样条件下产生的切削力较 45 号钢增大 25%。在切削铸铁等脆性金属时，由于塑性变形小，崩碎切屑与前刀面接触面积小，摩擦小，故切削力小。例如灰铸铁(HT200)与热轧 45 号钢，两者硬度接近，但前者切削力小 40%。

此外，化学成分也会影响材料的物理、机械性能，从而影响切削力的大小。工件材料对切削力的影响反映在系数 C_{Fz} 中。

（2）切削用量的影响。

1）切削深度和进给量。

切削深度 a_p 和进给量 f 增大，分别使切削宽度 b_D、切削厚度 h_D 增大，从而切削层面积 A_D 增大，故变形抗力和摩擦力增加，引起切削力增大。

但是 a_p 和 f 增大后，它们分别使变形和摩擦增加的程度不同。如图 7 - 21（a）所示，当 f 不变，a_p 增大一倍时，b_D、A_D 也都增大一倍，刀具上的负荷也增加一倍，使切屑变形和摩擦成倍增加，故主切削力 F_z 也成倍增大；如图 7 - 21（b）所示，当 a_p 不变，f 增大一倍时，A_D 增大一倍，切削力也相应增大，考虑到 f 增大，切屑变形减小，摩擦系数也降低，又会使切削力减小，这两方面作用的结果，使切削力的增大与 f 不成正比，使主切削力 F_z 增大不到一倍（70% ~80%）。试验结果也表明了 a_p 与 f 对切削力的影响程度不同，即在 F_z 试验公式中，通常 a_p 的影响指数 $x_{Fz}=1$，f 的影响指数 $y_{Fz}=0.75 \sim 0.9$。

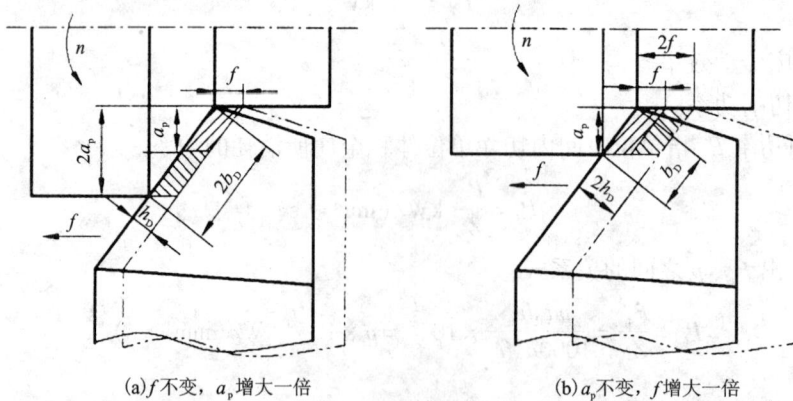

(a) f 不变，a_p 增大一倍   (b) a_p 不变，f 增大一倍

图 7 - 21　切削深度和进给量对切削面积形状影响

上述 a_p 与 f 对 F_z 的影响规律对于指导生产实际具有重要作用。例如，需切除一定量的金属层，为了提高生产效率，采用大进给切削比大切削深度切削既省力又省功率。或者说，在同样切削力和切削功率条件下，允许采用更大的进给量切削，达到切除更多金属层的目的。

2）切削速度。

加工塑性金属材料时，切削速度 v_c 对切削力的影响可分为两个阶段，有积屑瘤的阶段和积屑瘤消失后的阶段，其影响规律如同对切削变形影响一样。以车削 45 号钢（正火）为例，刀具材料为 YT15，切削用量为 $a_p=3$mm、$f=0.25$ mm/r。由图 7 - 22 可知：在有积屑瘤阶段，切削速度从低速逐渐增加时，切削力先是逐渐减小，达到最低点后又逐渐增加至最大。这是由于切削速度影响积屑瘤的大小。在低速到中速范围内（5 ~ 20 m/min），随着切削速度 v_c 的提高，积屑瘤逐渐增大，使刀具的实际前角也逐渐增大，从而切削变形减小，故主切削力 F_z 逐渐减小；中速时（约 20 m/min），变形值最小，F_z 减至最小值；超过中速，随着切削速度 v_c 的提高，积屑瘤又逐渐减小，切削变形增大，故 F_z 逐渐增大，在积屑瘤消失时，切削力增至最大。在更高速度范围内（$v_c > 35$ m/min），由于切削温度逐渐升高，摩擦系数逐渐减小，因此，使切削力又重新缓慢下降，但渐趋稳定。

156

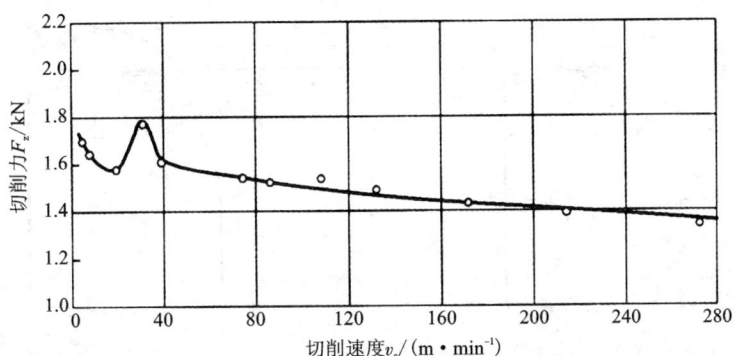

图 7－22　切削速度 v_c 对切削力 F_z 的影响

加工脆性金属时，因为变形和摩擦均较小，切屑与前刀面的接触也很小，故切削速度 v_c 改变时切削力变化不大。

（3）刀具几何角度的影响。

1）前角。

在刀具几何参数中，前角对切削力的影响最大。前角 γ_o 增大，切削变形减小，故切削力减小。但增大前角 γ_o，使三个分力 F_z、F_y 和 F_x 减小的程度不同。例如由试验可知，用主偏角 $\kappa_r = 75°$ 外圆车刀车削 45 号钢和灰铸铁 HT200 时，γ_o 每增加 $1°$，使 F_z 降低 1%、F_y 降低 $1.5\% \sim 2\%$、F_x 降低 $4\% \sim 5\%$。这是由于前角增大后，前刀面上正压力 F_n 作用方向改变，使合力 F_r 减小的同时，作用角 $w(w = \beta - \gamma_o)$ 变小，在基面上分力 F_{xy} 减小，分力 F_y、F_x 也随之减小。

另外，工件材料不同时，前角的影响也不同。一般切削塑性大的材料，由于切削过程中塑性变形较大，所以前角的影响很显著，而切削某些脆性材料时，前角的影响就很小。

2）主偏角。

切削塑性金属时，主偏角 κ_r 改变使切削层面积的形状和切削分力 F_{xy} 的作用方向改变，因而使切削力也随之变化。

使用刀尖圆弧半径 $r_\varepsilon = 0$ 的刀具切削时，主切削力 F_z 随着主偏角的增加而减小，这是因为在 a_p、f 一定的条件下，κ_r 越大，切削厚度越大，切削力越小。

使用 $r_\varepsilon > 0$ 的刀具切削时，如图 7－23 所示，在 a_p、f 一定的条件下，随着主偏角的增大，一方面使切削厚度增加，另一方面切削刃圆弧部分工作长度增加。h_D 增加使主切削力 F_z 减小，但圆弧刃工作长度增加将使切削变形增加，从而引起切削力增加。

切削脆性材料（如灰铸铁等）时，由于切屑易碎且变形较小，因此，切削刃圆弧部分长度的增加对切削力的影响不显著，从而主切削力 F_z 始终随 κ_r 的增加而减小。

主偏角的变化对切削力 F_y 和 F_x 有较大的影响。κ_r 增大，使 F_y 减小、F_x 增大。当 $\kappa_r = 90°$ 或 $93°$ 时，不仅 F_y 甚小，后者改变了 F_y 对工件的作用方向，使工件受到径向拉力的作用，从而减小了工件的变形和振动。

由此可见，车削轴类零件，尤其是细长轴，为了减小切深抗力 F_y 的作用，往往采用较大主偏角的车刀切削。

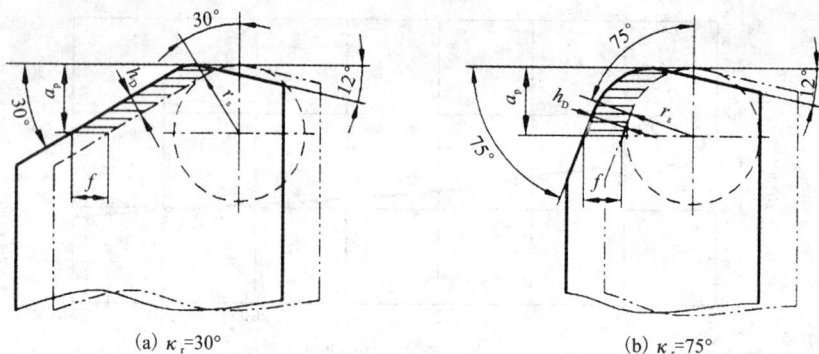

(a) $\kappa_r = 30°$ (b) $\kappa_r = 75°$

图 7 – 23　主偏角 κ_r 对切削层面积形状影响

  对于切断或切槽刀来说，由于切屑在槽中挤压、摩擦以及后刀面上摩擦的影响，主切削力 F_z 较外圆车削增大 20% ~ 30%。进给抗力 F_x 很大，为 $(0.4 ~ 0.55)F_z$。

  此外，由于圆弧刀刃上主偏角是变化的，随着刀尖圆弧半径 r_ε 的增大，工作刀刃上主偏角的平均值减小，因此使 F_y 增大。所以当刀尖圆弧由 0.25 mm 增大到 1 mm 时，F_y 可增大 20% 左右，并较易引起振动。

  3) 刃倾角 λ_s。

  由试验可知，刃倾角 λ_s 在很大范围(-40° ~ 40°)内变化均对主切削力影响很小，但对切深抗力 F_y、进给抗力 F_x 影响较大。

  刃倾角 λ_s 的绝对值增大时，使主切削刃参加工作长度增加，摩擦加剧；但在法剖面中刃口圆弧半径 r_β 减小，刀刃锋利，切削变形减小。上述作用的结果是使 F_z 变化很小。

  刃倾角 λ_s 对 F_y、F_x 的作用如图 7 – 24 所示，当刃倾角 λ_s 由正值向负值变化时，使正压力 F_n 倾斜了刃倾角，从而改变了合力及其分力 F_{xy} 的作用方向，F_{xy} 的切深分力 F_y 增大、进给分力 F_x 减小。通常刃倾角 λ_s 每增减 1°，使切深分力 F_y 增减 2% ~ 3%。

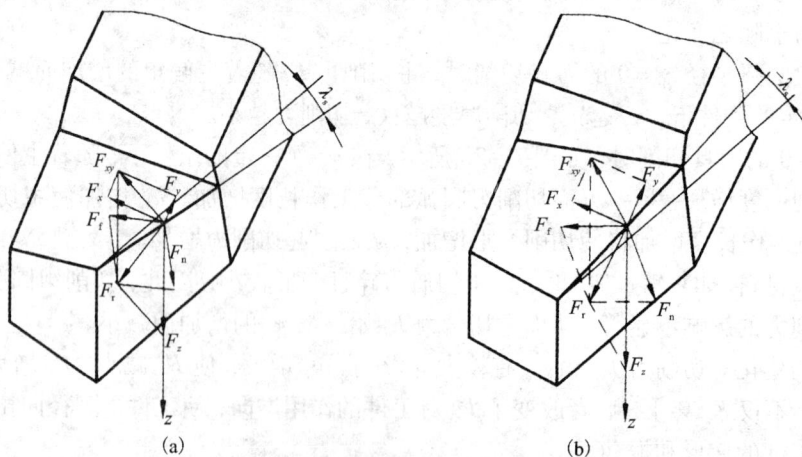

(a)   (b)

图 7 – 24　刃倾角 λ_s 对切削力 F_y、F_x 影响

158

由此可见,从切削力观点分析,切削时不宜选用过大的负刃倾角。尤其在加工工艺系统刚性较差情况下,往往因 $-\lambda_s$ 增大了 F_y 的作用而产生振动。

(4)其他因素的影响。

刀具的棱面:为了提高正前角刀具的切削刃强度,沿主切削刃磨出负前角的窄棱面,如图 7-25(a)所示,棱面宽度为 $b_{\gamma1}$。棱面提高了刀具强度,但也增大了挤压和摩擦作用,如图 7-25(b)所示,由于棱面上正压力和摩擦力的影响,使合力 F_r 的大小和方向变化,因此剪切角 φ 减小,切削变形、切削力增大,且棱面宽度越大,切削力越大。所以,为了减小 F_y 的作用,应选用较小宽度 $b_{\gamma1}$,并使 $b_{\gamma1}/f$ 的比值小于 0.5。棱面的前角 γ_{o1} 对切削力也有影响,当 γ_{o1} 由 $-10°$ 逐渐变为 $-30°$ 时,切削力将随之逐渐增大。

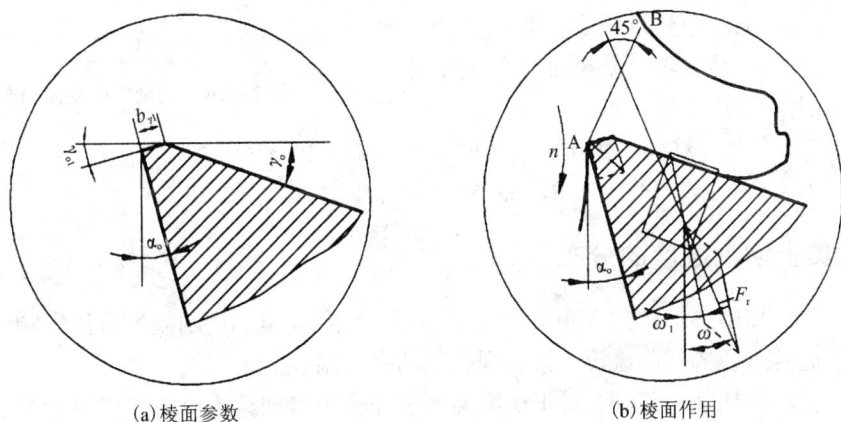

(a)棱面参数　　　　(b)棱面作用

图 7-25　刀具棱面对切削力的影响

刀具磨损:在切削过程中刀具会产生磨损,如果在刀具后刀面上磨损量(用高度 VB 表示)增大时,使刀刃变钝、后刀面与加工表面间挤压和摩擦加剧,切削力增大。当磨损量很大时,例如磨损量由 0.6 mm 增大到 1.2 mm,使切削力 F_y 成倍增大,会产生振动,甚至无法工作。

切削液:使用润滑性能高的切削液,在很低的切削速度下几乎可以阻止黏接区域的生成,但在通常的切削速度下,只可以减小黏接区域。总之,使用切削液后,切屑与前刀面、工件表面与后刀面之间的摩擦减小,可以有效地降低切削力。这一点对高速钢刀具更具有实际意义。由于硬质合金和陶瓷刀具对热裂敏感,一般不加切削液。

7.3　切削热与切削温度

切削热与切削温度是切削过程中产生的又一重要物理现象。切削时做的功,几乎全部转变为切削热。切削热除少量散逸在周围介质中外,其余均传入刀具、切屑和工件中,并使它们温度升高,引起工件变形、加速刀具磨损。因此,研究切削热与切削温度具有重要的实用意义。

7.3.1　切削热的来源与传导

切削热是由切削功转变而来的。如图 7-26 所示,其中包括剪切区变形功形成的热 Q_P、切屑与前刀面摩擦功形成的热 $Q_{\gamma f}$、已加工表面与后刀面摩擦功形成的热 $Q_{\alpha f}$，产生总的切削热 Q，分别传入切屑 Q_{ch}、刀具 Q_c、工件 Q_w 和周围介质 Q_f。

切削热的形成及传导关系为：

$$Q_P + Q_{\gamma f} + Q_{\alpha f} = Q_{ch} + Q_c + Q_w + Q_f \quad (7.28)$$

切削塑性金属时切削热主要由剪切区变形热和前刀面摩擦热形成；切削脆性金属时，后刀面摩擦热占的比例较多。根据切削热传至各部分比例，一般情况是切屑带走的热量多。由于第Ⅰ、Ⅱ变形区塑性变形、摩擦产生热及其传导的影响，导致传给刀具的热量次之，工件中热量最少。它们之间的比例随着切削条件的改变而改变。例如切削钢不加切削液时，它们之间传热比例为：

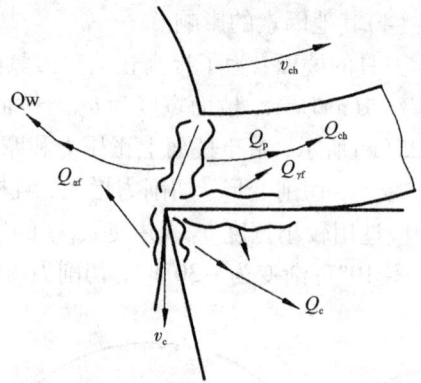

图 7 – 26　切削热的来源与传导

车削时：Q_{ch} 50% ~ 86%；Q_c 40% ~ 10%；Q_w 9% ~ 3%；Q_f 1%。

钻削时：Q_{ch} 28%；Q_c 14.5%；Q_w 52.5%；Q_f 5%。

7.3.2　刀具上切削温度的分布

切削热的产生与传导决定了切削区域的温度，切削温度直接影响切削过程。通常所说的切削温度，指切削区域的平均温度。

与切削力不同，对于切削温度已经有很多理论推算方法可以较为准确地(与试验结果比较一致)计算，但这些方法都具有一定的局限性，且应用较繁。值得指出的是现在已经可以用有限元方法求出切削区域的近似温度场，但由于工程问题的复杂性，难免有一些假设。所以最为可靠的方法是对切削温度进行实际测量。

通过推算和测定，在切屑中平均温度最高。切削区域内温度最高点是在前刀面上近刀刃处，例如在切削低碳钢时，若切削速度 $v_c = 200$ m/min、进给量 $f = 0.25$ mm/r，离切削刃 1 mm处，温度可达到 $1000℃$，它比切屑中平均温度高 2 ~ 2.5 倍，比工件中平均温度约高 20 倍。该点最高温度的形成，一方面与受剪切区变形热的切屑连续摩擦产生的热影响有关；另一方面因热量集中不易散走所致。

(1)切削温度计算。

通过切削区域产生的变形功、摩擦功和热传导，可以近似推算出切削温度值，用 θ 表示。

切削温度是由切削时消耗总功生成的热量引起的。单位时间内产生的切削热 q 等于消耗的切削功率 P_m，即

$$q = \frac{F_z v_c}{60} \text{ W} \quad (7.29)$$

式中：F_z 为主切削力(N)；v_c 为切削速度(m/min)。

由热量 q 引起的温度升高量 $\Delta\theta$ 与材料的密度 ρ、比热容 c 有关，其关系式为：

$$\Delta\theta = \frac{F_z v_c}{c\rho v_c h_D b_D} = \frac{p}{c\rho} ℃ \quad (7.30)$$

式中：p 为单位切削力(N/m²)；c 为比热容[J/(kg·K)]；在切削时，可根据单位切削力 p、

160

密度 ρ 和比热容 c 按式(7.30)计算出切削温度的升高量 $\Delta\theta$。

(2)切削温度测定。

通过理论计算或利用测量的方法可确定切削温度在切屑、刀具和工件中的分布。测量切削温度的方法有热电偶法、热辐射法、涂色法和红外线法等。其中热电偶法测温虽较近似,但装置简单、测量方便,是目前较为常用的测温方法。

1)自然热电偶法。

自然热电偶法主要用于测定切削区域的平均温度。图 7 - 27(a)为其原理图,两种不同导体 A 与 B 的一端连接在一起,如果连接处的小区域处于高温 θ 作用下(称为热端),A 与 B 的另一端处于室温(或低温)θ_0(称为冷端),则在热端与冷端之间便会产生一个电动势(或称热电势),这两种不同导体的组合称为热电偶。电势的大小与组成热电偶的材料及温差有关。对于一定的热电偶,电势只与温差有关。切削温度越高,电势值越大。故用毫伏表测出电势的大小,就可知道热端的温度。

切削加工中刀具与工件一般是两种不同的材料,在刀 - 屑与刀 - 工件接触面上总是作用着高的切削温度,这形成了热电偶的热端,将工件与刀具的引出端保持室温,形成了热电偶的冷端。将毫伏表所测数据经过处理便可得到接触面上切削温度的平均值。图 7 - 27(b)是在车床上利用自然热电偶法测量切削温度的示意图。

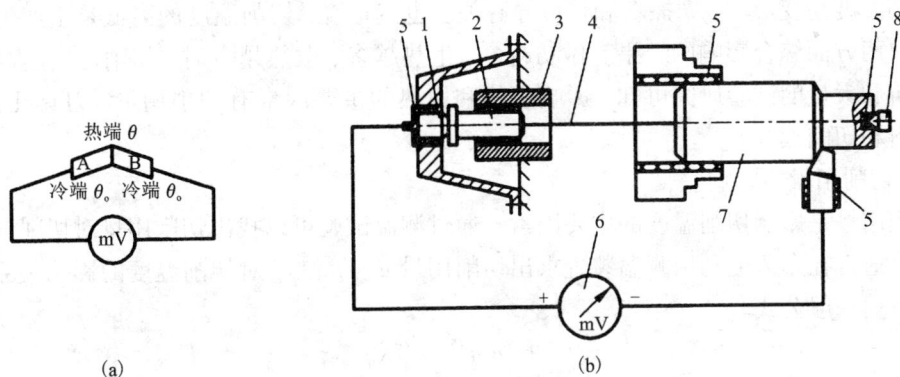

图 7 - 27　自然热电偶测温装置

1—铜顶尖;2—铜销;3—主轴;4—切屑或细丝;5—绝缘层;6—测量仪表;7—工件;8—顶尖

2)人工热电偶法。

人工热电偶法用于测量刀具、切屑和工件上指定点的温度,用它可求得温度分布场和最高温度的位置。人工热电偶是两种预先经过标定的金属丝组成的热电偶。如图 7 - 28(a)所示,在刀具被测点位置处作出一个小孔,孔中插入一对标准热电偶,它们与孔壁之间相互保持绝缘。在切削时热电偶接点感受到被测点产生的温度,该温度可以通过串接在热电偶回路中的温度计、毫伏计或其他仪器读出。由图 7 - 28(b)可以看出,最高温度在前刀面上接触区中间,距离切削刃约 1 mm 处。

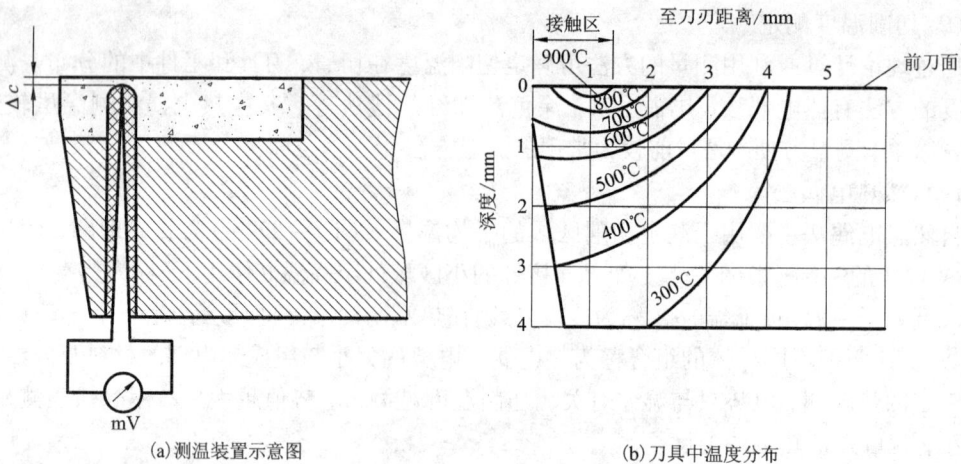

（a）测温装置示意图　　　　　　　　（b）刀具中温度分布

图 7 – 28　人工热电偶测温

7.3.3　影响切削温度的因素

切削温度与变形功、摩擦功和热传导有关。也就是说，切削温度的高低是由产生的热和传走的热两方面综合影响的结果。做功越多、生热越多、散热越少时，切削温度越高。根据理论分析和大量的试验研究可知，影响生热和散热的主要因素有切削用量、刀具几何参数、工件材料和切削液等。

（1）切削用量的影响。

切削用量是影响切削温度的主要因素。通过测温试验可以找出切削用量对切削温度的影响规律。通常在车床上利用测温装置求出切削用量 a_p、f 和 v_c 对切削温度的影响关系，并可整理成下列一般公式。

$$\theta = c_\theta a_p^{x_\theta} f^{y_\theta} v_c^{z_\theta} K_\theta \tag{7.31}$$

式中：x_θ、y_θ、z_θ 分别为切削用量 a_p、f 和 v_c 对切削温度影响程度的指数；c_θ 为与试验条件有关的影响系数；K_θ 为切削条件改变后的修正系数。

切削用量对切削温度的影响规律是：切削用量 a_p、f 和 v_c 增大，切削温度增加，其中切削速度 v_c 对切削温度影响最大，进给量 f 次之，切削深度 a_p 影响最小，从影响指数 $z_\theta > y_\theta > x_\theta$ 中也可以反映出该规律。

这是因为当切屑沿前刀面流出时，切屑底层与前刀面发生强烈摩擦，因而产生很多热量。若切削速度提高，则摩擦热生成的时间极短，而切削热向切屑内部和刀具内部传导都需要一定时间，因此提高切削速度的结果是，摩擦热来不及传导，而是大量积聚在切屑底层，从而使切削温度升高。此外，随着切削速度 v_c 的提高，金属切除率正比例地增加，所消耗的机械功增大，切削热也会增加。切削深度、进给量增大后，变形和摩擦加剧，切削功增大，故切削温度升高，但切屑与刀具接触面积以相同比例增大，散热条件显著改善，故切削区域平均温度上升得不显著。

切削用量对切削温度的影响，就是由生热与散热两方面作用的结果。由此可见，在金属

162

切除率相同的条件下，为了减少切削温度影响、防止刀具迅速磨损、保持刀具耐用度，增大切削深度或给进量，比增大切削速度更有利。

（2）刀具几何参数的影响。

1）前角。

前角 γ_o 增大，切削变形和摩擦减少，切削力下降，因此产生的热量少，切削温度低，如图 7-29 所示。前角 γ_o 继续增大至 18°~20° 后，前角对切削温度的影响减弱，这是由于楔角减少，使刀具散热体积减小明显，散热条件变差。

2）主偏角。

主偏角 κ_r 对切削温度的影响如图 7-30 所示。随着主偏角 κ_r 的增大，切削热集中，且随 κ_r 的增加，刀尖角减小，使散热条件变差，从而提高了切削温度。由此可见，当工艺系统刚性足够时，用小的主偏角切削，对于降低切削温度、提高刀具耐用度能起到一定的作用，尤其是在切削难加工材料时效果更明显。

在刀具几何参数中，除前角和主偏角 κ_r 外，其余参数对切削温度影响较少。

（3）工件材料的影响。

工件材料是通过强度、硬度和导热系数等性能参数对切削温度产生影响的。例如低碳钢的强度、硬度低，导热系数大，因此产生热量少、热量传散快，故切削温度低；高碳钢的强度、硬度高，但导热系数接近中碳钢，因此生热多，切削温度高；40Cr 钢的硬度接近中碳钢，但强度略高，且导热系数小，故切削温度高。对于导热性差的合金钢，产生的切削温度可高于 45 钢，30 不锈钢（1Crl8Ni9Ti）的强度、硬度虽较低，但它的导热系数是 45 钢的 1/3，因此，切削温度很高，比 45 钢约高 40%；脆性材料切削变形和摩擦小，生热少，故切削温度低，比 45 钢低约 25%。

（4）其他因素的影响

除上述因素外，刀具产生磨损后，会引起切削温度增加，干切削也会引起切削温度剧增，浇注切削液是降低切削温度的一个有效措施。

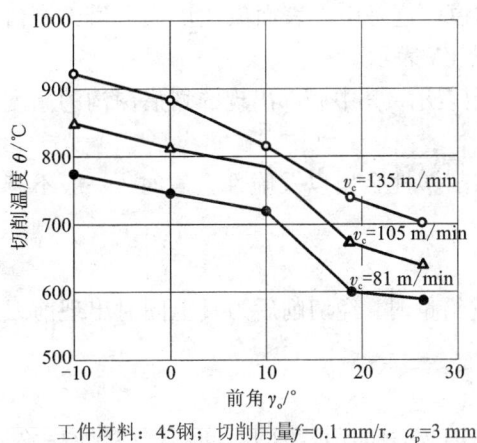

图 7-29　前角 γ_o 对切削温度 θ 的影响

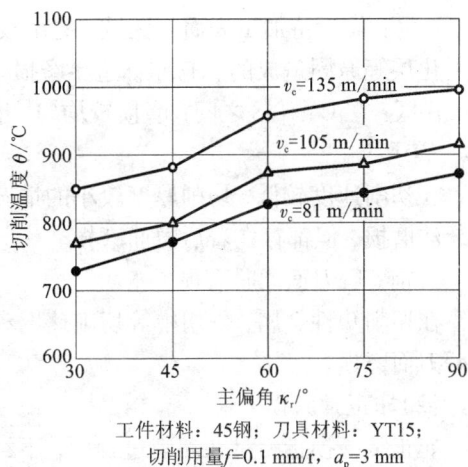

图 7-30　主偏角 κ_r 与切削温度 θ 的关系

7.4　刀具磨损与刀具耐用度

在切削过程中，刀具切除工件上的金属层，同时工件与切屑对刀具作用，使刀具磨损。刀具磨损后，导致工件加工精度降低，表面粗糙度值增大，切削力增大，切削温度升高，甚至产生振动，不能继续切削。因此，刀具磨损直接影响加工效率、质量和成本。

7.4.1　刀具磨损形式

刀具磨损形式分为正常磨损和非正常磨损两大类。

（1）正常磨损。

正常磨损指在刀具设计与使用合理、制造与刃磨质量符合要求的情况下，刀具在切削过程中逐渐产生的磨损。

正常磨损主要包括下述三种形式。

1）前刀面磨损。

加工塑性材料时，在切削速度较高和切削厚度较大的情况下，切屑在前刀面上流出，由于摩擦、高温和高压作用，切屑会逐渐在前刀面上磨出一个月牙状的小凹坑。随着切削时间的增加，月牙洼的深度逐渐增大，而宽度的变化较小，如图7-31(a)所示，前刀面的磨损量用月牙洼深度 KT、月牙洼宽度 KB 表示。

2）后刀面磨损。

由于加工表面和刀具后刀面间存在着强烈的摩擦，在后刀面邻近切削刃处，因其散热条件和强度较差，磨出一个后角为零的小棱面，这种磨损形式叫做后刀面磨损，如图7-31(b)所示。

在切削刃参加工作的各点上，后刀面磨损是不均匀的，根据其磨损特点，分为三个区域。

C区：在近刀尖处磨损较大的区域。这是由于温度高、散热条件差而造成的。其磨损量用高度 VC 表示。

N区：靠近待加工表面的区域，磨出较长的沟痕。这是由于表面氧化皮或上道工序留下的硬化层等原因造成的。它亦称边界磨损，磨损量 VN 表示。

B区：在C、N区之间，磨损较均匀，磨损量用表示，其中局部出现的划痕深沟的高度用 VB_{max} 表示。

在切削速度较低、切削厚度较小的情况下，切削塑性金属以及脆性金属时，一般不产生月牙洼磨损，但都存在着后刀面磨损。

3）前、后刀面同时磨损。

在切削塑性金属，采用中等切削速度和中等进给量时，经切削后刀具上同时出现前刀面和后刀面磨损。

（2）非正常磨损。

非正常磨损指刀具在切削过程中，不经过正常磨损，而在很短的时间内突然失效。常见形式如下。

1）破损。

在切削刃或刀面上产生裂纹、崩刃或碎裂。对于硬质合金、陶瓷、立方氮化硼和金刚石

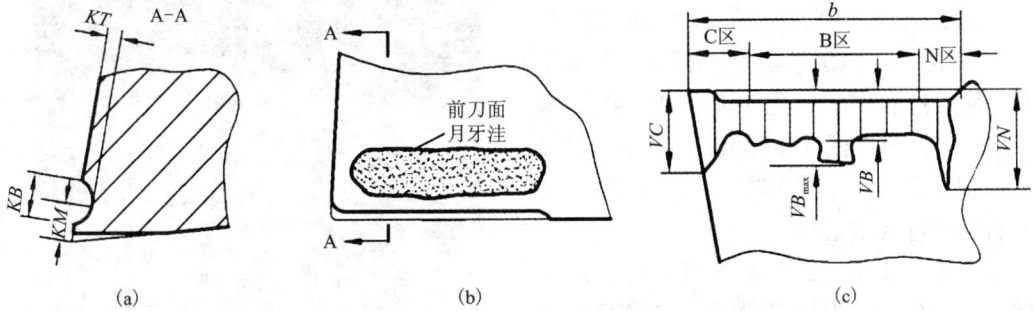

图 7－31　正常磨损形式

刀具,其硬度和耐热性高,但韧性低,容易发生此类失效。

2)卷刃。

卷刃指切削时在高温作用下,使切削刃或刀面产生塌陷或隆起的塑性变形现象。对于工具钢、高速钢刀具,其韧性较好,但硬度和耐热性较差,容易发生此类失效。

7.4.2　刀具磨损原因

切削时刀具的磨损是在高温高压条件下产生的。因此,形成刀具磨损的原因就非常复杂,它涉及机械、物理、化学和相变等作用。现将其中主要原因简述如下。

(1)磨料磨损。

工件材料中含有氧化物(SiO_2、Al_2O_3 等)、碳化物(Fe_3C、TiC 等)、氮化物(Si_2N_4、Al_2N_3 等)等硬质点。这些硬质点以及积屑瘤碎片进入刀－屑、刀－工件接触面时,就会像磨料一样在刀具表面上划出一条条沟槽,称为磨料磨损。这是一种纯机械作用。

磨料磨损在各种切削速度下都存在,但在低速下磨料磨损是刀具磨损的主要原因。磨料磨损对高速钢作用较明显,因为高速钢在高温时的硬度较有些硬质点低,耐磨性差。此外,硬质合金中粘结相的钴也易被硬质点磨损。为此,在生产中常采用细晶粒碳化物的硬质合金或减小钴的含量来提高抗磨损能力。

(2)粘结磨损。

切屑与前刀面、加工表面与后刀面之间在压力和温度作用下,接触面吸附膜被挤破,形成了新鲜表面接触,当接触面间达到原子间距离时就产生粘结。由于接触面相对滑动,就会在粘结处产生剪切破坏,通常剪切破坏发生在较软金属一方,由于刀具材料的显微组织缺陷,或因高温软化、疲劳、热应力等原因,也可能使剪切发生在刀具材料的表层内,造成刀具表层微粒被撕裂带走。被带走微粒尺寸小时称为粘结磨损,当颗粒尺寸大时称为剥落。粘结磨损面的外观特征是表面粗糙,这是一种物理作用(分子吸附作用)。

粘结磨损的程度与压力、温度和材料间亲和程度有关。在低速切削时,由于切削温度低,故黏接是在压力作用下接触点处产生塑性变形所致,亦称为冷焊;在中速时由于切削温度较高,促使材料软化和分子间运动,更易造成粘结;用YT类硬质合金加工钛合金或含钛不锈钢,在高温作用下钛元素之间的亲和作用也会产生粘结磨损。所以,低、中速切削时,黏接磨损是硬质合金刀具的主要磨损原因。

（3）扩散磨损。

切削金属材料时，切屑、工件与刀具在接触过程中，双方的化学元素在固态下相互扩散，使刀具表层金属化学成分和组织结构发生转变，材料机械性能降低，脆性加大，若再经摩擦作用，刀具将加剧磨损。扩散磨损是一种化学性质的磨损。

如图 7－32 所示，高速钢刀具切削钢件和铸铁时，在一定温度条件下，在前刀面上由于扩散形成一层金属原子和碳原子（Cr、C 等）含量增高的白色层。白色层不断被切屑带走而使刀具磨损。这是一种化学性质的吸附。

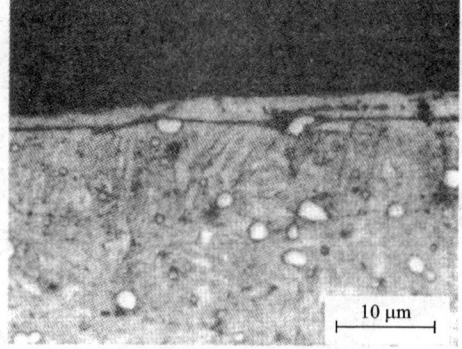

图 7－32　切削钢件后高速钢刀具前刀面剖面图（扩散磨损）

如图 7－33（a）所示，用硬质合金刀具材料切削钢件，当温度达到 800℃时，硬质合金中的 Co 迅速地扩散到切屑、工件中，WC 分解为 W 和 C 扩散到钢中，如图 7－33（b）所示。随着切削过程的进行，切屑、工件与刀具表面在接触区内始终保持着扩散元素的浓度梯度，从而使扩散现象持续进行，于是硬质合金发生贫碳、贫钨现象。而钴的减少，又使硬质相的黏接强度降低，切屑、工件中的铁和碳则扩散到硬质合金中，以形成低硬度、高脆性的复合碳化物。扩散的结果加剧了刀具的磨损。

扩散磨损是高温下发生的现象，其主要影响因素是刀具材料的化学性能、相对移动速度和温度。在生产中采用细颗粒硬质合金或添加稀有金属硬质合金，采用 TiC、TiN 涂层刀片，对于提高刀具耐磨性和化学稳定性，减少扩散磨损起重要作用。

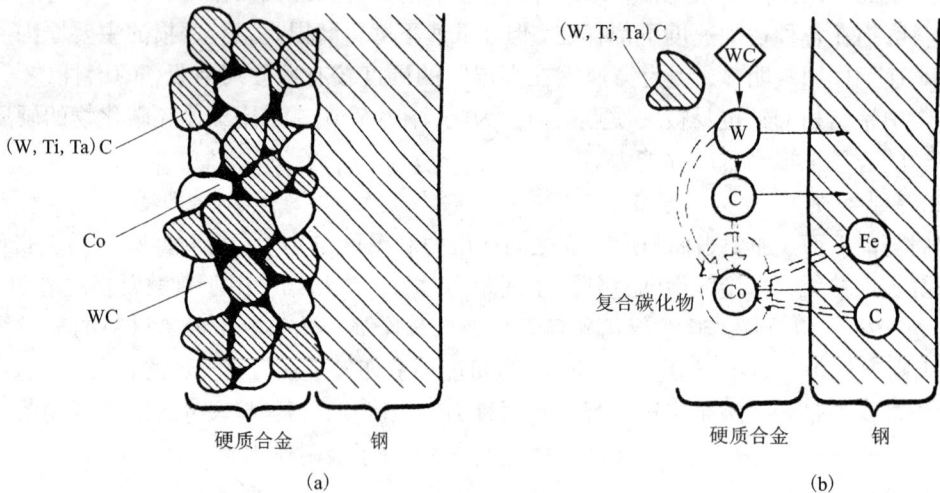

图 7－33　硬质合金与钢之间的扩散

（4）相变磨损。

当刀具上最高温度超过材料相变温度时，刀具表面金相组织发生变化。如马氏体组织转

166

变为奥氏体，使硬度下降，磨损加剧。因此，工具钢刀具在高温时均属此类磨损，它们的相变温度为：

合金工具钢　　300～350℃

高速钢　　　　550～600℃

相变磨损造成了刀面塌陷和刀刃卷曲。这已不是正常磨损而属于非正常磨损了。

(5)氧化磨损。

氧化磨损是一种化学性质的磨损。当切削温度达到 700～800℃ 时，在主、副切削刃与切削层金属表面接触处，刀具材料中的 WC、Co、TiC 等与空气介质中的 O_2 化合成低硬度的 WO_3、TiO_2、CoO 等氧化物，从而使刀具表层硬度下降，较软的氧化物容易被切屑或工件磨掉而形成氧化磨损，加剧刀具的磨损。

(6)各种磨损原因的综述。

磨损的原因很多，但是，不同的刀具材料切削不同的工件材料，在不同的切削条件下，某几种原因会显得更加重要，而其他原因则仅仅起次要作用。此外，各种磨损原因相互间也有影响，例如扩散磨损使刀具表面的硬度下降，则黏接磨损、相变磨损及磨料磨损也会加剧。如图 7 - 34 所示为硬质合金刀具切削钢及其合金时，五种磨损原因在总的磨损中所占的相对磨损量。

总之，从磨损的各种原因中可以看到，在多数原因中都是随着切削温度的升高而加剧磨损，所以切削温度是确定磨损快慢的一个重要指标。

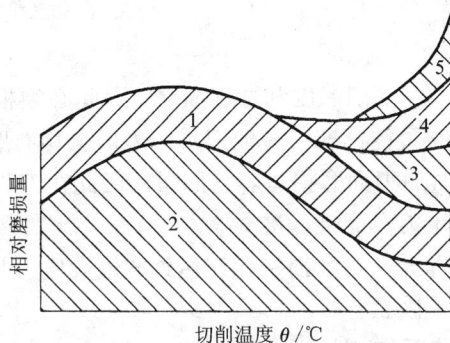

图 7 - 34　温度对磨损的影响

1—磨粒磨损；2—粘结磨损；3—扩散磨损；4—相变磨损；5—氧化磨损

7.4.3　刀具磨损过程

正常磨损情况下，刀具磨损量随切削时间增加而逐渐增大。磨损的速度主要取决于刀具材料、工件材料与切削速度。以后刀面磨损为例，它的典型磨损过程如图 7 - 35 所示，图中大致分为三个阶段。

初期磨损阶段(Ⅰ 段)：在开始切削的短时间内，因为新刃磨的刀具后刀面存在粗糙不平之处以及显微裂纹、氧化等缺陷，而且切削刃较锋利，后刀面与加工表面接触面积较小，压应力较大，所以这一阶段的磨损较快，一般后刀面初期磨损量为 0.05～0.1 mm，其大小与刀具刃磨质量直接相关。

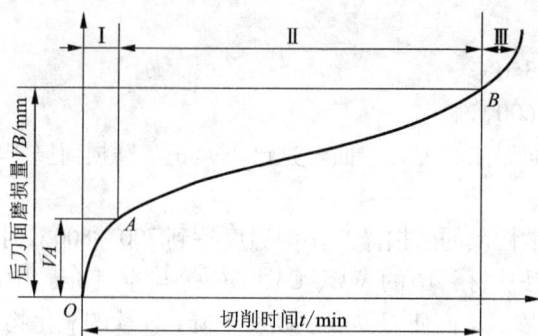

图7-35 刀具磨损过程曲线(后刀面)

正常磨损阶段(Ⅱ段):随着切削时间增加,磨损量以较均匀的速度加大。这是由于刀具表面磨平后,接触面增大,压强减少。后刀面的磨损量与切削时间近似地成比例增加。正常切削时,这一阶段时间较长。

急剧磨损阶段(Ⅲ段):磨损量达到一定数值后,加工表面粗糙度值增大,切削力及切削温度迅速上升,磨损急剧加速继而刀具损坏。

显然,刀具一次磨刀后的切削应控制在达到急剧磨损阶段以前完成。如果超过急剧磨损阶段继续切削,就可能产生火花、振动、啸叫等现象,甚至产生崩刃或造成刀具严重破损。

7.4.4 刀具磨钝标准

刀具磨损后将影响切削力、切削温度和加工质量,因此必须根据加工情况规定一个最大的允许磨损值,这就是刀具的磨钝标准。一般刀具后刀面上均有磨损,它对加工精度和切削力的影响比前刀面显著,同时后刀面磨损量容易测量。因此在刀具管理和金属切削的科学研究中都按后刀面磨损量来制定刀具磨钝标准。

它是后刀面磨损带中间部分平均磨损量允许达到的最大值,用 VB 表示。

制定磨钝标准应考虑以下因素:

(1)工艺系统刚性。工艺系统刚性差,VB 应取小值。如车削刚性差的工件,应控制在 $VB \approx 0.3$ mm。

(2)工件材料。切削难加工材料,如高温合金、不锈钢、钛合金等,一般应取较小的值,加工一般材料,VB 值可以取大一些。

(3)加工精度和表面质量。加工精度和表面质量要求高时,应取小值。如精车时,应控制 $VB = 0.1 \sim 0.3$ mm。

(4)工件尺寸。加工大型工件,为了避免频繁换刀,应取大值。

7.4.5 刀具耐用度

(1)刀具耐用度概念。

刀具耐用度指刃磨后的刀具从开始切削至磨损量达到磨钝标准为止所用的切削时间,用 T 表示。刀具耐用度还可以用达到磨钝标准所经过的切削路程 l_m 或加工出的零件数 N 表示。

刀具耐用度高低是衡量刀具切削性能好坏的重要标志。利用刀具耐用度来控制磨损量 VB，比用测量 VB 来判别是否达到磨钝标准要简便。

（2）刀具耐用度试验。

刀具耐用度试验的目的是为了确定在一定加工条件下达到磨钝标准所需的切削时间或研究一个或多个因素对耐用度的影响规律。切削速度是影响耐用度 T 的重要因素。切削速度是通过切削温度影响耐用度 T 的。

通过试验先确定四种以上不同切削速度的刀具磨损过程曲线，如图 7 – 36（a）所示。磨钝标准取 $VB = 0.3$ mm，固定其他的因素不变，只改变切削速度，得出各种切削速度下的刀具磨损曲线，然后在磨损曲线上取出达到磨钝标准 VB 时的各速度与耐用度 T 的对应值，并将它们表示在双对数坐标中，可得图 7 – 36（b）所示的刀具耐用度曲线。

$$\lg v_c = -m\lg T + \lg A \tag{7.32}$$

即

$$v_c = \frac{A}{T^m} \tag{7.33}$$

式中：m 为 v_c 对 T 影响程度指数，表示斜率；$\lg A$ 为与试验条件有关的系数，是直线在纵坐标上的截距，它相当于 $T = 1$ min（或 1 s）时的切削速度值。

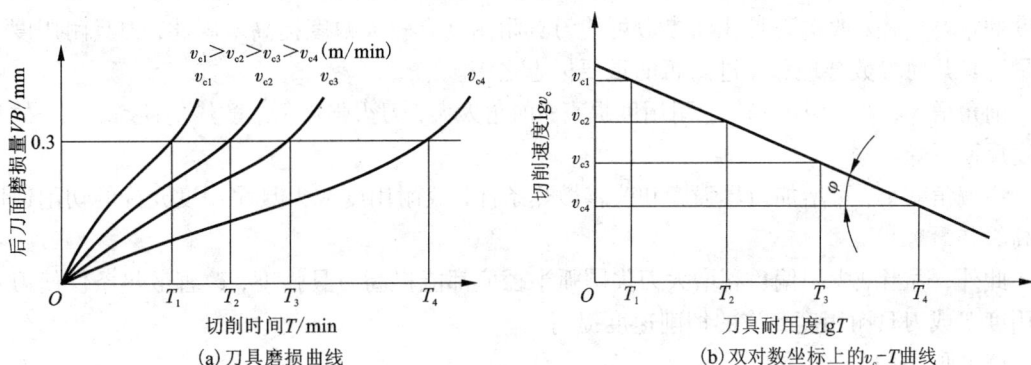

图 7 – 36　刀具耐用度试验

式（7.33）称为泰勒公式，它揭示了切削速度与刀具耐用度之间的关系，是选择切削速度的重要依据。系数 A 和指数 m 可从图形求出。耐热性越低的刀具材料 m 值越小，直线越平坦，说明切削速度对耐用度影响越大。也就是说，切削速度有一小的改变，则刀具耐用度变化就会很大。对于高速钢刀具，$m = 0.1 \sim 0.125$；对于硬质合金刀具，$m = 0.1 \sim 0.4$；对于陶瓷刀具，$m = 0.2 \sim 0.4$。

同样也可以求出进给量与切削深度对刀具耐用度的影响关系式：

$$f = \frac{B}{T^n}; \quad a_p = \frac{C}{T^p} \tag{7.34}$$

7.4.6 影响刀具耐用度的因素

分析刀具耐用度影响因素的目的是调节各因素的相互关系,以保持刀具耐用度的合理数值。各因素变化对刀具耐用度的影响,主要是通过它们对切削温度的影响而起作用的。

(1)切削用量的影响。

通过单因素试验,固定其余条件,分别改变 v_c、f 和 a_p 求出对应 T 的值,并在 v_c-T、f-T、a_p-T 的双对数坐标中画出它们的直线图形,经过数据整理后可得到刀具耐用度与切削用量之间关系的经验公式。例如,用硬质合金车刀车削中碳钢($f > 0.75$ mm/r)时:

$$T = \frac{C_T}{v_c^5 f^{2.25} a_p^{0.75}} \tag{7.35}$$

由式(7.35)可知,在切削用量中切削速度对刀具耐用度的影响最大,进给量影响次之,切削深度影响最小。根据 v_c、f 和 a_p 对 T 的影响程度可知,当确定刀具耐用度合理数值后,应首先考虑增大 a_p,其次增大 f,然后根据 T、a_p 和 f 的值计算出 v_T,这样既能保持刀具耐用度,又能发挥刀具切削性能,提高切削效率。

(2)刀具几何参数的影响。

刀具几何参数对刀具耐用度有较显著的影响。选择合理的刀具几何参数,是确保刀具耐用度的重要途径;改进刀具几何参数可使刀具耐用度有较大幅度提高。因此,刀具耐用度是衡量刀具几何参数合理和先进与否的重要标志之一。

前角增大,切削温度降低,耐用度提高;前角太大,刀刃强度低、散热差且易磨损,故耐用度反而下降。

主偏角减小,可增加刀具强度和改善散热条件,故耐用度或刀具耐用度允许的切削速度增高。

此外,适当减少副偏角和增大刀尖圆弧半径值都能提高刀具强度,改善散热条件使刀具耐用度 T 或刀具耐用度允许的切削速度提高。

(3)加工材料的影响。

加工材料的强度、硬度越高,产生的切削温度越高,故刀具磨损越快,刀具耐用度 T 越低。此外,增大加工材料的延伸率或减小导热系数,均能使切削温度升高从而使刀具耐用度降低。

(4)刀具材料的影响。

刀具切削部分材料是影响耐用度的主要因素,改善刀具材料的切削性能,使用新型材料,能促进刀具耐用度成倍提高。一般情况下,刀具材料的高温硬度越高、越耐磨,耐用度也越高。

但在带冲击切削、重型切削和对难加工材料切削时,决定刀具抗破损能力的主要指标是冲击韧性。普通陶瓷材料的抗弯强度约为硬质合金的1/3,因此,切削时受到轻微冲击也易破损。为了增强刀具的韧性、提高刀具抗弯强度,目前研制了新型陶瓷,并在刀具几何参数方面选用较小的前角、负刃倾角和倒棱等参数。

7.5　金属切削规律应用

7.5.1　切削用量的合理选择

所谓"合理"的切削用量指充分利用刀具切削性能和机床动力性能(功率、扭矩)，在保证质量的前提下，获得高的生产率和低的加工成本的切削用量。

7.5.2　切削用量选择原则

根据不同的加工条件和加工要求，又考虑到切削用量各参数对切削过程规律的不同影响，所以制订切削用量时应从以下几个主要方面考虑。

(1)切削加工生产率。

在切削加工中，金属切除率与切削用量三要素 a_p、f、v_c 均保持线性关系，即其中任一参数增大一倍，都可使生产率提高一倍。然而由于刀具寿命的制约，当任一参数增大时，其他两参数必须减小。因此，在制订切削用量时，三要素获得最佳组合，此时的高生产率才是合理的。在切削用量二要素中，切削深度 a_p 主要取决于加工余量的大小，当加工余量一定时，减小切削深度 a_p，使走刀次数增多，切削时间成倍增加，生产效率成倍降低，所以，一般情况下尽量优先增大 a_p，以求一次进刀全部切除加工余量。

(2)刀具耐用度。

在切削用量参数中，切削速度 v_c 对刀具耐用度影响最大，进给量 f 次之，切削深度 a_p 的影响最小。也就是说，当提高切削速度时，刀具寿命下降的速度比增加同样倍数的进给量或切削深度时快得多。过高的切削速度，会由于经常换刀、磨刀而增加辅助时间，降低生产率、提高加工成本。可见，优先增大切削深度 a_p 不只是达到高的生产率，相对 f、v_c 来说对发挥刀具切削性能、降低加工成本也是有利的。

(3)机床功率。

切削用量增加时，均会使切削力及切削功率增加。当切削深度 a_p 和切削速度 v_c 增大时，切削功率成正比增加，此外，增大切削深度较增大进给量会使切削力增加多，消耗功率多。所以，在粗加工时，从机床功率考虑，尽量选用大的进给量是合理的。

(4)加工质量。

在切削用量三要素中，切削深度和进给量增大，都会使切削力增大，工件变形增大，甚至引起振动，从而降低加工精度及表面质量。进给量 f 增大会使残留面积的高度显著增大。提高切削速度能使切削变形和切削力有所减小，并可减小或避免积屑瘤，有利于提高加工精度和表面质量。

综上所述，合理选择切削用量的原则是：首先选择一个尽量大的切削深度 a_p，其次选择一个大的进给量，最后根据已确定的 a_p 和 f，并在刀具耐用度和机床功率允许的条件下选择一个合理的切削速度 v_c。

7.5.3 切削用量选择方法

粗加工的切削用量，一般以提高生产效率为主，但也应考虑经济性和加工成本；半精加工和精加工的切削用量，应以保证加工质量为前提，并兼顾切削效率、经济性和加工成本。

粗车、半精车和精车切削用量的具体选择方法介绍如下。

(1)粗车时切削用量的选择。

1)切削深度 a_p。

其根据加工余量多少而定。在保留半精加工与精加工余量的前提下，尽量将粗加工余量一次切除，以使走刀次数最少。

2)进给量 f。

当切削深度 a_p 确定后，应该尽量选择大的进给量以提高切削效率，但进给量的提高受到了切削力的限制，所以粗加工时进给量的选取应该使切削力在工艺系统所能承受的范围以内。也就是说，应该在不损坏刀具的刀片和刀杆、不超出机床进给机构强度、不顶弯工件和不产生振动等条件下，选取一个最大的进给量值。或者利用确定的 a_p 和 f 求出主切削力来校验刀片和刀杆的强度；根据计算出的切深抗力 F_y 来校验工件的刚性；根据计算出的进给抗力 F_x 来校验机床进给机构的强度等。按上述原则可利用计算的方法或查手册资料来确定进给量 f 的值。

3)切削速度 v_c。

在切削深度 a_p 和进给量 f 选定后，再根据合理规定的耐用度值，就可确定切削速度。刀具耐用度 T 所允许的切削速度 v_T 应为：

$$v_T = \frac{C_v}{T^m a_p^{X_v} f^{y_v}} \times K_v \tag{7.36}$$

除了用计算方法外，生产中经常按实践经验和有关手册资料选取切削速度。

4)校验机床功率。

在粗车时切削用量还受到机床功率的限制。因此，选定了切削用量后，尚需校验机床功率是否足够，应满足：

$$F_z \cdot v_c \leqslant P_E \cdot \eta \times 10^{-3} \tag{7.37}$$

式中：P_E 为机床电动机功率(kW)；F_z 为主切削力(N)；η 为机床传动效率。

5)校验机床进给机构强度。

机床进给机构在进给方向所承受的力应不大于机床进给机构在进给方向允许承受的最大力。

(2)半精车、精车切削用量选择。

1)切削深度 a_p。

半精车的余量较小，在 1～2 mm 之间，精车余量更小。半精车、精车切削深度的选择，原则上取一次切除的余量数。但当使用硬质合金刀具时，考虑到刀尖圆弧半径与刃口圆弧半径的挤压和摩擦作用，切削深度不宜过小，一般大于 0.5 mm。

2)进给量 f。

半精车和精车的切削深度较小，产生的切削力不大，故增大进给量对加工工艺系统的强

172

度和刚性影响较小,所以,增大进给量主要受到表面粗糙度值的限制。在已知的切削速度(预先假设)和刀尖圆弧半径条件下,根据加工要求达到的表面粗糙度值可以利用计算的方法或手册资料确定进给量。

从资料中选用进给量时,应预选一个切削速度。通常切削速度高时的进给量较速度低的进给量大些。

3)切削速度 v_c。

半精车、精车的切削深度和进给量较小,切削力对工艺系统强度和刚性影响较小,消耗功率较少,故切削速度主要受刀具耐用度限制。切削速度可利用公式或资料确定。

7.5.4　刀具几何参数的合理选择

刀具几何参数主要包括刀具角度、刀刃的刃形、刃口形状、前刀面与后刀面形式等。当刀具材料和刀具结构确定后,合理选择和改进刀具几何参数是保证加工质量、提高效率、降低成本的有效途径。在总结刀具几何参数原理的基础上,下面主要介绍刀具几何参数选择的原则和方法。

1. 前角、前刀面的功用和选择

前角是刀具上的一个重要参数。前角影响切削过程中的变形和摩擦,并且影响刀具的强度。增大前角,可减小前刀面挤压切削层时的塑性变形,减小切屑流经前刀面的摩擦阻力,从而减小切削力、降低切削温度。减小前角,可以增大切屑的变形,使切屑易于脆化断裂,同时可提高刀尖和切削刃的强度,增大散热体积。由此可见在一定的切削条件下,用某种刀具材料加工某种工件材料时,总有一个使刀具获得最高寿命的前角值,这就是合理前角,可为正,也可为负。

前角选择原则:在刀具强度许可条件下,尽量选用大的前角。对于成形刀具来说(车刀、铣刀和齿轮刀具等),减小前角,可减少刀具截形误差,提高零件的加工精度。因此,前角的数值应由工件材料、刀具材料和加工工艺要求决定。一般情况下,加工有色金属前角较大,可达 $30°$;加工铸铁和钢时,硬度和强度越高,前角越小;加工高锰钢、钛合金时,为提高刀具的强度和导热性能,选用较小前角($\gamma_o < 10°$);加工淬硬钢选用负前角($-10° < \gamma_o < 0°$)。

高速钢刀具的韧性和抗弯强度都较硬质合金和陶瓷刀具高,因此它的前角也较大。有时为提高刀具强度和刀具耐用度,在硬质合金或陶瓷刀具的刃口上磨出倒棱面($\gamma_{o1} \times b_{\gamma1}$),尤其是在选用大前角时效果更显著。由于倒棱的宽度 $b_{\gamma1}$ 较小($b_{\gamma1} < f$),因此,它不改变前角的作用,而可使楔角增大。生产中许多先进车刀,经常利用增大前角来减小切削力、提高切削效率,而配合倒棱来保持刀具耐用度。倒棱宽度 $b_{\gamma1}$、负前角 γ_{o1} 不宜过大。一般工件材料强度、硬度越高,刀具材料抗弯强度越低,进给量越大,倒棱的宽度和负后角应越大。

2. 后角、后刀面的功用和选择

后角的主要功用是减小后刀面和加工表面之间的摩擦。减小后角可以提高刀具强度、改善散热性能,但会加剧后刀面与加工表面间摩擦,使刀具磨损加大,加工表面冷硬程度增加,质量变差,尤其在切削厚度较小时更为突出。图 7-37(a)所示为在相同磨钝标准下,后角越大,所磨去的金属体积也越大,因而延长了刀具使用寿命。但它使刀具的径向磨损值增大,当工件尺寸精度要求较高时,就不宜采用大后角。另外,图 7-37(b)所示为增大后角,将使切削刃和刀头的强度削弱,容热体积减小,且 NB 一定时的磨耗体积小,刀具使用寿命缩短。

所以在一定条件下，后角也有一个对应于最高刀具寿命的合理数值。试验表明，合理后角的数值与切削层厚度 h_D 有密切关系。当 h_D（或进给量 f）愈小时，要求切削刃愈锋利，即楔角和切削刃钝圆半径都应小些，则 α_o 应大些。例如进给量 $f < 0.3$ mm/r，取 $\alpha_o \approx 10°$；进给量 $f \geqslant 0.3$ mm，取 $\alpha_o \approx 6°$。粗加工（车削）时，以确保刀具强度为主，应取较小的后角，可在 $4° \sim 8°$ 范围内选取；精加工时，以减小后刀面上的摩擦为主，并可延长刀具使用寿命、保证加工表面质量，宜取较大的后角，一般取 $\alpha_o = 8° \sim 12°$。切断刀的进给量较小，且考虑进给运动对工作后角的影响，宜取较大后角 $10° \sim 12°$。此外，选用后角时还应该考虑工件材料、刀具其他参数等。

如图 7 – 37（c）所示，若在后刀面上磨出倒棱面 $b_{\alpha 1} = 0.1 \sim 0.3$ mm、负后角 $\alpha_{o1} = -10° \sim -5°$，切削时产生支承和阻尼作用，可防止扎刀，使用恰当时，有助于消除低频振动。这是在车削细长轴和镗孔时经常采取的消振措施之一。对有些定尺寸刀具来说，如铰刀、拉刀、钻头等，在后刀面上磨出了宽度较小、后角 $\alpha_{o1} = 0°$ 的刃带，如图 7 – 37（d）所示，它除了起支承、导向、稳定切削过程等作用外，主要在刃磨刀具时，便于控制和保持其尺寸精度，还可以有效减小已加工表面粗糙度值。

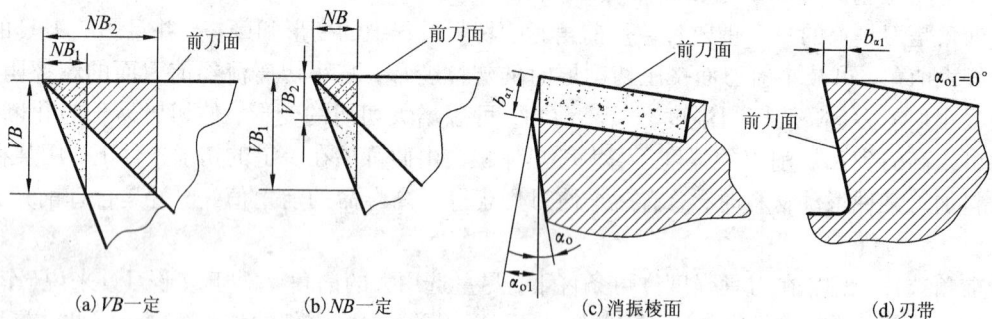

(a)VB一定　　(b)NB一定　　(c)消振棱面　　(d)刃带

图 7 – 37　后角与后刀面

普通车刀的副后角（副后面的后角）做成与主后角相等，有些刀具（切断刀、铣刀、拉刀等）的副后角较小，主要用以提高刀具强度。

7.5.5　主偏角、副偏角的功用与选择

主偏角：主偏角 κ_r 主要影响切削宽度 b_D 和切削厚度 h_D 的比例并影响刀具强度。主偏角 κ_r 减小，使切削宽度 b_D 增大、刀尖角 ε_r 增大、刀具强度增高、散热性能变好，故刀具耐用度增高。但会增大切深抗力，引起振动和加工变形。此外，主偏角 κ_r 还影响断屑效果、排屑方向、残留面积高度等。

主偏角选择

综上分析，在工艺系统刚性不足的情况下，为减小切削力，应选取较大的主偏角；在加工强度高、硬度高的材料时，为提高刀具耐用度，应选取较小主偏角；根据加工表面形状要求选取，如车削阶梯轴时取 $\kappa_r = 90°$，车削外圆、端面和倒角时可取 $\kappa_r = 45°$，镗盲孔取 $\kappa_r > 90°$ 等。

副偏角：减小副偏角，则可以显著减小切削后残留面积高度，减小表面粗糙度，且可增强刀尖强度。但副偏角小就会增加副后刀面与已加工表面之间的摩擦，从而可能引起振动。

副偏角的合理数值，主要是根据工件加工表面粗糙度值和具体的加工情况而定的。通常在不引起振动的条件下，应选取较小的副偏角。

过渡刃：选择主偏角时，如果系统刚度较差，为了减小切深抗力 F_y，避免振动，常取较大的主偏角，但这样就会削弱刀尖强度，恶化散热条件，降低刀具耐用度，为此在主切削刃与副切削刃之间磨出一条过渡刃。过渡刃是调节主、副偏角作用的一个结构参数，起到粗加工时提高刀具强度、延长刀具耐用度及精加工时减小表面粗糙度的作用。如图 7 - 38 所示，过渡刃有直线过渡刃、圆弧过渡刃和修光刃三种。

如图 7 - 38(a) 所示为直线过渡刃，一般可取过渡刃偏角 $\kappa_{r\varepsilon} = (1/2)\kappa_r$，宽度 $b_\varepsilon = 0.5 \sim 2 \text{ mm}$。这种过渡刃多用于粗加工以及切断刀上。图 7 - 38(b) 所示为圆弧过渡刃，过渡刃的参数就是圆弧半径。在精加工时，可根据要求的 R_a 值，由计算或试验确定偏角及过渡刃圆弧半径。精加工刀具的副偏角应取小值，必要时副偏角为 0° 的修光刃，如图 7 - 38(c) 所示，它的长度一般为 $(1.2 \sim 1.5)f$。具有修光刃的刀具如果刀刃平直，装刀精确，工艺系统刚性足够，那么即使用在大进给切削条件下，仍能达到很低的表面粗糙度。

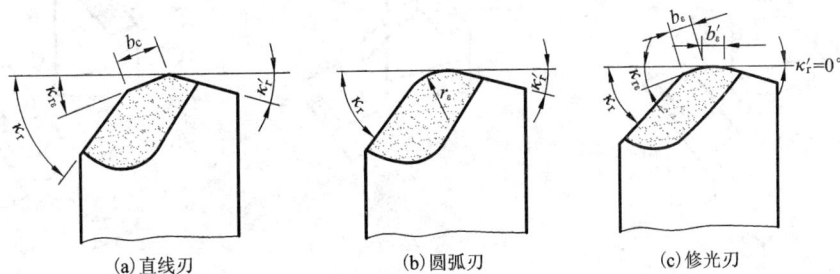

图 7 - 38　过渡刃形式

7.5.6　刃倾角的功用与选择

刃倾角的正负和大小，主要影响刀尖部分的强度和切屑的流向。当刃倾角为负值时，刀尖位于主切削刃的最低点，故刀尖部分强度较好，比较耐冲击，如图 7 - 39(a) 所示，用负的刃倾角车刀加工带有缺口的工件，首先接触工件的是刀刃而不是刀尖，可使刀尖避免受到冲击；当刃倾角为正值时，刀尖位于主切削刃的最高点，故刀尖部分强度较差，不利于承受冲击负荷，如图 7 - 39(b) 所示，用正的刃倾角车刀加工带有缺口的工件，首先接触工件的是刀尖而不是刀刃，容易打刀。

刃倾角正、负的变化直接控制切屑的卷曲和流出方向。当刃倾角 λ_s 为正值时，切屑则朝着待加工表面流出，如图 7 - 40(a) 所示；当 $\lambda_s = 0$ 时，切屑在前刀面上近似沿垂直于主切削刃的方向流出，如图 7 - 40(b) 所示；当刃倾角 λ_s 为负时切屑流向已加工表面，容易将已加工表面划伤，如图 7 - 40(c) 所示。

此外，刃倾角的大小影响实际切削前角和切削刃的锋利性、刀尖强度、切削过程的平稳性以及各切削分力的比值。

在实际使用时，间断或冲击振动切削时，选 $-\lambda_s$ 能提高刀头强度、保护刀尖；许多大前角刀具常配合选用负的刃倾角来增加刀具强度。有些刀具如车刀、镗刀、铰刀和丝锥等，常利用改变刃倾角 λ_s 来获得所需的切屑流向；对于多齿刀具如铣刀、铰刀和拉刀等，增大刃倾

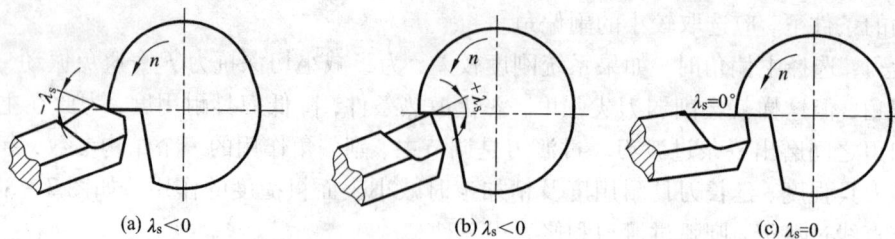

(a) $\lambda_s < 0$ (b) $\lambda_s < 0$ (c) $\lambda_s = 0$

图 7-39 刃倾角 λ_s 对刀尖强度的影响

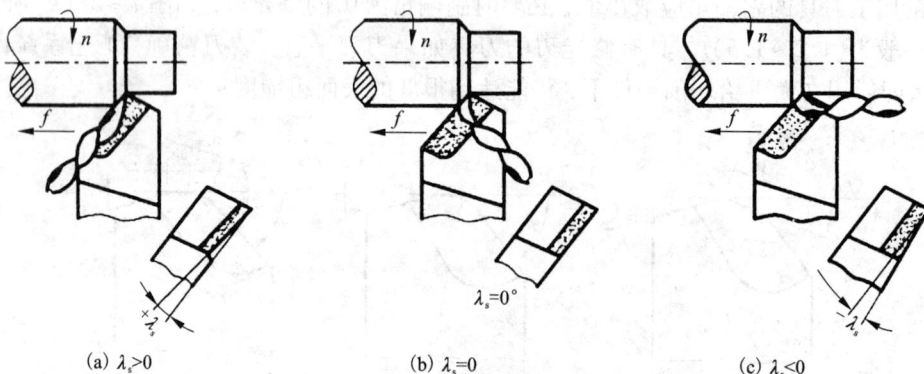

(a) $\lambda_s > 0$ (b) $\lambda_s = 0$ (c) $\lambda_s < 0$

图 7-40 刃倾角对切屑流向的影响

角 λ_s，可增多同时工作齿数，提高切削平稳性。

值得注意的是，刀具几何参数之间是相互联系的，应综合起来考虑它们之间的相互作用与影响，分别确定其合理值。从本质上看，这是一个多变量函数的优化问题，若仅考虑某一变量则结果往往有很大的局限性。

试阐述金属切削过程的实质。

思考练习题

1. 有哪些指标可以用来衡量切削层金属的变形程度？它们之间的相互关系如何？它们能否真实地反映切屑形成过程的物理本质？为什么？

2. 切屑有哪些类型？各种类型有什么特征？各种类型切屑在什么情况下形成？

3. 试论述影响切削变形的各种因素。

4. 试描述积屑瘤现象及成因。积屑瘤对切削过程有哪些影响？如何抑制积屑瘤？

5. 切削合力为什么要分解成三个分力？试分析各分力的作用。

6. 从机床功率、刀具耐用度方面考虑，选取大的进给量好，还是大的切削深度好？为什么？

7. 粗、精车削加工时，进给量选择有什么不同特点？

8.什么叫刀具的合理几何参数？它包含哪些基本内容？

9.主偏角和副偏角有什么功用？如何进行合理选择？

10.什么叫工件材料的切削加工性？评定材料切削加工性有哪些指标？如何改善材料的切削加工性？

11.切削液有什么作用？有哪些种类？如何选用？

12.为什么说多数切削情况下工件和刀具间的润滑是边界润滑？

第8章
金属切削机床基础知识

8.1 概述

金属切削机床通常指用切削的方法将金属毛坯加工成机器零件的一种机器。它是制造机器的机器，称为"工作母机"和"工具机"，人们习惯上称"机床"。在现代化机械制造工业中，切削加工是将金属毛坯用切除多余材料的方法加工成具有一定尺寸、形状和精度零件的主要加工方法。尤其在加工高精度零件时，目前主要依靠切削加工来达到所需要的精度和表面粗糙度。所以，金属切削机床是加工机器零件的主要设备。它所负担的工作量在一般生产中占机器制造中工作量的40%~60%，它的先进程度直接影响到机器制造工业的产品质量和劳动生产率。

近年来，随着科学技术的迅速发展，机械产品的形状、结构和材料不断地改进，精度不断地提高，这就要求机床设备具有较好的通用性和较大的灵活性，以适应生产对象频繁变化的需要，因此对加工机械产品零件部件的生产设备——机床也相应地提出了高性能、高精度与高自动化的要求。数控机床就是在这种条件下发展起来的一种适用于高精度、零件形状复杂的单件、小批量生产的自动化机床。数控机床是一种用计算机组成的计算装置控制的、高效的自动化机床，它综合应用了自动控制技术、精密测量技术、液压传动和机床结构等方面的最新成就。由于它的出现，机床自动化进入了一个新的阶段。自从1952年第一台数控机床问世到现在，数控技术的发展非常迅速，几乎所有品种的机床都实现了数控化。数控机床的应用领域已十分广泛。此外，数控技术也在绘图机械、坐标测量机、激光与火焰切割机等其他机械设备中得到广泛的应用。数控机床已经成为组成现代机械制造生产系统，实现设计（CAD）、制造（CAM）、检验（CAT）与生产管理等全部生产过程自动化的基本设备。

8.2 金属切削机床传动系统分析

切削机床

8.2.1 机床的传动联系

金属加工机床中的各个运动，都有以下三个基本组成部分。

(1)动力源，是提供动力的装置。普通机床通常都采用三相异步电动机作为动力源，现代数控机床的动力源有直流或交流调速电动机、伺服电动机等。

（2）传动装置，是传动运动和动力的装置。通过它把动力源的动力和运动传给执行件，传动装置通常还需要完成变向、变速和改变运动形式等任务，使得执行件获得所需要的运动方向、运动速度和运动形式。

（3）执行件，是执行运动的部件，如主轴、刀架、和工作台等。其任务是带动工件或刀具完成一定形式的机床运动，如直线运动或旋转运动，并保持准确的运动轨迹。

动力源 – 传动装置 – 执行件或者执行件 – 传动装置 – 动力源，构成传动联系。

8.2.2　机床的机械传动

机床的传动方式按照传动机构的结构特点可以分为机械传动、液压传动、电气传动和气压传动等。其中，应用最多的是机械传动和液压传动。机械传动方式因实现回转运动的结构简单、工作可靠、传动比准确以及维修方便等，故主要用在机床的回转运动中，也多用于机床的直线运动中。以下主要介绍机床的机械传动。

机械传动装置

1. 机床上常用的传动副及传动关系

机械传动中，带、带轮、齿轮、蜗轮蜗杆、齿轮齿条和丝杠螺母等是常用的传动元件。每一对传动元件被称为传动副，各种传动副具有不同的传动特点。常用的传动副及传动特点见表 8 – 1。

表 8 – 1　常用传动副及传动特点

传动形式	外形图	符号图	传动比	优缺点
带传动		从动轮2 v_2 D_2 带 D_1 v_1 主动轮1	$i_{I-II}=\dfrac{n_{II}}{n_{I}}=\dfrac{D_1}{D_2}\varepsilon$ ε——带的滑动系数，一般取 0.98	优点：传动平稳，中心距变化范围大；结构简单，制造、维修方便；过载时带打滑，起到安全装置作用。 缺点：外廓尺寸大，传动比不准确；摩擦损失大，传动效率低
齿轮传动		n_{I} z_1 n_{II} z_2	$i_{I-II}=\dfrac{n_{II}}{n_{I}}=\dfrac{z_1}{z_2}$	优点：传动比准确恒定；结构紧凑，工作可靠；可传递较大的扭矩且传动效率高，使用寿命长。 缺点：制造复杂，精度不高时传动不稳定，有噪声
蜗杆蜗轮传动		z_2 n_{II} n_{I} z_1	$i_{I-II}=\dfrac{n_{II}}{n_{I}}=\dfrac{z_1}{z_2}$	优点：可获得较大的传动比，传动准确；结构紧凑，承载能力大；传动平稳，无噪声。 缺点：传动效率低，摩擦产生的热量大，需良好的润滑条件

传动形式	外形图	符号图	传动比	优缺点
齿轮齿条传动		$S = n\pi d$ $= n\pi mz$		优点：传动效率较高，结构紧凑。 缺点：当制造精度不高时，传动不够平稳
丝杠螺母传动		$S = nP$		优点：传动平稳，无噪声，可以达到高的传动精度。 缺点：传动效率较低

2. 机床上常见的传动机构

变速机构用来改变从动件的移动速度或旋转速度，塔轮、滑动齿轮、离合器和摆动齿轮等是机床中常用的用来实现变速的机构，所有变速机构都是通过改变传动比的大小，在主动轴转速不变时，从动轴得到各种不同的转速。表 8 - 2 列出了常用的四种变速机构。

表 8 - 2　常用的变速机构

传动形式	外形图	符号图	传动比	特点
塔轮变速机构			$i_{I-II} = \dfrac{n_{II}}{n_I}$ 所以： $i_1 = \dfrac{d_1}{d_4}$ $i_2 = \dfrac{d_2}{d_5}$ $i_3 = \dfrac{d_3}{d_6}$	运转平稳，结构简单，但需要在停止转动时用手来推带换档，使用不方便
滑动齿轮变速机构			$i_{I-II} = \dfrac{n_{II}}{n_I}$ 所以： $i_1 = \dfrac{z_1}{z_2}$ $i_2 = \dfrac{z_3}{z_4}$ $i_3 = \dfrac{z_5}{z_6}$	结构紧凑，传动效率高，但不能在运转中变速

续表 8 – 2

传动形式	外形图	符号图	传动比	特点
离合器变速机构	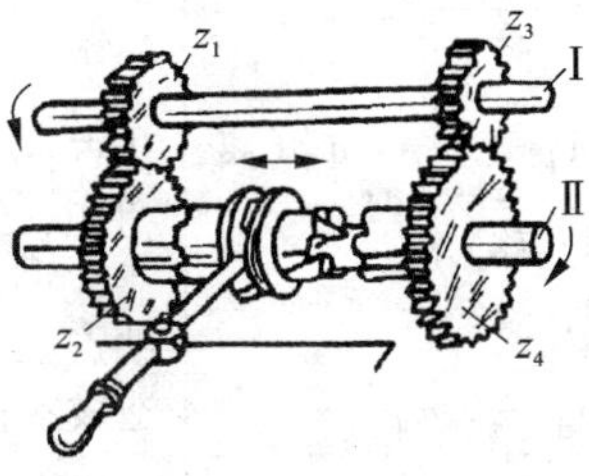	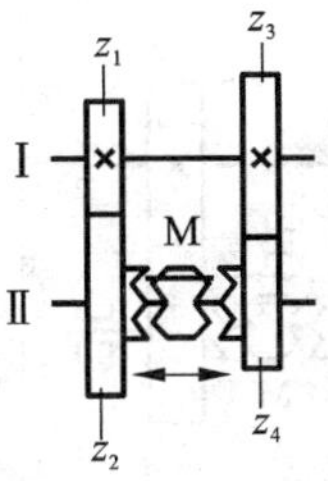	$i_{I-II}=\dfrac{n_{II}}{n_I}$ 所以: $i_1=\dfrac{z_1}{z_2}$ $i_2=\dfrac{z_3}{z_4}$	变速时齿轮不需移动,因此可以采用斜齿轮,使传动平稳。如果采用摩擦离合器,便可在运转中变速
摆动齿轮变速机构	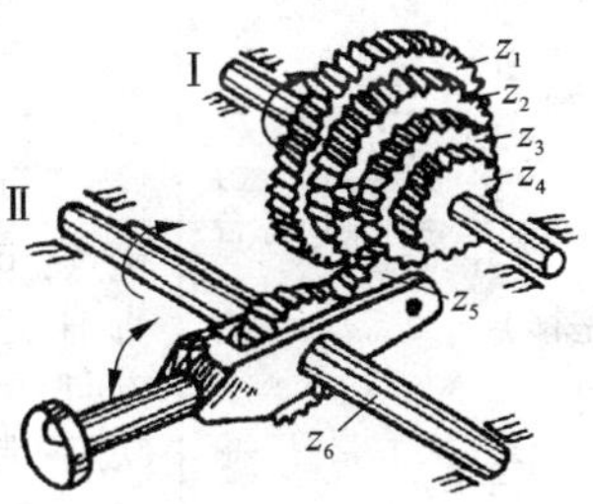	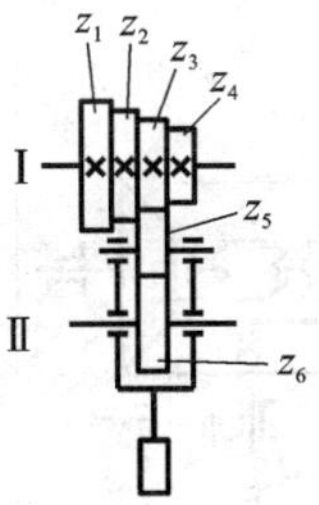	$i_{I-II}=\dfrac{n_{II}}{n_I}$ 所以: $i_1=\dfrac{z_1}{z_6}$ $i_2=\dfrac{z_2}{z_6}$ $i_3=\dfrac{z_3}{z_6}$ $i_4=\dfrac{z_4}{z_6}$	其外廓尺寸更小,结构刚度低,故传递力不宜大

　　换向机构用来改变机床运动部件的运动方向,圆柱齿轮和圆锥齿轮组成的换向机构广泛用于机床上。表 8 – 3 列出了常用的三种换向机构。

表 8 – 3　常用的换向机构

机构型式	符号图	传动路线	优缺点
三星齿轮	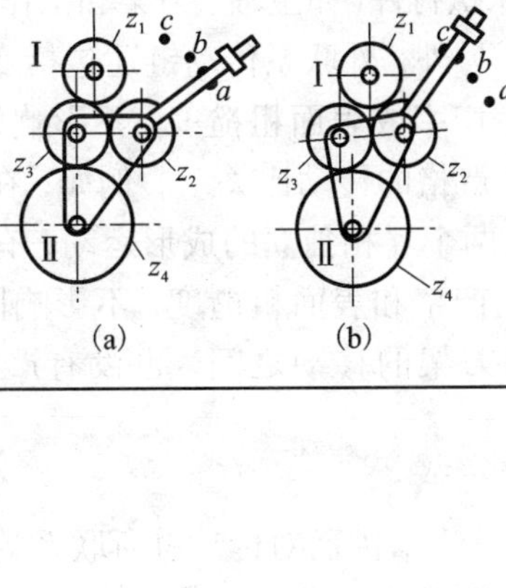	正轨: (a) $n_I\dfrac{z_1}{z_3}\dfrac{z_3}{z_4}=n_{II}$ 反转: (b) $n_I\dfrac{z_1}{z_2}\dfrac{z_2}{z_3}\dfrac{z_3}{z_4}=n_{II}$	优点:结构简单、紧凑、制造方便。 缺点:结构刚性差,只能传递小功率

机构型式	符号图	传动路线	优缺点
中间齿轮	(a)　　　(b)	正转： $(a) n_{\mathrm{I}} \dfrac{z_1}{z_2'} \dfrac{z_2'}{z_2} = n_{\mathrm{II}}$ $(b) n_{\mathrm{I}} \dfrac{z_1}{z_2'} \dfrac{z_2'}{z_2} = n_{\mathrm{II}}$（离合器左移） 反转： $(a) n_{\mathrm{I}} \dfrac{z_3}{z_4} = n_{\mathrm{II}}$ $(b) n_{\mathrm{I}} \dfrac{z_3}{z_4} = n_{\mathrm{II}}$（离合器右移）	优点：可传递较大的扭矩，结构稳固可靠，可以快速反转。 缺点：结构较大，制造成本较高
锥齿轮	(a)　　　(b)	正转： $(a) n_{\mathrm{I}} \dfrac{z_1}{z_3} = n_{\mathrm{II}}$ $(b) n_{\mathrm{I}} \dfrac{z_1}{z_3} = n_{\mathrm{II}}$（离合器左移） 反转： $(a) n_{\mathrm{I}} \dfrac{z_2}{z_3} = n_{\mathrm{II}}$ $(b) n_{\mathrm{I}} \dfrac{z_1}{z_3} = n_{\mathrm{II}}$（离合器右移）	优点：可以改变两垂直轴之间的旋转方向。 缺点：制造较难

8.2.3　机床的传动链

构成传动联系的一系列传动件，称为传动链。根据传动联系的性质，传动链分为两类。

1. 外联系传动链

外联系传动链联系动力源（如电动机）和机床执行件（如主轴、刀架和工作台等），使得执行件得到预定速度的运动，并传递一定的动力。另外，外联系传动链还包括变速机构和换向机构等。外联系传动链传动比的变化，只影响生产率或表面粗糙度，不影响发生线的性质。因此，外联系传动链不要求动力源与执行件间有严格的传动比关系。例如，在车床上用轨迹法车削圆柱面时，主轴的旋转和刀架的移动就是两个互相独立的成形运动，有两条外联系传动链。主轴的转速和刀架的移动速度，只影响生产率和表面粗糙度，不影响圆柱面的性质。传动链的传动比不要求很准确，工件的旋转和刀架的移动之间，也没有严格的相对速度关系。

2. 内联系传动链

内联系传动链联系复合运动之内的各个运动分量，因而对传动链所联系的执行件之间的相对速度（及相对位移量）有严格的要求，用来保证运动的轨迹。例如，在卧式车床上用螺纹车刀车螺纹时，为了保证所加工螺纹的导程，主轴(工件)每转一转，车刀必须移动一个导程。联系主轴 – 刀架之间的螺纹传动链，就是一条内传动链。

3. 传动原理图

机床传动链包括多种传动机构，如带传动、定比齿轮副、齿轮齿条副、丝杠螺母副、蜗轮蜗杆副、滑移齿轮变速机构、离合器变速机构、交换齿轮或交换齿轮架以及各种电、液、机械无级变速等。这些机构可以分成两大类：固定传动比的传动机构，简称"定比机构"；变换传动比的传动机构，简称"置换器官"。

为了便于研究机床的传动联系，常用一些简明的符号把传动原理和传动路线表示出来，这就是传动原理图。图 8 – 1 所示为传动原理图常用的一些示意符号。其中，表示执行件的符号，还没有统一的规定，一般采用较直观的图形表示。为了把运动分析的理论推广到数控机床，图中引入了数控机床传动原理图中常用的一些符号，如脉冲发生器的符号等。

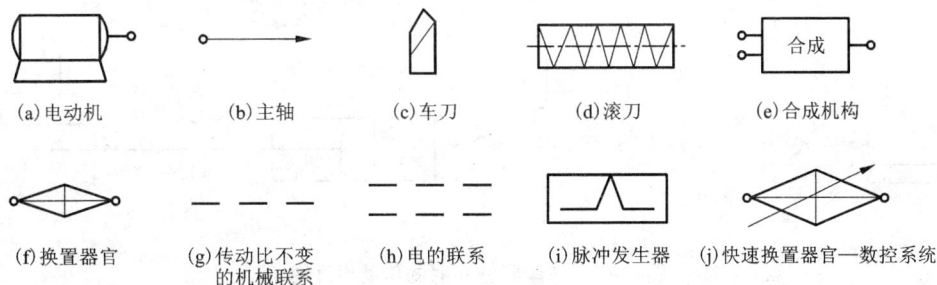

(a)电动机　(b)主轴　(c)车刀　(d)滚刀　(e)合成机构
(f)换置器官　(g)传动比不变的机械联系　(h)电的联系　(i)脉冲发生器　(j)快速换置器官—数控系统

图 8 – 1　传动原理图常用符号

以下举例说明传动原理图的画法和所表示的内容。

例1　卧式车床的传动原理图如图 8 –2 所示。

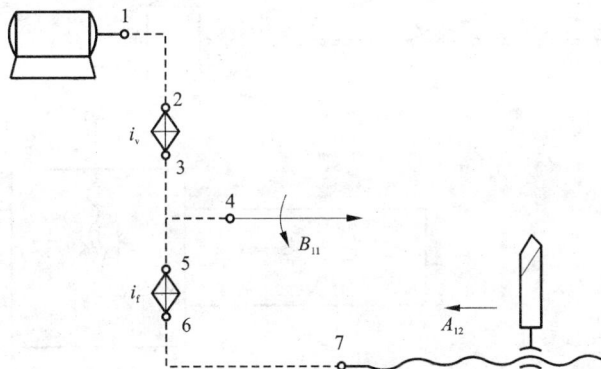

图 8 – 2　卧式车床传动原理图

卧式车床在形成螺旋表面时需要一个运动，即刀具与工件间相对的螺旋运动。这个运动是复合运动，可分解为两部分：主轴的旋转 B_{11} 和车刀的纵向移动 A_{12}。因此，车床应有两条传动链：一是联系 B_{11} 和 A_{12} 的内联系传动链，主轴 – 4 – 5 – i_f – 6 – 7 – 丝杠；二是联系动力源和复合运动的外联系传动链，电动机 – 1 – 2 – i_v – 3 – 4 – 主轴。

车削圆柱面或端面时，主轴的旋转和刀具的移动是两个互相独立的简单运动。这时，B_{11} 应改为 B_1，A_{12} 应改为 A_2。车床的两条传动链均为外联系传动链：一是电动机 $-1-2-i_v-3-4-$ 主轴，二是电动机 $-1-2-i_v-3-4-5-i_f-6-7-$ 丝杠。

虽然车削螺纹和车削外圆及端面时机床运动的性质和数量不同，但却可用一个传动原理图表示，差别仅在于车螺纹时，i_f 必须计算和调整得准确，车削外圆时，i_f 不需准确。

如果车床不用于车螺纹，则传动原理图也可如图 8-3(a)所示；进给也可采用液压传动，如图 8-3(b)所示，例如某些多刀半自动车床。

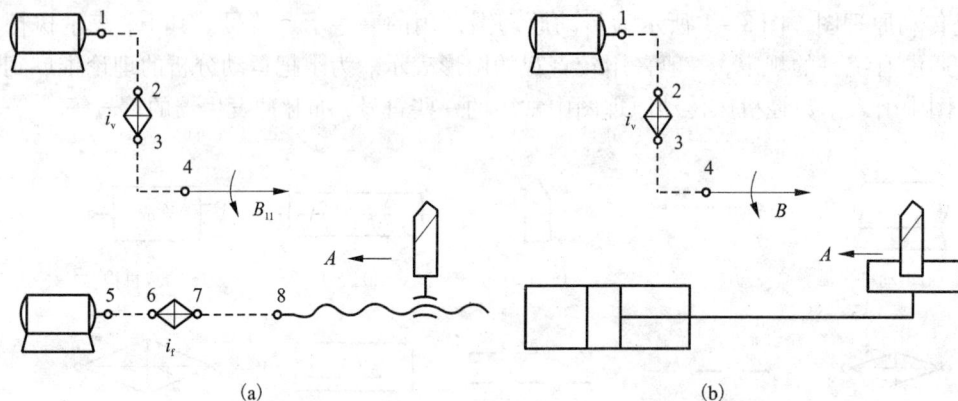

(a)   (b)

图 8-3 车削圆柱面时的传动原理图

例 2 数控车床的传动原理图如图 8-4 所示。

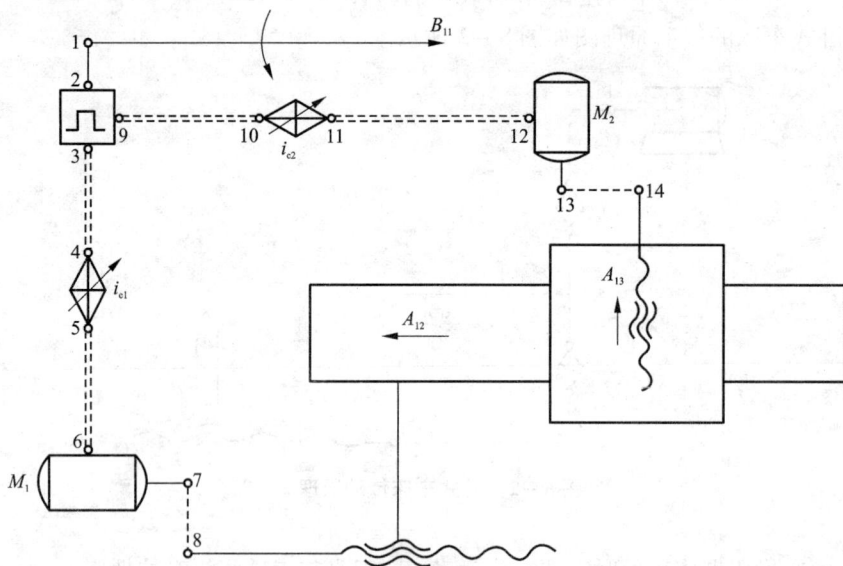

图 8-4 数控车床的螺纹链和进给链

数控车床的传动原理图与普通车床原则上相同，但很多地方用电的联系来代替机械联

184

系，如图 8 - 4 所示(图中未表示主运动传动链)。车削螺纹时，主轴通过机械传动 1 - 2(通常是 1∶1 的一对齿轮)与脉冲发生器相联系。主轴每转一周发出一定数量的脉冲。经 3 - 4(常为电线)传至数控系统的 z 轴(纵向)控制装置 i_{c1}。i_{c1} 可理解为一个快速调整的置换器官。根据程序的指令，使 i_{c1} 的输出脉冲为 F_1。经伺服系统 5 - 6 后，由伺服电动机 M_1 经机械传动件 7 - 8(也可以没用)与滚珠丝杠相连，使刀架作纵向直线运动 A_{12}。B_{11} 与 A_{12} 是一个复合运动。主轴每转一周，刀架纵向进给一个导程。

车削端面螺纹时，脉冲发生器的脉冲经类似的传动装置 9 - 10 - i_{c2} - 11 - 12 - M_2 - 13 - 14 - 丝杠，使刀具作横向移动 A_{13}。这里的 B_{11} 与 A_{13} 是一个复合运动。

车削成形曲面时，A_{12} 与 A_{13} 形成一个复合运动。脉冲发生器发出的脉冲同时控制 A_{12} 和 A_{13}，图 8 - 4 中 A_{12}、纵向丝杆按顺时针方向至横向丝杠、A_{13}，形成一条内联系传动链。i_{c1} 和 i_{c2} 同时不断地变化，以保证刀尖沿要求的工件表面曲线运动，以便得到要求的表面形状。这里，主轴的旋转运动是一个简单运动，应将 B_{11} 改为 B_2。

如果只是车削圆柱面或端面，则 B_{11}、A_{12}、A_{13} 是三个独立的简单运动，应分别改为 B_1、A_2 和 A_3。i_{c1} 和 i_{c2} 用以调整进给量。

与机械传动相比，数控系统的一个脉冲，相当于齿轮的一个齿；i_{c1} 和 i_{c2} 相当于交换齿轮架，是电子的置换器官，故称为"电子挂轮"。

下面以 CA6140 型卧式车床的主运动和进给传动链(图 8 - 5)为例。

1. CA6140 型卧式车床的主运动传动链

(1)传动路线。

主运动传动链是连接主电动机和主轴的传动链。运动由电动机(7.5 kW，1450 r/min)经 V 带传动 ϕ130 mm/ϕ230 mm 传至主轴箱中的轴 I。在轴 I 上装有双向多片摩擦离合器 M_1，使主轴正转、反转或停止。当压紧离合器 M_1 左部的摩擦片时，轴 I 的运动经齿轮副 $\frac{56}{38}$ 或 $\frac{51}{43}$ 传给轴 II，使轴 II 获得两种转速。压紧右部的摩擦片时，轴 I 至轴 II 间多了一个中间齿轮 34，故轴 II 的转向与压紧左部摩擦片时相反。当离合器处于中间位置时，左、右摩擦片都没有被压紧，轴 I 的运动不能传给轴 II，从而使主轴停转。

运动由轴 III 传往主轴 VI 有两条路线。

1)高速传动路线。主轴 VI 上的滑移齿轮 50 移至左端，使之与轴 III 上右端的齿轮 63 啮合。运动由轴 III 经齿轮副 $\frac{63}{50}$ 直接得到 450 ~ 1400 r/min 的 6 种高转速。

2)低速传动路线。主轴上的滑移齿轮 50 移至右端，使主轴上的齿式离合器 M_2 接合。轴 III 的运动经齿轮副 $\frac{20}{80}$ 或 $\frac{50}{50}$ 传给轴 IV，又经齿轮副 $\frac{20}{80}$ 或 $\frac{51}{50}$ 传给轴 V，再经齿轮副 $\frac{26}{58}$ 和齿式离合器 M_2 传给主轴，使主轴获得 10 ~ 500 r/min 的 18 种低转速。

传动系统可用传动路线表达式表示，如图 8 - 6 所示。

(2)主轴转速级数和转速。

由传动系统图和传动路线表达式可知，当主轴正转时，可以获得 6 种高转速和 18 种低转速，共计 24 级转速，其范围是 10 ~ 1400 r/min。同理，当主轴反转时，可以获得 12 级转速，其范围是 10 ~ 1600 r/min。主轴反转通常不是用于切削，而是用于车削螺纹时的退刀运动。

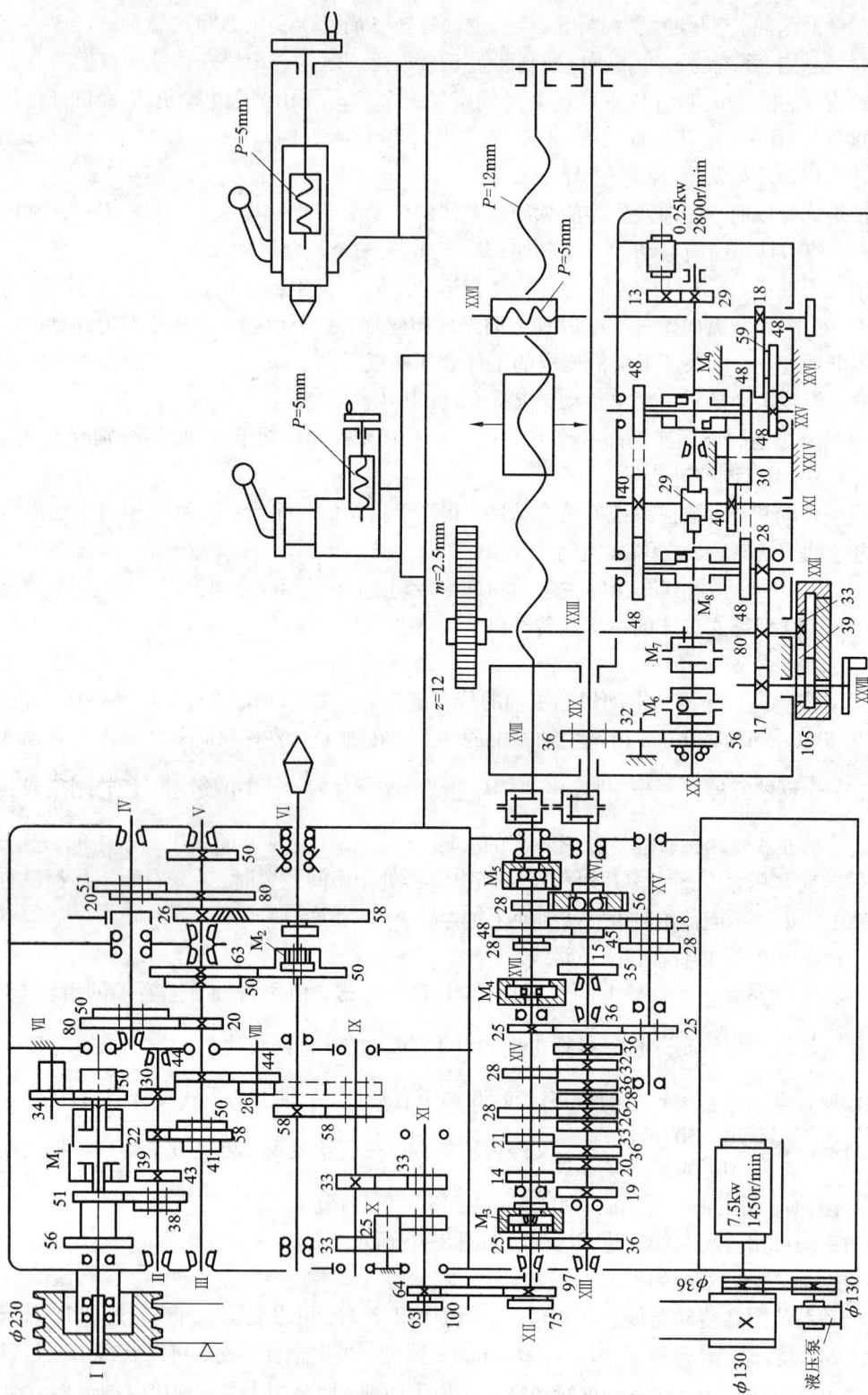

图8-5 CA6140型卧式车床传动系统图

186

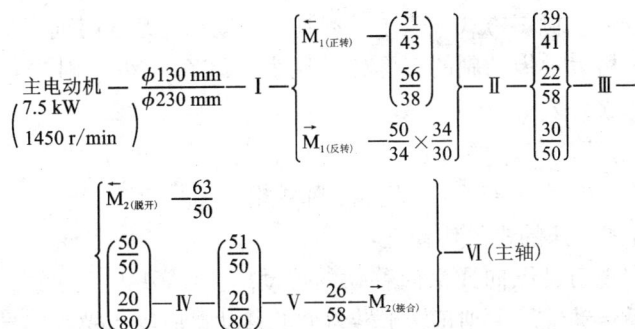

图 8-6　传动路线图

主轴的各级转速,可以根据滑移齿轮的啮合状态求得。图 8-6 所示的啮合位置,主轴的转速为:

$$n_{主} = 1450 \ \text{r/min} \times \frac{130}{230} \times \frac{51}{43} \times \frac{22}{58} \times \frac{63}{50} \approx 450 \ \text{r/min}$$

图 8-7 是 CA6140 型卧式车床主传动系统的转速图。转速图可以表达主轴的每一级转速是通过哪些传动副得到的,这些传动副之间的关系如何,各传动轴的转速等。转速图由以下三个部分组成。

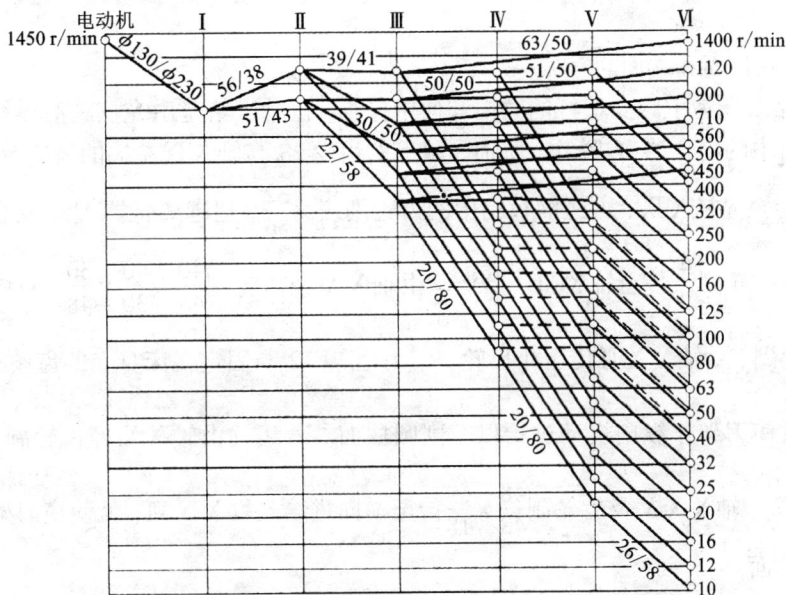

图 8-7　CA6140 型卧式车床主传动系统的转速图

1)距离相等的一组竖线代表各轴。轴号写在上面,竖线间的距离不代表中心距。

2)距离相等的一组水平线代表各级转速。与各竖线的交点代表各轴的转速。由于分级变速机构的转速一般是按照等比数列排列的,故转速采用了对数坐标。相邻两水平线之间的

转速之比为公比 Φ。为了简单起见，转速图中省略了对数符号。

3）各轴之间的连线的倾斜方式代表了传动副的传动比，升速时向上倾斜，降速时向下倾斜。斜线向上倾斜 x 格表示传动副的实际传动比为 $Z_主/Z_被 = \Phi^x$；斜线向下倾斜 x 格表示传动副的实际传动比为 $Z_主/Z_被 = \Phi^{-x}$。

例如，CA6140 型卧式车床的公比 $\Phi = 1.26$，在轴Ⅱ、轴Ⅲ之间的传动比为 $30/50 \approx 1/\Phi^2$，基本下降 2 格；$22/580 \approx 1/\Phi^4$，基本下降 4 格。

2. CA6140 型卧式车床的进给传动链

进给传动链是实现刀具纵向或横向移动的传动链。CA6140 型卧式车床在切削螺纹时，进给传动链是内联系传动链。主轴每转 1 转刀架的移动量应等于螺纹的导程。在切削圆柱面和端面时，进给传动链是外联系传动链。进给量也以工件每转刀架的移动量计。因此，在分析进给传动链时，都把主轴和刀架当成传动链的两端。

运动从主轴Ⅵ开始，经轴Ⅸ传至轴Ⅺ，可经一对齿轮直接传递，也可以经轴Ⅹ上的惰轮传递。这是进给换向机构。然后，经挂轮架至进给箱。从进给箱传出的运动，一条路线经丝杠ⅩⅧ带动溜板箱，使刀架作纵运动，这是切削螺纹的传动链；另外一条路线经光杠ⅩⅨ和溜板箱，带动刀架做纵向或横向的机动进给运动，这是进给传动链。

（1）车削螺纹。

CA6140 型卧式车床切削螺纹时，可以车削米制、英制、模数制和径节制四种标准的常用螺纹；此外，还可以车削大导程、非标准和较精密的螺纹。它既可以车削右螺纹，又可以车削左螺纹。进给传动链的作用是提供符合要求的进给量，达到车削上述四种标准螺纹的目的。

（2）车削圆柱面和端面。

1）传动路线。为了减少丝杠的磨损和便于操纵，机动进给是由光杠经溜板箱传动的。这时，将进给箱中的离合器 M_5 脱开，使轴ⅩⅦ上的齿轮 28 与轴ⅩⅨ左端的齿轮 56 相啮合。运动由进给箱传至光杠ⅩⅨ，再经溜板箱中的齿轮副 $\frac{36}{32} \times \frac{32}{56}$、超越离合器 M_6、安全离合器 M_7、轴ⅩⅩ、蜗杆蜗轮副 $\frac{4}{29}$ 传至轴ⅩⅪ。若运动由轴ⅩⅪ经齿轮副 $\frac{40}{48}$ 或 $\frac{40}{30} \times \frac{30}{48}$、双向离合器 M_8、轴ⅩⅫ、齿轮副 $\frac{28}{80}$、轴ⅩⅩⅢ传至小齿轮 12。小齿轮 12 与固定在床身上的齿条相啮合，小齿轮转动时，就使刀架作纵向机动进给以车削圆柱面。若运动由轴ⅩⅪ经齿轮副 $\frac{40}{48}$ 或 $\frac{40}{30} \times \frac{30}{48}$、双向离合器 M_9、轴ⅩⅩⅤ及齿轮副 $\frac{48}{48} \times \frac{59}{18}$ 传至横向进给丝杠ⅩⅩⅦ，就使横刀架作横向机动进给以车削端面。

2）纵向机动进给量 CA6140 型卧式车床纵向机动进给量有 64 种。当运动由主轴经正常导程的米制螺纹传动路线时，可获得 0.08 ~ 1.22 mm/r 的 32 种正常进给量。其余 32 种进给量可通过英制螺纹传动路线和扩大螺纹导程机构得到。

3）横向机动进给量 CA6140 型卧式车床横向机动进给量是纵向机动进给量的一半。

（3）刀架的快速移动。

为了减轻工人的劳动强度和缩短辅助时间，CA6140 型卧式车床的刀架可以实现纵向和横向机动快速移动。按下快速移动按钮，运动由快速电动机(250 W，2800 r/min)经齿轮副$\frac{13}{29}$使轴ⅩⅩ高速转动，再经蜗杆蜗轮副$\frac{4}{29}$和溜板箱内的转换机构，使刀架实现纵向或横向的机动快速移动。快速移动方向仍由双向离合器M_8和M_9控制。

刀架快速移动时，不必脱开进给传动链。为了避免仍在转动的光杠和快速电动机同时作用于传动轴ⅩⅩ，在齿轮 56 与轴ⅩⅩ之间装有超越离合器M_6。

8.3　自动机床和数控机床

8.3.1　自动机床

自动机床

自动化生产是一种较理想的生产方式。它是用各种高效率的机器设备，代替了人所负担的繁重体力劳动；用各种自动控制装置，代替了人对生产过程的管理和部分脑力劳动。在产品质量、生产效率、经济效益及改善劳动条件等方面，自动化生产都取得了较好的效果。在机械制造业中，对于大批量生产，采用自动机床或由自动机床、组合机床和专用机床组成的自动生产线(简称自动线)，已较成功地解决了生产自动化的问题。目前各类机床大部分已在不同程度上实现了自动化。如果一台机床在无需工人参与下，能自动完成一切切削运动和辅助运动，一个工件加工完成后，还能自动重复进行，这台机床就称为自动机床。能自动地完成除上料和卸工件以外的一切切削运动和辅助运动的机床，称为半自动机床。当前，随着数控技术的迅速发展，在小批量甚至单件生产中已开始推广和使用高度自动化的数控机床。

机械式自动机床的种类繁多，但其工作原理与结构基本一致。现以具有代表性的自动车床(图 8-8)为例进行说明。

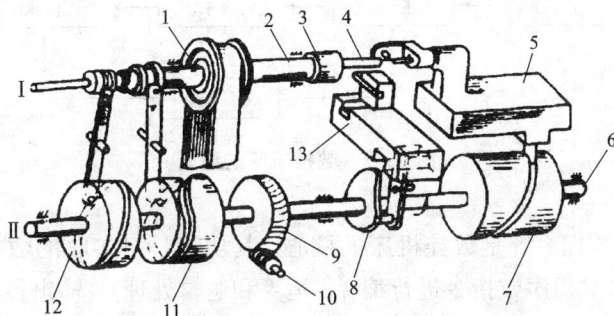

图 8-8　自动车床工作原理图

棒料穿过空心主轴夹紧在弹簧夹头中，完成送料和夹紧工作。纵向进给刀架和横向进给刀架分别完成纵向进给和横向进给，横向进给主要完成切断工序。动力由皮带轮传到主轴。该机床装夹、送料、纵向和横向进给的控制，由控制轴(或称分配轴)Ⅱ上的一系列机构去完成。夹料鼓轮推动杠杆松开主轴上的弹簧卡头，送料鼓轮推动杠杆进行送料，夹紧鼓轮反向推动杠杆使横向刀架进刀或退刀。控制轴因蜗轮蜗杆机构传动而缓慢转动，控制轴转动一转，自动车床则完成一个循环，即加工出一个零件。

为保证准确地完成零件加工，加工前必须根据零件尺寸和加工工序，设计和制造控制轴上所有鼓轮和凸轮，精确地调整好所有刀具的位置。以上的准备工作(也称为辅助工作)需要花很长的时间，影响劳动生产率。因此，这类自动机床只适用于大批量、形状不复杂的小零件(如螺钉、螺母、轴套、齿轮轮坯等)生产。自动车床的生产率很高，但加工精度较低。

自动车床与普通车床相比，增加了几种机构，如送料和夹紧机构、自动变速操纵机构、自动转位和定位机构、自动换刀机构及清除切屑和定期润滑机构等。

8.3.2 数控机床

数字控制机床简称数控机床。数控机床自20世纪50年代初期问世以来，特别是随着微处理器等计算机技术的发展以及在数控机床领域内的应用，数控机床的应用取得了很大进展，已从普通数控机床(NC)经计算机数控机床(CNC)阶段发展到微处理器数控机床(MNC)的阶段。

在机械制造领域中，随着市场经济的激烈竞争，产品生产周期明显缩短、改型频繁，具有灵活、高效等特点的CNC或MNC机床将越来越显示出它的优势，同时，数控机床也将成为未来制造业的主要工作母机。

1. 数控机床的组成

数控机床由机床(或称机床本体)、数控系统和外围设备与技术等三大部分组成。机床包括基础件(床身、立柱、工作台等)和配套件(刀架、刀库、丝杆、导轨等)；数控系统包括控制系统(硬件、软件)、伺服驱动系统和测量与反馈系统等；外围设备与技术包括工具系统(刀片、刀杆)、编程技术(编程机、编程系统)和管理技术。

数控机床的组成如图8-9所示。

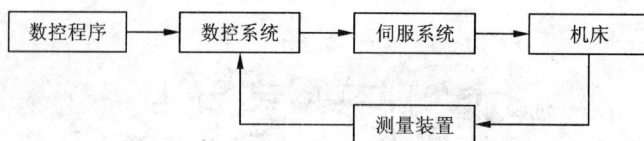

图8-9 数控机床的组成

(1)数控系统。数控系统是数控机床的核心，其功能是对接收的数控程序进行处理(由系统软件或逻辑电路对程序或指令进行编译、运算和逻辑处理)，输出各种信号和指令，通过伺服系统来控制机床各部分完成规定、有序的动作。

(2)伺服系统。伺服系统是数控系统的执行部分，由伺服驱动电路和伺服驱动装置组成，并与机床上的执行部件和机械传动部件组成数控机床的进给系统。它根据数控系统发来的速度和位移指令，控制执行部件的进给速度、方向和位移。

(3)机床本体。机床本体包括主运动部件、进给运动部件(工作台、刀架及其传动部件、床身和立柱等支承部件，以及冷却、润滑、转位和夹紧装置等)。

(4)测量装置。测量装置用于直接或间接测量执行部件的实际位移或转动角度等运动参数，是保证机床精度的信息来源，具有十分重要的作用。

190

2. 数控机床的工作原理

数字控制(Numerical Control,简称NC)是相对于模拟控制而言的。在数字控制系统中,处理信息的量主要是离散的数字量,而不是像模拟控制系统中主要处理连续的模拟量。早期的数字控制系统是采用数字逻辑电路连接成的,而目前是采用计算机数控系统,即CNC系统。机床数控技术就是以数字化的信息实现机床的自动控制的一门技术。其中,刀具与工件运动轨迹的自动控制,刀具与工件相对运动速度的自动控制,是机床数字控制最主要的控制内容。

数控机床进行加工时,首先必须将工件的几何数据和工艺数据等加工信息,按规定的代码和格式编制成加工程序,并用适当的方法将加工程序输入数控系统。数控系统对输入的加工程序进行数据处理,输出各种信息和指令,控制机床各部分按规定有序地动作。最基本的信息和指令包括:各坐标轴的进给速度、进给方向和进给位移量,各状态控制的I/O信号等。

数控机床的运行处于不断地计算、输出、反馈等控制过程中,从而保证刀具和工件之间相对位置的准确性。

虽然数控加工与传统的机械加工相比,在加工方法和内容上有许多相似之处,但由于采用了数字化的控制形式和数控机床,许多传统加工过程中的人工操作被计算机和数控系统的自动控制取代。

如图8-10所示,数控机床加工零件的具体工作过程如下。

(1)按照图样的技术要求,编写加工程序。

(2)将加工程序输入到数控系统中。

(3)数控系统对加工程序进行处理、运算。

(4)数控系统按各坐标轴分量将命令信号送到各轴驱动电路。

(5)驱动电路对命令信号进行转换、放大后,输入到伺服电动机,驱动伺服电动机旋转。

(6)伺服电动机带动各轴运动,并进行反馈控制,使刀具、工件以及辅助装置严格按照加工程序规定的顺序、轨迹和参数工作,完成零件轮廓加工。

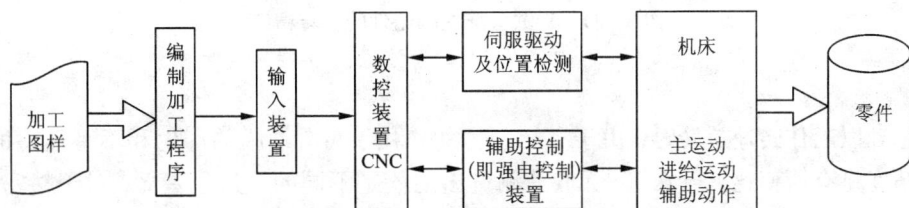

图 8-10　数控机床加工零件的工作过程

8.4　机床典型功能部件

8.4.1　主轴部件

凡是主运动为回转运动的机床都具有主轴组件。通用机床一般只有一个主轴组件,而多轴自动或半自动机床、专用机床等则有多个主轴组件。

主轴组件通常由主轴、轴承、传动件、密封件和固定件等组成。为了适应不同的使用要求和工作性能，机床主轴组件的结构形式是多种多样的。不同类型的机床组件会有不同的运动方式，多数机床（如车床、铣床、磨床等）的主轴组件仅做旋转运动，而有的机床（如钻床、镗床等）的主轴组件既做旋转运动又做轴向移动；另外，主轴组件还有卧式、立式和倾斜式的不同布置方式。即使同一类机床，由于工作性能的要求不同，其主轴组件的结构形式也会有较大的差异。

主轴组件是机床的执行件。它的功用是支承并带动工件或刀具旋转，完成表面成形运动，同时还起传递运动和转矩、承受切削力和驱动力等载荷的作用。由于主轴组件的工作性能直接影响到机床的加工质量和生产率，因此它是机床中的关键组件之一。

主轴和一般传动轴的相同点是，两者都是传递运动、转矩，并承受传动力，都要保证传动件和支承的正常工作条件。但是主轴直接承受切削力，还要带动工件或刀具旋转，实现表面成形运动。因此对主轴组件有较高的要求。

1. 旋转精度

主轴组件的旋转精度是指在机床低速、空载运行时，主轴前端安装刀具或工件部位的径向跳动、端面跳动或轴向窜动的大小。如图 8 - 11 所示，旋转精度是在主轴手动或空载低速旋转下测量的。旋转精度取决于各主要件如主轴、轴承、壳体孔等的制造、装配和调整精度。工作转速旋转的精度还决定于主轴的转速、轴承的设计和性能、润滑剂和主轴组件的平衡。

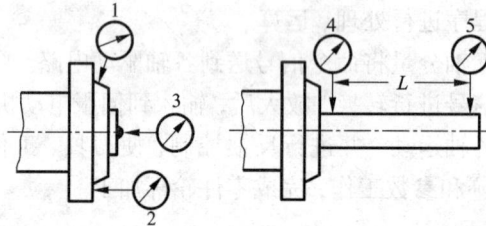

图 8 - 11 卧式车床主轴组件的旋转精度

1、2、3、4、5—百分表

当主轴以工作转速旋转时，由于有切削力的作用、润滑油膜的产生和不平衡力的扰动，其旋转精度将有所变化，与低速、无载荷测量出的值是不同的。这个差异，对于精密和高精度机床是不可忽略的。此时，还要测定它在工作转速时的旋转精度（运动精度）。

要提高主轴组件的旋转精度，除选用高精度轴承并合理调整轴承间隙、提高主轴轴颈和支承座孔的制造精度外，还可以采取一些工艺上的措施。

2. 静刚度

静刚度简称刚度，反映了机床或部、组、零件抵抗静态外载荷的能力。

主轴组件的弯曲刚度 $K(N/\mu m)$，定义为使主轴前端产生单位位移，在位移方向测量处所需施加的力，如图 8 - 12 所示。

$$K = F/\delta$$

影响主轴组件弯曲刚度的因素很多，如主轴的尺寸和形状，滚动轴承的型号、数量、预

192

紧和配置形式，前后支承的距离和主轴前端的悬伸量，传动件的布置方式，主轴组件的制造和装配质量等。

提高主轴组件刚度的措施为：首先加大主轴直径 D；其次是缩短悬伸量 a；第三是提高前、后支承的刚度 K_A、K_B。在提高

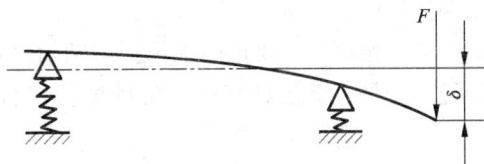

图 8 – 12　主轴组件的刚度

前、后支承刚度 K_A、K_B 时，除了选用高刚度的轴承、减小轴承内孔与轴颈以及轴承外圈与支承座孔的接触变形外，还应考虑支承座的结构形式对主轴刚度的影响。

3. 抗振性

加工过程中，主轴组件的振动会影响工件的表面质量、刀具耐用度及主轴轴承的寿命，还会产生噪声、影响工作环境。如果产生颤振，将严重影响加工质量，甚至使切削无法进行下去。

影响抗振性的主要因素有主轴组件的静刚度、质量分布和阻尼（特别是主轴前轴承的阻尼）等。主轴组件的固有频率应远离激振力的频率，以避免共振的产生。

一般说来，静刚度好的主轴组件抗振性也好。所以有关提高主轴组件静刚度的一些措施，对提高抗振性也同样有效。此外，还可以采取以下措施。

（1）增加阻尼。动压、静压滑动轴承的阻尼值均大于滚动轴承，故其抗振性也高于滚动轴承。对滚动轴承施加适当的预紧可增加阻尼。

（2）增加平衡装置。对于铣床、滚齿机等断续切削机床，应在主轴上设置飞轮，吸收存储和释放振动能量；对于高速主轴，在主轴组件组装完成后，要进行动平衡试验，消除因主轴上零件质量分布不均或材质不均而使其在转动时产生的不平衡现象；对于外圆磨床的砂轮主轴，除砂轮本身应进行严格的静平衡外，整个主轴组件也应进行行动平衡。

（3）采用消振器。在机床上设置消振器，能有效地吸收振动能量，以减小振动。

4. 温升和热变形

主轴组件的热变形指机床工作时，各处因相对运动产生摩擦和搅油等耗损而发热造成的温差，使主轴组件在形状和位置上产生的畸变。

热变形可在主轴组件运转一段时间后用发热而造成的各部分位置变化来度量，也可以用温升表示。主轴组件的热变形会使主轴伸长，使轴承的间隙发生变化，轴心位置偏移等。润滑油温度升高后，黏度下降，从而降低了轴承的承载能力。

受热膨胀是材料的固有属性。高精度机床，如坐标镗床、高精度镗铣加工中心等，要进一步提高加工精度，往往受到热变形的制约。国家标准规定，主轴轴承在高速空转、连续运转下的允许升温范围是：高精度机床 8 ~ 10℃；精密机床（含数控机床）15 ~ 20℃；普通机床 30 ~ 40℃。

要控制主轴组件的温升和热变形通常采取以下措施：减少发热、加强散热、补偿热变形、热对称结构设计等。

5. 耐磨性

主轴组件的耐磨性指其长期保持原始精度的能力，即精度的保持性。磨损后对精度有影响的元件首先是轴承，其次是安装夹具、刀具或工件的定位面和锥孔。如果主轴装有滚动轴承，则支承处的耐磨性决定于滚动轴承，而与轴颈无关。如果是滑动轴承，则轴颈的耐磨性

对精度保持性影响很大。

为了提高耐磨性，要正确地选择主轴的材料及其热处理方法。一般机床上的上述部位都必须经过热处理，使之具有一定的硬度。要合理调整轴承间隙，保证良好的润滑和可靠的密封。

8.4.2 支承件

1. 支承件的功用

支承件是机床的基本构件，主要指床身、立柱、横梁、底座、龙门架、工作台、箱体等尺寸及质量较大的零件。其主要功能首先是承受切削力、重力、惯性力、摩擦力、夹紧力等静态力和动态力；其次支承件一般附有导轨，导轨主要起导向定位作用，为此，支承件必须保证各部件之间的相对位置精度和运动部件的相对运动轨迹的准确关系；最后支承件上除了装有各种零部件外，其内部空间常作为切削液、润滑油的存储器或液压油的油箱，有时电动机和电气箱也放在它里面。

2. 支承件的基本要求及改善措施

(1) 静刚度。

支承件的变形一般包括三部分：自身变形、局部变形和接触变形。对于床身，载荷是通过导轨面施加到床身上的。变形应包括床身自身的变形、导轨的局部变形以及导轨表面的接触变形。局部变形和接触变形不可忽略，设计时必须权衡这三类变形，针对薄弱环节予以加强。

1) 自身刚度。支承件抵抗自身变形的能力称为支承件的自身刚度。支承件所受的载荷主要是拉压和弯扭，其中弯扭是主要的。因此，支承件的自身刚度，主要考虑的是弯曲刚度和扭转刚度。例如，卧式车床的床身，主要是水平面 x 方向的弯曲刚度、竖直面内 y 方向的弯曲刚度和横截面内的扭转刚度。值得注意的是，如果支承件的壁较薄，而在支承件内部布

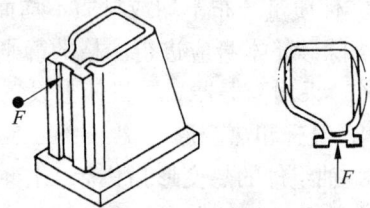

图 8-13 截面畸变

置的肋板不足或不合理，则支承件在受力后会发生截面形状的畸变，如图 8-13 所示。因此，在设计支承件时，为提高其自身刚度，不仅要慎重选择材料和决定尺寸，而且更应注意截面形状的合理设计和肋板的合理布置。

2) 局部刚度。局部变形发生在载荷集中的地方，如导轨部分[图 8-14(a)]、主轴箱在主轴支承处附近的部位[图 8-14(b)]、摇臂钻床底座装立柱的部位[图 8-14(c)]等。

3) 接触刚度。两个平面相接触时，由于两个平面都有一定的宏观不平度和微观不平度，所以真正接触的只是一些高点，如图 8-15 所示。支承件各接触面抵抗接触变形的能力称为接触刚度。车床刀架和升降台式铣床的工作台由于层次很多，接触变形就可能占相当大的比重。

(2) 动态特性。

为了获得经济合理的结构形式，应使支承件的动态特性满足一定的要求。动态分析是在已知系统的动力学模型、外部激振力和系统工作条件的基础上进行的。它包括三个方面的问题。

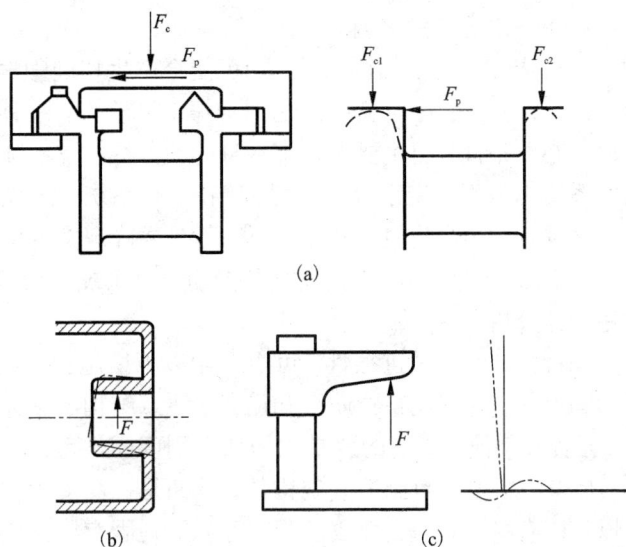

图 8 - 14　局部变形

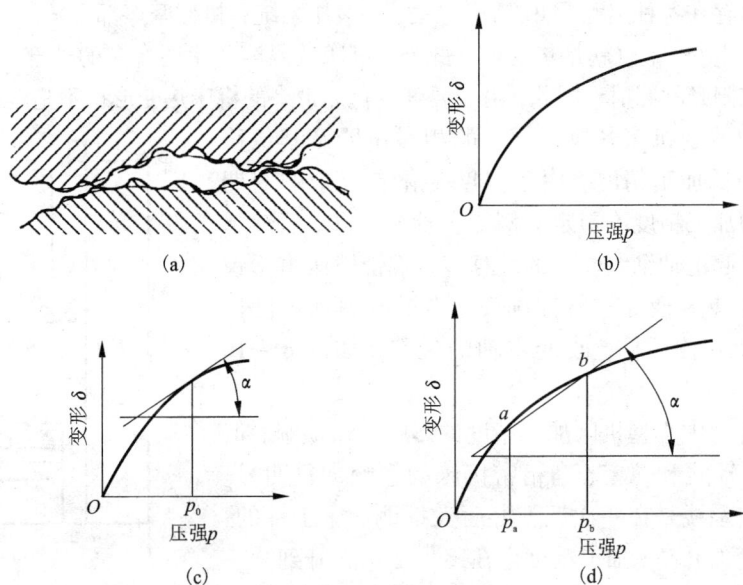

图 8 - 15　接触刚度

1)固有特性问题。如将支承件作为简单的振动系统，其固有特性主要指系统的固有频率。如果作为复杂的系统，其固有特性包括各阶固有频率、阻尼和模态振型等。对其研究的目的，一方面是为了避免系统在工作时发生共振，另一方面是为了对系统作进一步的动态分析。

2)动力响应问题。支承件在外部激振力的作用下产生受迫振动，就是支承件的动力响应。支承件的受迫振动，使结构受到动态应力，导致构件的疲劳破坏。对支承件来说，更重要的是振动响应可能引起过大的动态位移，影响机床的加工质量和正常的工作，产生过大的噪声。因此必须将其控制在一定的范围之内。

3）动力稳定性问题。机床在一定的切削条件下，可能会产生切削颤振；低速相对运动的导轨副在一定的运行条件下，也可能产生爬行。切削颤振、爬行都是一种自激振动，自激振动是一种不以外部激振为必要条件，而主要由系统本身的动力特性及系统工作过程所决定的振动。产生自激振动的系统称为不稳定系统。切削、摩擦工作系统的不稳定限制了机床的加工质量和生产率。对系统进行动力稳定性分析的目的，就是要确定发生切削颤振和爬行的临界条件，以使机床能在期望的工作范围内不出现这种振动。对系统的动力稳定性分析，也包括了对支承件的动力稳定性分析。

为改善支承件的动态特性，提高其抗振性，可以采用以下措施：一是提高静刚度，合理地设计结构的截面形状和尺寸，合理地布置筋板和筋条、注意结构的整体刚度、局部刚度和连接刚度的匹配等；二是提高动刚度，它的效果比增加静刚度要显著，增加阻尼是提高结构动刚度的有力措施；三是采用新型材料制造基础构件；其四是提高支承件的固有频率，增加刚度或减小质量都可以使固有频率提高，而改变阻尼系数，则固有频率的变化不大；最后是采用减振器提高抗振性能。

（3）热变形和内应力。

机床工作时存在各种热源，如切削、电动机、液压系统和机械摩擦都会发热，使各部件因温度分布不均而产生变形，这就是热变形。此外，机床的温度变化还有它的外部原因，这就是环境温度的变化和阳光的照射。因此，由于温度变化而带来的机床热变形也不是定值。

热变形可以改变机床各执行部件的相对位置及其位移的轨迹，从而降低加工精度。由于温度变化有复杂的周期性，又使机床的加工精度不稳定。例如主轴箱的前、后轴承温度不同，将引起主轴轴线位置的偏移；立式铣镗床由于镗铣头（主轴箱）发热，使立柱与镗铣头结合的导轨面温度比后面高，从而使立柱后仰，改变主轴的位置，如图 8 - 16 所示。

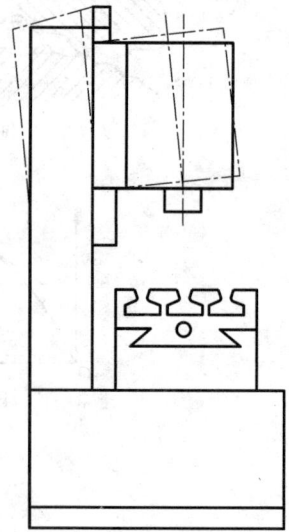

图 8 - 16　立式铣镗床的热变形

热变形对普通中小型机床加工精度的影响不太明显，但对自动机床、自动线和精密、高精密机床的影响却很明显。如自动机床和自动线是在一次调整好后大批地加工工件的，加工中随着温度的升高，加工精度也在逐步变化。升到某一温度之上后，加工的工件就可能不合格。如精密机床和高精度机床的几何精度公差很小，热膨胀产生的位移就很可能使机床热检时的几何精度不合格。所以，热膨胀已成为进一步提高精度的主要限制条件。

零件受热而膨胀有两种可能：一种是均匀的热膨胀；另一种是不均匀的热膨胀。一般情况下，由于支承件各处的受热情况不同，质量不均，使得各部位的温度不均，热膨胀也不均。不均匀的热膨胀对精度的影响比均匀的热膨胀大。如果零件两端受到限制而不能自由膨胀，则将产生热应力，它会破坏机件正常的工作条件。例如两端固定的传动轴，如果冷态时无间隙，则工作一段时期后，由于箱体的散热条件比较好，轴的温度将高于箱体，热膨胀将使轴承内产生轴向附加载荷，这个载荷又将使轴承进一步发热，严重时会损坏轴承。

(4)其他。

支承件还应使排屑通畅，操作方便，吊运安全，切削液及润滑油的回收、加工及装配工艺性好等。

支承件的性能对整台机床的性能影响很大，其质量为机床总质量的80%以上，所以应正确地对支承件进行结构设计，并对主要支承件进行必要的验证和试验，使其能够满足基本要求，并在此前提下减轻质量、节省材料。

8.4.3　导轨

导轨的功用是导向和承载。它主要用来支承和引导运动部件沿着一定的轨迹运动。机床上两相对运动部件的配合面组成一对导轨副，在导轨副(如工作台和床身导轨)中，运动的一方(如工作台导轨)叫做动导轨，不动的一方(如床身导轨)叫做支承导轨。动导轨相对于支承导轨只能有一个自由度的运动，以保证单一方向的导向性。为此，导轨副必须限制运动部件的其他五个自由度。通常动导轨相对于支承导轨只能做直线运动或者回转运动。

如图 8 - 17(a)所示，利用一条导轨面较窄的矩形、三角形或燕尾形导轨副，可限制住运动部件的四个自由度，即沿 y、z 轴方向的移动和绕 y、z 轴的转动。若在该导轨副旁边加一条相平行的导轨副，如图 8 - 17(b)所示，便可限制住运动部件绕 x 轴转动。

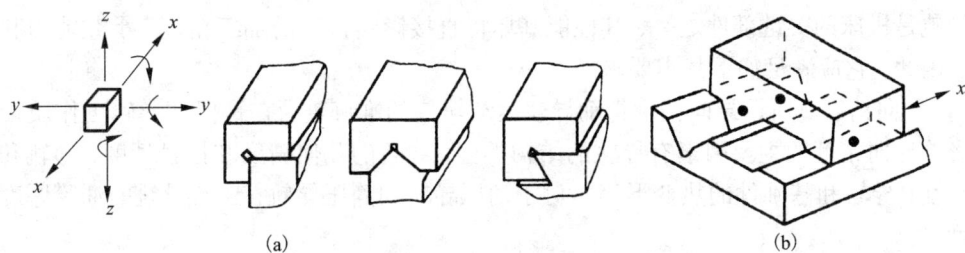

图 8 - 17　导向原理图

1. 导轨的分类

按运动轨迹可分为直线运动导轨和圆周运动导轨。直线运动导轨指动导轨和支承导轨之间的相对运动轨迹为一直线的导轨，如卧式车床的床鞍和床身之间的导轨。圆周运动导轨指动导轨和支承导轨之间的相对运动轨迹为一圆的导轨，如立式车床的工作台与底座之间的导轨。

按运动性质可分为主运动导轨、进给运动导轨和移置(调整)导轨。主运动导轨的动导轨和支承导轨之间，相对运动速度较高，例如立式车床、龙门刨床和龙门铣床的工作台和底座(床身)之间的导轨。进给运动导轨的动导轨和支承导轨之间，相对运动速度较低，机床中多数导轨属于此类，如卧式车床的床鞍和床身之间的导轨。移置导轨仅用于调整部件之间的相对位置，调整后固定，在机床工作时没有相对运动，如卧式车床的尾座导轨等。

按摩擦性质可分为滑动导轨和滚动导轨。滑动导轨指两导轨面之间的摩擦性质为滑动摩擦的导轨。在滑动导轨中又有静压导轨、动压导轨和普通滑动导轨之分。静压导轨的工作原理与静压滑动轴承相同：在两导轨面之间有一层静压油膜，把两导轨面完全隔开，摩擦性质属于纯液体摩擦。它多用于进给运动导轨。动压导轨的工作原理与动压轴承相同。当两导轨面之间的相对滑动速度达到一定值后，液体的动压效应使导轨油腔处产生压力油楔，把两导轨面分开，形成纯液体摩擦，这种导轨只适合于高速运动，故仅用于主运动导轨。例如，龙门刨床的工作台导轨副。普通滑动导轨的摩擦状态有的为混合摩擦，有的为边界摩擦。对于大多数普通滑动导轨，在两导轨面之间不能产生动压效应，属于边界摩擦。精密进给运动导轨可能属于此类。滚动导轨是在两导轨面之间装有滚动元件（如球、圆柱体、滚针等），使导轨具有滚动摩擦性质。它广泛地应用于进给运动和回转主运动导轨中。目前，在机器人（如焊接机器人工作站等）、数控缠绕机和微机控制纤维缠绕机的相应坐标上的应用也很普遍。

按承受载荷的性质可分为开式导轨和闭式导轨。在图 8 - 18(a)中，由于导轨的截面积不封闭，在颠覆力矩的作用下，运动部件会翻转，即不能承受颠覆力矩。它是靠运动部件的自重和非偏载的作用力 F 使导轨面 a 和 b 在导轨的全长上贴合，即靠力来封闭，称为开式导轨。在图 8 - 18(b)中，加了压板 1，形成辅助导轨面 c，使导轨的截面形状封闭，可以承受较大的颠覆力矩 T，称为闭式导轨。

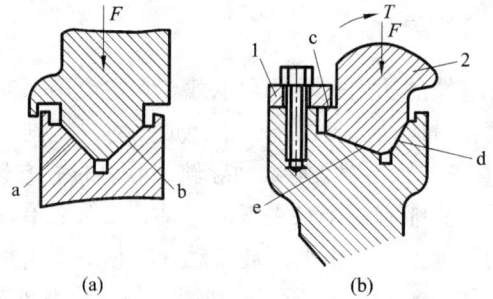

图 8 - 18　开式导轨和闭式导轨

2. 导轨满足的要求

导轨是机床的关键部件之一，其性能好坏将直接影响机床的加工精度、承载能力和使用寿命。因此，它应满足如下基本要求。

(1)导向精度。所谓导向精度指动导轨运动轨迹的准确度，它是保证导轨工作质量的前提。影响导向精度的主要因素有导轨的结构类型，导轨的几何精度和接触精度，导轨和基础件的刚度，导轨和基础件的热变形等。对于动压导轨和静压导轨，还有导轨的油膜厚度和油膜刚度。

(2)精度保持性。精度保持指导轨长期保持原始制造精度的能力，它主要是由导轨的耐磨性决定的，与导轨的摩擦性质、导轨材料、工艺方法以及受力情况等有关。另外，导轨和基础件上的残余应力，也会使导轨变形而影响导轨的精度保持性。

(3)刚度。导轨除起导向作用外，还要承受力和力矩，因此，必须使导轨在工作时有足够大的刚度，减小变形，以保持机床各部件之间的相互位置关系和导轨副的导向精度。导轨的刚度一般包括接触刚度、弯曲刚度、扭转刚度。还要注意提高支承件的刚度。

(4)低速运动平稳性。当运动导轨做低速运动或微量进给时，应保证运动部件的运动平稳性，即不产生爬行。否则，会影响机床的工作精度、定位精度和增大被加工零件表面的粗糙度，甚至使机床不能正常工作。低速运动平稳性，对于高精度机床、数控机床、重型机床尤为重要。关于对爬行机理的认识，到目前为止尚未完全一致。一种较为普遍的看法是，爬行是一个复杂的摩擦自激振动现象。产生这一现象的主要原因在于，导轨面上摩擦系数的变化和传动机构的刚度不足。关于爬行机理的理论分析和消除爬行的措施可参阅有关文献。

(5)结构简单，工艺性好。大多数机床的导轨都要淬硬，因此导轨的精加工主要是磨削。少数高精度机床如坐标镗床的导轨用刮研进行精加工，不能淬硬。设计时要注意使导轨的制造和维护方便，刮研量少。如果采用镶装导轨，则应尽量做到更换容易。

3. 导轨的润滑与防护

（1）润滑的目的、要求与方式。

润滑的目的是为了降低摩擦力、减少磨损、降低温度和防止生锈。润滑要求供给导轨清洁的润滑油、油量可以调节、尽量采取自动和强制润滑，润滑元件要可靠，要有安全装置等。

导轨的润滑方式有很多。可以人工定期向导轨面浇油，此法简单易行，但不能经常保证充分的润滑；可以在运动部件上装油杯，使油沿油孔流向或滴向导轨面；也可以在运动部件上装润滑电磁泵或手动润滑泵，定时拉动几下供油。通常靠运动部件往复一定次数后触动油泵拉杆供油，用压力油强制润滑的方式效果较好，润滑可靠，与运动速度无关，又可不断地冲洗和冷却导轨面，但必须有专门的供油系统。

（2）润滑油的选择。

导轨常用的润滑剂有润滑油和润滑脂，滑动导轨用润滑油，滚动导轨则两种都可用。

导轨润滑油的黏度可根据导轨的工作条件和润滑方式选择。高速低载荷可用黏度较低的油，反之则用黏度较高的油。低载荷高、中速的中、小型机床进给导轨，可采用 N32（旧称 20号）导轨油；中等载荷的中、低速导轨，可采用 N46（30 号）导轨油；重型机床的低速导轨，可采用 N68（40 号）或 N100（70 号）导轨油。如果润滑油来自液压系统，则液压系统应采用抗磨液压油。中、低压系统推荐采用 L—HM32 抗磨液压油，中、高压系统推荐采用 L—HM46 抗磨液压油。

滚动导轨支承多采用润滑脂润滑，常用的牌号为 2 号锂基润滑脂（GB/T 7324—2010）。它的优点是不会泄露，不需经常加油；缺点就是尘屑进入后易磨损导轨，因此对防护要求较高。易被污染又难以防护的地方，可用润滑油润滑。

（3）导轨的防护。

防止或减少导轨副磨损的重要方法之一，就是对导轨进行防护。据统计，有可靠防护装置的导轨，比外露导轨的磨损量可以减少60% 左右。目前，防护装置已有专门工厂生产，可以外购。导轨的防护方式很多，常用的有以下几种。

1）刮板式。

图 8－19 表示了几种刮板式防护装置。这种方法能刮除落在导轨面上的尘屑，属于间接防护装置。这种装置广泛地应用于外露导轨的防护，如车床的溜板导轨和升降台铣床的升降台导轨等。

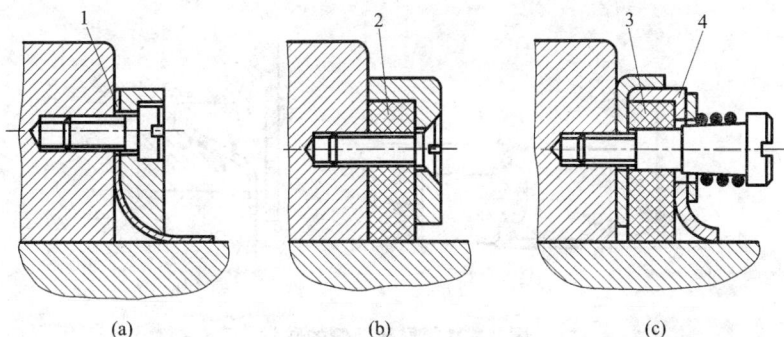

图 8－19　刮板式防护装置

图 8 – 19(a)所示为金属刮板(宽度、形状与导轨相同的黄铜片或弹簧钢片)1 固定在动导轨上,靠弹性压在支承导轨面上。这种结构的耐热能力好,但只能排除较大的颗粒。图 8 – 19(b)所示为毛毡加压盖(或用弹性压紧)的结构。毛毡 2 除可去除细小的尘屑之外,还具有良好的吸油能力。干净的毛毡吸油率可达到毛毡体积的80% ,其含油量足够不常移动的导轨使用。但是容易堵塞,需要经常进行拆洗,耐热能力较差。图 8 – 19(c)所示为金属刮板和毛毡的组合结构。金属刮板 4 和毛毡 3 对导轨进行两级防护,这种结构的耐热能力好、防护能力强并有良好的润滑性。虽机构稍许复杂,应用仍很多。

2)伸缩式。

在伸缩式导轨防护装置中,有软式皮腔式[图 8 – 20(a)]和叠层式[图 8 – 20(b)]。它们都是把导轨全部封闭起来的结构,防护可靠,在滚动导轨与滑动导轨中都有应用。软式皮腔式装置,一般用皮革、帆布或人造革制成,结构简单,可用于高速($v = 60$ m/min)导轨。缺点是不耐热。这种防护装置多用于磨床和精密机床,如导轨磨床等,但不能用于车床铣床等有红热切屑的机床。

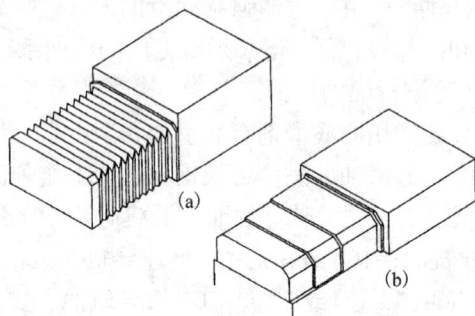

图 8 – 20　伸缩式导轨防护装置

叠层式的各层盖板均由钢板制成,耐热性好、强度高、刚性好、使用寿命长。这种防护装置多用于大型的和精密的机床,如龙门式机床、数控机床和坐标镗床等。

在滚动导轨与滑动导轨中均可采用两侧的防护装置(图 8 – 21),这些都是十分有效的防护措施。

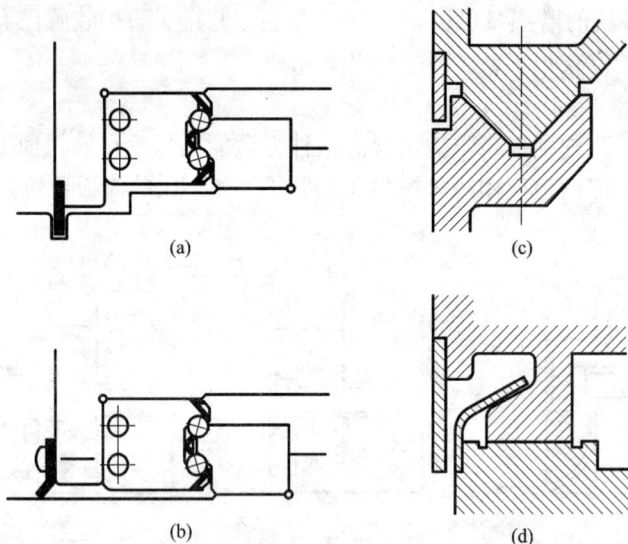

图 8 – 21　导轨两侧的防护

200

思考练习题

1. 金属加工机床中的各个运动的基本组成部分有哪些?

2. 试说明何谓外联系传动链;何谓内联系传动链;其本质区别是什么;对这两种传动链有何不同要求。

3. 简述数控机床的组成。

4. 简述数控机床和普通机床相比较的优点。

5. 机床上的导轨应满足哪些基本要求?

6. 在 CA6140 型车床上车削下列螺纹:

(1)公制螺纹　$P = 3$ mm;$k = 2$

(2)英制螺纹　$a = 4\frac{1}{2}$ 牙/in

(3)公制螺纹　$L = 48$ mm

(4)模数螺纹　$m = 48$ mm,$k = 2$

试写出传动路线表达式。

7. CA6140 型车床进给传动系统中,主轴箱和溜板箱中各有一套换向机构,它们的作用有何不同? 能否用主轴箱中的换向机构来变换纵、横向机动进给的方向? 为什么? C620 - 1 的情况是否与 CA6140 型车床相同? 为什么?

8. 分析 C620 - 1 型卧式车床的传动系统(图 8 - 22):

(1)写出车公制螺纹和英制螺纹时的传动路线表达式;

(2)纵、横向机动进给运动的开停如何实现? 进给运动的方向如何变换?

9. 按图 8 - 23 所示传动系统做下列各题:

(1)写出传动路线表达式;

(2)分析主轴的转速级数;

(3)计算主轴的最高最低转速。〔注:图 8 - 23(a)中 M_1 为齿轮式离合器〕

10. 欲在 CA6140 型车床上车削 $L = 10$ mm 的公制螺纹,试指出能够加工这一螺纹的传动路线有哪几条。

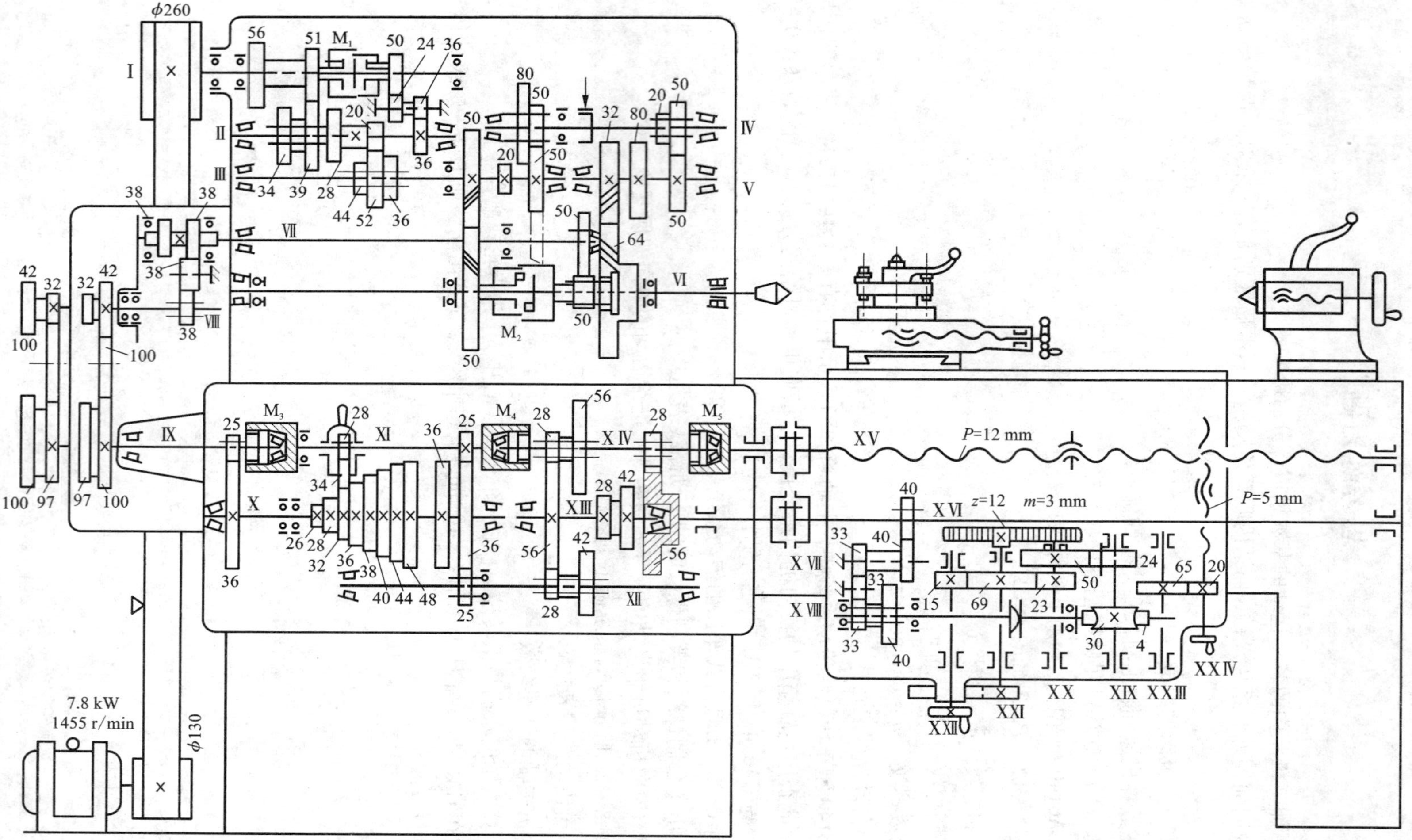

图8-22 C620-1型卧式车床传动系统

202

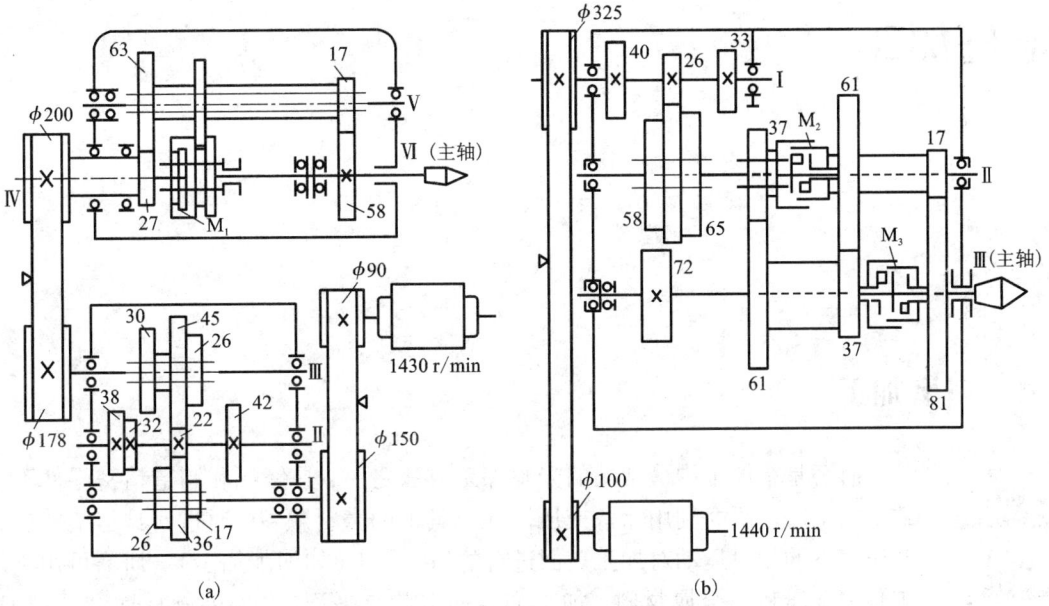

图 8-23　传动系统图

第9章
光整加工

9.1 研磨加工

研磨加工

研磨是精加工中最常用的光整加工方法之一，是修配和制造精密零件不可缺少的工序。研磨利用涂敷或压嵌在研具上的磨料颗粒，通过研具与工件在一定压力下的相对运动对加工表面进行的精整加工(如切削加工)。研磨可用于加工各种金属和非金属材料，加工的表面形状有平面，内、外圆柱面和圆锥面，凸、凹球面，螺纹，齿面及其他型面。加工精度可达 IT5 ~ 0.1，表面粗糙度可达 $Ra\ 0.63 \sim 0.01\ \mu m$。

研磨时，在研具与工件被研表面间加研磨剂，研具是用比工件软的材料制成的。在一定压力下，研具与工件做复杂的相对运动。研磨剂中的磨料会嵌入研具表面，在相对运动中对已经精细加工过的工件表面进行微量切削，切除的金属层极薄，为 $0.01 \sim 0.1\ \mu m$。此外，研磨过程中还伴随有化学作用，即研磨剂可使工件表面形成很薄的氧化膜，凸起的氧化膜被磨粒刮掉，再生成氧化膜再被刮去，加之研磨运动复杂，运动轨迹不重复，工件表面便会被均匀地加工，不平的凸起一次次被切除，表面粗糙度便逐渐减小(图 9 – 1)。

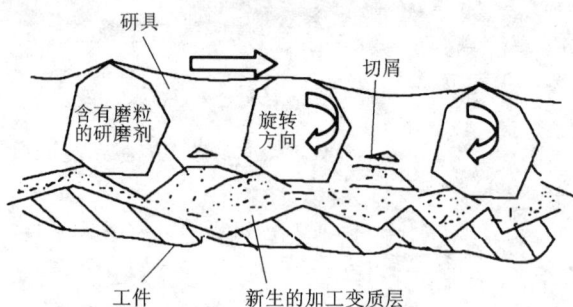

图 9 – 1 研磨工作原理

研具是使工件研磨成形的工具，同时又是研磨剂的载体，硬度应低于工件的硬度，又有一定的耐磨性，常用的研磨工具材料由铸铁、低碳钢、青铜、铅、木材、皮革等制成。研磨工具的表面形状应与被研磨工件表面的形状相似。湿研研具的金相组织以铁素体为主；干研研具则以均匀细小的珠光体为基体。研磨 M5 以下的螺纹和形状复杂的小型工件时，常用软钢研具。研磨小孔和软金属材料时,大多采用黄铜、紫铜研具。研具应有足够的刚度,其工作表面要有较高的几何精度。研具在研磨过程中也受到切削和磨损,如操作得当,它的精度也可得到提高,使工件的加工精度能高于研具的原始精度。

研磨工件的材料不同,研磨表面状态也会不同。对于硬脆材料的研磨会形成微小破碎痕迹构成的无光泽面,磨粒不是作用于镜面而是作用在有凹凸和裂纹等处的表面上并产生磨屑;而对于金属材料的研磨,其表面没有裂纹,对于铝材等软性材料,研磨时有很多磨粒被压入材料内;对刀具和块规等淬火工具钢等可确保有块规一样的光泽表面。

研磨剂由很细的磨料和研磨液组成。磨料的种类有氧化铝、碳化硅等细颗粒,研磨液有煤油、汽油、全损耗系统用油等。研磨液在光整时会黏附在零件与磨料的表面,其作用如下:

(1)软化作用:即对金属表面氧化膜的化学作用,使其软化,易于从表面研磨除去,以提高研磨效率。

(2)润滑作用:像研磨润滑油一样,在研磨块和金属零件之间起润滑作用,从而得到光洁的表面。

(3)洗涤作用:像洗涤剂一样,能除去金属零件表面的油污。

(4)防锈作用:研磨加工后的零件,未清洗前在短时间内具有一定的防锈作用。

(5)缓冲作用:在光整加工运转中,与水一起搅动,能缓解零件之间的相互撞击。

另外在加工过程中正确处理好研磨的运动轨迹是提高研磨质量的重要条件。在平面研磨中,一般要求:①工件相对研具的运动,要尽量保证工件上各点的研磨行程长度相近;②工件运动轨迹均匀地遍及整个研具表面,以利于研具均匀磨损;③运动轨迹的曲率变化要小,以保证工件运动平稳;④工件上任一点的运动轨迹尽量避免过早出现周期性重复。为了减少切削热,研磨一般在低压低速条件下进行。粗研的压力不超过 0.3 MPa,精研压力一般采用 0.03 ~ 0.05 MPa。粗研速度一般为 20 ~ 120 m/min,精研速度一般取 10 ~ 30 m/min。

研磨方法一般可分为湿研、干研和半干研 3 类。①湿研:又称敷砂研磨,把液态研磨剂连续加注或涂敷在研磨表面,磨料在工件与研具间不断滑动和滚动,形成切削运动。湿研一般用于粗研磨,所用微粉磨料粒度粗于 W7。②干研:又称嵌砂研磨,把磨料均匀压嵌在研具表面层中,研磨时只须在研具表面涂以少量的硬脂酸混合脂等辅助材料。干研常用于精研磨,所用微粉磨料粒度细于 W7。③半干研:类似湿研,所用研磨剂是糊状研磨膏。研磨既可用手工操作,也可在研磨机上进行。工件在研磨前须先用其他加工方法获得较高的预加工精度,所留研磨余量一般为 5 ~ 30 μm。

研磨有手工研磨和机械研磨两种方法:

(1)手工研磨。手工研磨就是工人用手握持研磨工具(或被研磨工件),在研磨工件(或研磨工具)表面上均匀涂以研磨剂,以一定的压力和速度做复杂的相对运动而进行的研磨。

手工研磨的方法有很多种,有的纯粹属于手工研磨;有的被研磨工件或研磨工具是机动的,但这种工作过程仍算是手工研磨。因为这种机动,只不过是加快研磨工件的进行和减轻工人的劳动强度。

手工研磨的方法和应用范围如下:

1)纯粹的手工研磨常见的有下列几种:在固定的平板上研磨平面、直尺、圆柱形工件的端面、验规、刀具等;利用直尺研磨直尺、验规、刀具等的平面以及外圆面等;外形尺寸大、结构复杂工件的孔,在进行研磨时,往往放在钳工台上或用虎钳卡住进行研磨。

2)研磨工具或被研磨工件之一是机动的。常见的有下列几种：在旋转的研磨盘上研磨平面；在旋转的的被研磨工件上进行研磨，如研磨外圆表面、螺纹、圆锥体等；在旋转的研磨工具上进行研磨，如研磨内孔、螺纹、锥孔等。外圆研具如图9-2所示。图9-2(a)所示粗研套孔内有油槽，可储存研磨剂，图9-2(b)所示精研套无油槽。研具往复运动速度常选20～70 m/min为宜。手工研磨生产效率低，只适合单件、小批量生产。

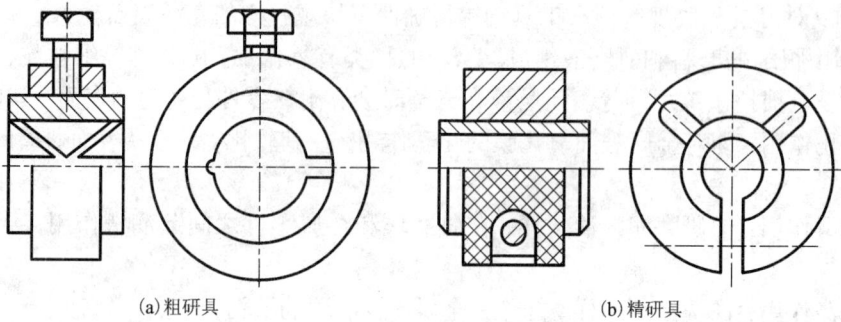

(a)粗研具　　　　　　　　　　　　　(b)精研具

图9-2　外圆研具

　　(2)机械研磨。机械研磨是在专用研磨机上进行的，图9-3为研磨小件外圆用研磨机的工作示意图。研具由上下两块铸铁研磨盘5、2组成，二者可同向或反向旋转。下研磨盘与机床转轴刚性连接，上研磨盘与悬臂轴6活动铰接，可按照下研磨盘自动调位，以保证压力均匀。在上下研磨盘之间有一个与偏心轴1相连的分隔盘4，其上开有安装零件的长槽，槽与分隔盘径向倾斜角为γ。当研磨盘转动时，分隔盘由偏心轴带动做偏心旋转，零件3既可以在槽内自由转动，又可因分隔盘的偏心而做轴向滑动，因而其表面形成网状轨迹，从而保证从零件表面切除均匀的加工余量。悬臂轴可向两边摆动，以便装夹零件。机械研磨生产率高，适合大批量生产。

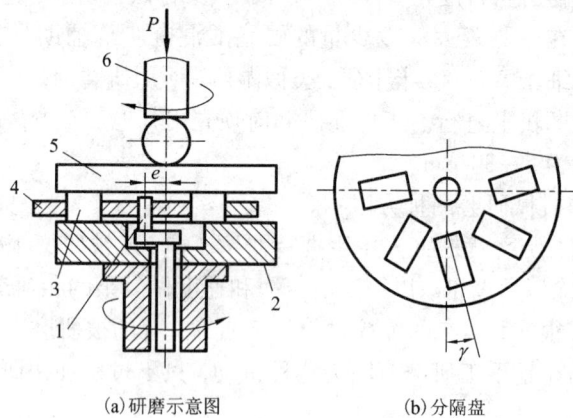

(a)研磨示意图　　　　　　　　　　(b)分隔盘

图9-3　研磨机工作示意图

1—偏心轴；2—下研磨盘；3—零件；4—分隔盘；5—上研磨盘；6—悬臂轴

206

研磨的特点：

1）研磨加工简单，不需要复杂的设备。

2）研磨一般在低速下进行，研磨过程塑性变形小，切削热少，所以能获得较高的加工质量。研磨过的表面，耐磨性、耐腐蚀性良好。研磨可提高工件表面形状精度和尺寸精度，但不能提高位置精度。

3）加工材料适应范围广（钢、铸铁、非金属等材料均可研磨）。

4）研磨劳动量大，生产率低，研磨余量一般不超过 0.01 ~ 0.03 mm。所以研磨适用于多品种小批量的产品零件加工。

值得注意的是，研磨的质量很大程度上取决于前道工序的加工质量。

随着社会的进步，各项新技术快速发展并日趋成熟，这些新技术被广大学者应用到研磨加工技术中，产生了相应的新研磨加工方法，这些方法大多针对传统研磨方法中的不足进行了改进，在提高加工质量和加工精度、降低加工成本方面取得了良好的效果，其中固着磨料研磨在提高加工效率方面取得明显效果。产生的各种新研磨技术如图 9 - 4 所示。

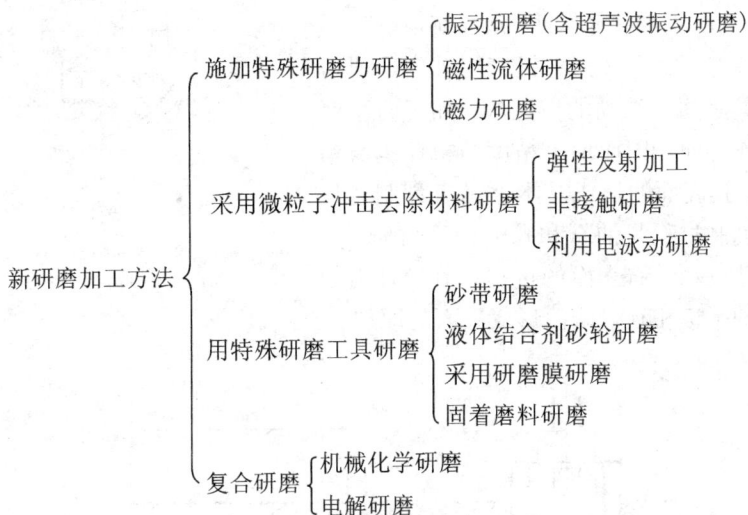

图 9 - 4　新研磨技术

今后研磨技术将朝着高精度、高效率的方向发展，这一趋势体现在两个方面：其一是超精密复合加工方法的出现，如化学机械抛光、电解磁力研磨、超声珩磨等，通过多种材料去除机理的协调作用提高加工精度和加工效率；其二是半固着磨粒加工技术的出现，如日本学者提出的磁性抛体抛光技术和半固着磨粒加工技术。磁性抛光体抛光技术的加工工具是将磁性复合流体和磨粒粒子、植物纤维素均匀混合后在磁场条件下压缩后制得，在磁场下呈半固态，半固着磨粒加工技术的加工工具是采用特殊的结合剂和制作方法制得，加工过程中磨具对磨粒的约束介于固着磨粒加工和游离磨粒加工之间。

9.2 珩磨加工

9.2.1 珩磨加工原理

珩磨加工

在一定压力下，珩磨头上的砂条（油石）与工件加工表面之间产生复杂的的相对运动，珩磨头上的磨粒起切削、刮擦和挤压作用，从加工表面上切下极薄的金属层。

珩磨利用安装于珩磨头圆周上的一条或多条油石，由涨开机构（有旋转式和推进式两种）将油石沿径向涨开，使其压向工件孔壁，以便产生一定的面接触。同时使珩磨头旋转和往复运动，零件不动；或珩磨头只做旋转运动，工件往复运动，从而实现珩磨。

在大多数情况下，珩磨头与机床主轴之间或珩磨头与工件夹具之间是浮动的。这样，加工时珩磨头以工件孔壁作导向。因而加工精度受机床本身精度的影响较小，孔表面的形成基本上具有创制过程的特点。所谓创制过程是油石和孔壁相互对研、互相修整而形成孔壁和油石表面的过程。其原理类似两块平面运动的平板相互对研而形成平面的原理。

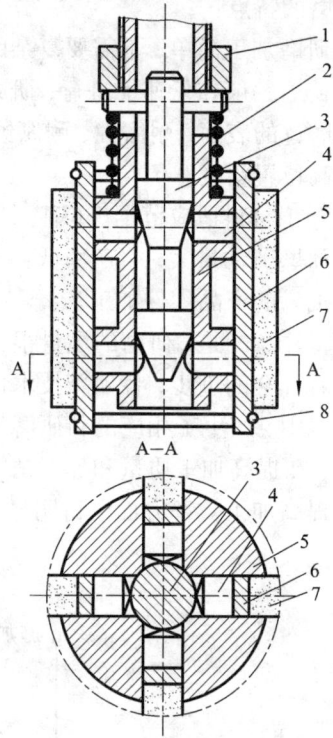

图 9 - 5　珩磨头结构示意图

1—螺母；2—预紧弹簧；3—锥体；4—顶销；
5—头体；6—垫块；7—油石；8—弹簧卡箍

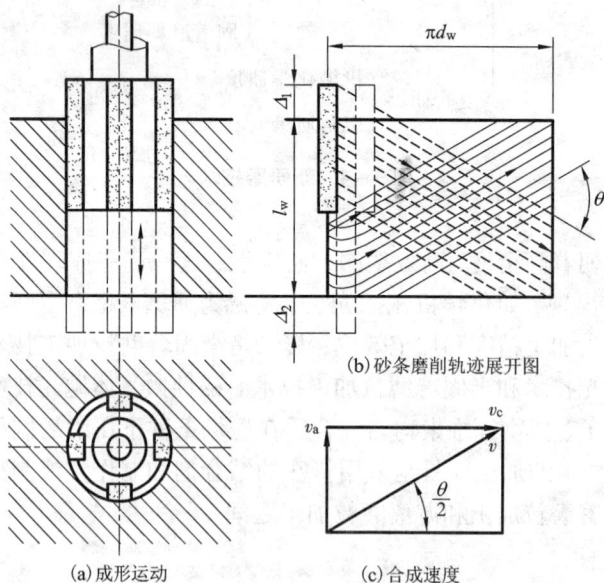

(a)成形运动

(b)砂条磨削轨迹展开图

(c)合成速度

图 9 - 6　珩磨原理

9.2.2 珩磨机

珩磨机主要由以下几个部分组成：主轴、冲程机构、工作导轨、进给机构、工作液系统。

主轴：是珩磨机的主要部件，用于刚性连接珩磨头，工作室带动珩磨头旋转实现珩磨主切削运动。

冲程机构：带动零件做往复冲程运动，通过其机箱中的四杆机构，可以实现对珩磨行程、超程量的调整。

工作导轨：用以支撑于冲程机构相连的零件夹具托架，在珩磨加工中引导滚轮在其上的前后运动，使其轴向限位于托架上的加工零件来回前后进行冲程运动。

进给机构：是珩磨机的重要部件，在精密珩磨机上带有这样的机构使珩磨油石的进给能自动进行，并设有补偿机构，保证了尺寸的一致性。

工作液系统：工作液对加工部位进行冲刷超程量冷却并有软化加工表面加速磨削作用，工作液连同磨屑和破碎的油石粒一起流回油箱进行过滤，使工作液保持干净。

9.2.3 珩磨油石

珩磨油石材料中金刚石、立方氮化硼、碳化硅和氧化铝磨料是最为常用的。

金刚石、立方氮化硼称为超级磨料。氧化铝、碳化硅称为普通磨料(或传统磨料)。

首先介绍的是氧化铝磨料，氧化铝磨料是从矾土中通过化学方法提炼出来的，大块的氧化铝用机械进行破碎，破碎后的颗粒按照粒度和形状标准严格分级。按照纯度和颗粒形状的不同主要分为五种。

白色氧化铝：氧化铝的含量99%，外形比较尖锐，晶体间结合力比较弱，脆性比较高。由于这些特点，白色氧化铝磨料比较适合磨削碳含量较高的硬钢和热敏感度较高的合金钢，硬度 HRC62 以上，能够得到比较好的切削性能和好的孔形，但是白色氧化铝磨损也是非常快速的。白色氧化铝还能够应用于不同铸铁缸体的精加工，应用机理是利用白色氧化铝锋利的切削刃，在较低的切削力下产生比较好的切削效果，获得良好的孔形精度，减少由于铸件内壁不均匀导致的珩磨中不规则的零件变形。

紫色氧化铝：含94% ~97%氧化铝和1.5%铬，晶体形状平整一点，同时由于铬的存在晶体间结合力有了增强，所以有一定耐磨性。紫色氧化铝磨料并不常用，适用于 HRC60 左右碳钢合金钢零件的珩磨。

红色氧化铝：92% ~96% 氧化铝加入3%的铬烧制而成，晶体形状较规则，脆性降低，耐磨性增强，比白色氧化铝更坚硬，切削能力有所下降。

棕色氧化铝：96% 氧化铝，棕色是因为除氧化铝外还含有其他成分如 Na、K 等，晶体形状规则，晶体组织坚硬脆性很低，适用于大多数钢材料重型零件重负载条件下的大余量珩磨，也适用于加工各类锻造成型零件。

蓝色氧化铝：棕色氧化铝经过高温烧结后变成蓝色，蓝色氧化铝是所有氧化铝中最为耐用的品种。

碳化硅是硅的一种共价键碳化物，硬度高，耐高温，导电、导热性好，遇强酸、碱不起反应，主要应用在磨具制造、化工、微电子、航空、航天、冶金等领域。碳化硅磨粒的不完整性比氧化铝磨粒高很多，晶粒大多成锥形，尖角非常密集。

碳化硅一般是由无机硅钙化合物和碳在高温条件下发生化学反应生成。生成后的大块碳化硅用机械进行破碎，破碎后的颗粒按照粒度标准进行严格分级。

碳化硅磨料分为绿色碳化硅和黑色碳化硅。黑色碳化硅相对于绿色碳化硅磨料晶体形状略钝，但是增加了磨粒的坚固程度。黑色碳化硅磨料适用于所有材料的精珩加工，适用于有色金属工件的加工。绿色碳化硅磨料被应用在汽车发动机缸体的精珩加工中，主要是由于其良好的切削性能，保证在极小的切削力作用下精珩缸孔，保证孔形的精确。

对于氧化铝和碳化硅磨料，可以选择陶瓷黏结剂或树脂黏结剂制作珩磨油石。陶瓷黏结剂油石条制作过程：磨料、黏土、长石混合后，在模具上压制成形，通过高温烧结成陶瓷状。油石条包括3部分：磨料、黏结剂颗粒和气孔。

金刚石磨料主要用来加工铸铁、非铁高硬材料、有色金属和工程陶瓷材料。电镀金刚石工具一般选用天然金刚石磨料，其他金属黏结剂产品选用人造金刚石磨料，磨料形状的选择在于加工零件的材料。

立方氮化硼(CBN)是第二坚硬的磨料，在高温下稳定性很强，对于低碳钢和其他材料是惰性的，不容易发生化学反应。可以选用金属、树脂、陶瓷做为黏结剂制造磨具。对于珩磨油石，一般只选用金属黏结剂，也可以用做电镀用途，但是寿命比金刚石短10%～20%。

油石的选用。

(1)磨料：珩磨碳钢、合金钢时，选用白刚玉(WA)；珩磨不锈钢、轴承钢、高速钢时，选用单晶刚玉(SA)或铬刚玉(PA)；珩磨不锈钢、高强度钢、高温合金、耐热钢时，选用立方氮化硼(CBN)；珩磨硬脆材料时，选用碳化物磨料(GC、C、BC、D)。

(2)粒度：磨料的粒度根据工件表面粗糙度的要求来选择。$Ra\ 0.8\ \mu m$ 为 $120\# \sim 150\#$；$Ra\ 0.4\ \mu m$ 为 $150\# \sim 240\#$；$Ra\ 0.2\ \mu m$ 为 $240\# \sim W40$；$Ra\ 0.1\ \mu m$ 为 $W40 \sim W20$；$Ra < 0.05\ \mu m$ 为 $< W20$。

(3)硬度：在相同条件下，珩磨油石的硬度应比砂轮的硬度低一些，以保证油石在珩磨过程中自锐性好。普通油石的硬度在 J～P(软3～中硬1)选用，金刚石和立方氮化硼油石的硬度在 M～S(中～硬1)选用。总之，珩磨油石(轮)的硬度与工件材料的硬度有关，即工件材料的硬度越高，油石的硬度应越低。

(4)结合剂：条式和大直径孔珩磨时，一般除选用陶瓷结合剂(V)和树脂结合剂(R)外，还采用青铜结合剂(QT)，小孔珩磨也多采用 B 和 QT 结合剂。珩磨轮一般采用树脂结合剂。

9.2.4 珩磨机理

珩磨时由于珩磨头旋转并往复运动或珩磨头旋转工件往复运动，使加工面形成交叉螺旋线切削轨迹，而且在每一往复行程时间内珩磨头的转数不是整数，因而两次行程间，珩磨头相对工件在轴向错开一定角度，这样的运动使珩磨头上的每一个磨粒在孔壁上的运动轨迹亦不会重复。此外，珩磨头每转一转，油石与前一转的切削轨迹在轴向上有一段重叠度，使前后磨削轨迹的衔接更平滑均匀。这样，在整个珩磨过程中，孔壁和油石面的每一点相互干涉的机会差不多相等。因此，随着珩磨的进行，孔表面和油石表面不断产生干涉点，不断将这些干涉点磨去并产生新的更多的干涉点，又不断磨去，使孔和油石表面接触面积不断增加，相互干涉的程度和切削作用不断减弱，孔和油石的圆度和圆柱度也不断提高，最后完成孔表面的创制过程。为了得到更好的圆柱度，在可能的情况下，珩磨中经常使零件掉头，或改变珩磨头与工件轴向的相互位置。

需要说明的一点：由于珩磨油石采用金刚石和立方氮化硼等磨料，加工中油石磨损很小，即油石受工件修整量很小。因此，孔的精度在一定程度上取决于珩磨头上油石的原始精度。所以在用金刚石和立方氮化硼油石时，珩磨前要很好地修整油石，以确保孔的精度。

9.2.5　珩磨方法

（1）定压进给珩磨。

定压进给中进给机构以恒定的压力压向孔壁，共分三个阶段。

第一个阶段是脱落切削阶段。这种定压珩磨，开始时由于孔壁粗糙，油石与孔壁接触面积很小，接触压力大，孔壁的凸出部分很快被磨去。而油石表面因接触压力大，加上切屑对油石黏结剂的磨耗，使磨粒与黏结剂的结合强度下降，因而有的磨粒在切削压力的作用下自行脱落，油石面即露出新磨粒，此即油石自锐。

第二阶段是破碎切削阶段。随着珩磨的进行，孔表面越来越光，与油石接触面积越来越大，单位面积的接触压力下降，切削效率降低。同时切下的切屑小而细，这些切屑对黏结剂的磨耗也很小。因此，油石磨粒脱落很少，此时磨削不是靠新磨粒，而是由磨粒尖端切削。因而磨粒尖端负荷很大，磨粒易破裂、崩碎而形成新的切削刃。

第三阶段为堵塞切削阶段。继续珩磨时油石和孔表面的接触面积越来越大，极细的切屑堆积于油石与孔壁之间不易排除，造成油石堵塞，变得很光滑。因此油石切削能力极低，相当于抛光。若继续珩磨，油石堵塞严重而产生黏结性堵塞时，油石完全失去切削能力并严重发热，孔的精度和表面粗糙度均会受到影响，此时应尽快结束珩磨。

（2）定量进给珩磨。

定量进给珩磨时，进给机构以恒定的速度扩张进给，使磨粒强制性地切入工件。因此珩磨过程只存在脱落切削和破碎切削，不可能产生堵塞切削现象。因为当油石产生堵塞切削力下降时，进给量大于实际磨削量，此时珩磨压力增高，从而使磨粒脱落、破碎，切削作用增强。用此种方法珩磨时，为了提高孔精度和表面粗糙度，最后可用不进给珩磨一定时间。

（3）定压-定量进给珩磨。

开始时以定压进给珩磨，当油石进入堵塞切削阶段时，转换为定量进给珩磨，以提高效率。最后可用不进给珩磨，提高孔的精度和表面粗糙度。

9.2.6　珩磨特点

（1）加工精度高。

特别是一些中小型的通孔，其圆柱度可达 0.001 mm 以内。一些壁厚不均匀的零件，如连杆，其圆度能达到 0.002 mm。对于大孔（孔径在 200 mm 以上），圆度也可达 0.005 mm，如果没有环槽或径向孔等，直线度达到 0.01 mm/1m 以内也是有可能的。珩磨比磨削加工精度高，因为磨削时支撑砂轮的轴承位于被珩孔之外，会产生偏差，特别是小孔加工，磨削精度更差。珩磨一般只能提高被加工件的形状精度，要想提高零件的位置精度，需要采取一些必要的措施。如用面板改善零件端面与轴线的垂直度（面板安装在冲程托架上，调整使它与旋转主轴垂直，零件靠在面板上加工即可）。

(2)表面质量好。

表面为交叉网纹,有利于润滑油的存储及油膜的保持。有较高的表面支承率(孔与轴的实际接触面积与两者之间配合面积之比),因而能承受较大载荷,耐磨损,从而提高了产品的使用寿命。珩磨速度低(是磨削速度的几十分之一),且油石与孔是面接触,因此每一个磨粒的平均磨削压力小,这样珩磨时,工件的发热量很小,工件表面几乎无热损伤和变质层,变形小,珩磨加工面几乎无嵌砂和挤压硬质层。

(3)加工范围广。

主要加工各种圆柱形孔:通孔、轴向和径向有间断的孔,如径向孔、槽的孔、键槽孔、花键孔、盲孔、多台阶孔等。另外,用专用珩磨头,还可加工圆锥孔、椭圆孔等,但由于珩磨头结构复杂,一般不用。用外圆珩磨工具可以珩磨圆柱体,但其去除的余量远远小于内圆珩磨的余量。珩磨几乎可以加工任何材料,特别是金刚石和立方氮化硼磨料的应用,进一步拓展了珩磨的运用领域,同时也大大提高了珩磨加工的效率。

(4)切削余量少。

为达到图纸所要求的精度,采用珩磨加工是所有加工方法中去除余量最少的一种加工方法。在珩磨加工中,珩磨工具以工件作为导向来切除工件多余的余量而达到工件所需的精度。珩磨时,珩磨工具先珩工件中需去余量最大的地方,然后逐渐珩至需去除余量最少的地方。

(5)纠孔能力强。

由于其余各种加工工艺方面存在不足,致使在加工过程中会出现一些加工缺陷。如失圆、喇叭口、波纹孔、尺寸小、腰鼓形、锥度、镗刀纹、铰刀纹、彩虹状、孔偏及表面粗糙度等。采用珩磨工艺加工可以通过去除最少加工余量而极大地改善孔和外圆的尺寸精度、圆度、直线度、圆柱度和表面粗糙度。

9.2.7 珩磨应用

珩磨主要用于孔的精整加工,加工范围很广,能加工直径为 5 ~ 500 mm 或更大的孔,并且能加工深孔。珩磨还可以加工外圆、平面、球面和齿面等。

珩磨不仅在大批大量生产中应用极为普遍,而且在单件小批生产中应用也较广泛。对于某些零件的孔,珩磨已成为典型的精整加工方法,例如飞机、汽车等发动机的汽缸、缸套、连杆以及液压缸、枪筒、炮筒等。

9.3 抛光加工

9.3.1 抛光加工的定义

抛光指利用机械、化学或电化学的作用,使工件表面粗糙度降低,以获得光亮、平整表面的加工方法。它是利用抛光工具和磨料颗粒或其他抛光介质对工件表面进行的修饰加工。

利用柔性抛光工具和磨料颗粒或其他抛光介质对工件表面进行的修饰加工。抛光不能提高工件的尺寸精度或几何形状精度,而是以得到光滑表面或镜面光泽为目的,有时也用以消除光泽(消光)。

9.3.2　抛光机

1. 模具抛光机

模具抛光机采用进口大功率器件，功率比同类产品提升 30%。它具有微电脑控制的谐振频率自动寻找和锁定功能及数控九段振动大小和放电间隙跟踪适应功能。模具抛光机适用范围：各种模具(包括硬质合金模具)的复杂型腔、窄槽狭缝、盲孔等粗糙表面至镜面的整形抛光；可抛光各种金属、玻璃、玉石、玛瑙等。

抛光机

2. 磁力抛光机

磁力抛光机是利用超强的电磁力，传导细小的研磨不锈钢针，产生高速流动、调头等动作，在工件内孔，表面摩擦，一次性达到清洗、抛光，去除毛刺等精密研磨效果。工作时间短，采用进口半永久性不锈钢磨材、成本低。(针对精密五金零件内孔、凹凸不平面等死角清洗、抛光去毛刺工作)。

3. 火焰抛光机

火焰抛光机是采用电解水技术，通电从水中提取氢氧气体的能源设备，其中氧气用于助燃，氢气作为燃料，可以取代乙炔、煤气、液化气等含碳气体，具有热值高、火焰集中、零污染、生产效率高、节能方便等优点，适合携机到野外环境操作，适合首饰厂、金店、齿科、玻璃及其他行业的精密工艺明火焊接、小型浇铸、小零件淬火退火、各种金属丝焊接、高温材料试验等。

4. 金相抛光机

金相抛光机电动机固定在底座上，固定抛光盘用的锥套通过螺钉与电动机轴相连。抛光织物通过套圈紧固在抛光盘上，电动机通过底座上的开关接通电源启动后，便可用手对试样施加压力，在转动的抛光盘上进行抛光。抛光过程中加入的抛光液可通过固定在底座上的塑料盘中的排水管流入置于抛光机旁的方盘内。抛光罩及盖可防止灰土及其他杂物在机器不使用时落在抛光织物上而影响使用效果。

5. 两工位抛光机

两工位抛光机，包括机架、抛光轮盘、动力装置；抛光轮盘设置在机架上，抛光轮盘由动力装置带动；抛光轮盘的盘面包括外层纤维织物；抛光机具有两个抛光轮盘，两个抛光轮盘分别为平轮盘和凸轮盘。这种新型抛光机具有平轮盘和凸轮盘，可方便地频繁交替使用平轮盘和凸轮盘对制品表面平面、凸面、凹面进行人工抛光，工作效率高。

9.3.3　抛光粉

抛光微粉在抛光过程中起磨削作用。因此要求微粉强度硬度大，颗粒尺寸均匀，外形成多角形且不易破碎，这样才能保证试样抛光的品质。

影响抛光粉性能的指标如下。

(1)粉体的粒度大小：决定了抛光精度和速度，过筛的筛网数目能掌握粉体相对粒度，平均粒度决定了抛光粉颗粒大小的整体水平。

(2)粉体莫氏硬度：硬度相对大的粉体具有较快的切削效果，同时添加一些助磨剂等也同样能提高切削效果；不同的应用领域会有很大出入，包括自身加工工艺。

(3)粉体悬浮性：好的粉体要求抛光粉要有较好的悬浮性，粉体的形状和粒度大小对悬浮性能具有一定的影响，片形及粒度细些的抛光粉的悬浮性相对的要好一些，但不是绝对的。抛光粉悬浮性能的提高也可通过加悬浮液(剂)来改善。

(4)粉体的晶型：粉体的晶型是团聚在一起的单晶颗粒，决定了粉体的切削性、耐磨性及流动性。粉体团聚在一起的单晶颗粒在抛光过程中分离(破碎)，使其切削性、耐磨性逐渐下降，不规则的六边形晶型颗粒具有良好的切削性、耐磨性和流动性。

(5)外观颜色：与原料中镨的含量及灼烧温度等因素有关，镨含量越高，其粉体显棕红色。低铈抛光粉中含有大量的镨(铈镨料)，使其显棕红色。对于高铈抛光粉，灼烧温度高，使其偏白粉色，温度低(900℃左右)，使其显淡黄色。

9.3.4　抛光方法

(1)机械抛光方式。

机械抛光指靠切削、材料表面塑性变形去掉被抛光后的凸部而得到平滑面的抛光方法，大多采用油石条、羊毛轮、砂纸等，以手工操作为主，特殊零件如回转体表面，可使用转台等辅佐工具，表面质量要求高的可采用超精研抛的方式。超精研抛：采用特制的磨具，在含有磨料的研抛液中，紧压在工件被加工表面上，做高速旋转运动。利用该技术可以达到 Ra 0.008 μm 的表面粗糙度，这是各种抛光方法中最高的。光学镜片模具常采用这种方法。

(2)化学抛光方式。

化学抛光工艺是让材料在化学介质中表面微观凸出的部分较凹部分优先溶解，从而得到平滑面的抛光方法。这种抛光方法主要优点是不需复杂设备，可以抛光形状复杂的工件，可以同时抛光很多工件，效率高。化学抛光的核心问题是抛光液的配制。化学抛光得到的表面粗糙度一般为数 10 μm。

(3)电解抛光方式。

电解抛光的基本原理与化学抛光相同，即靠选择性的溶解材料表面微小凸出部分，使表面光滑。与化学抛光相比，可以消除阴极反应的影响，效果较好。电化学抛光过程分为以下两步：①宏观整平溶解产物向电解液中扩散，材料表面几何粗糙下降，$Ra > 1$ μm。②微光平整阳极极化，表面光亮度提高，$Ra < 1$ μm。

(4)超声波抛光方式。

将工件放入磨料悬浮液中并一起置于超声波场中，依靠超声波的振荡作用，让磨料在工件表面磨削抛光。超声波加工宏观力小，不会引起工件变形，但工装制作和安装较困难。超声波加工可以与化学或电化学方法结合。在溶液腐蚀、电解的基础上，再施加超声波振动搅拌溶液，使工件表面溶解产物脱离，表面附近的腐蚀或电解质均匀；超声波在液体中的空化作用还能够抑制腐蚀过程，利于表面光亮化。

(5)流体抛光方式。

流体抛光是依靠高速流动的液体及其携带的磨粒冲刷工件表面达到抛光的目的。常用方法有：磨料喷射加工、液体喷射加工、流体动力研磨等。流体动力研磨由液压驱动，使携带磨粒的液体介质高速往复流过工件表面。介质主要采用在较低压力下流过性好的特殊化合物(聚合物状物质)并掺上磨料制成，磨料可采用碳化硅粉末。

(6)磁研磨抛光方式。

磁研磨抛光利用磁性磨料在磁场作用下形成磨料刷，对工件磨削加工。这种方法加工效率高，质量好，加工条件容易控制，工作条件好。采用合适的磨料，表面粗糙度可以达到 Ra 0.1 μm。

值得说明的是在塑料模具加工中所说的抛光与其他行业中所要求的表面抛光有很大的不同，严格来说，模具的抛光应该称为镜面加工。它不仅对抛光本身有很高的要求并且对表面平整度、光滑度以及几何精确度也有很高的标准。表面抛光一般只要求获得光亮的表面即可。镜面加工的标准分为四级：$A_0 = Ra$ 0.008 μm，$A_1 = Ra$ 0.016 μm，$A_3 = Ra$ 0.032 μm，$A_4 = Ra$ 0.063 μm，由于电解抛光、流体抛光等方法很难精确控制零件的几何精确度，而化学抛光、超声波抛光、磁力研磨抛光等方法的表面质量又达不到要求，所以精密模具的镜面加工还是以机械抛光方式为主。

9.4　刮削加工

9.4.1　刮削的原理

将工件与校准工具或与其配合的工件之间涂上一层显示剂，经过对研，使工件上较高的部位显示出来，然后用刮刀进行微量切削，刮去较高的金属层。刮削同时，刮刀对工件还有推挤和压光作用，经过这样反复地显示和刮削，工件就能达到正确的形状和精度要求。

9.4.2　刮削的特点和作用

1. 特点

刮削具有切削量小、切削力小、产生热量少、装夹变形小等特点，不存在车、铣、刨等机械加工中不可避免的振动、热量变形等因素，所以能获得较高的尺寸精度、形位精度、接触精度、传动精度和较小的表面粗糙度。

2. 作用

(1)在刮削过程中，由于工件多次反复地受到刮刀的推挤和压光作用，因此使工件的表面组织变得比原来紧密，并得到较小的表面粗糙度。

(2)经过刮削，可以提高工件的形状精度和配合精度；增加接触面积，从而增大了承载能力。

(3)形成了比较均匀的微浅凹坑，创造了良好的存油条件；提高工件的表面质量，从而提高工件的耐磨和耐蚀性，延长了使用寿命；刮削还能使工件的表面和整机更加美观。

9.4.3　刮削工具

(1)刮刀。

作用：刮刀是刮削的主要工具(刀头应具有较高的硬度，刃口必须保持锋利)。

材料：刮刀一般采用碳素工具钢 T10A、T12A 或弹性较好的 GCr15 滚动轴承钢锻造而成，也可以采用焊接的硬质合金刀头。

种类：按用途不同刮刀可分为平面刮刀和曲面刮刀。

1)平面刮刀。

平面刮刀主要用来刮削平面，如平板、工作台等，也可以用来刮外曲面。

刮削

按所刮表面精度要求不同，平面刮刀又可以分为粗刮刀、细刮刀和精刮刀三种。

按形状不同，平面刮刀又可以分为直头刮刀和弯头刮刀。直头刮刀的切削部分硬度较高，柄部硬度较低，而且富有弹性。弯头刮刀的刀体是曲形，能增加弹性，刮出来的工件表面质量较好。

2）曲面刮刀。

曲面刮刀主要用来刮削内曲面，如滑动轴承的内孔等。

曲面刮刀的种类较多，常用的有三角刮刀和蛇头刮刀两种。

（2）校准工具。

用来推磨研点和检查被刮削面准确性的工具，也称为研具。常见的有：标准平板、校准直尺和角度直尺以及根据刮削面形状设计制造的专用校准型板等。

（3）显示剂。

1）种类。

①红丹粉。包括分铅丹（氧化铅，呈橘红色）和铁丹（氧化铁，呈红褐色）两种，颗粒较细，用机油调和后使用，广泛用于钢和铸铁工件。

②蓝油。用蓝粉和蓖麻油及适量机油调和而成，呈蓝色，显示的研点小而清楚，多用于精密工件和有色金属及其合金工件。

2）使用方法。粗刮时，显示剂的浓度需低一些，涂在校准研具表面上，这样显示出的研点较大，便于刮削；当精刮时，显示剂的浓度要稍高一些，涂在工件表面上，应薄而均匀，这样显示出的研点小，便于提高刮削精度。

9.4.4 刮削余量

刮削是一种繁重的操作，每次的刮削量又很少，因此机械加工所保留下来的刮削余量不能太大，一般在 0.05~0.4 mm 之间。在考虑确定工件的加工余量时应该考虑以下因素：①刮削工件面积；②面积大、余量大；③刮削前加工误差大、余量大；④工件的结构刚性差时，容易变形、余量大。一般来说，工件在刮削前的加工精度（直线度和平面度）应不低于形位公差规定的 9 级精度。

9.4.5 刮削表面缺陷

刮削表面缺陷主要有深凹坑、撕痕、振痕、划痕、刮削面精度不准确。

深凹坑：特征是刮削面研点局部稀少或刀迹与显示研点高低相差太多。产生的原因是粗刮时用力不均，局部落刀太重或多次刀迹重叠，刮刀切削部分圆弧过小。

撕痕：特征是刮削面上有粗糙的条状刮痕，较正常刀迹深。产生的原因是刀刃有缺口和裂纹或者刀刃不光滑、不锋利。

振痕：特征是刮削表面出现有规则的波纹。产生的原因是多次同向刮削，刀迹没有交叉。

划痕：特征是刮削面上划出深浅不一和较长的直线。产生的原因是有沙粒、铁屑等杂质，或显示剂不清洁。

刮削面精度不准：特征是显点情况无规律。产生的原因是推磨研点时压力不均，研具伸出工件太多。

9.4.6　刮削精度的检查

对刮削面的质量要求，一般包括形状、位置精度、尺寸精度、贴合程度、表面粗糙度等。根据工件的工作要求不同，检查刮削精度的方法有下列两种。

（1）以贴合点的数目来表示。

以贴合点的数目来表示即以边长 25 mm 的正方形内的研点数目来表示（点数越多精度越高）。

（2）用允许的平面度和直线度表示。

工件大范围平面内的平面度以及机床导轨面的直线度等，可以用方框水平仪检查，同时其接触精度应符合规定的技术要求。

9.4.7　刮削的应用

（1）用于零件的形位精度和尺寸精度要求较高时。

（2）用于互配件配合精度要求较高时。

（3）用于装配精度要求较高时。

（4）用于零件表面需要美观时。

9.5　化学机械抛光

CMP

9.5.1　化学机械抛光定义

化学机械抛光（Chemical Mechanical Polishing）简称 CMP 指用化学腐蚀和机械力对加工过程中的硅晶圆或其他衬底材料进行平滑处理的过程。

CMP 工作原理：将旋转的被抛光晶片压在与其同方向旋转的弹性抛光垫上，而抛光浆料在晶片与底板之间连续流动。上下盘高速反向运转，被抛光晶片表面的反应产物被不断地剥离，新抛光浆料补充进来，反应产物随抛光浆料带走。新裸露的晶片平面又发生化学反应，产物再被剥离下来而循环往复，在衬底、磨粒和化学反应剂的联合作用下，形成超精表面，要获得品质好的抛光片，必须使抛光过程中的化学腐蚀作用与机械磨削作用达到一种平衡。如果化学腐蚀作用大于机械抛光作用，则会在抛光片表面产生腐蚀坑、桔皮状波纹；反之，机械抛光作用大于化学腐蚀作用则表面产生高损伤层。也就是说其反应分为两个过程。

化学过程：研磨液中的化学品和硅片表面发生化学反应，生成比较容易去除的物质。

物理过程：研磨液中的磨粒和硅片表面材料发生机械物理摩擦，去除化学反应生成的物质。

9.5.2　CMP 系统

CMP 系统包括：CMP 设备、研磨液（抛光液）、抛光垫、抛光终点检测及工艺控制设备、后 CMP 清洗设备、浆料分布系统、废物处理和测量设备。其中研磨液和抛光垫为消耗品。

（1）抛光头组件。新型的抛光头组件具有用于吸附晶圆的真空吸附装置，对晶圆施加压力的下压力系统，以及调节晶圆的定位环系统。

（2）研磨盘。研磨盘是 CMP 研磨的支撑平台，其作用是承载抛光垫并带动其转动。它是控制抛光头压力大小、转动速度、开关动作、研磨盘动作的电路和装置。

（3）抛光垫。抛光垫通常使用聚亚胺脂（polyurethane）材料制造，利用这种多孔性材料类似海绵的机械特性和多孔特性，表面有特殊之沟槽，提高抛光的均匀性，垫上有时开有可视窗，便于线上检测。通常抛光垫需要定时整修或更换，一个抛光垫虽不与晶圆直接接触，但使用寿命仅为 45 ~ 75 h。

（4）抛光垫修整器。抛光垫调整器作用是扫过垫表面提高表面粗糙度，除去用过的浆料。它包含一个不锈钢盘以及一个镀镍（CVD 金刚石层）的金刚石磨粒。

（5）研磨液系统。研磨液的成分主要由三部分组成：腐蚀介质、成膜剂和助剂、纳米磨料粒子。研磨液要满足抛光速率快、抛光均一性好及抛后易清洗等要求。磨料粒子的硬度也不宜太高，以保证对膜层表面的机械损害比较轻。按 pH 分类，研磨液主要分为两类：酸性研磨液和碱性研磨液。研磨液由磨粒、酸碱剂、纯水及添加物构成，其成分见表 9 - 1。

表 9 - 1　化学机械抛光液成分

	被抛光材料	磨粒	研磨液添加物	研磨液 pH
介质	二氧化硅	SiO_2，CeO_2，ZrO_2 Al_2O_3，Mn_2O_3	KOH，NH_2OH	10 ~ 13
金属	钨	Al_2O_3，Mn_2O_3	KIO_3，$Fe(NO_3)_2$，H_2O_2	2 ~ 6
	铝	SiO_2	KIO_3，$Fe(NO_3)_2$，H_2O_2	2 ~ 6
	铜	Al_2O_3	KIO_3，$Fe(NO_3)_2$，H_2O_2	2 ~ 6

（6）终点检测设备。终点检测是检测 CMP 工艺把材料磨除到一个正确的厚度的能力。检测方法大致分为间接地对抛光晶片进行物理测定（电流）及直接检测晶片（光学）两种。

（7）CMP 后清洗。三步法：清洁、冲洗、干燥。后清洗目的主要是去除颗粒和其他化学污染物，用到去离子水及刷子，去离子水量越大，刷子压力越大，清洗效率越高。刷子通常是多孔聚合物材质，允许化学物质渗入并传递到晶圆表面。

9.5.3　影响 CMP 的主要参数

表 4 - 2　影响 CMP 的主要参数

设备参数	研磨液参数	抛光垫/背垫参数	CMP 对象薄膜参数
抛光时间	磨粒大小	硬度	种类
研磨盘转速	磨粒含量	密度	厚度
抛光头转速	磨粒的凝聚度	空隙大小	硬度
抛光头摇摆度	酸碱度	弹性	化学性质
背压	氧化剂含量	背垫弹性	图案密度
下压力	流量	修整	
	黏滞系数		

218

（1）抛光头压力。压力越大,磨除速率越快。

（2）抛光头与研磨盘间的相对速度。抛光速率随着抛光头与研磨盘间的相对速度的增大而增大。

（3）抛光垫。抛光垫是在 CMP 中决定抛光速率和平坦化能力的一个重要部件。

①碎片后为防止缺陷而更换抛光垫。②优化衬垫选择以便取得好的硅片内和硬膜内的均匀性和平坦化(建议采用层叠或两层垫)。③运用集成的闭环冷却系统进行研磨垫温度控制。④孔型垫设计、表面纹理化、打孔和制成流动渠道等有利于研磨液的传送。⑤CMP 前对研磨垫进行修正、造型或平整。⑥有规律地对研磨垫用刷子或金刚石修整器做临场和场外修整。

（4）研磨液。研磨液是影响 CMP 速率和效果的重要因素,在半导体工艺中,针对 SiO_2、钨栓、多晶硅和铜,需要用不同的研磨液来进行研磨。

1)磨粒。①磨粒材料:对不同的薄膜 CMP 和不同工艺的 CMP 要精心选择磨粒材料。即使对同种薄膜材料进行 CMP,其磨粒材料不同,抛光速率也不同。例如对于 ILD 氧化硅进行 CMP ,采用二氧化铈(CeO_2)作为磨粒的抛光速率比用气相纳米 SiO_2 为磨粒的抛光速率大约快 3 倍。②磨粒含量:磨粒含量指研磨液中磨粒质量的百分数[(磨粒质量/研磨液质量)×100%],又叫磨粒浓度。对于硅抛光,在低磨粒含量时,在一定范围内对硅的抛光速率随着磨粒含量的增加而增加,平整度趋于更好。这主要是由于,随着磨粒含量的提高,研磨液中参与机械研磨的有效粒子数增多,抛光液的质量传递作用提高,使平坦化速率增加,可以减少塌边情况的发生。但并不是磨粒含量越高越好,当磨粒含量达到一定值之后,平坦化速率增加缓慢,且流动性也会受影响,成本也增加,不利于抛光。要通过试验对确定的抛光对象找出一个最优的磨粒含量。③磨粒大小及硬度:随着微粒尺寸和硬度的增加,去除速率也随之增加,但会产生更多的凹痕和划伤。所以要很细心地选择颗粒的大小和硬度,颗粒硬度要比去除材料的硬度小,应避免平坦化的表面产生凹痕和擦伤等表面缺陷。

2)研磨液的选择性。对确定的研磨液,在同样条件下对两种不同的薄膜材料进行抛光时,其抛光速率的不同,这就是研磨液的选择性。

3)研磨液中添加物的浓度与 pH。与 MRR 有直接关系。

（5）温度对去除率的影响。CMP 在加工过程中无论是酸性液体还是碱性液体,其与去除材料的化学反应都是放热反应,造成温度的上升,同时在加工过程中,由于抛光头的压力作用和抛光头及研磨盘的旋转具有做功的情况,所以有能量的释放,造成温度的上升。

（6）薄膜特性。CMP 研磨薄膜材料的性质(化学成分、硬度、密度、表面状况等)也影响抛光速度和抛光效果。

9.5.4　CMP 的发展趋势

随着计算机、通信及网络技术的高速发展,对作为其基础的集成电路的性能要求愈来愈高。集成电路芯片增大而单晶体管元件减小及多层集成电路芯片是发展的必然趋势,使得 CMP 在集成电路行业的重要性越来越显著,这对 CMP 技术提出了更高的要求。

在 CMP 设备方面,正在由单头、双头抛光机向多头抛光机发展;结构逐步由旋转运动结构向轨道抛光方法和线形抛光技术方面发展;开发带有多种在线检测装置的设备,如组装声学信号、力学信号、薄膜厚度及抛光浆料性质等在线测量装置,并且结合目前的干进干出要求,将抛光后清洗装置与抛光机集成来进行开发。在应用方面,CMP 技术已从集成电路的硅品片、层间介质(ILD)、绝缘体、导体、镶嵌金属(W、Al、Cu、Au)及多晶硅、硅氧化物沟道等的平面化,拓展至薄膜存贮磁盘、微电子机械系统(MFMS)、陶瓷、磁头、机械磨具、精密阀门、光学玻璃和金属材料等表面加工领域。在 CMP 抛光浆料方面,关键是要开发新型抛光浆料,特别是复合磨料抛光浆料,使其能提供高的抛光速率、好的平整度、高的选择性以及利于后续清洗过程,以使磨料粒子不会残留在芯片表面而影响集成电路性能。

CMP 浆料有待发展的技术有:磨料制备技术、浆料分散技术和抛光浆料配方技术。首先要解决的就是尺寸小、分散度大、硬度适中、均匀性好、纯度高的纳米磨料粒子。抛光浆料的排放及后处理工作量也在增大(出于环保原因,即使浆料不再重复利用,也必须先处理才可以排放)。而且,由于抛光浆料价格昂贵,对抛光浆料进行后处理,补充必要的化学添加剂,重复利用其中的有效成分,不仅可以减少环境污染,而且可以大大降低加工成本。抛光浆料的后处理研究将是未来的研究热点。另外一方面,复合磨料抛光浆料的研究也将是未来的趋势之一,因为复合磨料抛光浆料在保持单一磨料抛光浆料优点的同时也改善了其缺点,在国外已经出现了复合抛光磨料的研究报道,如 Al_2O_3、SiO_2、CeO_2 各种单一抛光磨料互相通过包覆形成壳(核型的复合抛光磨料,集中各种单一抛光磨料的优点,从而配制出抛光效果更佳的新型复合抛光浆料。试验表明,在较软的磨料粒子外面包覆一层较硬的物质,可以在提高其抛光速率的同时也保持较高的选择性;而在较硬的磨料粒子外面包覆一层较软的物质,则可在保持其较高抛光速率的基础上改善其抛光表面质量。如在球形 SiO_2 粒子外面包覆一层 CeO_2,并以其作为磨料制备复合抛光浆料与 SiO_2 和 CeO_2 抛光浆料进行抛光试验的比较,研究表明,复合磨料具有更好的抛光效果。目前,CMP 技术已经不局限于使用固体磨料,甚至出现了用气体来进行抛光的技术(如 HVPE 技术等)。

思考练习题

1. 试述研磨加工的机理和特点。
2. 简述手工研磨与机械研磨的机理与特点。
3. 简述珩磨油石的选用方法。
4. 珩磨加工为什么可以获得较高的尺寸精度、形状精度和较小的表面粗糙度?
5. 试述抛光加工的机理和特点。
6. 常用的抛光机有哪些?
7. 试述研磨、抛光时加工表面产生变质层的机理和减少变质层的办法。
8. 抛光粉的基本要求是什么?
9. 简述刮削的特点和作用。
10. 影响 CMP 的主要参数有哪些?

第10章
典型表面加工

10.1　平面加工

　　平面是箱体、盘形件和板形件的主要表面之一，也是回转体的重要表面之一（如端面、台肩面）。根据平面所起的作用不同，可以将其分为非结合面、结合面、导向平面、测量工具的工作平面等。平面加工的方法通常有刨削、铣削、拉削、车削、磨削及光整加工等。其中刨削、铣削、磨削是平面的主要加工方法。

　　在对平面进行加工时其主要选择依据是：表面粗糙度、表面的形状和位置精度、工件材料的切削加工性能、工件的形状结构特点、工厂的现有设备状况。

　　平面加工的主要技术要求：平面的形状精度，如平面度、直线度；平面的位置精度，如平行度、垂直度等；表面质量，如表面粗糙度、表面加工硬化等。（注意平面本身无尺寸精度，但平面与平面或其他表面间一般有尺寸精度要求）

10.1.1　平面的主要加工方法及特点

1. 刨削加工

　　在刨床上以刨刀相对工件的往复直线运动与工作台（或刀架）的间歇运动来实现切削加工，称为刨削加工。刨削是单件小批量生产的平面加工最常用的加工方法，加工精度一般可达 IT9～IT7 级，表面粗糙为 Ra 12.5～1.6 μm。刨削可以在牛头刨床（图 10-1）或龙门刨床（图 10-2）上进行。在牛头刨床加工工件时主运动是刨刀的直线往复运动，刨刀工作行程时进行切削，返回行程时不进行切削，因此工作效率低。龙门刨床的主运动是工件随工作台所做的直线往复运动，进给运动是刀具的间歇进给。龙门刨床适用于中、大批生产中的大型零件平面和沟槽等加工。

　　刨削主要用来加工平面（包括水平面、垂直面和斜面），也广泛地用于加工直槽，如直角槽、燕尾槽和 T 形槽等。如果进行适当的调整和增加某些附件，还可以用来加工齿条、齿轮、花键和母线为直线的成形面等（图 10-3）。

　　刨削的主运动是变速往复直线运动。因为在变速时有惯性，限制了切削速度的提高，并且在回程时不切削，所以刨削加工生产效率低。但刨削所需的机床、刀具结构简单，制造安装方便，调整容易，通用性强。因此它在单件、小批生产中特别是加工狭长平面时，被广泛应用。

　　刨削加工工艺特点：①刨削使用工具简单，刨刀制造刃容易加工，可以选择刀具几何形状角度。②刨削通用性好，能加工各种平面、沟槽和成型面。③刨削精度低。④刨削生产率低，一般适用于单件、小批生产及修配工作。

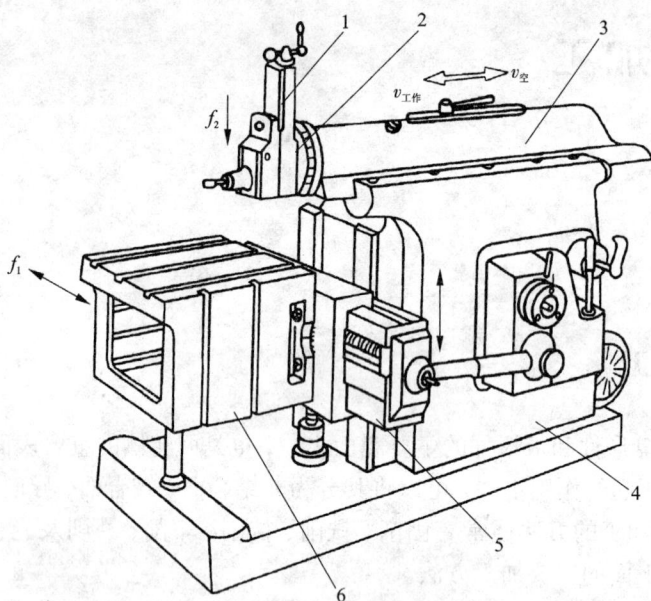

图 10-1 牛头刨床

1—刀架；2—转盘；3—滑枕；4—床身；5—横梁；6—工作台

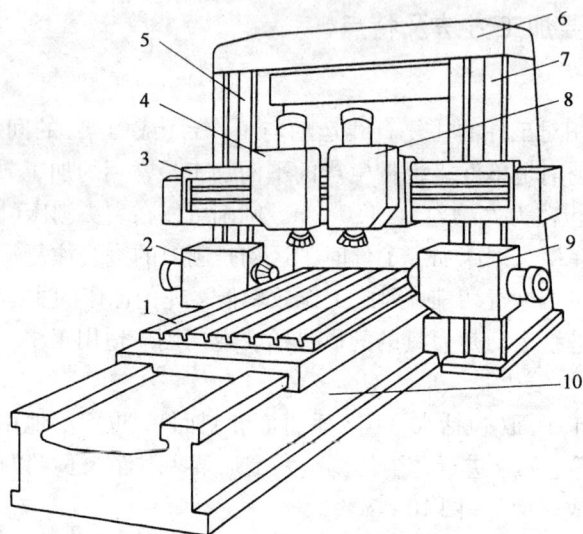

图 10-2 龙门刨床

1、8—左、右侧刀架；2—横梁；3、7—立柱；4—顶梁；

5、6—垂直刀架；9—工作台；10—床身

平面加工机床

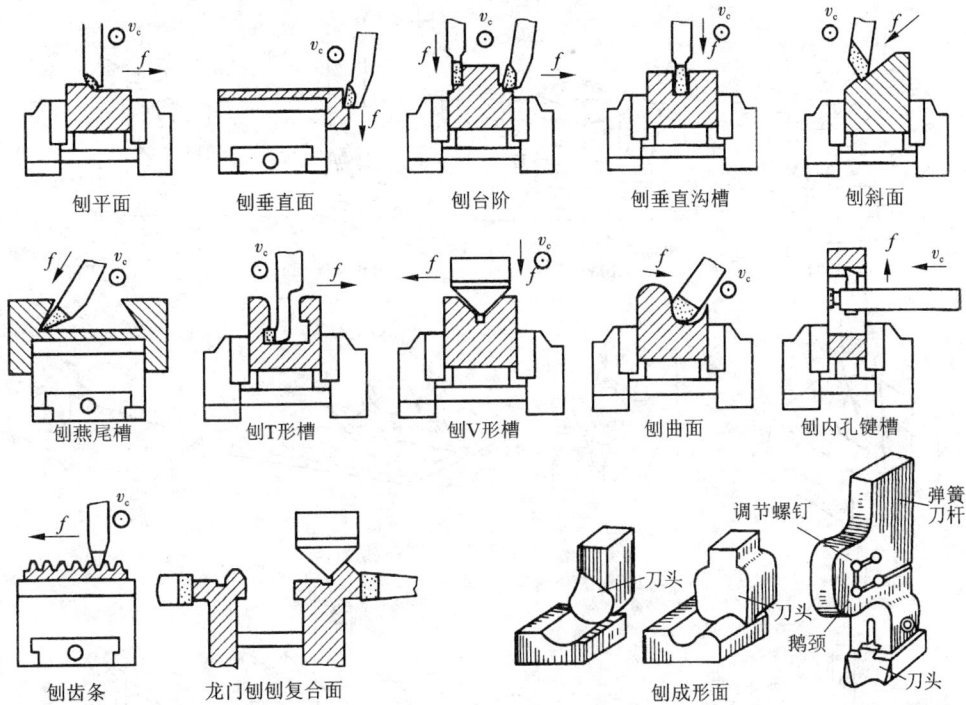

图 10 - 3　刨削加工

刨平面　刨垂直面　刨台阶　刨垂直沟槽　刨斜面

刨燕尾槽　刨T形槽　刨V形槽　刨曲面　刨内孔键槽

刨齿条　龙门刨刨复合面　刨成形面

2. 铣削加工

铣削是平面加工中应用最普遍的一种方法,铣削加工是用铣刀对工件进行切削加工的方法。铣刀是多齿刀具,铣削时铣刀回转是主运动,工件做直线或者曲线运动,是进给运动。利用各种铣床、铣刀和附件,可以铣削平面、沟槽、弧形面、螺旋槽、齿轮、凸轮和其他特殊形面,如图 10 -4 所示。

(1) 铣刀。

铣刀为多齿回转刀具,其每一个刀齿都相当于一把车刀固定在铣刀的回转面上。铣刀刀齿的几何角度和切削过程,都与车刀或刨刀基本相同。铣刀的类型很多,结构不一,应用范围很广,是金属切削刀具中种类最多的刀具之一。铣刀按其用途可分为加工平面用铣刀、加工沟槽用铣刀、加工成形面用铣刀等类型。

(2) 铣削方式。

1) 周铣。

周铣铣削工件时有两种方式,即逆铣与顺铣。铣削时若铣刀旋转切入工件的切削速度方向与工件的进给方向相反称为逆铣,反之则称为顺铣。

如图 10 -5(a)所示,逆铣时,刀齿的切削厚度从零逐渐增大至最大值。刀齿在开始切入时,由于刀齿刃口有圆弧,刀齿在工件表面打滑,产生挤压与摩擦,使这段表面产生冷硬层,至滑行一定程度后,刀齿方能切下一层金属层。下一个刀齿切入时,又在冷硬层上挤压、滑行,这样不仅加速了刀具磨损,同时也使工件表面粗糙度增大。铣刀作用于工件上的纵向分力 F_x 总是与工作台的进给方向相反,使得工作台丝杠与螺母之间没有间隙,始终保持良好

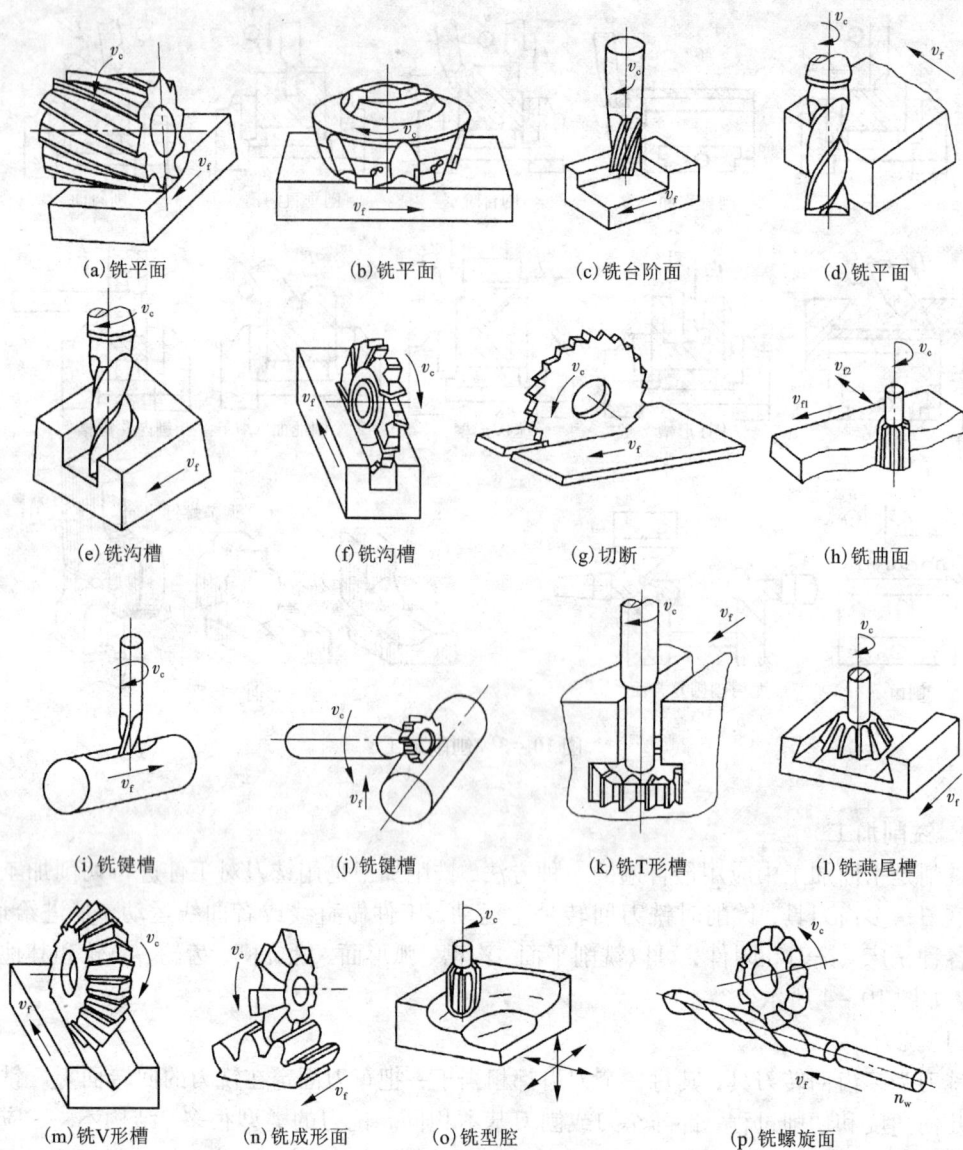

(a)铣平面   (b)铣平面   (c)铣台阶面   (d)铣平面

(e)铣沟槽   (f)铣沟槽   (g)切断   (h)铣曲面

(i)铣键槽   (j)铣键槽   (k)铣T形槽   (l)铣燕尾槽

(m)铣V形槽   (n)铣成形面   (o)铣型腔   (p)铣螺旋面

图 10 - 4　铣削加工

的接触，从而使进给运动平稳；但是，垂直分力 F_z 的方向和大小是变化的，并且当切削齿切离工件时，F_z 向上，有挑起工件的趋势，引起工作台的振动，影响工件表面的粗糙度。

如图 10 -5(b)所示，顺铣时刀齿的切削厚度从最大值逐步递减至零，没有逆铣时的滑行现象，已加工表面的加工硬化程度大为减轻，表面质量较高，铣刀的耐用度比逆铣高。同时铣削力 F 的垂直分力 F_z 始终压向工作台，避免了工件的振动，从而使切削平稳，提高铣刀耐用度和加工表面质量。但纵向分力 F_x 与进给运动方向相同，若铣床工作台丝杠与螺母之间有间隙，则会造成工作台窜动，使铣削进给量不匀，严重时会打刀。因此，若铣床进给机构中没有丝杠和螺母消除间隙机构，则不能采用顺铣。

224

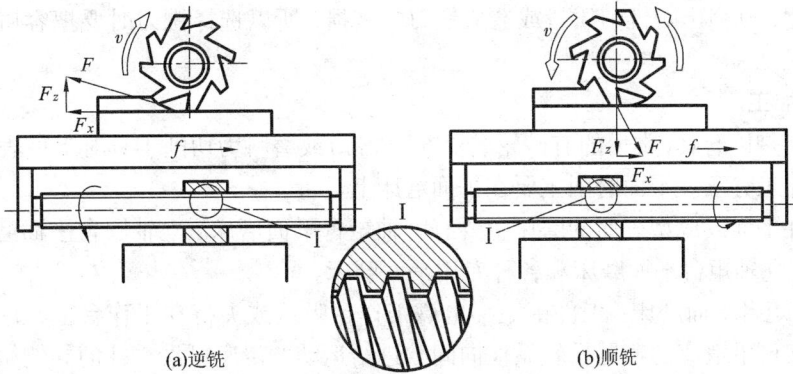

(a)逆铣　　　　　　　　　　　　(b)顺铣

图 10 - 5　周铣

2)端铣。

端铣有对称铣削、不对称逆铣和不对称顺铣三种方式。

①对称铣削如图 10 - 6(a)所示,铣刀轴线始终位于工件的对称面内,它切入、切出时切削厚度相同,有较大的平均切削厚度。一般端铣多用此种铣削方式,它尤其适用于铣削淬硬钢。

②不对称逆铣如图 10 - 6(b)所示,铣刀偏置于工件对称面的一侧,它切入时切削厚度最小,切出时切削厚度最大。这种加工方法,切入冲击较小,切削力变化小,切削过程平稳,适用于铣削普通碳钢和高强度低合金钢,并且加工表面粗糙度小,刀具耐用度较高。

③不对称顺铣如图 10 - 6(c)所示,铣刀偏置于工件对称面的一侧,它切出时切削厚度最小,这种铣削方法适用于加工不锈钢等中等强度和高塑性的材料。

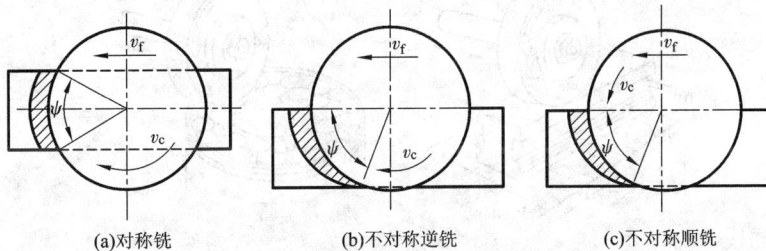

(a)对称铣　　　　　　(b)不对称逆铣　　　　　　(c)不对称顺铣

图 10 - 6　端铣

(3)铣削的加工工艺特点。

铣削加工是应用较为广泛的加工工艺,其主要特点如下。

1)生产率较高但不稳定,由于铣削属于多刃切削,且可选用较大的切削速度,所以铣削效率较高。但由于各种原因易导致刀齿负荷不均匀,磨损不一致,从而引起机床的振动,造成切削不稳,直接影响工件的表面粗糙度。

2)断续切削,铣刀刀齿切入或切出时产生冲击,一方面使刀具的寿命下降,另一方面引起周期性的冲击和振动。但由于刀齿间断切削,工作时间短,在空气中冷却时间长,故散热条件好,有利于提高铣刀的耐用度。

225

3)半封闭切削,由于铣刀是多齿刀具,刀齿之间的空间有限,若切屑不能顺利排出或有足够的容屑槽,则会影响铣削质量或造成铣刀的破损,所以选择铣刀时要把容屑槽当作一个重要因素考虑。

3.磨削加工

磨削加工是以磨具(常用的有砂轮、砂条、砂带)或磨料为切削工具对工件表面进行微量切削的一种加工方法。平面磨削主要在平面磨床上进行。

磨削工件平面或成型表面的磨床主要有卧轴矩台平面磨床、立轴圆台平面磨床、卧轴圆台平面磨床、立轴矩台平面磨床和各种专用平面磨床。

(1)卧轴矩台平面磨床:工件由矩形电磁工作台吸住或夹持在工作台上,并做纵向往复运动。砂轮架可沿滑座的燕尾导轨做横向间歇进给运动。滑座可沿立柱的导轨做垂直间歇进给运动,用砂轮周边磨削工件,磨削精度较高。

(2)立轴圆台平面磨床:竖直安置的砂轮主轴以砂轮端面磨削工件,砂轮架可沿立柱的导轨做间歇的垂直进给运动。工件装在旋转的圆工作台上可连续磨削,生产效率较高。为了便于装卸工件,圆工作台还能沿床身导轨做纵向移动。

(3)卧轴圆台平面磨床:用于磨削圆形薄片工件,并可利用工作台倾斜磨出厚薄不等的环形工件。

(4)立轴矩台平面磨床:由于砂轮直径大于工作台宽度,磨削面积较大,适用于高效磨削。

根据砂轮工作面的不同,平面磨削分为端磨和周磨两类,如图 10-7 所示。端磨即用砂轮端面进行磨削,由于工件表面与工件都有良好的散热条件,磨削表面质量容易保证,但生产率往往较低。周磨即用砂轮周边进行磨削,砂轮与工件之间为面接触,因为有较多的磨粒同时进行磨削,因此,生产效率较高,但因散热条件差,容易出现磨削缺陷,表面质量不易保证。

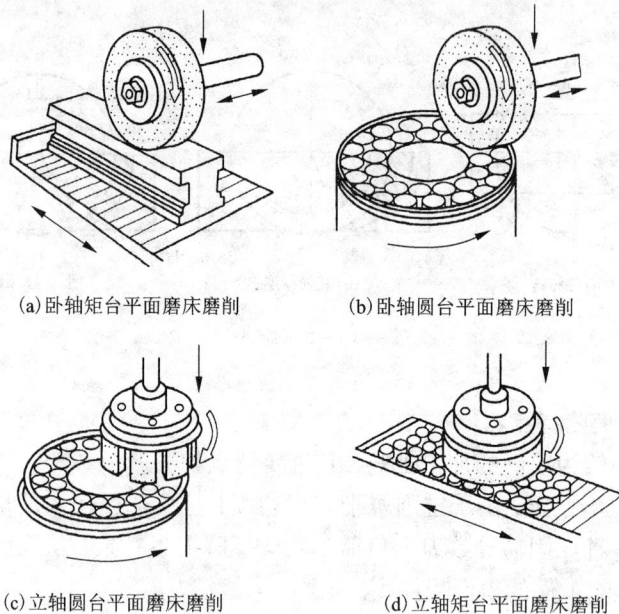

(a)卧轴矩台平面磨床磨削　　　　　(b)卧轴圆台平面磨床磨削

(c)立轴圆台平面磨床磨削　　　　　(d)立轴矩台平面磨床磨削

图 10-7　平面磨削

10.1.2 平面加工方案及选择

由于平面作用不同，其技术要求也不同。故采用不同的加工方案时，应根据工件的技术要求、毛坯种类、原材料状况及生产状况、生产规模等因素进行合理选用，以保证平面加工质量。常用的平面加工方案及其经济精度见表 10 – 1。

表 10 – 1 平面加工方案及其经济精度

序号	加工方案	精度级	表面粗糙度 Ra/μm	适用范围
1	粗车 – 半精车	IT10 ~ IT8	6.3 ~ 3.2	回转体零件的端面
2	粗车 – 半精车 – 精车	IT8 ~ IT7	1.6 ~ 0.8	
3	粗车 – 半精车 – 磨	IT8 ~ IT6	0.8 ~ 0.2	
4	粗刨（或粗铣）– 精刨（或精铣）	IT9 ~ IT8	6.3 ~ 1.6	一般未淬硬平面
5	粗刨（或粗铣）– 精刨（或精铣）– 刮研	IT7 ~ IT6	0.8 ~ 0.1	
6	粗刨（或粗铣）– 精刨（或精铣）– 磨削	IT7	0.8 ~ 0.2	精度要求高的淬硬平面或不淬硬平面
7	粗刨（或粗铣）– 精刨（或精铣）– 粗磨 – 精磨	IT7 ~ IT6	0.4 ~ 0.02	
8	粗铣 – 拉	IT8 ~ IT6	0.8 ~ 0.2	大量生产，较小的平面
9	粗铣 – 精铣 – 磨削 – 研磨	IT5 以上	0.1 ~ 0.05	主要用于高精度的钢件加工

10.2 外圆表面加工

外圆表面是回转体类零件(轴类、套类、盘类)的主要表面。外圆表面常用的机械加工方法有车削、磨削。要求精度高、粗糙度低时，还可能用到各种光整加工方法如研磨、超精加工和抛光。车削加工是外圆表面最经济有效的加工方法，但就其经济效益来说，一般适于作为外圆表面粗加工和半进精加工方法；磨削加工是外圆表面主要精加工方法，特别适用于各种高硬度和淬火后零件的精加工；光整加工是精加工之后进行的超精密加工方法，如滚压、抛光、研磨等，适用于某些精度和表面质量要求很高的零件。

外圆加工机床

外圆表面加工的技术要求有：本身精度(直径与长度的尺寸精度，圆度、圆柱度等形状精度)、位置精度(与其他外圆面或孔的同轴度、与端面的垂直度等)、表面质量(粗糙度、表面硬度、残余应力等)。

10.2.1 外圆表面的主要加工方法

1. 车削加工

车床主要用于外圆表面加工，生产上常用的有卧式车床、立式车床、转塔车床、自动和

半自动车床等，其中卧式车床应用最广（图10-8）。

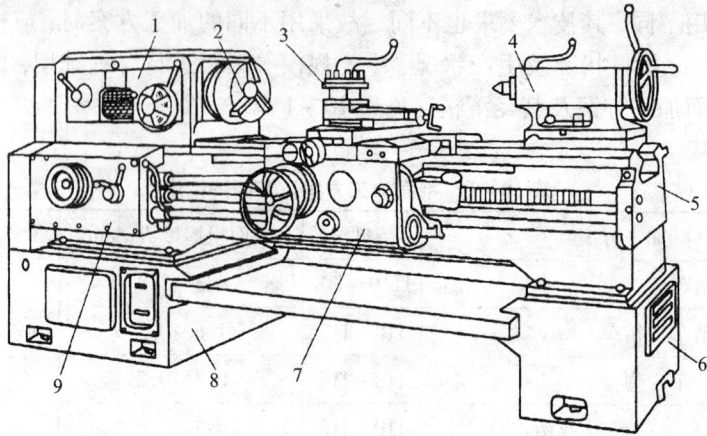

图 10-8　卧式车床

车外圆时，工件的旋转工件的旋转运动是主运动，其功用是使工件得到所需要的切削速度，其特点是速度较高，消耗功率较大。刀具的直线运动是进给运动，使毛坯上新的金属层被不断投入切削，以便切削出整个加工表面。

由于车刀的几何角度不同和切削用量不同，车削的精度和表面粗糙度也不同。因此，车外圆可以分为粗车、半精车和精车。

粗车是以切除大部分加工余量为主要目的加工，对精度及表面粗糙度无太高要求。公差等级为 IT13～IT11，表面粗糙度 Ra 为 50～12.5 μm。

半精车在粗车基础上，进一步提高精度和减小粗糙度，可作为中等精度表面的终加工，也可作为精车或磨削前的预加工。其公差等级为 IT10～IT9，表面粗糙度 Ra 为 6.3～3.2 μm。

精车是使工件达到预定的精度和表面质量的加工。精车的公差等级为 IT8～IT6，表面粗糙度 Ra 为 1.6～0.8 μm。

车削的工艺特点：易于保证工件各加工面的位置精度，例如易于保证同轴度要求。利用卡盘安装工件，回转轴线是车床主轴回转轴线；利用前后尖顶安装工件，回转轴线是两顶尖的中心连线，易于保证端面与轴线垂直度要求。横溜板导轨与工件回转周线的垂直，切削过程比较平稳。避免了惯性力和冲击力，允许采用较大的切削用量，高速切削有利于生产力的提高。适于有色金属零件的精加工，有色金属零件表面粗糙度大，当 Ra 要求较小时，不宜采用磨削加工，需要用车削或铣削等。用金刚石车刀进行精细车时，可达较高质量。刀具简单，车刀制造、刃磨和安装均比较方便。

2. **磨削加工**

用砂轮或涂覆磨具以较高的线速度对工件表面进行加工的方法称为磨削加工，它大多在磨床上进行。磨削加工是一种精密的切削加工方法，能获得高精度和低粗糙度的表面。它既可加工淬硬后的表面，又可加工未经淬火的表面。磨外圆既可在普通外圆磨床上进行也能在万能外圆磨床上进行。万能外圆磨床如图10-9所示。

228

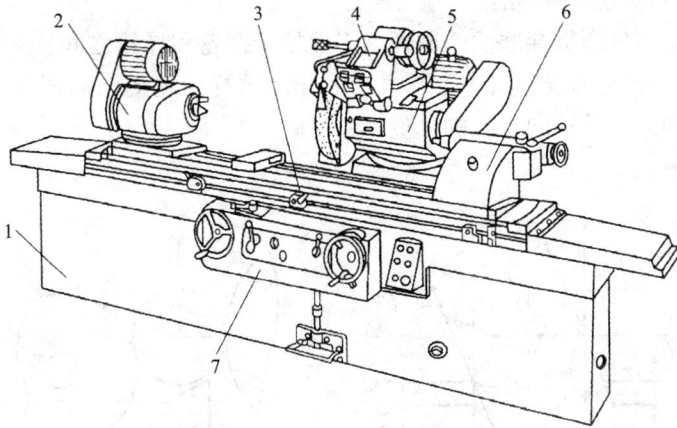

图 10 - 9　万能外圆磨床

根据磨削时工件定位方式的不同,外圆磨削可分为中心磨削和无心磨削两大类。

中心磨削即普通的外圆磨削,被磨削的工件由中心孔定位,在外圆磨床或万能外圆磨床上加工。磨削后工件尺寸精度可达 IT6 ~ IT8,表面粗糙度 $Ra\,0.8 \sim 0.1\,\mu m$。按进给方式不同分为纵向进给磨削法和横向进给磨削法。

(1)纵向进给磨削法(纵向磨法)。

如图 10 - 10 所示,砂轮高速旋转,工件装在前后顶尖上,工件旋转,并和工作台一起纵向往复运动。

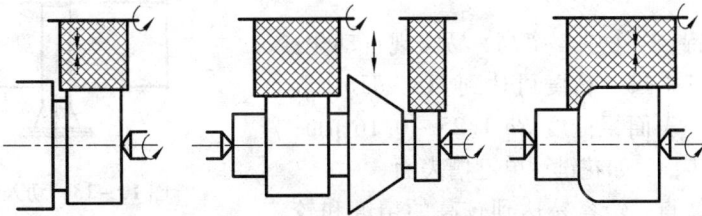

图 10 - 10　纵向进给磨削法(纵向磨法)

(2)横向进给磨削法(切入磨法)。

如图 10 - 11 所示,此种磨削法没有纵向进给运动。当工件旋转时,砂轮以慢速做连续的横向进给运动。其生产率高,适用于大批量生产,也能进行成形磨削。但横向磨削力较大,磨削温度高,要求机床、工件有足够的刚度,故适合磨削短而粗、刚性好的工件;加工精度低于纵向磨法。

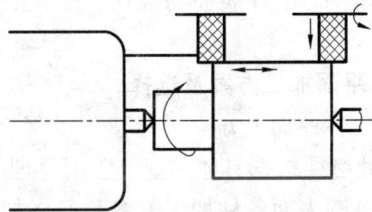

图 10 - 11　横向进给磨削法(切入磨法)

229

无心磨削是一种高生产率的精加工方法，以被磨削的外圆本身作为定位基准。目前无心磨削的方式主要有贯穿法和切入法。

图 10－12 所示为外圆贯穿磨法的原理。工件处于磨轮和导轮之间，下面用支承板支承。磨轮轴线水平放置，导轮轴线倾斜一个不大的 λ 角。这样导轮的圆周速度 $V_导$ 可以分解为带动工件旋转的 $V_工$ 和使工件轴向进给的分量 $V_纵$。

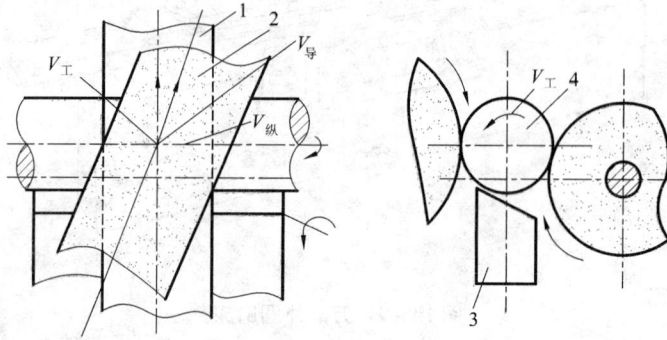

图 10－12　外圆贯穿磨法

如图 10－13 所示为切入磨削法磨削的原理。导轮 3 带动工件 2 旋转并压向磨轮 1。加工时，工件和导轮及支承板一起向砂轮做横向进给。磨削结束后，导轮后退，取下工件。导轮的轴线与砂轮的轴线平行或相交成很小的角度（0.5～1°），此角度大小能使工件与挡铁 4（限制工件轴向位置）很好地贴住即可。

无心磨削的特点：①生产率高，易实现自动化；②加工精度高，其中尺寸精度可达到 IT5～IT6，形状精度也比较好，表面粗糙度 Ra 1.25～0.16 μm；③不能加工断续表面，如花键、单键槽表面。

外圆磨削的特点：较容易达到较高的精度和较

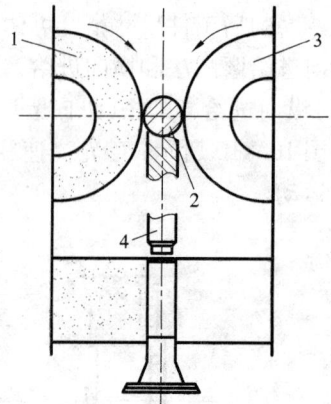

图 10－13　切入磨削法

低的表面粗糙度，同时形位误差也小；磨床结构刚性好，运动机构精确；磨粒锐利、微细、分布稠密；可磨削淬火或者未淬火钢件、铁铸件、刀具、硬质合金等，但不适合磨削有色金属；磨削温度高，工件表面易烧伤，使表面硬度降低，且易产生表面裂纹，所以磨削时要用大量切削液。

3. 平面加工方案及选择

由于各种加工方法所能达到的经济加工精度、表面粗糙度、生产率和生产成本各不相同，因此必须根据具体情况，选用合理的加工方法，从而加工出满足零件图纸上要求的合格零件。外圆表面各种加工方案和经济加工精度见表 10－2。

表 10 – 2　外面表面加工方案及其经济精度

序号	加工方案	精度级	表面粗糙度 $Ra/\mu m$	适用范围
1	粗车	IT13 ~ IT11	50 ~ 12.5	适用于除淬火钢以外的金属材料
2	粗车 – 半精车	IT10 ~ IT8	6.3 ~ 3.2	
3	粗车 – 半精车 – 精车	IT8 ~ IT7	1.6 ~ 0.8	
4	粗车 – 半精车 – 精车 – 滚压(或抛光)	IT8 ~ IT7	0.2 ~ 0.025	
5	粗车 – 半精车 – 磨削	IT8 ~ IT7	0.80 ~ 0.40	除不宜用有色金属外,主要适用于淬火钢件的加工
6	粗车 – 半精车 – 粗磨 – 精磨	IT7 ~ IT6	0.40 ~ 0.10	
7	粗车 – 半精车 – 粗磨 – 精磨 – 超精加工	IT75	0.10 ~ 0.012	
8	粗车 – 半精车 – 粗磨 – 精磨 – 镜面磨	IT6 ~ IT5	0.40 ~ 0.025	主要用于有色金属
9	粗铣 – 精铣 – 磨削 – 研磨	IT5 以上	Rz0.05 ~ 0.025	主要用于高精度的钢件加工
10	粗车 – 半精车 – 精车 – 精磨 – 研磨	IT5 以上	Rz0.10 ~ 0.05	
11	粗车 – 半精车 – 精车 – 精磨 – 粗研 – 抛光	IT5 以上	Rz0.40 ~ 0.05	

10.3　内孔表面加工

内孔加工机床

内孔表面是组成零件的基本表面之一。零件上有多种多样的孔,如螺钉、螺栓的紧固孔,套筒、法兰盘及齿轮等回转体零件上的孔,箱体类零件上的主轴及传动轴的轴承孔,炮筒、空心轴内的深孔(一般 $1/d \geqslant 10$)以及常用于保证零件间配合准确性的圆锥孔等。

内孔表面加工技术要求:尺寸精度,形状精度,圆度、圆柱度及母线和轴线直线度。

位置精度:同轴度、对称度、位置度、径向圆跳动、垂直度、平行度、倾斜度。

表面质量:表面粗糙度、表面层力学物理性能。

内孔表面加工方法及其特点:内孔表面的加工方法有很多,常用的内孔表面加工方法有钻孔、扩孔、铰孔、镗孔、磨孔、拉孔、研磨孔、珩磨孔、滚压孔等。

根据孔的结构和技术要求不同,内孔的加工方法可分为两种:一种是实体加工出孔,常用的是钻孔加工。另一种是已有的孔进行半精加工和精加工,常用的有扩孔、铰孔和镗孔等。

在内孔表面的加工过程中应该注意以下几点:刀具加工受被加工孔径限制,刀杆细、刚性差,容易偏斜;由于刀具处于被加工孔的包围之中,切削液很难进入切削区,散热、排屑、冷却条件差,测量也不方便。

以下是几种常用的内孔表面加工方法。

1. 钻孔

用钻头在工件实体部位加工孔的过程称为钻孔。钻孔属粗加工,可达到的尺寸公差等级为 IT13 ~ IT11,表面粗糙度为 Ra 50 ~ 12.5 μm。

麻花钻是钻孔的常用工具,其构造如图 10 – 14 所示。

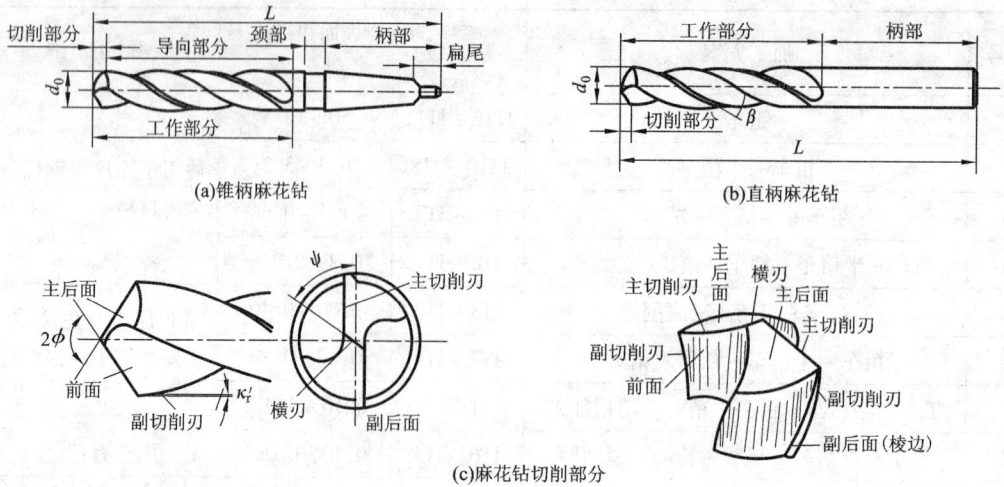

(a)锥柄麻花钻   (b)直柄麻花钻

(c)麻花钻切削部分

图 10 - 14   麻花钻

其前端为切削部分,有两条对称的主切削刃,导向部分边缘有两条副切削刃,主切削刃的夹角 2φ 成为顶角,标准麻花钻的顶角为118°。在钻头的顶部,两主后面的的交线形成横刃,横刃的前脚为负角,因此在钻削时,横刃在挤压、刮削工件,切削条件很差。由于切屑都从钻头的螺旋槽中排出,因此容易刮伤已加工表面。

钻削工艺特点:①钻头容易偏斜。由于横刃的影响定心不准,切入时钻头容易引偏;且钻头的刚性和导向作用较差,切削时钻头容易弯曲。②孔径容易扩大。钻削时钻头两切削刃径向力不等将引起孔径扩大;卧式车床钻孔时的切入引偏也是孔径扩大的重要原因;此外钻头的径向跳动等也是造成孔径扩大的原因。③孔的表面质量较差。钻削切屑较宽,在孔内被迫卷为螺旋状,流出时与孔壁发生摩擦而刮伤已加工表面;钻削时轴向力大。这主要是由钻头的横刃引起的。试验表明,钻孔时50%的轴向力和15%的扭矩是由横刃产生的。因此,当钻孔直径 $d > 30$ mm 时,一般分两次进行钻削。第一次钻出 $(0.5 \sim 0.7)d$,第二次钻到所需的孔径。由于横刃第二次不参加切削,故可采用较大的进给量,使孔的表面质量和生产率均得到提高。

2. 扩孔

扩孔是用扩孔钻对已钻出的孔做进一步加工,以扩大孔径并提高精度和降低表面粗糙度。扩孔可达到的尺寸公差等级为IT11 ~ IT10,表面粗糙度为 Ra 12.5 ~ 6.3 μm,属于孔的半精加工方法,常作铰削前的预加工,也可作为精度不高的孔的终加工。扩孔方法如图 10 - 15 所示。

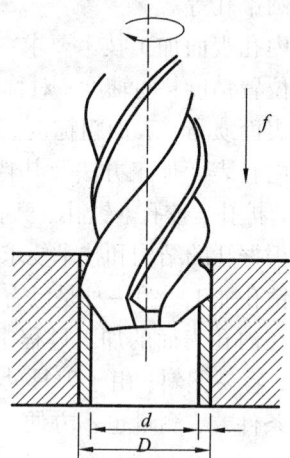

图 10 - 15   扩孔

扩孔钻的结构与麻花钻相比有以下特点:①刚性较好。由于扩孔的切削深度小,切屑少,扩孔钻的容屑槽浅而窄,钻芯直径较大,增加了扩孔钻工作部分的刚性。②导向性好。扩孔钻有 3 ~ 4 个刀齿,刀具周边的棱边数增多,导向作用相对增强,切削条件较好。扩孔钻无横刃参加切削,切削轻快,可采用较大的进给量,生产率较高;又因切屑少,排屑顺利,不易刮伤已加工表面。

因此扩孔与钻孔相比,加工精度高,表面粗糙度较低,且可在一定程度上校正钻孔的轴线误差。此外,适用于扩孔的机床与钻孔相同。

3. 铰孔

铰孔是在半精加工(扩孔或半精镗)的基础上对孔进行的一种精加工方法。铰孔的尺寸公差等级可达 IT9 ~ IT6,表面粗糙度可达 Ra 3.2 ~ 0.2 μm。

铰孔的方式有机铰和手铰两种。在机床上进行铰削称为机铰,如图 10 – 16(a)所示;用手工进行铰削的称为手铰,如图 10 – 16(b)所示。

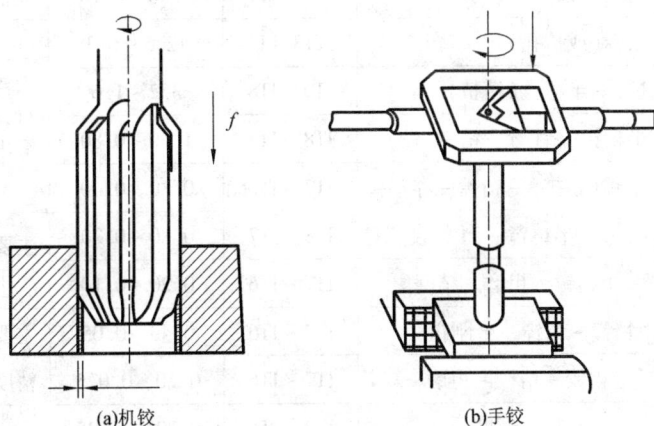

图 10 – 16 铰孔

铰削的工艺特点:铰孔的精度和表面粗糙度主要取决于铰刀的精度、铰刀的安装方式、加工余量、切削用量和切削液等条件。例如在相同的条件下,在钻床上铰孔和在车床上铰孔所获得的精度和表面粗糙度基本一致;铰刀为定径的精加工刀具,铰孔比精镗孔容易保证尺寸精度和形状精度,生产率也较高,对于小孔和细长孔更是如此。但由于铰削余量小,铰刀常为浮动联接,故不能校正原孔的轴线偏斜,孔与其他表面的位置精度则需由前工序或后工序来保证;铰孔的适应性较差。一定直径的铰刀只能加工一种直径和尺寸公差等级的孔,如需提高孔径的公差等级,则需对铰刀进行研磨。铰削的孔径一般小于 $\phi80$ mm,常用的在 $\phi40$ mm 以下。对于阶梯孔和盲孔则铰削的工艺性较差。

在内孔表面的加工过程中应该注意以下几点:刀具加工受被加工孔径限制,刀杆细、刚性差,容易偏斜;由于刀具处于被加工孔的包围之中,切削液很难进入切削区,散热、排屑、冷却条件差,测量也不方便。

4. 内孔表面加工方案

以上介绍了孔加工的常用加工方法、原理以及可达到的精度和表面粗糙度。但要达到孔表面的设计要求,一般只用一种加工方法是达不到的,往往要由几种加工方法顺序组合,即选用合理的加工方案。选择加工方案时应考虑零件的结构形状、尺寸大小、材料和热处理要求以及生产条件等,内孔表面的各种加工方案以及其能够达到的经济精度和表面粗糙度见表 10 – 3。

表 10 -3　内孔表面加工方案及其经济精度

序号	加工方案	精度级	表面粗糙度 $Ra/\mu m$	适用范围
1	钻	IT13 ~ IT11	> = 12.5	加工未淬火钢及铸铁的实心毛坯,也可用于加工有色金属(所得表面粗糙度 Ra 稍大)
2	钻 - 扩	IT11 ~ IT10	12.5 ~ 6.3	
3	钻 - 扩 - 铰空	IT9 ~ IT8	3.2 ~ 1.6	
4	钻 - 扩 - 粗铰 - 精铰	IT7	1.6 ~ 0.8	
5	钻 - 铰	IT10 ~ IT8	6.3 ~ 1.60	
6	钻 - 粗铰 - 精铰	IT8 ~ IT7	1.60 ~ 0.80	
7	钻 - (扩) - 拉	IT9 ~ IT7	1.60 ~ 0.10	大批量生产
8	粗镗(或扩孔)	IT13 ~ 11	12.5 ~ 6.3	除淬火钢外的各种钢材,毛坯上已有铸出或锻出孔
9	粗镗(扩) - 半精镗(精扩)	IT9 ~ IT8	3.2 ~ 1.6	
10	粗镗(扩) - 半精镗(精扩) - 精镗(铰)	IT8 ~ IT7	1.60 ~ 0.80	
11	粗镗(扩) - 半精镗(精扩) - 精镗 - 浮动镗	IT7 ~ IT6	0.80 ~ 0.40	
12	粗镗(扩) - 半精镗 - 磨	IT8 ~ IT7	0.80 ~ 0.20	主要用于淬火钢,不宜用于有色金属
13	粗镗(扩) - 半精镗 - 粗磨 - 精磨	IT7 ~ IT6	0.20 ~ 0.10	
14	粗镗 - 半精镗 - 精镗 - 金刚镗	IT7 ~ IT6	0.40 ~ 0.05	主要用于有色金属
15	钻 - (扩) - 粗铰 - 精铰 - 珩磨	IT7 ~ IT6	0.20 ~ 0.025	精度要求很高的孔,若以研磨代替珩磨,精度可达 IT6 以上,Ra 可达 0.10 ~ 0.01
16	钻 - (扩) - 拉 - 珩磨	IT7 ~ IT6	0.20 ~ 0.025	
17	粗镗 - 半精镗 - 精镗 - 珩磨	IT7 ~ IT6	0.20 ~ 0.025	

10.4　螺纹加工

螺纹加工

　　螺纹指在圆柱表面或圆锥表面上,沿着螺旋线形成的,具有相同断面的连续凸起的沟槽。目前螺纹广泛应用于机械零件的紧固连接和传递扭矩。螺纹根据其在母体的分布分为内螺纹和外螺纹两类,螺纹分布在母体外表面的叫外螺纹,在母体内表面的叫内螺纹。目前在实际的生产加工中,常用的加工内外螺纹的方法是切削加工和滚压加工。

1. 螺纹切削加工

(1)螺纹切削。

　　一般指用成形刀具或磨具在工件上加工螺纹的方法,主要有车削、铣削、攻丝、套丝、磨削、研磨和旋风切削等。车削、铣削和磨削螺纹时,工件每转一转,机床的传动链保证车刀、铣刀或砂轮沿工件轴向准确而均匀地移动一个导程。在攻丝或套丝时,刀具(丝锥或板牙)与工件做相对旋转运动,并由先形成的螺纹沟槽引导着刀具(或工件)做轴向移动。

(2)螺纹车削。

　　在车床上车削螺纹可采用成形车刀或螺纹梳刀(见螺纹加工工具)。用成形车刀车削螺

234

纹，由于刀具结构简单，是单件和小批生产螺纹工件的常用方法；用螺纹梳刀车削螺纹，生产效率高，但刀具结构复杂，只适于中、大批量生产中车削细牙的短螺纹工件。普通车床车削梯形螺纹的螺距精度一般只能达到 8 ~ 9 级（JB2886 - 81，下同）；在专门化的螺纹车床上加工螺纹，生产率和精度可显著提高。

（3）螺纹铣削。

在螺纹铣床上用盘形铣刀或梳形铣刀进行铣削。盘形铣刀主要用于铣削丝杆、蜗杆等工件上的梯形外螺纹。梳形铣刀用于铣削内、外普通螺纹和锥螺纹，由于是用多刃铣刀铣削、其工作部分的长度又大于被加工螺纹的长度，故工件只需要旋转 1.25 ~ 1.5 转就可加工完成，生产率很高。螺纹铣削的螺距精度一般能达 8 ~ 9 级，表面粗糙度为 $Ra12.5 ~ 1.6 \ \mu m$。这种方法适用于成批生产一般精度的螺纹工件或磨削前的粗加工。

（4）螺纹磨削。

主要用于在螺纹磨床上加工淬硬工件的精密螺纹。按砂轮截面形状不同分单线砂轮磨削和多线砂轮磨削两种。单线砂轮磨削能达到的螺距精度为 5 ~ 6 级，表面粗糙度为 $Ra1.6 ~ 0.8 \ \mu m$，砂轮修整较方便。这种方法适用于磨削精密丝杠、螺纹量规、蜗杆、小批量的螺纹工件和铲磨精密滚刀。多线砂轮磨削又分纵磨法和切入磨法两种。纵磨法的砂轮宽度小于被磨螺纹长度，砂轮纵向移动一次或数次行程即可把螺纹磨到最后尺寸。切入磨法的砂轮宽度大于被磨螺纹长度，砂轮径向切入工件表面，工件约转 1.25 转就可磨好，生产率较高，但精度稍低，砂轮修整比较复杂。切入磨法适于铲磨批量较大的丝锥和磨削某些紧固用的螺纹。

2. 螺纹滚压加工

螺纹滚压是用成形滚压模具使工件产生塑性变形以获得螺纹的加工方法。螺纹滚压一般在滚丝机、搓丝机或在附装自动开合螺纹滚压头的自动车床上进行，适用于大批量生产标准紧固件和其他螺纹联接件的外螺纹。滚压螺纹的外径一般不超过 25 mm，长度不大于 100 mm，螺纹精度可达 2 级（GB197 - 63），所用坯件的直径大致与被加工螺纹的中径相等。滚压一般不能加工内螺纹，但对材质较软的工件可用无槽挤压丝锥冷挤内螺纹（最大直径可达 30 mm 左右），工作原理与攻丝类似。冷挤内螺纹时所需扭距约比攻丝大 1 倍，加工精度和表面质量比攻丝略高。

螺纹滚压的优点是：表面粗糙度小于车削、铣削和磨削；滚压后的螺纹表面因冷作硬化而能提高强度和硬度；材料利用率高；生产率比切削加工快（成倍增长），且易于实现自动化；滚压模具寿命很长。但滚压螺纹要求工件材料的硬度不超过 HRC40；对毛坯尺寸精度要求较高；对滚压模具的精度和硬度要求也高，制造模具比较困难；不适于滚压牙形不对称的螺纹。

10.5　齿轮齿形的加工

齿轮作为常用的机械元件，广泛地运用在机械传动装置中，小至钟表用齿轮，大至船舶涡轮机用的大型齿轮，都能通过选配齿数组合，获得任意且正确的传动比。它具有功率范围大、传动效率高、圆周速度高、传动准确、使用寿命长、结构尺寸小等特点，已成为许多机械产品不可缺少的传动部件，也是机器中所占比重最大的传动形式。齿轮的质量直接影响到机电产品的工作性能、承载能力、使用寿命和工作精度等。常用的齿

齿轮加工

轮副有圆柱齿轮、圆锥齿轮及蜗杆蜗轮等，如图 10 - 17 所示。其中，外啮合直齿圆柱齿轮是最基本的，也是应用最多的。

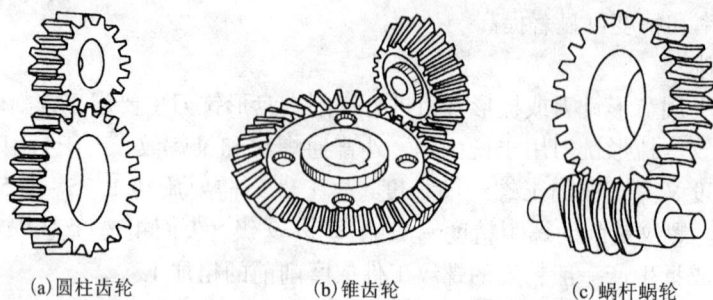

(a)圆柱齿轮　　　　　　(b)锥齿轮　　　　　　(c)蜗杆蜗轮

图 10 - 17　齿轮

1. 齿轮加工方法

齿轮齿形的加工方法，有无切屑加工和切削加工两大类。无切屑加工方法有热轧、冷挤、模锻、精密铸造和粉末冶金等。切削加工方法可分为成形法和展成法两种。本章主要介绍圆柱齿轮的切削加工方法（表 10 - 4）。

表 10 - 4　圆柱齿轮工艺方法与加工精度表

工艺方法		工艺方法简图	加工精度	机床	刀具	刀具刃磨设备	加工特点
滚齿			6 ~ 9	滚齿机 Y3180H/1 ZWF50 （德国）	齿轮滚刀	滚刀磨	生产率高，通用性大，连续分度滚齿，运动误差易保证
铣齿	盘状铣刀铣齿		8 ~ 9	滚齿机 Y30200A 铣床 X63W	盘状成形铣刀	工具磨床	切削效率高，刀具价格较低

236

续表 10 – 4

工艺方法		工艺方法简图	加工精度	机床	刀具	刀具刃磨设备	加工特点
铣齿	指状铣刀铣齿	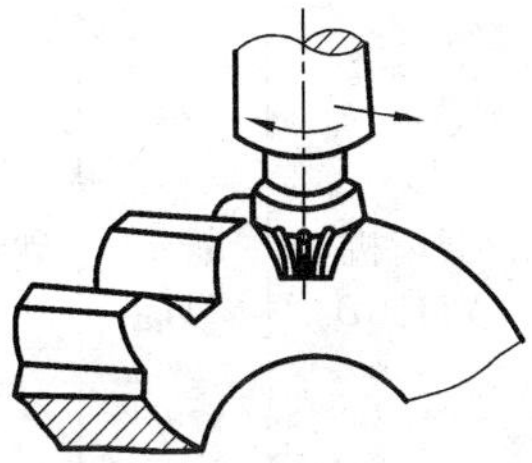	8 ~ 9	滚齿机 Y31200A 铣齿机 OKH35(捷克)	指状成形铣刀	工具磨床(仿形)	切削效率较高,刀具价格低,可加工无退刀槽的人字齿轮
插齿		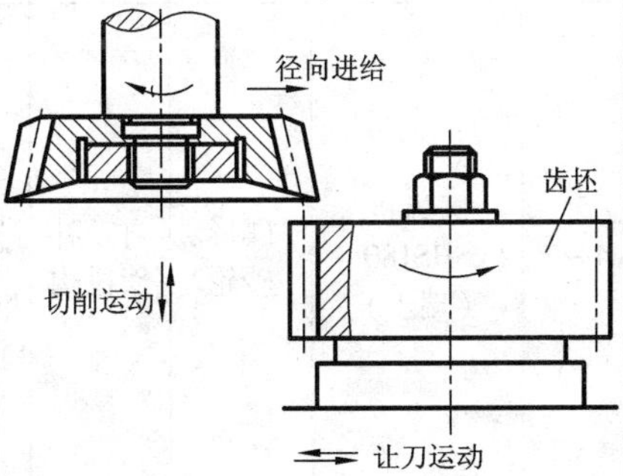	6 ~ 8	插齿机 Y5150 88—16 (美国)	插齿刀	插齿刀磨床	适用于中小模数齿轮加工,生产率较高,通用性好,广泛用于内齿轮、双联及多联齿轮加工
梳齿		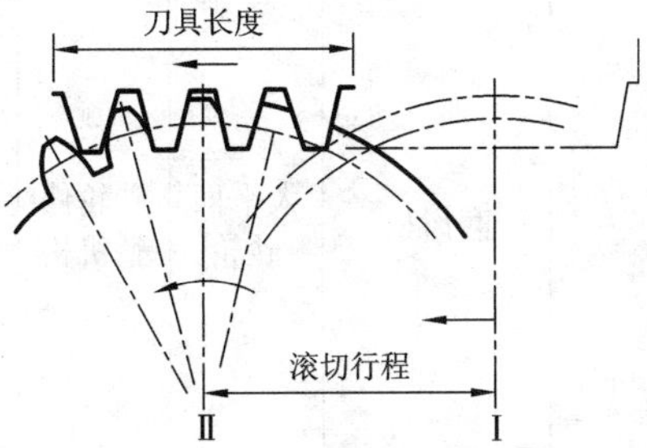	6 ~ 8	梳齿机 SH – 100 (瑞士)	梳刀	平面磨床及万能工具磨	齿形加工精度高,适用范围广,刀具制造较易,价格便宜
磨齿	成形砂轮磨齿	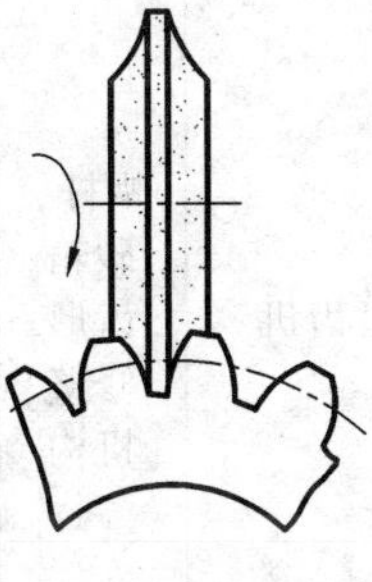	7 ~ 8	磨齿机	成形砂轮	砂轮修形机构	生产率很高,砂轮是专用的,适用于较大批量生产齿轮

237

工艺方法	工艺方法简图	加工精度	机床	刀具	刀具刃磨设备	加工特点
锥形砂轮磨齿	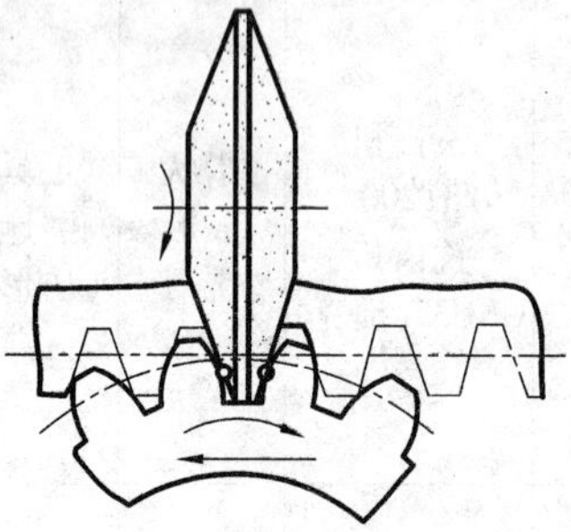	5～7	磨齿机 Y7150D	锥形砂轮	砂轮修整机构	生产率较高,生产准备和调整都较简单
碟形砂轮磨齿	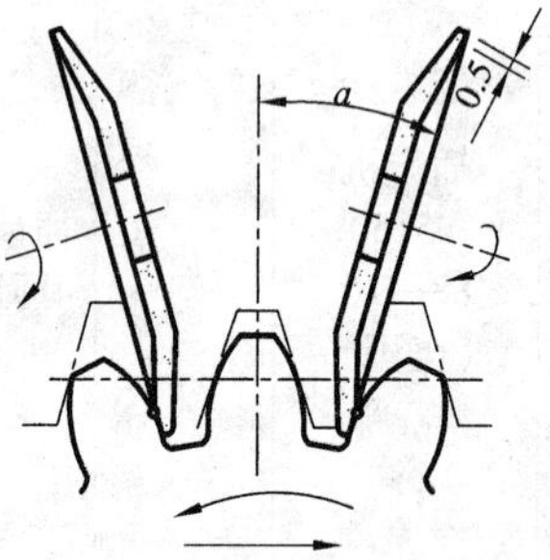	4～7	磨齿机 SHS180(瑞士)	碟形砂轮	自动补偿机构	采用碟形砂轮的棱边磨削不加冷却液,生产率较低
大平面砂轮磨齿	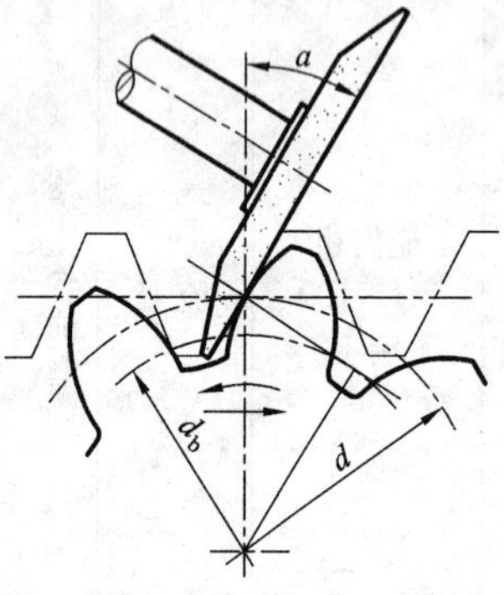	4～7	磨齿机	大平面砂轮	砂轮修整机构	一次安装只能磨一侧齿面,干磨、磨削用量小,生产率低
蜗杆砂轮磨齿	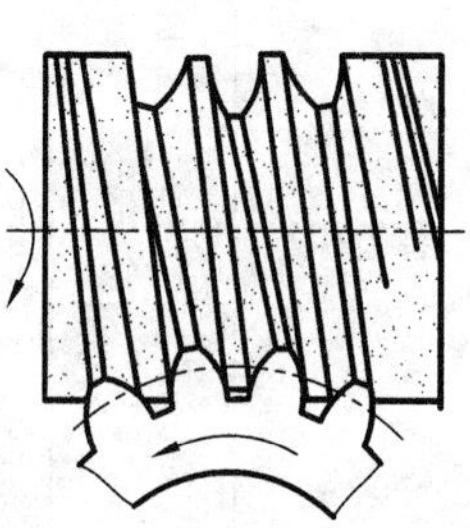	5～7	磨齿机	蜗杆、砂轮齿形修整机构	蜗杆、砂轮齿形修磨机构	生产率很高,特别适用于成批生产和大量生产

磨齿

238

续表 10 - 4

工艺方法		工艺方法简图	加工精度	机床	刀具	刀具刃磨设备	加工特点
磨齿	环面蜗杆砂轮磨齿	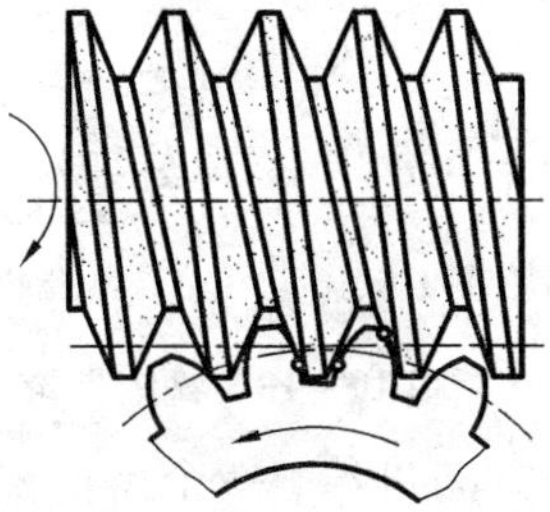	6 ~ 7	磨齿机	环面蜗杆砂轮	环面蜗杆砂轮金刚石镀层修形工具	生产效率最高，特别适用于大量生产
剃齿			5 ~ 7	剃齿机 Y4236	剃齿刀	剃齿刀磨齿机	主要用于齿轮的滚插预加工后的粗加工。和磨齿相比，具有效率高、成本低、齿面无烧伤和裂纹等优点
挤齿			7 ~ 8	挤齿机	挤轮	齿轮磨床（多采用大平面砂轮磨齿机）	多用于齿形精加工，以代替剃齿，生产率比剃齿高
珩齿			6 ~ 8	珩齿机 Y4632	珩磨轮	金刚石笔或珩轮修整器	效率高，成本低，表面质量好，齿面无烧伤，尤其适用于作硬齿面滚插后改善表面粗糙度的后续工序

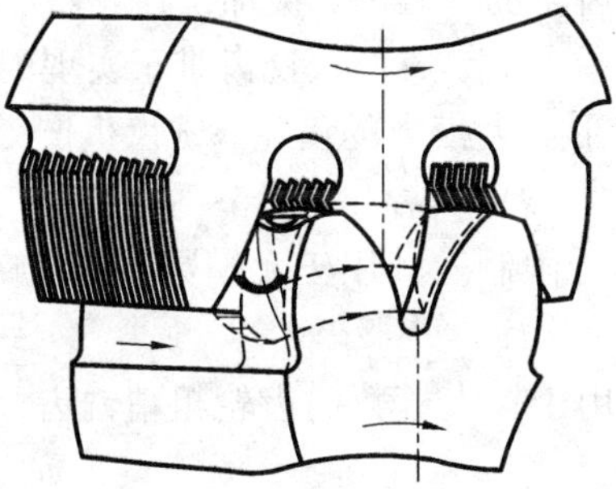

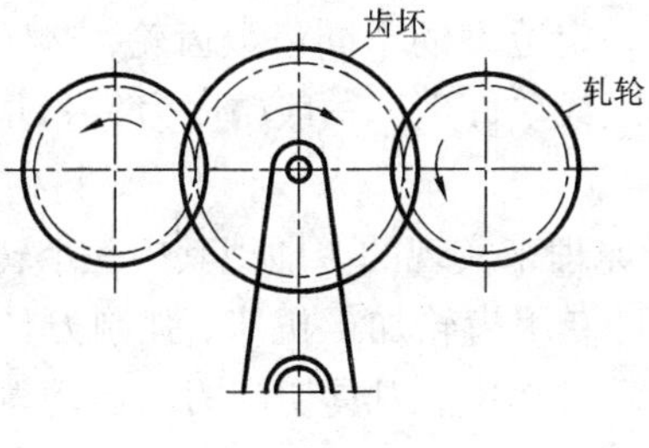

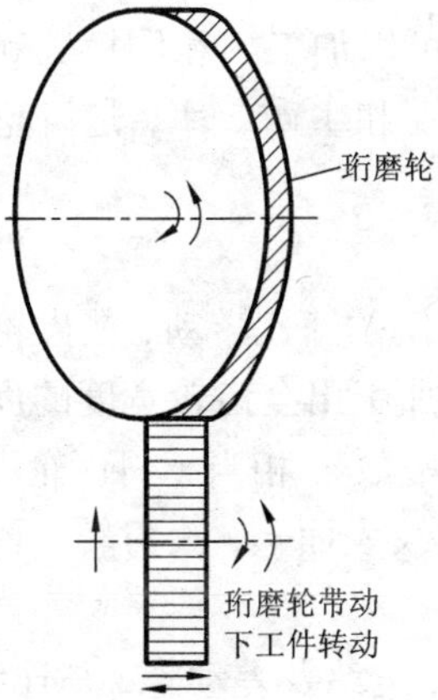

2. 成形法

成形法加工齿轮齿形的原理是利
用与被加工齿轮齿槽法向截面形状相
符的成形刀具，在齿坯上加工出齿形的
方法。成形法加工齿轮的方法有铣齿、
拉齿、插齿及磨齿等，其中最常用的方
法是在普通铣床上用成形铣刀铣削
齿形。

铣齿属成形法加工齿轮，刀具的截

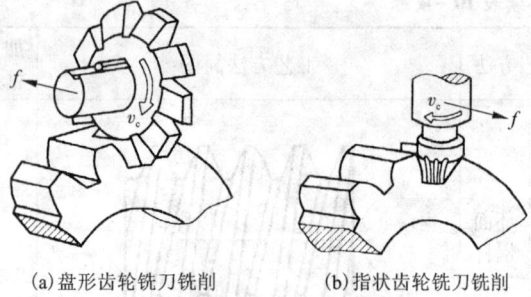

(a)盘形齿轮铣刀铣削　　　(b)指状齿轮铣刀铣削

图 10-18　铣削齿轮

形与被加工齿轮的齿槽形状相同，刀具沿齿轮的齿槽方向进给，一个齿槽铣完，被加工齿轮
分度后，再铣第二个齿槽，齿轮的齿节距由分度控制。铣斜齿轮，铣刀的进给运动配合被加
工齿轮转动，运动关系是：进给距离等于被加工齿轮的导程时，被加工齿轮转一转。由于齿
轮的齿槽形状与齿轮的齿数、修正量甚至齿厚公差有关，成形法铣齿难于实现刀具齿形与被
加工齿轮齿槽都相同，实际上铣齿大都是近似齿形。大模数的齿轮，铣齿生产效率较高，铣
齿广泛用于粗切齿。

(1)片(盘状)铣刀铣齿。齿轮的模数大小不受限制。其用于大模数、大螺旋角、多齿数
的齿轮粗铣齿，比普通滚刀粗切齿生产效率高。

(2)指形刀铣齿。刀具制造比较简便，其适用于较大模数的齿轮粗精铣齿，可加工齿面
中间和无退刀槽的人字齿轮。

用铣床加工齿轮的优点是机床和刀具简单，加工的齿轮成本低。缺点是辅助时间长，生
产率低，又由于使用同一刀号的盘铣刀可以加工一定范围的不同齿数齿轮，这样会产生齿形
误差，所以加工齿轮的精度低。铣齿主要用于修配或单件生产一般精度为 9~11 级的齿轮。

3. 展成法

展成法加工齿轮齿形是利用一对齿轮啮合的原理来实现的。即把其中一个转化为具有切
削能力的齿轮刀具，另一个转化为被切工件，通过专用齿轮加工机床，强制刀具和工件做严
格的啮合运动(展成运动)，从而加工齿形，在运动过程中，刀具切削刃的运动轨迹逐渐包络
出工件的齿形。

展成法加工齿轮，以一定模数和压力角的刀具，可以加工出相同模数和压力角而齿数不
同的齿轮，其加工过程是连续的，具有较高的加工精度和生产效率，是齿轮齿形主要的加工
方法。滚齿和插齿是展成法中最常见的两种加工方法。

(1)滚齿。

在滚齿机上用滚刀滚齿。滚刀和被加工齿轮按一定的速比转动，在齿轮的端截面上连续
加工出整圈的齿，滚刀沿着齿轮的轴心线方向进给，加工出全齿轮宽度的齿。滚刀相当于一
个螺旋角很大的斜齿轮与被切齿轮做空间啮合，滚刀头数 z_1 相当于斜齿轮齿数；滚齿的啮合
关系，也可比作蜗杆副的啮合，滚刀刃位于蜗杆的螺纹表面上，滚刀转一圈，被加工齿轮转
z_1/z 圈。

滚齿机滚齿的滚刀主切削运动、齿形展成、分度、进给及差动等，是连续并同时进行的。
加工斜齿轮时，滚刀的进给与螺旋导程相关，运动关系是：进给距离等于齿轮的螺旋导程时，
差动使齿轮转一圈。一种滚刀可以加工模数相同，齿数、螺旋角和变位量不同的多种齿轮。

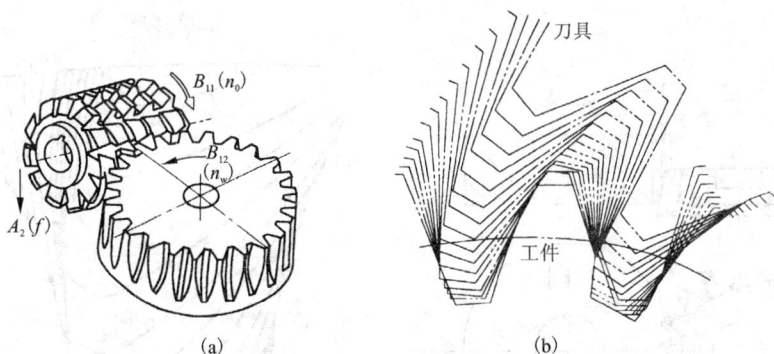

图 10 – 19　滚齿和插齿

极小的仪表齿轮和很大的重型矿山齿轮都可以滚齿,生产效率较高,加工齿节距误差较小,质量比较稳定。

　　滚齿法加工工艺特点:滚齿加工的精度等级可达 7 级;由于滚齿连续切割,故生产率高;其不仅能加工直齿圆柱齿轮,还可以加工斜齿圆柱齿轮和蜗轮,但不能加工内齿轮和多连齿轮。缺点是设备和滚刀价格较贵。

　　(2)插齿。

　　插齿属于展成法。插齿需要在专用的插齿机上用插齿刀进行加工。插齿机主要由工作台、刀架、横梁和床身等部分组成,如图 10 – 20 所示。

　　插齿加工相当于一对齿轮做无侧隙啮合运动,插齿刀与齿轮坯之间严格按照一对齿轮的啮合速比强制传动(即插齿刀转过一个齿,齿轮坯也相当于转过一个齿的角度)的同时,插齿刀做上下往复运动进行切削(其刀齿侧面所形成的包络线,即为被切齿的渐开线齿轮)。

　　插齿加工工艺特点:插齿精度高可达 7 级,不仅可以加工直齿圆柱齿轮,还可以加工内齿轮和多联齿轮。广泛用于加工直齿

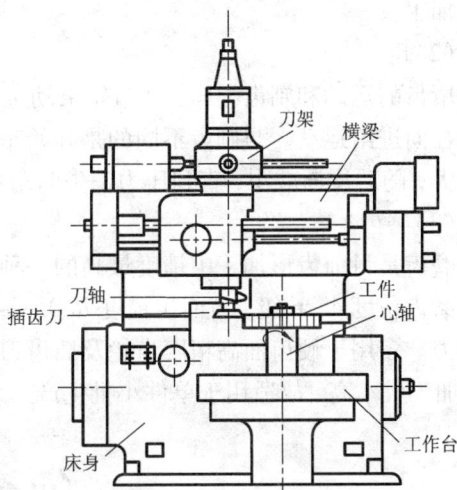

图 10 – 20　插齿机

轮,也可加工斜齿轮及人字齿轮,采取相应措施还可以加工齿条。其缺点是设备和插齿刀较贵。

　　3. 齿形的其他加工方法

　　(1)剃齿。

　　在剃齿机上用剃齿刀剃齿,是齿轮精加工的一种方法,剃齿刀相当于齿面上开了很多刃的斜齿轮。它带动被加工齿轮相对转动,如同交错轴齿轮啮合,靠齿面上的相对滑动,剃齿刀切去齿面上很薄的一层金属,完成齿轮的精加工,剃齿机溜板的调整保证齿轮的齿向加工

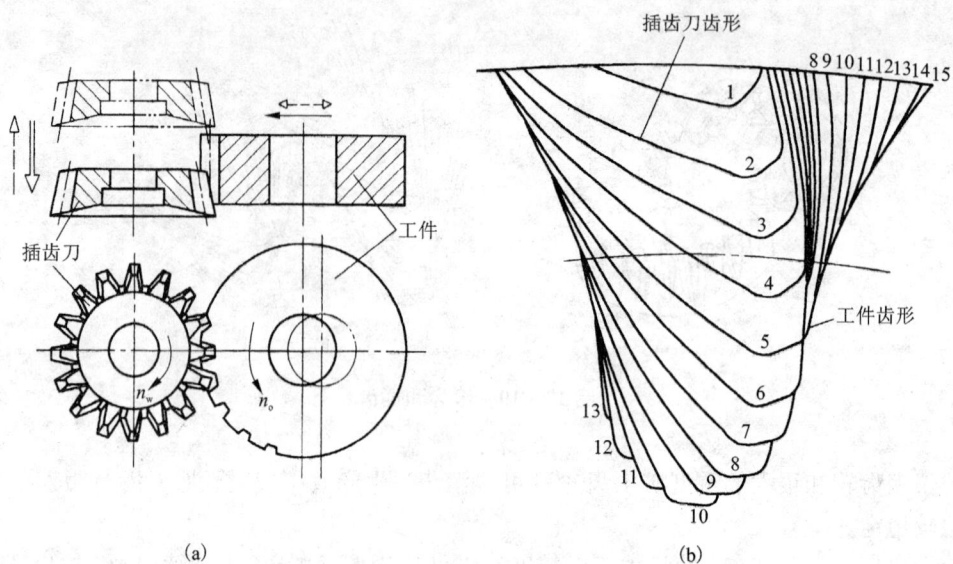

图 10-21　插齿原理

正确。剃齿精度受剃前齿加工的精度限制。剃齿生产效率较高,适用于滚齿、插齿后的软齿面精加工。

（2）珩齿。

珩齿的运动和剃齿相同,即珩轮带动工件高速正、反向转动,工件沿轴向做往复运动及工件径向进给运动。与剃齿不同的是开始车削后一次径向进给到预定位置,故开始时齿面压力较大,随后逐渐减小,直到压力消失时珩齿运动便结束。

（3）磨齿。

磨齿是目前齿形加工中精度最高的一种方法。它既可磨削未淬硬齿轮,也可磨削淬硬齿轮。磨齿精度 4~6 级,齿面粗糙度 $Ra0.8~0.2~\mu m$。对齿轮误差及热处理变形有较强的修正能力。多用于硬齿面高精度齿轮及插齿刀、剃齿刀等齿轮刀具的精加工。其缺点是生产率低、加工成本高,故适用于单件小批生产。

思考练习题

1. 平面加工的主要技术要求有哪些?

2. 加工平面有哪些方法?简要分析各自的特点。

3. 磨削为什么能达到高精度、低表面粗糙度?

4. 外圆表面加工的技术要求有哪些?

5. 简述无心磨削和外圆磨削的特点。

6. 试分析钻孔、扩孔和铰孔三种孔加工方法的工艺特点,并说明这三种孔加工工艺之间的联系。

242

7.螺纹的切削加工主要有哪些方法？其特点是什么？

8.螺纹的滚压加工与切削加工相比有哪些优缺点？

9.若要生产一批精度为 IT 8 的外啮合直齿圆柱齿轮，该如何选择加工方法？其特点是什么？

10.简述展成法加工齿轮齿形的原理。

第11章
机械加工工艺

机械加工工艺指采用各种机械加工方法，直接改变毛坯的形状、尺寸、表面粗糙度以及力学性能，使之成为合格零件的全部过程。规定零件机械加工工艺过程的文件称为机械加工工艺规程。机械加工工艺规程设计是产品设计和制造过程的中间环节，是企业生产活动的核心，也是进行生产管理的重要依据，其设计的好坏对保证加工质量、提高加工效率、降低生产成本具有决定意义。

11.1 基本概念

11.1.1 生产过程和工艺过程

机械产品制造时，将原材料或半成品变为产品的全部劳动过程，称为生产过程。生产过程主要包括：生产技术准备、原材料及半成品的采购、毛坯制造、零件加工、产品的装配调试等工作。

生产过程中，直接改变生产对象的尺寸、形状、性能以及相对位置关系的过程，称为工艺过程。工艺过程是生产过程的重要组成部分，可以分为铸造、锻造、冲压、焊接、机械加工、装配等工艺过程，本章只研究机械加工工艺过程。

机械加工工艺过程指用机械加工的方法逐步改变毛坯的形态，使其成为合格零件的全部过程。一般由按一定顺序排列的若干个工序组成，每一个工序又可细分为安装、工位、工步和走刀。

1. 工序

工序指在一个工作地点，由一个或一组工人对一个或同时对数个工件所连续完成的那一部分工艺过程。工作地点、操作工人、加工对象和连续作业构成了工序的4个要素，若其中任一要素发生变更，即成为另一工序。工序是组成工艺过程的基本单元，也是编制生产计划和进行经济核算的基本单元。

零件的工艺过程由一系列工序所组成，零件的材料、结构特点、精度要求、技术条件、生产类型以及工厂的现场生产条件是设计零件工艺过程的主要依据。

2. 安装

在一道工序中，工件在加工位置上装夹一次或多次，工件每经一次装夹后所完成的那部分工序内容称为安装。工件在加工中应尽量减少装夹的次数，因为每一次装夹都需要装夹时间，还会产生装夹误差。

3．工位

为减少工件装夹的次数，常采用各种回转工作台、回转夹具或移动夹具，使工件在一次装夹中先后处于几个不同的位置进行加工。在每一次装夹中，工件在机床上所占据的每一个位置称为一个工位。图 11 − 1 是通过立轴式回转工作台使工件变换加工位置的例子。在该例中，工件在机床上先后占据 4 个不同位置，即装卸、钻孔、扩孔和铰孔，称为 4 个工位。

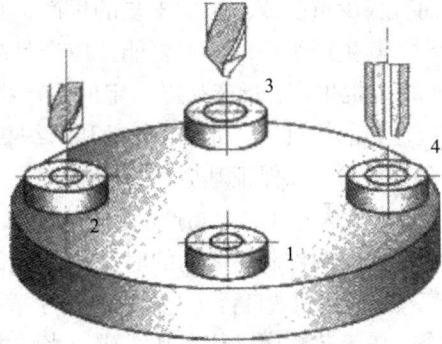

图 11 − 1　多工位加工
1—装卸工件；2—钻孔；3—扩孔；4—铰孔

4．工步

工步指在工件被加工表面、切削刀具都不变的情况下所连续完成的那部分工序，其中任一因素改变后即构成新的工步。工步是工序的主要组成部分。一个工序可以有几个工步。为了简化工艺文件，对于那些连续进行的若干个相同的工步，通常都看成一个工步。对于在一个工步内，用几把刀具同时加工几个不同表面，也可看作一个工步，称为复合工步。采用复合工步可以提高生产效率。

5．走刀

切削工具在被加工表面上移动一次，切下一层金属的过程称为走刀。如零件被加工表面的加工余量较大，则在一个工步中要分几次走刀。

11.1.2　生产类型及其工艺特点

机械产品的制造过程是一个复杂过程，需要经过一系列的加工过程和装配过程才能完成。尽管各种机械产品的结构、精度要求等相差很大，但它们的制造工艺则存在着许多共同特征，这些共同的特征取决于产品的生产类型和生产纲领。

1．生产纲领

生产纲领是企业根据市场需求和自身的生产能力决定的在计划期内应当生产产品的产量和进度计划。计划期常定为一年，所以生产纲领也常称为年产量。

从市场的角度看，产品的生产纲领取决于市场对该产品的需求、企业在市场上所能占有的份额以及该产品在市场上的销售和寿命周期。零件的生产纲领是根据产品的生产纲领、零件在该产品中的数量，并考虑备品和废品的数量而确定的。

2．生产类型

生产组织管理类型简称生产类型，它是企业生产专业化程度的分类。划分生产类型的根据是生产纲领。生产批量则指每一次投入或产出的同一种产品（或零件）的数量。生产批量可根据零件的年产量及一年中的生产批数计算确定。一年的生产批数根据用户的需要、零件的特征、流动资金的周转、仓库容量等具体确定。

根据零件的生产批量和结构特点可以将其划分为单件生产、成批生产和大量生产三种类型，其中成批生产又可分为小批、中批和大批生产三种类型。从工艺特点上看，单件生产与小批生产相似，常合称为单件小批生产；大批生产和大量生产相似，常合称为大批大量生产。生产批量的不同导致企业生产专业化程度的不同。

（1）单件小批生产：指制造的产品数量不多，生产中各个工作地的加工对象经常发生改变，而且很少重复或不定期重复的生产，如新产品的试制、专用设备的制造等。在单件小批生产时，其生产组织的特点要能适应产品品种的灵活多变。

（2）中批生产：指产品以一定的生产批量成批地投入生产，并按一定的时间间隔周期性地重复生产，如机床、机车、电机和纺织机械的制造等。在中批生产中，采用通用设备和专业设备相结合，以保证其生产组织满足一定的灵活性和生产率的要求。

（3）大批大量生产：指产品的产量很大，大多数工作地按照一定的生产节拍(在流水生产中，相继完成两件制品之间的时间间隔)长期进行某种零件的某一工序的重复加工，如标准件、汽车、拖拉机、自行车、缝纫机和手表的制造等。在大批大量生产时，广泛采用自动化专用设备，按工艺顺序进行自动线或流水线方式组织生产，生产组织形式的灵活性较差。

生产类型的具体划分可根据生产纲领和零件的特征或工作地每月担负的工序数确定。

表 11-1 给出了各种生产类型的划分。同一企业或车间可能同时存在几种生产类型的生产。判断企业或车间的生产类型，应根据企业或车间中占主导地位的工艺过程的性质确定。

表 11-1　各种生产类型的划分

生产类型	生产纲领/(台·年$^{-1}$或件·年$^{-1}$)			工作地每月担负的工序数/(工序数·月$^{-1}$)
	小型机械或轻型零件	中型机械或中型零件	重型机械或重型零件	
单件生产	≤100	≤10	≤5	不作规定
小批生产	>100~500	>10~150	>5~100	>20~40
中批生产	>500~5000	>150~500	>100~300	>10~20
大批生产	>5000~50000	500~5000	>300~1000	>1~10
大量生产	>50000	>5000	>1000	1

注：小型机械、中型机械和重型机械可分别以缝纫机、机床和轧钢机为代表。

3. 工艺特征

生产类型不同，产品和零件的制造工艺、所用设备及工艺装备、采取的技术措施、达到的技术经济效果等也不同。各种生产类型的工艺特征见表 11-2。

在制订零件机械加工工艺规程时，应先确定生产类型，再分析该生产类型的工艺特征，以使所制订的工艺规程正确合理。

表 11-2　各种生产类型的工艺特征

工艺特征	生产类型		
	单件小批生产	中批生产	大批大量生产
零件的互换性	用修配法，钳工修配，缺乏互换性	大部分具有互换性。装配精度要求高时，灵活运用分组装配法和调整法，同时还保留某些修配法	具有广泛的互换性。少数装配精度较高处，采用分组装配法和调整法

246

续表 11-2

工艺特征	生产类型		
	单件小批生产	中批生产	大批大量生产
毛坯的制造方法与加工余量	木模手工造型或自由锻造。毛坯精度低,加工余量大	部分采用金属模铸造或模锻。毛坯精度和加工余量中等	广泛采用金属模造型、模锻或其他高效方法。毛坯精度高,加工余量小
机床设备及其布置形式	通用机床。按机床类别采用机群式布置	部分通用机床和通用机床。按工件类别分工段排列设备	广泛采用高效专用机床及自动机床。按流水线和自动线排列设备
工艺装备	大多采用通用夹具、标准附件、通用刀具和万能量具。靠划线和试切法达到精度要求	广泛采用夹具,部分靠找正装夹达到精度要求。较多采用专用刀具和量具	广泛采用高效专用夹具、复合刀具、专用量具或自动检验装置。靠调整法达到精度要求
对工人技术要求	需技术水平较高的工人	需一定技术水平的工人	对调整工人的技术水平要求高,对操作工人的技术水平要求较低
工艺文件	有工艺过程卡,关键工序要工序卡	有工艺过程卡,关键零件要工序卡	有工艺过程卡和工序卡,关键工序要调整卡和检验卡
成本	较高	中等	较低

11.2　工件的安装与夹具

在进行机械加工时,把工件放在机床上,使它在夹紧之前就占有一个正确的位置,称为定位。在加工过程中,为了使工件能承受切削力,并保持其正确的位置,还必须把它压紧或夹牢。从定位到夹紧的整个过程,称为安装。

11.2.1　工件的安装

安装的正确与否直接影响加工精度。安装是否方便和迅速,又会影响辅助时间的长短,从而影响加工的生产率。因此,工件的安装对于加工的经济性、质量和效率有着重要的作用,必须给予足够的重视。

在各种不同的生产条件下加工时,工件可能有不同的安装方法,但归纳起来大致可以分为直接安装法和利用专用夹具安装法两类。

1. 直接安装法

工件直接安放在机床工作台或者通用夹具(如三爪卡盘、四爪卡盘、平口虎钳、电磁吸盘等标准附件)上,有时不另行找正即夹紧,有时则需要根据工件上某个表面或划线找正工件,再行夹紧。

用这种方法安装工件时,找正比较费时,且定位精度的高低主要取决于所用工具或仪表的精度以及工人的技术水平,定位精度不易保证,生产率较低,所以通常仅适用于单件小批生产。

2. 利用专用夹具安装法

工件安装在为其加工专门设计和制造的夹具中，无需进行找正，就可以迅速而可靠地保证工件对机床和刀具的正确位置，并可迅速夹紧。由于夹具的设计、制造和维修需要一定的投资，所以只有在成批生产或大量生产中，才能取得比较好的效益。

对于单件小批生产，当采用直接安装法难以保证加工精度，或非常费工时，也可以考虑采用专用夹具安装。例如，为了保证车床床头箱箱体各纵向孔的位置精度，在镗纵向孔时，若单靠人工找正，既费事，又很难保证精度要求，因此，有条件的话可考虑使用镗模夹具，如图 11 -2 所示。

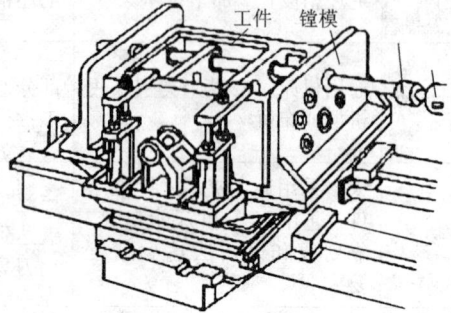

图 11 -2 用镗模镗孔

11.2.2 夹具简介

夹具是加工工件时，为完成某道工序，用来正确迅速安装工件的装置。它对保证加工精度、提高生产效率和减轻工人劳动量有很大作用。

1. 夹具的种类

夹具一般按适用范围分类，有时也可按其他特征进行分类。按适用范围的不同，机床夹具通常可以分为通用夹具和专用夹具两大类。

(1)通用夹具。指结构已经标准化且有一定适用范围的夹具。这类夹具一般不需特殊调整就可以用于不同工件的装夹，它们的通用性较强。对于充分发挥机床的技术性能、扩大机床的使用范围起着重要作用。因此，有些通用夹具已成为机床的标准附件，随机床一起供应给用户。

(2)专用夹具。指为某一零件的加工而专门设计和制造的夹具，没有通用性。利用专用夹具加工工件，既可保证加工精度，又可提高生产效率。

此外，还可以按夹紧力源的不同，将夹具分成手动夹具、气动夹具、电动夹具和液压夹具等。单件小批生产中主要使用手动夹具，而成批和大量生产中则广泛采用气动、电动或液压夹具等。

2. 夹具的主要组成部分

图 11 -3 所示为一种轴用钻孔专用夹具。钻孔时，工件 4 以外圆面定位在夹具的长 V 形块 2 上，以保证所钻孔的轴线与工件轴线垂直相交。轴的端面与夹具上的挡铁 1 接触，以保证所钻孔的轴线与工件端面的距离。工件在夹具上定位之后，拧紧夹紧机构 3 的螺杆，将工件夹牢，即可开始钻孔。钻孔时，利用钻套 5 定位并引导钻头。

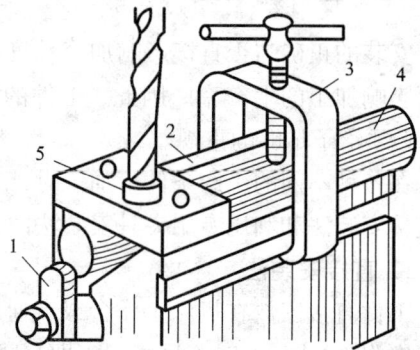

图 11 -3 轴用钻孔夹具
1—挡铁；2—V 形块；3—夹紧机构；
4—工件；5—钻套；6—夹具体

尽管夹具的用途和种类各不相同，但其主要结构组成与上例相似，可以概括为以下几个部分。

（1）定位元件。夹具上用来确定工件正确位置的零件称为定位元件，如图 11 - 3 所示夹具上的 V 形块和挡铁。常用的定位元件还有平面定位用的支承钉和支承板（图 11 - 4）、内孔定位用的心轴和定位销（图 11 - 5）等。

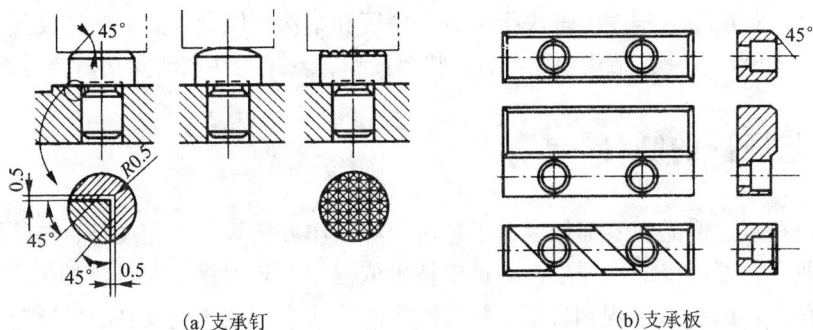

(a)支承钉　　　　　　　(b)支承板

图 11 - 4　平面定位用的定位元件

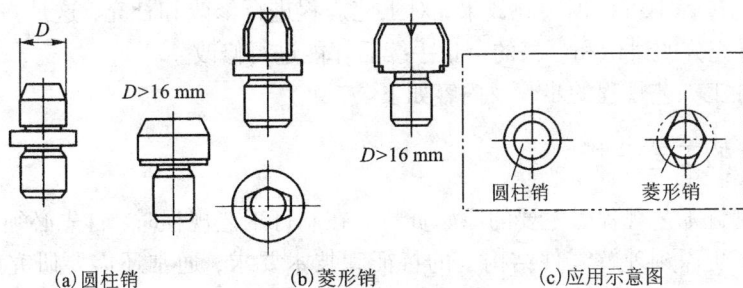

(a)圆柱销　　　(b)菱形销　　　(c)应用示意图

图 11 - 5　定位销

（2）夹紧机构。工件定位后，将其夹紧以承受切削力等作用的机构称为夹紧机构，如图 11 - 3 所示夹具上的螺杆和框架。常用的夹紧机构还有螺钉压板和偏心压板等（图 11 - 6）。

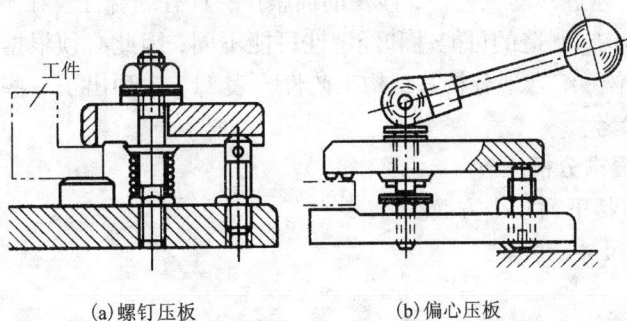

(a)螺钉压板　　　　　　(b)偏心压板

图 11 - 6　夹紧机构

（3）导向元件。用来对刀和引导刀具进入正确加工位置的零件称为导向元件，如图 11 - 3 所示夹具上的钻套。其他导向元件还有导向套、对刀块等。钻套主要用在钻床夹具上，导向套主要用在镗床夹具上，对刀块主要用在铣床夹具上。

（4）夹具体和其他部分。夹具体是夹具的基准零件，用它来连接并固定定位元件、夹紧机构和导向元件等，使之成为一个整体，并通过它将夹具安装在机床上。根据加工工件的要求，有时还在夹具上设有分度机构、导向键、平衡铁和操作件等其他部件。

工件的加工精度很大程度上取决于夹具的精度和结构。因此，整个夹具及其零件都要具有足够的精度和刚度，并且结构要紧凑，形状要简单，装卸工件和清除切屑要方便等。

11.3　工艺规程的制订

工艺规程是规定产品和零部件制造工艺过程和操作方法等的工艺文件，它是指导工人进行生产和企业有关部门组织管理生产的重要技术依据。工艺规程是在具体的生产条件下，确定最合理或较合理的制造过程和方法，并按规定的形式书写成工艺文件，指导制造过程。企业没有工艺规程就无法有效地组织生产，所以工艺规程的制定和产品设计同等重要。

工艺规程是制造过程的纪律性文件。工艺规程一旦制定实施，一切生产人员都不得违反。但在执行的过程中可根据实施效果，对工艺规程进行修改和补充，这是一项严肃认真的工作，必须经过充分的讨论和严格的审批手续后才能进行修改。

制订机械加工工艺规程的步骤及内容如下。

11.3.1　零件的工艺分析

零件图是制订工艺规程最主要的原始资料。在制订工艺规程时，首先必须对零件图进行认真分析。为了更深刻理解零件结构上的特征和技术要求，通常还需要研究产品的总装配图、部件装配图以及验收标准，从中了解零件的功用和相关零件的配合，以及主要技术要求制定的依据等。对零件进行工艺分析，发现问题后及时提出修改意见，这是制订工艺规程时一项重要的基础工作。对零件进行工艺分析，主要包括以下两个方面。

1. 零件的结构工艺性分析

零件的结构工艺性指所设计的零件在能满足使用要求的前提下制造的可行性和经济性。它包括零件的整个工艺过程的工艺性，涉及的面很广，具有综合性。在不同的生产类型和生产条件下，同样的结构，制造的可能性和经济性可能不同，因此必须根据具体的生产类型和生产条件，全面、具体、综合地分析其结构工艺性。表 11 - 3 列出了一些零件机械加工工艺性对比的例子以供参考。

2. 零件的技术要求分析

零件技术要求包括下列几个方面。

（1）加工表面的尺寸精度。

（2）形状精度。

（3）相互位置精度。

（4）表面粗糙度以及表面质量方面要求。

（5）热处理要求及其他要求。

　　分析零件技术要求的目的,是要找出零件的主要表面,即精度要求较高的面。一是决定主要表面的加工方法,应采取什么工艺措施;二是检查技术要求的合理性。发现图样上的视图、尺寸标注、技术要求有错误或遗漏,或结构工艺性不好时,应提出修改意见。但修改时必须征得设计人员的同意,并经过一定的审批手续。

表 11-3　零件机械加工工艺性实例

工艺性内容	不合理的结构	合理的结构	说明
1. 加工面积应尽量小			(1)减少加工量; (2)安装稳定
2. 钻孔的入端和出端应避免斜面			(1)避免钻头折断; (2)提高生产率; (3)保证精度
3. 槽宽应一致			(1)减少换刀次数; (2)提高生产率
4. 键槽布置在同一方向			(1)减少调整次数; (2)保证位置精度
5. 孔的位置不能距壁太近			(1)可以采用标准刀长; (2)保证加工精度
6. 槽的底面不应与其他加工面重合			(1)便于加工; (2)避免损伤加工表面
7. 螺纹根部应有退刀槽			(1)避免损伤刀具; (2)提高生产率

工艺性内容	不合理的结构	合理的结构	说明
8. 面台表面位于同一平面上			(1) 生产率高； (2) 易保证精度
9. 箱上两相接加工表面间应设刀具越程槽			(1) 生产率高； (2) 易保证精度

11.3.2 毛坯的选择及加工余量的确定

零件是由毛坯按照其技术要求经过各种加工而最后形成的。毛坯选择正确与否，不仅影响产品质量，而且对制造成本也有很大影响。因此，正确地选择毛坯有着重大的技术经济意义。

1. 毛坯的种类

毛坯的种类很多，同一种毛坯又有多种制造方法。机械制造中常用的毛坯有以下几种。

(1) 铸件。形状复杂的零件，宜用铸件做毛坯。常用的铸造方法包括：砂型铸造、离心铸造、压力铸造、精密铸造等。

(2) 锻件。机械强度要求高的钢制件，一般要用锻件毛坯。锻件有自由锻造锻件和模锻件两种。

(3) 型材。型材按截面形状可分为圆钢、方钢、六角钢、扁钢、角钢、槽钢及其他特殊截面的型材，有冷拉和热轧两种。热轧的精度低、价格低，用于一般零件的毛坯。冷拉钢尺寸较小、精度高，易于实现自动送料，但价格高，多用于批量较大、在自动机床上进行加工的情况

(4) 焊接件。将型钢或钢板焊接成所需的结构，适用于单件小批生产中制造大型毛坯。

(5) 冲压件。在冲床上用冲模将板料冲制而成。冲压件的尺寸精度高，可以不再进行加工或只进行精加工，生产效率高。适用于批量较大而零件厚度较小的中小型零件。

(6) 冷挤压件。在压力机上通过挤压模挤压而成，生产效率高。主要为有色金属和塑性好的钢材。适用于人批量生产中制造形状简单的小型零件，如仪表上和航空发动机中的小型零件。

(7) 粉末冶金。以金属粉末为原料，在压力机上通过模具压制成型后经高温烧结而成。适用于大批大量生产中压制形状较简单的小型零件。

2. 毛坯的选择

毛坯的种类和制造方法对零件的加工质量、生产率、材料消耗及加工成本都有影响。提高毛坯精度，可减少机械加工的劳动量，提高材料利用率，降低机械加工成本，但毛坯制造成本增加，两者是相互矛盾的。选择毛坯应综合考虑下列因素。

（1）零件的材料及对零件力学性能的要求：当零件的材料确定后，毛坯的类型也大致确定。例如，零件的材料是铸铁或青铜，只能选铸造毛坯。若材料是钢材，当零件的力学性能要求较高时，不管形状简单与复杂，都应选锻件；当零件的力学性能无过高要求时，可选型材或铸钢件。

（2）零件的结构形状与外形尺寸：钢质的一般用途的阶梯轴，如台阶直径相差不大，可用棒料；台阶直径相差大，宜用锻件，以节省材料和减少机械加工工作量。大型零件受设备条件限制，一般只能用自由锻和砂型铸造；中小型零件根据需要可选用模锻和各种先进的铸造方法。

（3）生产类型：大批大量生产时，应选毛坯精度和生产率都高的先进的毛坯制造方法，使毛坯的形状、尺寸尽量接近零件的形状、尺寸，以节省材料，减少机械加工工作量。单件小批量生产时，应选毛坯精度和生产率均比较低的一般毛坯制造方法，如自由锻和手工木模造型等方法。

（4）生产条件：选择毛坯时，应考虑现有生产条件，如现有毛坯的制造水平和设备情况、外协的可能性等。可能时，应尽可能组织外协，实现毛坯制造的社会专业化生产，以获得好的经济效益。

（5）充分考虑利用新工艺、新技术和新材料：随着毛坯制造专业化生产的发展，目前毛坯制造方面的新工艺、新技术和新材料的应用越来越多，如精铸、精锻、冷轧、冷挤压、粉末冶金和工程塑料的应用日益广泛，这些方法可大大减少机械加工量，节省材料，有十分显著的经济效益，在选择毛坯时应予以充分考虑，在可能的条件下尽量采用。

3.　工序余量的确定

由于零件精度和表面质量的要求越来越高，绝大多数情况下毛坯需经过机械加工才能达到零件的使用要求，因此通常毛坯尺寸比零件尺寸要大。毛坯尺寸与零件图上相应的尺寸之差，称为加工余量。

加工余量分为工序余量和总余量。某工序中所需切除的那层材料，称为该工序的工序余量。从毛坯到成品总共需要切除的余量，称为总余量，它等于相应表面各工序余量之和。毛坯上所留的加工余量不应过大或过小。过大，则费料、费工、增加工具的消耗；过小，则不能保证切去工件表面的缺陷层，不能纠正上一道工序的加工误差，有时还会使刀具在不利的条件下切削，加剧刀具的磨损。决定工序余量的大小时，应考虑在保证加工质量的前提下使余量尽可能地小。由于各工序的加工要求和条件不同，余量的大小也不一样。一般说来，越是精加工，工序余量越小。目前，确定加工余量的方法有如下几种。

（1）估计法：由工人和技术人员根据经验和本厂具体条件，估计确定各工序余量的大小。为了不出废品，往往估计的余量偏大，仅适用于单件小批生产。

（2）查表法：即根据各种工艺手册中的有关表格，结合具体的加工要求和条件，确定各工序的加工余量。由于手册中的数据是大量生产实践和试验研究的总结和积累，所以对一般的加工都能适用。

（3）计算法：对于重要零件或大批大量生产的零件，为了更精确地确定各工序的余量，要分析影响余量的因素，列出公式，计算出工序余量的大小。

4.　毛坯－零件综合图

选定毛坯类型并确定加工余量后，即应设计、绘制毛坯图。对于机械加工工艺人员来说，建议设计毛坯－零件综合图。毛坯－零件综合图是简化零件图与简化毛坯图的叠加图，如图11－7所示。它表达了机械加工对毛坯的期望，为毛坯制造人员提供毛坯设计的依据，并表明毛坯与零件之间的关系。

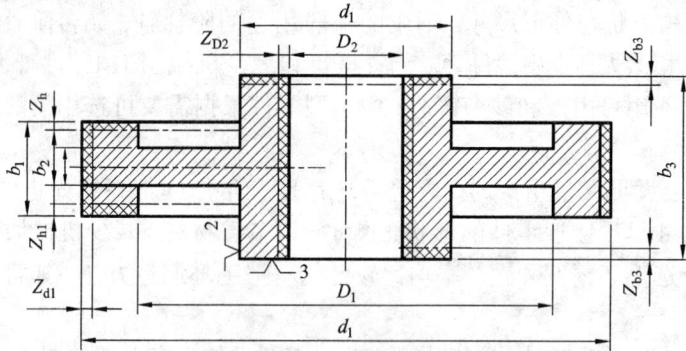

图11－7　毛坯－零件综合图

毛坯－零件综合图的内容应包括毛坯结构形状、余量、尺寸及公差、机械加工选定的粗基准、毛坯组织、硬度、表面及内部缺陷等技术要求。毛坯－零件综合图的具体绘制方法可参阅有关工艺手册。

11.3.3　定位基准的选择

在机械加工中，无论采用哪种安装方法，都必须使工件在机床或夹具上正确地定位，以便保证被加工面的精度。

任何一个没受约束的物体，在空间都具有六个自由度，即沿三个互相垂直坐标轴的移动（用 X、Y、Z 表示）和绕这三个坐标轴的转动（用 $\hat{x}$、$\hat{y}$、$\hat{z}$ 表示），如图11－8所示。因此，要使物体在空间占有确定的位置（即定位），就必须约束这六个自由度。

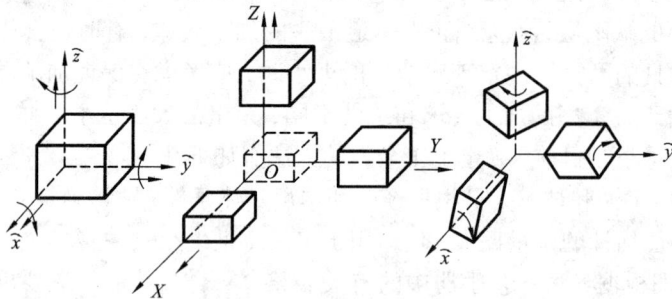

图11－8　物体的六个自由度

1. 工件的六点定位原理

在机械加工中，要完全确定工件的正确位置，必须有六个相应的支承点来限制工件的六个自由度，称为工件的"六点定位原理"。如图11－9所示，可以设想六个支承点分布在三个

254

互相垂直的坐标平面内。其中三个支承点在
Oxy 平面上，限制 $\hat{x}$、$\hat{y}$、和 Z 三个自由度；两个
支承点在 Oyz 平面上，限制 Y 和 $\hat{z}$ 两个自由度；
最后一个支承点在 Oyz 平面上，限制 X 一个自
由度。

图 11 - 10 所示，在铣床上铣削一批工件
上的沟槽时，为了保证每次安装中工件的正确
位置，保证三个加工尺寸 x、y、z，就必须限制
六个自由度。这种情况称为完全定位。

有时，为保证工件的加工尺寸，并不需要

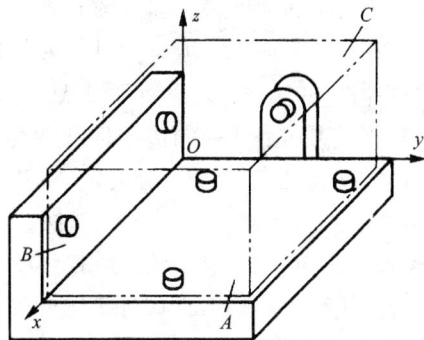

图 11 - 9　六点定位原理

完全限制六个自由度。图 11 - 11(a) 为铣削一批工件的台阶面，为保证两个加工尺寸 Y 和 Z，
只需限制 Y、Z、$\hat{x}$、$\hat{y}$、$\hat{z}$ 五个自由度即可；图 11 - 11(b) 为磨削一批工件的顶面，为保证一
个加工尺寸 Z，仅需限制 $\hat{x}$、$\hat{y}$、Z 三个自由度。这种没有完全限制六个自由度的定位，称为
不完全定位。

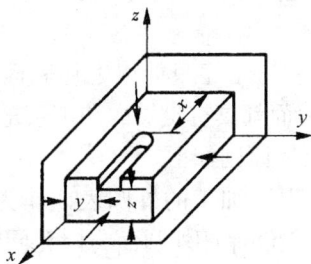

图 11 - 10　完全定位

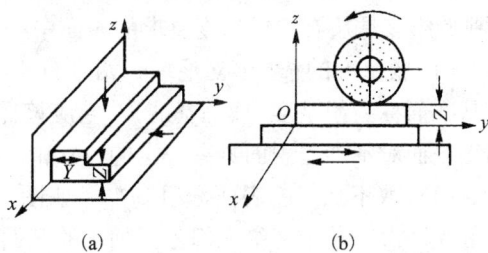

(a)　　　　　(b)

图 11 - 11　不完全定位

有时，为了增加工件在加工时的刚度，或者为了传递切
削运动和动力，可能在同一个自由度的方向上，有两个或更
多的定位支承点。如图 11 - 12 所示，车削光轴的外圆时，
若用前后顶尖及三爪卡盘安装，前后顶尖已限制了 X、Y、
Z、$\hat{y}$、$\hat{z}$ 五个自由度，而三爪卡盘又限制了 Y、Z、两个自由
度，这样在 Y 和 Z 两个自由度的方向上，定位点多于一个，
这种情况称为超定位或过定位。由于三爪卡盘的夹紧力，会
使顶尖和工件变形，增加加工误差，这是不合理的，但这是传
递运动和动力所需要的。若改用卡箍和拨盘带动工件旋转，则避免了超定位。

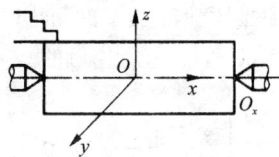

图 11 - 12　超定位

2. 工件的基准

在零件的设计和制造过程中，要确定一些点、线或面的位置，必须以一些指定的点、线
或面作为依据，这些作为依据的点、线或面称为基准。按照作用的不同，常把基准分为设计
基准和工艺基准两类。

（1）设计基准：即设计时在零件图纸上所使用的基准。如图 11 - 13 所示，齿轮内孔、外圆和分度圆的设计基准是齿轮的轴线，两端面可以认为是互为基准。

（2）工艺基准：即在制造零件和装配机器的过程中所使用的基准。工艺基准又分为定位基准、测量基准和装配基准，它们分别用于工件加工时的定位、工件的测量检验和零件的装配。本节仅介绍定位基准。

例如车削图 11 - 13 所示齿轮轮坯的外圆和左端面时，若用已经加工过的内孔将工件安装在心轴上，则孔的轴线就是外圆和左端面的定位基准。

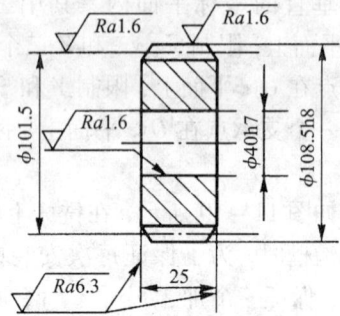

图 11 - 13　齿轮

必须指出的是，工件上作为定位基准的点或线，总是由具体表面来体现的，这个表面称为定位基准面。例如图 11 - 13 所示齿轮孔的轴线，并不具体存在，而是由内孔表面来体现的，所以确切地说，图 11 - 13 中的内孔是加工外圆和左端面的定位基准面。

3．定位基准的选择

合理选择定位基准，对保证加工精度、安排加工顺序和提高加工生产效率有着重要的影响。从定位的作用来看，它主要是为了保证加工表面的位置精度。因此，选择定位基准的总原则，应该是从有位置精度要求的表面中进行选择。

（1）粗基准的选择：对毛坯开始进行机械加工时，第一道工序只能以毛坯表面定位，这种基准面称为粗基准（或毛基准）。它应该保证所有加工表面都具有足够的加工余量，而且各加工表面对不加工表面具有一定的位置精度。其选择的具体原则如下。

1）选取不加工的表面作粗基准。如图 11 - 14 所示，以不加工的外圆表面作为粗基准，既可在一次安装中把绝大部分要加工的表面加工出来，又能够保证外圆面与内孔同轴以及端面与孔轴线垂直。如果零件上有好几个不加工的表面，则应选择与加工表面相互位置精度要求高的表面作粗基准。

2）选取要求加工余量均匀的表面为粗基准。这样可以保证作为粗基准的表面加工时，余量均匀。例如车床床身（图 11 - 15），要求导轨面耐磨性好，希望在加工时只切去较小而均匀的一层余量，使其表层保留均匀一致的金相组织和物理力学性能。若先选择导轨面作粗基准，加工床腿的底平面 [图 11 - 15（a）]，然后再以床腿的底平面为基准加工导轨面 [图 11 - 15（b）]，就能达到此目的。

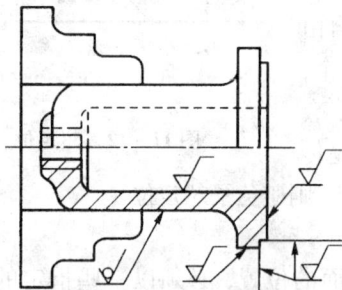

图 11 - 14　不加工表面作粗基准

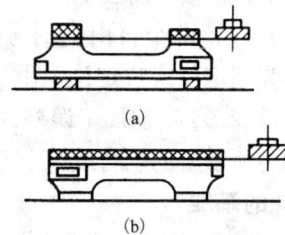

图 11 - 15　床身加工的粗基准位

3)对于所有表面都要加工的零件,应选择余量和公差最小的表面作粗基准,以避免余量不足而造成废品。

4)选取光洁、平整、面积足够大、装夹稳定的表面为粗基准。

5)粗基准只能在第一道工序中使用一次,不应重复使用。这是因为,粗基准表面粗糙,在每次安装中位置不可能一致,而使加工表面的位置超差。

(2)精基准的选择:在第一道工序之后,应当以加工过的表面为定位基准,这种定位基准称为精基准(或光基准)。其选择原则如下。

1)基准重合原则。尽可能选用设计基准作为定位基准,这样可以避免定位基准与设计基准不重合而引起的定位误差。

图 11 – 16(a)所示的零件,A 面是 B 面的设计基准,B 面是 C 面的设计基准。以 A 面定位加工 B 面,直接保证尺寸 a,符合基准重合原则,不会产生基准不重合的定位误差。若以 B 面定位加工 C 面,直接保证尺寸 c,也符合基准重合原则。但这种方法定位和加工皆不方便,也不稳固。

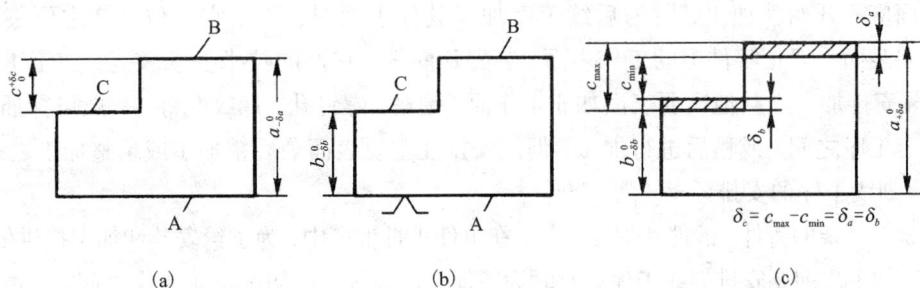

$$\delta_c = c_{max} - c_{min} = \delta_a = \delta_b$$

图 11 – 16　基准重合原则

如果以 A 面定位加工 C 面,直接保证尺寸 b[图 11 – 16(b)、(c)]这时设计尺寸 c 是由尺寸 a 和尺寸 b 间接得到的,它决定于尺寸 a 和 b 的加工精度。影响尺寸 c 精度的,除了加工误差 δb 之外,还有加工误差 δa,只有当 $\delta a + \delta b \leqslant \delta c$ 时,尺寸 c 的精度才能得到保证。其中 δa 是由于基准不重合而引起的,故称为基准不重合误差。当 δc 为一定值时,由于 δa 的存在,势必减小 δb 的值,这将增加加工的难度。

由上述分析可知,选择定位基准时,应尽量使它与设计基准重合,否则必然会因基准不重合而产生定位误差,增加加工的困难,甚至造成零件尺寸超差。

2)基准统一原则。位置精度要求较高的某些表面加工时,尽可能选用统一的定位基准,这样有利于保证各加工表面的位置精度。例如,加工较精密的阶梯轴时,往往以中心孔为定位基准车削其他各表面,并在精加工之前还要修研中心孔,然后以中心孔定位,磨削各表面。这样有利于保证各表面的位置精度,如同轴度、垂直度等。

3)选择精度较高、安装稳定可靠的表面作精基准,而且所选的基准应使夹具结构简单、安装和加工工件方便。

但是,在实际工作中,定位基准的选择要完全符合上述所有的原则,有时是不可能的。因此,应根据具体情况进行分析,选出最有利的定位基准。

11.3.4　工艺路线的拟订

拟订工艺路线，就是把加工工件所需的各个工序按顺序合理地排列出来，它主要包括：

1. 确定加工方案

根据零件每个加工表面的技术要求，选择较合理的加工方案。在确定加工方案时，除了考虑表面的技术要求外，还要考虑零件的生产类型、材料性能以及本单位现有的加工条件等。

2. 安排加工顺序

合理地安排切削加工工序、热处理工序、检验工序和其他辅助工序的先后次序。次序不同将会得到不同的技术经济效果，甚至影响零件的加工质量。

（1）切削加工工序的安排。

除了提到的"粗、精加工要分开"的原则外，还应遵循如下几项原则：①基准面先加工。精基准面应一开始就加工，因为后续工序加工其他表面时，要用它定位。②主要表面先加工。主要表面一般指零件上的工作表面、装配基面等，它们的技术要求较高，加工工作量较大，应先安排加工。其他次要表面如非工作面、键槽、螺钉孔、螺纹孔等，一般可穿插在主要表面加工工序之间，或稍后进行加工，但应安排在主要表面最后精加工或精整加工之前。

（2）划线工序的安排。

形状较复杂的铸件、锻件和焊接件等，在单件小批生产中，为了给安装和加工提供依据，一般在切削加工之前要安排划线工序。有时为了加工的需要，在切削加工工序之间，可能还要进行第二次或多次划线。但是在大批大量生产中，由于采用专用夹具等，可免去划线工序。

（3）热处理工序的安排。

根据热处理工序的性质和作用不同，一般可以分为：①预备热处理。指为改善金属的组织和切削加工性而进行的热处理，如退火、正火等，一般安排在切削加工之前。调质也可以作为预备热处理，但若是以提高材料的力学性能为主要目的，则应放在粗加工之后、精加工之前进行。②时效处理。在毛坯制造和切削加工的过程中，都会有内应力残留在工件内，为了消除它对加工精度的影响，需要进行时效处理。对于大而结构复杂的铸件，或者精度要求很高的非铸件类工件，需在粗加工前后各安排一次人工时效。对于一般铸件，只需在粗加工前或后进行一次人工时效。对于要求不高的零件，为了减少工件的往返搬运，有时仅在毛坯铸造以后安排一次时效处理。③最终热处理。指为提高零件表层硬度和强度而进行的热处理，如淬火、氮化等，一般安排在工艺过程的后期。淬火一般安排在切削加工之后、磨削之前，氮化则安排在粗磨和精磨之间。应注意在氮化之前要进行调质处理。

（4）检验工序的安排。

为了保证产品的质量，除了加工过程中操作者的自检外，在下列情况下还应安排检验工序。①粗加工阶段之后；②关键工序前后；③特种检验（如磁力探伤、密封性试验、动平衡试验等）之前；④从一个车间转到另一车间加工之前；⑤全部加工结束之后。

（5）其他辅助工序的安排。

零件的表面处理,如电镀、发蓝、油漆等,一般均安排在工艺过程的最后。但有些大型铸件的内腔不加工面,常在加工之前先涂防锈油漆等。去毛刺、倒棱边、去磁、清洗等,应适当穿插在工艺过程中进行。这些辅助工序不能忽视,否则会影响装配工作,妨碍机器的正常运行。

11.3.5　工艺文件的编制

工艺过程拟订之后,要以图表或文字的形式写成工艺文件。工艺文件的种类和形式多种多样,其繁简程度也有很大不同,要视生产类型而定,通常有如下几种。

1. **机械加工工艺过程卡片**

它用于单件小批生产,格式见表 11 - 4,它的主要作用是概略地说明机械加工的工艺路线。实际生产中,工艺过程卡片内容的简繁程度也不一样,最简单的只列出各工序的名称和顺序,较详细的则附有主要工序的加工简图等。

表 11 - 4　机械加工工艺过程卡片格式（JB/T9165.2—1998）

（厂名）		机械加工工艺过程卡片		产品型号		零件图号				
				产品名称		零件名称		共　页		第　页
材料牌号		毛坯种类		毛坯外形尺寸		每毛坯可制件数	每台件数	备注		
工序号	工序名称	工序内容			车间	工段	设备	工艺设备	工时	
									准终	单件
标记	处数	更改文件号	签字	日期	标记	处数	更改文件号	签字	设计　审核	标准化

2. **机械加工工序卡片**

大批大量生产中,要求工艺文件更加完整和详细,每个零件的各加工工序都要有工序卡片。它是针对某一工序编制的,要画出该工序的工序图,以表示本工序完成后工件的形状、尺寸及其技术要求,还要表示出工件的装夹方式、刀具的形状及其位置等。工序卡片的格式见表 11 - 5,生产管理部门,按零件将工序卡片汇装成册,以便随时查阅。

表 11 – 5　机械加工工序卡片格式（JB/T9165.2—1998）

（厂名）	机械加工工序卡片	产品型号		零件图号				
		产品名称		零件名称			共　页	第　页
		车间	工序号	工序名称		材料牌号		
		毛坯种类	毛坯外形尺寸	每毛坯可制件数		每台件数		
		设备名称	设备型号	设备编号		同时加工件数		
		夹具编号		夹具名称		切削液		
						工序工时		
		工位器具编号		工位器具名称		标准	单件	

工步号	工步内容	工艺装备	主轴转速/(r·min⁻¹)	切削速度/(m·min⁻¹)	进给量/(mm·r⁻¹)	切削深度/mm	进给次数/次	工步工时	
								机动	辅助

					设计（日期）	审核（日期）	标准化（日期）	会签（日期）
标记	处数	更改文件号	签字	日期				

11.4　机械加工工艺过程制订实例

图 11 – 17 所示为卧式车床床头箱箱体的剖视简图。现以它的加工为例，来说明单件小批生产中制定箱体类零件的工艺过程。

1. 床头箱箱体的结构特点和主要技术要求

卧式车床床头箱箱体是车床床头箱部件装配时的基准零件，在它上面装入由齿轮、轴、轴承和拨叉等零件组成的主轴、中间轴和操纵机构等组件，以及其他一些零件，构成床头箱部件。装配后，要保持各零件间正确的相互位置，保证部件正常地运转。

床头箱箱体的结构特点是壁薄、中空、形状复杂。加工面多为平面和孔，它们的尺寸精度、位置精度要求较高，表面粗糙度较小。因此，其工艺过程比较复杂，下面仅就其主要平

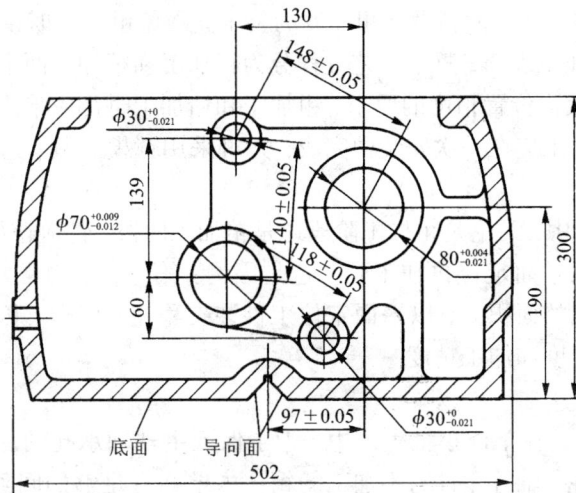

图 11 – 17　床头箱箱体的剖视简图

面和孔的加工,说明它的工艺过程。

主要的技术要求如下。

(1)作为装配基准的底面和导向面的平面度允差为 0.02 ~ 0.03 mm,粗糙度 Ra 为 0.8 μm。顶面和侧面平面度允差为 0.04 ~ 0.06 mm,粗糙度 Ra 值为 1.6 μm。顶面对底面的平行度允差为 0.1 mm;侧面对底面的垂直度允差为 0.04 ~ 0.06 mm。

(2)主轴轴承孔孔径精度为 IT6,粗糙度 Ra 为 0.8 μm;其余轴承孔的精度为 IT7 ~ IT6,粗糙度 Ra 为 1.6 μm;非配合孔的精度较低,粗糙度 Ra 为 6.3 ~ 12.5 μm。孔的圆度和圆柱度公差不超过孔径公差的 1/2。

(3)轴承孔轴线间距离尺寸公差为 0.05 ~ 0.1 mm,主轴轴承孔轴线与基准面距离尺寸公差为 0.05 ~ 0.1 mm。

(4)不同箱壁上同轴孔的同轴度允差为最小孔径公差的 1/2;各相关孔轴线间平行度允差为 0.06 ~ 0.1 mm。端面对孔轴线的垂直度允差为 0.06 ~ 0.1 mm。

(5)工件材料 HT200。

2. **工艺分析**

工件毛坯为铸件,加工余量为:底面 8 mm,顶面 9 mm,侧面和端面 7 mm,铸孔 7 mm。

在铸造后机械加工之前,一般应经过清理和退火处理,以消除铸造过程中产生的内应力。粗加工,会引起工件内应力的重新分布,为使内应力分布均匀,也应经适当的时效处理。

在单件小批生产的条件下,对该床头箱箱体的主要工艺过程可作如下考虑。

(1)底面、顶面、侧面和端面可采用粗刨 – 精刨工艺。因为底面和导向面的精度和粗糙度要求较高,又是装配基准和定位基准,所以在精刨后还应进行精细加工——刮研。

(2)直径小于 40 ~ 50 mm 的孔,一般不铸出,可采用钻 – 扩(或半精镗) – 铰(或精镗)的工艺。对于已铸出的孔,可采用粗镗 – 半精镗 – 精镗(用浮动镗刀片)的工艺。由于主轴轴承孔精度和粗糙度的要求皆较高,故在精镗后还要用浮动镗刀片进行精细镗。

(3)其余要求不高的螺纹孔、紧固孔及油孔等,可放在最后加工。这样可以防止主要面或孔在加工过程中出现问题(如发现气孔、夹杂物或加工超差等)时，浪费这一部分的工时。

(4)为了保证箱体主要表面精度和粗糙度的要求，避免粗加工时由于切削量较大引起工件变形或可能划伤已加工表面，整个工艺过程分为粗加工和精加工两个阶段。

为了保证各主要表面位置精度的要求，粗加工和精加工时都应采用统一的定位基准。此外，各纵向主要孔的加工应在一次安装中完成，并可采用镗模夹具，这样可以保证位置精度的要求。

(5)整个工艺过程中，无论是粗加工阶段还是精加工阶段，都应遵循"先面后孔"的原则，即先加工平面，然后以平面定位再加工孔。这是因为：第一，平面常常是箱体的装配基准；第二，平面的面积较孔的面积大，以平面定位工件装夹稳定、可靠。因此，以平面定位加工孔，有利于保证定位精度和加工精度。

3．基准选择

(1)粗基准的选择。在单件小批生产中，为了保证主轴轴承孔的加工余量分布均匀，并保证装入箱体中的齿轮、轴等零件与不加工的箱体内壁间有足够的间隙，以免互相干涉，常常首先以主轴轴承孔和与之相距最远的一个孔为基准，兼顾底面和顶面的余量，对毛坯进行划线和检查。之后，按划线找正粗加工顶面。这种方法，实际上就是以主轴轴承孔和与之相距最远的一个孔为粗基准。

(2)精基准的选择。以该箱体的装配基准——底面和导向面为统一的精基准，加工各纵向孔、侧面和端面，符合基准和基准重合的原则，利于保证加工精度。

为了保证精基准的精度，在加工底面和导向面时，以加工后的顶面为辅助的精基准。在粗加工和时效之后，又以精加工后的顶面为精基准，对底面和导向面进行精刨和精细加工(刮研)，进一步提高精加工阶段定位基准的精度，利于保证加工精度。

4．工艺过程

根据以上分析，在单件和小批生产中，该床头箱箱体的工艺过程可按表 11 - 6 进行安排。

表 11 - 6　单件小批生产箱体的工艺过程

工序号	工序名称	工序内容	加工简图	设备
Ⅰ	铸	清理，退火		
Ⅱ	钳	划各平面加工线	(以主轴轴承孔和与之相距最远的一个孔为基准，并照顾底面和顶面的余量)	
Ⅲ	刨	粗刨顶面，留精刨余量 2 mm	$\sqrt{Ra\ 12.5}$	龙门刨床

续表 11 - 6

工序号	工序名称	工序内容	加工简图	设备
IV	刨	粗刨底面和导向面,留精刨和刮研余量 2~2.5 mm	$\sqrt{Ra\,12.5}$ $\left(\sqrt{}\right)$	龙门刨床
V	刨	粗刨侧面和两端面,留精刨余量 2 mm	$\sqrt{Ra\,12.5}$ $\left(\sqrt{}\right)$	龙门刨床
VI	镗	粗加工纵向各孔,主轴轴承孔,留刮研余量 0.1 mm	$\sqrt{Ra\,12.5}$ $\left(\sqrt{}\right)$	龙门刨床
X	钳	刮研底面和导向面至尺寸	(25 mm×25 mm 内 8~10 个点)	
XI	刨	精刨侧面和两端面至尺寸	同工序 V(Ra 为 1.6 μm)	龙门刨床
XII	镗	(1)半精加工各纵向孔,主轴轴承孔留精镗和精细镗余量 0.8~1.2 mm,其余各孔留精加工余量 0.05~0.15 mm(小孔用扩孔钻,大孔用镗刀加工) (2)精加工各纵向孔,主轴轴承孔留精细镗余量 0.1~0.25 mm,其余各孔至尺寸(小孔用铰刀,大孔用浮动镗刀片加工)	同工序 VI(Ra 为 1.6 μm 或 Ra 为 0.8 μm)	卧式镗床
XIII	钳	(1)加工螺纹底孔、紧固孔及油孔等至尺寸 (2)攻丝、去毛刺	底面定位(Ra 为 6.3~12.5 μm)	钻床
XIV	检	按图纸要求检验		

思考练习题

1. 何谓生产过程、工艺过程、工序？

2. 生产类型有哪几种？不同生产类型对零件的工艺过程有哪些主要影响？

3. 机械加工中，工件的安装方法有哪几类？各适用于什么场合？

4. 什么是夹具？按其适用范围不同，夹具分为哪几类？各适用于什么场合？

5. 一般夹具有哪几个组成部分？各起什么作用？

6. 何谓工序余量、总余量？它们之间是什么关系？

7. 确定加工余量的原则是什么？目前确定加工余量的方法有哪几种？

8. 何谓工件的六点定位原理？加工时，工件是否都要完全定位？

9. 何谓基准？根据作用的不同，基准分为哪几种？

10. 切削加工工序安排的原则是什么？

11. 常用的工艺文件有哪几种？各适用于什么场合？

12. 拟订零件的工艺过程时，应考虑哪些主要因素？

13. 图 11-18 所示小轴 30 件，毛坯为 $\phi32 \times 104$ 的圆钢料，若用两种方案加工：①先整批车出 $\phi28$ 一端的端面和外圆，随后仍在该台车床上整批车出 $\phi16$ 一端的端面和外圆；②在一台车床上逐件进行加工，即每个工件车好 $\phi28$ 的一端后，立即掉头车 $\phi16$ 的一端。试问这两种方案分别是几道工序？哪种方案较好？为什么？

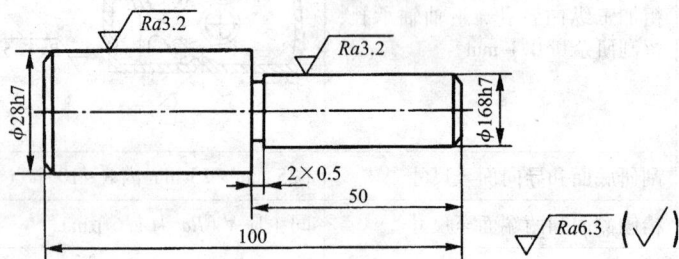

图 11-18　小轴

14. 下列各种情况下，零件加工的总余量分别应取较大值还是取较小值？为什么？①大批大量生产；②零件的结构和形状复杂；③零件的精度要求高，表面粗糙度小。

15. 试分析图 11-19 所示三种安装方法工件的定位情况，指出各限制了哪几个自由度。属于哪种定位？

16. 试分析图 11-20 所示钻模夹具的主要组成部分及工件的定位情况。

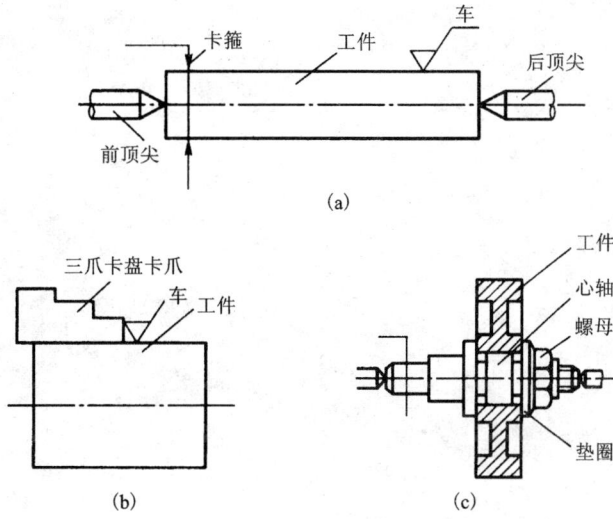

图 11 – 19 小轴

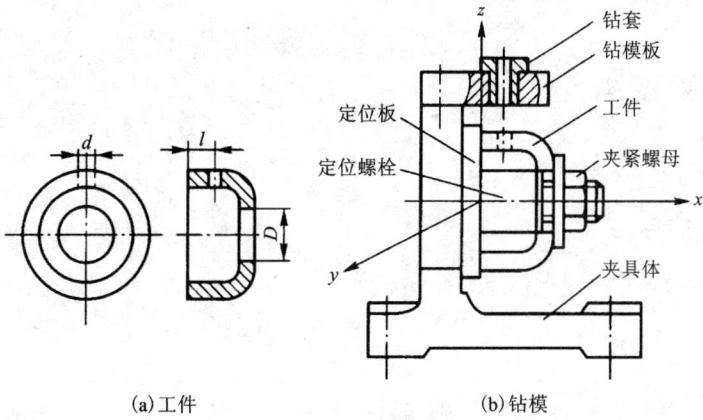

(a)工件   (b)钻模

图 11 – 20 钻模

第三篇　现代制造技术

第 12 章
数控加工技术

12.1　概述

12.1.1　数控加工技术的定义

　　数控技术(Numerical Control，简称 NC)，是以数字化信号对机构的运动过程进行控制的一种方法。将数控技术应用于机床，控制机床上刀具的运动轨迹，对零件进行加工的工艺过程就是数控加工。数控加工时，按工作人员事先编好的程序对机械零件进行加工。20 世纪 90 年代后期，出现了 PC + NC 智能数控系统。故此，数控技术也叫计算机数控技术(Computerized Numerical Control，简称 CNC)，它是采用计算机实现数字程序控制的技术。由于采用计算机替代原先用硬件逻辑电路组成的数控装置，使输入数据的存贮、处理、运算、逻辑判断等各种控制机能的实现，均可以通过计算机软件来完成。数控技术是制造业信息化的重要组成部分。

12.1.2　数控加工的特点

　　数控机床以其高精度、高效率、能适应小批量多品种复杂零件的加工等优点，在机械加工中得到日益广泛的应用。概括起来，数控加工有如下几方面的优点。

　　(1)适应性强。适应性即所谓的柔性，指数控机床随生产对象变化而变化的适应能力。在数控机床上改变加工零件时，只需重新编制程序，输入新的程序后就能实现对新的零件的加工；而不需改变机械部分和控制部分的硬件，且生产过程是自动完成的。这就为复杂结构零件的单件、小批量生产以及试制新产品提供了极大的方便。适应性强是数控机床最突出的优点。

　　(2)精度高，加工稳定性高。数控机床是按数字形式给出的指令进行加工的，一般情况下工作过程不需要人工干预，这就消除了操作者人为产生的误差。在设计制造数控机床时，采取了许多措施，使数控机床的机械部分达到了较高的精度和刚度。数控机床工作台的移动当量普遍达到了 0.01 ~ 0.0001 mm，而且进给传动链的反向间隙与丝杠螺距误差等均可由数控装置进行补偿，或采用直线电机进给系统，以减小传动误差。高档数控机床采用光栅尺进行工作台移动的闭环控制。数控机床的加工精度由过去的 ±0.01 mm 提高到 ±0.005 mm 甚至更高。20 世纪九十年代初、中期定位精度已达到 ±0.002 ~ ±0.005mm。此外，数控机床的传动系统与机床结构都具有很高的刚度和热稳定性。通过补偿技术，数控机床可获得比本身精度更高的加工精度。尤其提高了同一批零件生产的一致性,产品合格率高,加工质量稳定。

(3)生产效率高。零件加工所需的时间主要包括机动时间和辅助时间两部分。数控机床主轴的转速和进给量的变化范围比普通机床大,因此数控机床每一道工序都可选用最有利的切削用量。由于数控机床结构刚性好,因此允许进行大切削用量的强力切削,这就提高了数控加工的切削效率,节省了机动时间。数控机床的移动部件空行程运动速度快,工件装夹时间短,刀具可自动更换,辅助时间比一般机床大为减少。

数控机床更换被加工零件时几乎不需要重新调整机床,节省了零件安装调整时间。数控机床加工质量稳定,一般只作首件检验和工序间关键尺寸的抽样检验,因此节省了停机检验时间。特别是在加工中心机床上加工时,一台机床实现了多道工序的连续加工,生产效率的提高更为显著。

(4)能实现复杂零件的加工。普通机床难以实现或无法实现轨迹为三次以上的曲线或曲面的运动,如螺旋桨、汽轮机叶片之类的空间曲面;而数控机床则几乎可实现任意轨迹的运动和加工任何形状的空间曲面,适应于复杂异形零件的加工。

(5)良好的经济效益。数控机床虽然设备昂贵,加工时分摊到每个零件上的设备折旧费较高,但在单件、小批量生产的情况下,使用数控机床加工可节省划线工时,减少调整、加工和检验时间,节省直接生产费用。数控机床加工零件一般不需制作专用夹具,节省了工艺装备费用。数控机床加工精度稳定,减少了废品率,使生产成本进一步下降。此外,数控机床可实现一机多用,节省厂房面积和建厂投资。

(6)有利于生产管理的现代化。数控机床使用数字信息与标准代码处理、传递信息,特别是在数控机床上使用计算机控制,为计算机辅助设计、制造以及管理一体化奠定了基础。

12.1.3 数控加工技术的发展趋势

数控技术的应用不但给传统制造业带来了革命性的变化,使制造业成为工业化的象征,而且随着数控技术的不断发展和应用领域的扩大,其对国计民生的一些重要行业(IT、汽车、轻工、医疗等)的发展起着越来越重要的作用,因为这些行业所需装备的数字化已是现代发展的大趋势。进入 20 世纪 90 年代以来,随着计算机技术突飞猛进的发展,数控技术不断采用计算机、控制理论等领域的最新技术成就,使其朝着下述方向发展。

(1)运行高速化、加工高精化。速度和精度是数控设备的两个重要指标,它们是数控技术永恒追求的目标。因为它直接关系到加工效率和产品质量。新一代数控设备在运行高速化、加工高精化等方面都有了更高的要求。如当前采用空气轴承或者磁浮轴承的高速电主轴的最高转速可达到 180000 r/min,快速进给速度可达 240 m/min,进给加速度超过 2 g。在加工精度方面,普通级数控机床的加工精度已由 10 μm 提高到 5 μm,精密级加工中心则从 3 ~ 5 μm,提高到 1 ~ 1.5 μm,并且超精密加工精度已开始进入纳米级(0.01 μm)。

(2)功能复合化。功能复合化指在一台数控设备上能实现多种加工工艺和加工方法。目前市场已经有大量成熟的复合加工中心,如车铣复合加工中心、镗铣钻复合加工中心、铣镗钻车复合加工中心、铣镗钻磨复合加工中心等。利用这些功能复合化的加工中心,可大大提高数控加工效率和加工质量。

(3)控制多轴化。理论上数控机床只需要 3 轴联动,就可以加个出任意复杂现状的曲面,但在实际加工中 3 轴联动对于三维曲面加工很难用上刀具的最佳切削状态进行切削,不仅加工效率低而且表面粗糙度高,往往采用手动进行修补,但在修补过程中,已加工的表面也可能丧失精度。那么 5 轴联动数控机床是数控技术的制高点标志之一。5 轴联动除了 X、Y、Z 这 3 轴外,主要还有刀具轴旋转、工作台旋转这两种方式的复合运动,采用 5 轴联动可以使刀具时刻处于最佳的切削状态对工件进行加工。

(4)控制智能化。随着人工智能技术的不断发展,并为满足制造业生产柔性化、制造自动化发展需求,数控技术智能化程度不断提高,具体体现在以下几个方面:加工过程自律控制技术的应用,即通过监测加工过程信号,来识别和调整加工状态;加工参数的智能优化与选择,将工艺专家或技工的经验、零件加工的一般与特殊规律,用现代智能方法,构造基于专家系统或模型的加工参数的智能优化与选择;智能故障诊断与自修复技术,根据已有的故障信息,应用现代智能方法(AI、ES、ANN 等),实现故障快速准确定位、故障自动排除;智能化交流伺服驱动装置,研究能自动识别负载,并自动调整参数的智能化伺服系统,包括智能主轴交流驱动装置和智能化进给伺服装置。实现智能制造,是"中国制造 2025"的主攻方向,而机床、设备的智能化又是实现智能制造的基础。

(5)体系开放化。具有在不同的工作平台上均能实现系统功能且可以与其他的系统应用进行互操作的数控系统。

(6)驱动并联化。并联结构机床又称 6 条腿数控机床、虚拟轴机床,是数控机床在结构上取得的重大突破,是现代机器人与传统加工技术相结合的产物。它由于没有传统机床所必需的床身、立柱、导轨等制约机床性能提高的结构,具有现代机器人的模块化程度高、重量轻和速度快等优点。

(7)交互网络化。网络化数控装备支持网络通信协议,是近两年国际著名机床博览会的一个新亮点。数控装备的网络化将极大地满足生产线、制造系统、制造企业对信息集成的需求,也是实现新的制造模式如敏捷制造、虚拟企业、全球制造的基础单元。

12.2　数控加工机床

12.2.1　数控加工机床的产生

随着科学技术的不断进步、社会生产的不断发展以及物质文化生活水平的不断提高,人们对机械产品的外观、品质和生产效率提出了越来越高的要求,而机械加工过程的自动化是实现上述要求的有效途径。

工业化革命以来,人们实现机械加工自动化的主要设备手段有:自动机床、组合机床、专用自动生产线。这些设备的使用大大提高了机械加工自动化的程度,提高了劳动生产率,促进了制造业的发展。但它们也存在固有的缺点,如初始投资大、准备周期长、适应性即柔性差。

因此,上述自动化生产设备仅适用于批量较大的零部件的生产。然而,随着市场竞争的日趋激烈,产品更新换代周期越来越短,小批量产品的生产所占的比重越来越大,占总加工量的 80% 以上。在航空、航天、重型机床以及国防工业部门尤为突出。因而,迫切需要一种精度高、柔性好的加工设备来满足上述需求,这便是数控加工机床产生和发展的内在动力。

另一方面，电子技术和计算机技术的飞速发展则为数控加工机床的发展提供了坚实的技术基础。数控技术及数控机床正是在这种背景下诞生和发展起来的，它极其有效地满足了上述要求，为小批量、精密复杂的零件生产提供了自动化加工手段。

12.2.2　数控加工机床的组成

数控机床的组成如图 12-1 所示，一般由输入/输出设备、数控装置（通常为计算机数控装置，简称 CNC 装置）、伺服驱动系统、可编程控制器（PLC）、位置检测与反馈系统、机床本体以及辅助装置等几个部分组成。

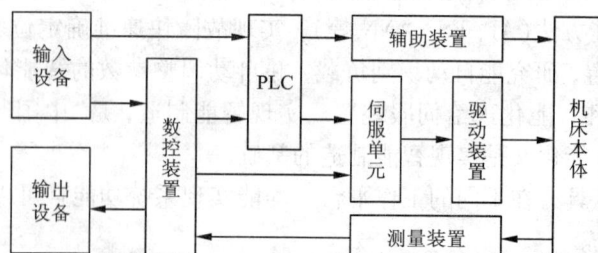

图 12-1　数控机床的组成框图

（1）输入/输出装置。输入装置是将数控指令传输给数控系统的装置，有手动输入如机床操作面板，直接输入如网络通信等；输出装置的作用是为机床操作人员显示必要的加工过程信息如加工坐标、报警信息等。CRT 显示器是数控机床必不可少的输出装置。

（2）数控装置。数控装置为对机床进行控制，并完成零件自动加工的专用电子计算机。习惯上把数控装置称为数控系统，它是数控机床的核心。数控系统接收数字化的零件图样和工艺要求等信息，按照一定的数学模型进行插补运算，用运算结果实时地对机床的各运动坐标进行速度和位置控制，完成零件的加工。

（3）伺服驱动系统。数控机床伺服驱动系统指以机床移动部件（如工作台、动力头等）的位置和速度作为控制量的自动控制系统，又称拖动系统。在数控机床上，伺服驱动系统接收来自数控系统的指令，经过一定的信号变换及电压、功率放大，将其转化为机床工作台相对于切削刀具的运动，主要通过对交、直流伺服电机或步进电机等进给驱动元件的控制来实现。数控机床的伺服驱动系统按其用途和功能可分为主轴伺服驱动和进给伺服驱动。

（4）可编程控制器（Programmable Logic Controller，简称 PLC）。PLC 用于控制机床的顺序动作，是数控机床不可缺少的控制装置。CNC 与 PLC 协调配合，共同完成对数控机床的控制。

（5）位置检测与反馈系统。实时检测执行部件的位移和速度信号以及环境参数（如温度、力等），并变换成位置控制单元所要求的信号形式，将运动部件现实位置反馈到位置控制单元，对位置误差进行补偿，以实现半闭环和闭环控制。

（6）机床本体。数控机床的机床本体主要由床身、立柱、工作台、导轨等基础件和刀库、刀架等配套件组成。

（7）辅助装置。辅助装置指数控机床的一些必要的配套部件，用以保证数控机床的运行，如冷却、排屑、润滑、照明、监测等。它包括液压和气动装置、排屑装置、交换工作台、数控转台和数控分度头，还包括刀具及监控检测装置等。

12.2.3　数控加工机床的分类

数控机床的品种规格很多，分类方法也各不相同。一般可根据功能和结构等，有以下几种分类方法。

1. 按机床运动的控制方式分类

(1)点位控制数控机床。点位控制数控机床只要求控制机床的移动部件从一点移动到另一点的准确定位，对于点与点之间的运动轨迹的要求并不严格，在移动过程中不进行加工，各坐标轴之间的运动是不相关的。为了实现既快又精确的定位，两点间位移的移动一般先快速移动，然后慢速趋近定位点，从而保证定位精度。图 12 – 2(a)所示为点位控制的加工轨迹。具有点位控制功能的机床主要有数控钻床、数控镗床和数控冲床等。

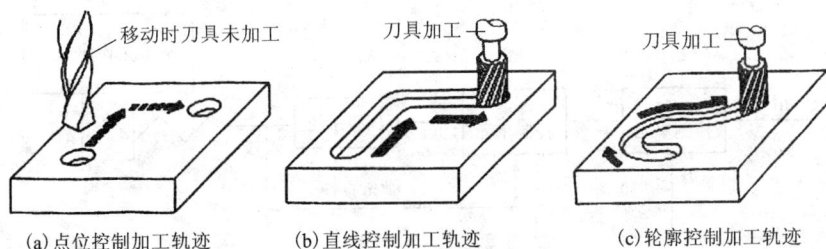

(a)点位控制加工轨迹　　(b)直线控制加工轨迹　　(c)轮廓控制加工轨迹

图 12 – 2　数控机床的加工轨迹

(2)直线控制数控机床。直线控制数控机床也称为平行控制数控机床，其特点是除了控制点与点之间的准确定位外，还要控制两相关点之间的移动速度和移动轨迹，但其运动路线只是与机床坐标轴平行移动，也就是说同时控制的坐标轴只有一个，在移位的过程中刀具能以指定的进给速度进行切削。图 12 –2(b)为直线控制的加工轨迹。具有直线控制功能的机床主要有数控车床、数控铣床和数控磨床等。

(3)轮廓控制数控机床。轮廓控制数控机床也称连续控制数控机床，其控制特点是能够对两个或两个以上的运动坐标方向的位移和速度同时进行控制。为了满足刀具沿工件轮廓的相对运动轨迹符合工件加工轮廓的要求，必须将各坐标方向运动的位移控制和速度控制按照规定的比例关系精确地协调起来。因此，在这类控制方式中，就要求数控装置具有插补运算功能，通过数控系统内插补运算器的处理，把直线或圆弧的形状描述出来，也就是一边计算，一边根据计算结果向各坐标轴控制器分配脉冲量，从而控制各坐标轴的联动位移量与要求的轮廓相符合。在运动过程中刀具对工件表面连续进行切削，可以进行各种直线、圆弧、曲线的加工。轮廓控制的加工轨迹如图 12 –2(c)所示。这类机床主要有数控铣床、加工中心等。

2. 按伺服系统控制的方式进行分类

(1)开环控制数控机床。这类数控机床没有检测与反馈装置，驱动元件为步进电机，其控制系统的框图如图 12 –3 所示。这类机床的特点是控制方便、结构简单、价格便宜。因为数控系统发出的指令信号流是单向的，所以不存在控制系统的稳定性问题，但机械传动的误差不经过反馈校正，因而位移精度不高。

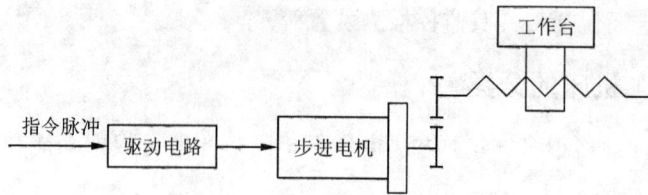

图 12 - 3　开环控制数控机床原理图

（2）半闭环控制数控机床。如图 12 - 4 所示，这类数控机床带有检测与反馈装置，其位置反馈采用转角检测元件（目前主要采用编码器等）直接安装在伺服电动机或丝杠端部。系统闭环环路内不包括机械传动环节，可获得稳定的控制特性。机械传动环节的误差，可用补偿的办法消除，可获得满意的精度。当前，大部分数控机床采用半闭环控制方式。

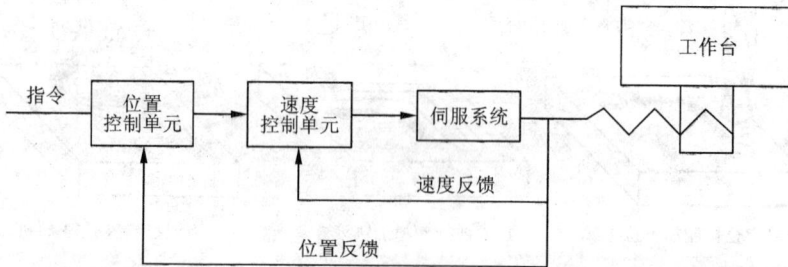

图 12 - 4　半闭环控制数控机床原理图

（3）全闭环控制数控机床。如图 12 - 5 所示，这类数控机床在机床移动部件上直接装有位置检测装置，通常采用直线位移检测元件，如光栅尺等，将测量的结果直接反馈到数控装置中，与输入指令进行比较控制，使移动部件按照实际的要求运动，最终实现精确定位，因为把机床工作台及传动环节纳入了位置控制环，故称为全闭环控制系统数控机床。它适用于精度要求很高的数控机床，如精密数控镗铣床、超精密数控车床等。

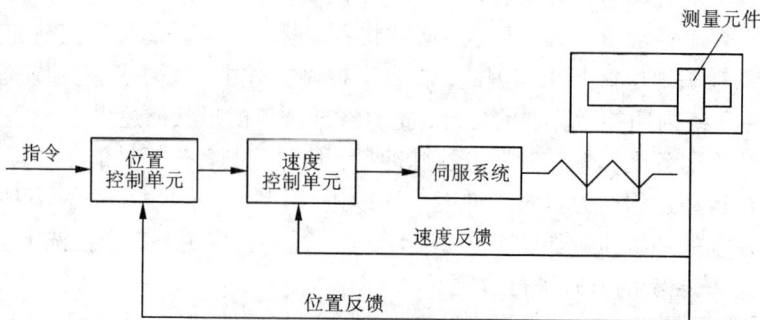

图 12 - 5　全闭环控制数控机床原理图

274

3. 按数控系统的功能水平分类

根据数控系统的功能水平可将数控系统分为低、中、高三档，这种分类方式，在我国用得较多。低、中、高三档的界限是相对的，不同时期，划分标准也会不同，可根据表 12 – 1 所示的一些功能及指标进行划分。

表 12 – 1　数控机床的功能水平

项目	低档	中档	高档
分辨率/μm	10	1	0.1
进给速度/(m·min^{-1})	8 ~ 15	15 ~ 24	15 ~ 100
联动轴数	2 ~ 3	2 ~ 4 轴或 3 ~ 5 轴以上	
主 CPU	8 位	16 位、32 位甚至采用 64 位	
伺服系统	步进电机、开环	直流及交流闭环、全数字交流伺服系统	
内装 PLC	无	有内装 PLC、功能极强的内装 PLC，甚至有多轴控制功能	
显示功能	数码管、简单的字符显示	字符、图形或三维图形显示功能	
通信功能	无	RC232CheckDNC 接口	MAP 通信和联网功能

4. 按加工工艺及机床用途分类

（1）金属切削类数控机床。金属切削类数控机床指采用车、铣、刨、磨、钻、铰等各种切削工艺的数控机床，也是最常见的数控机床。它又可分为以下两类。

1）普通型数控机床。如数控车床、数控铣床、数控磨床等（图 12 – 6）。

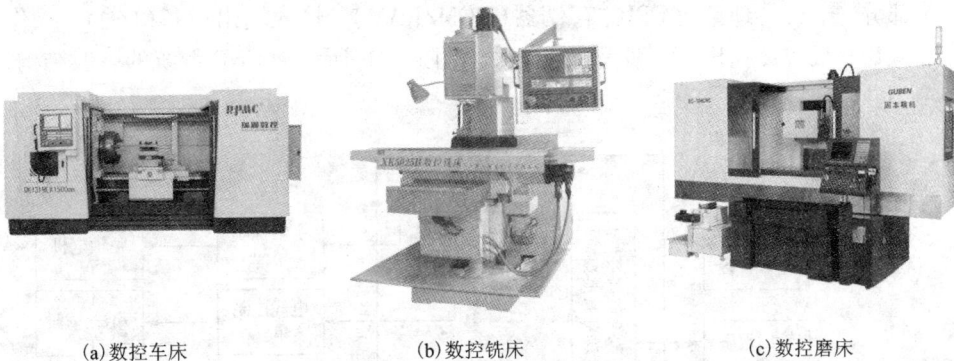

(a) 数控车床　　　　(b) 数控铣床　　　　(c) 数控磨床

图 12 – 6　常见的普通数控机床

2）加工中心。其主要特点是具有自动换刀机构和刀具库，工件经一次装夹后，通过自动更换各种刀具，在同一台机床上对工件各加工面连续进行铣、车、铰、钻、攻螺纹等多种工序的加工，如镗/铣类加工中心、车削加工中心、钻削加工中心和复合加工中心等。常见的加工中心如图 12 – 7 所示。

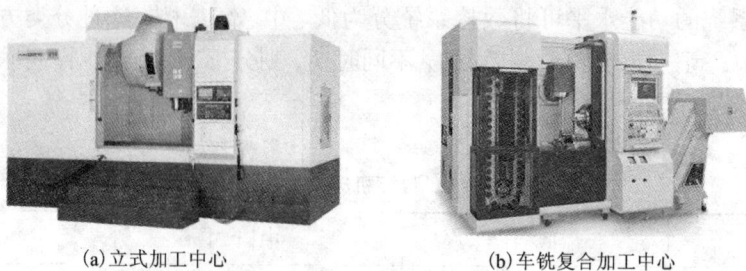

(a)立式加工中心   (b)车铣复合加工中心

图 12 - 7　常见的加工中心

（2）金属成形类数控机床。金属成形类数控机床指采用挤压、冲压、压制、拉拔等成形工艺的数控机床。常用的有数控压力机、数控折弯机、数控弯管机、数控旋压机等。

（3）特种加工类数控机床。特种加工类数控机床主要有数控电火花线切割机、数控电火花成形机、数控火焰切割机、数控激光加工机等。

12.3　计算机数控系统(CNC 系统)

12.3.1　CNC 系统的组成

CNC 系统主要由硬件和软件两大部分组成。其核心是计算机数字控制装置。它通过系统控制软件配合系统硬件，合理地组织、管理数控系统的输入、数据处理、插补和输出信息，控制执行部件，使数控机床按照操作者的要求进行自动加工。CNC 系统采用了计算机作为控制部件，通常由常驻在其内部的数控系统软件实现部分或全部数控功能，从而对机床运动进行实时控制。只要改变计算机数控系统的控制软件就能实现一种全新的控制方式。一般包括以下几个部分：中央处理单元 CPU、存储器(ROM/RAM)、输入输出设备(I/O)、操作面板、显示器和键盘、纸带穿孔机、可编程控制器等。图 12 - 8 所示为 CNC 系统的一般结构框图。

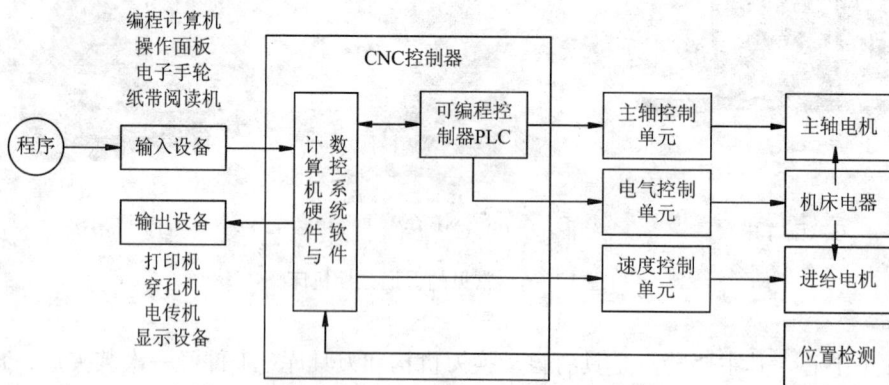

图 12 - 8　CNC 系统的结构框图

在图 12 - 8 中，数控系统主要指图中的 CNC 控制器。CNC 控制器由计算机硬件、系统软件和相应的 I/O 接口构成的专用计算机与可编程控制器 PLC 组成。前者处理机床轨迹运动的数字控制，后者处理开关量的逻辑控制。计算机数控装置不同于硬件数控装置，硬件数控由固定的硬件接线实现数控功能，不能改变其逻辑功能和控制功能。而计算机数控装置可以通过软件编程来实现部分或全部数控功能。

12.3.2　CNC 系统的功能和一般工作过程

1. CNC 系统的功能

CNC 系统由于现在普遍采用了微处理器，通过软件可以实现很多功能。数控系统有多种系列，性能各异。数控系统的功能通常包括基本功能和选择功能。基本功能是数控系统必备的功能，选择功能是供用户根据机床特点和用途进行选择的功能。CNC 系统的功能主要反映在准备功能 G 指令代码和辅助功能 M 指令代码上。根据数控机床的类型、用途、档次的不同，CNC 系统的功能有很大差别，下面介绍其主要功能。

（1）轴控制功能。CNC 系统能控制的轴数和能同时控制（联动）的轴数是其主要性能之一。控制轴有移动轴和回转轴，有基本轴和附加轴。通过轴的联动可以完成轮廓轨迹的加工。一般数控车床只需二轴控制，二轴联动；一般数控铣床需要三轴控制、三轴联动或 2.5 轴联动；一般加工中心为多轴控制，三轴联动。控制轴数越多，特别是同时控制的轴数越多，要求 CNC 系统的功能越强，同时 CNC 系统也越复杂，编制程序也越困难。

（2）准备功能。准备功能也称 G 指令代码，它用来指定机床运动方式的功能，包括基本移动、平面选择、坐标设定、刀具补偿、固定循环等指令。

（3）插补功能。CNC 系统是通过软件插补来实现刀具运动轨迹控制的。由于轮廓控制的实时性很强，软件插补的计算速度难以满足数控机床对进给速度和分辨率的要求，同时由于 CNC 不断扩展其他方面的功能也要求减少插补计算所占用的 CPU 时间。因此，CNC 的插补功能实际上被分为粗插补和精插补，插补软件每次插补一个小线段的数据称为粗插补；伺服系统根据粗插补的结果，将小线段分成单个脉冲的输出称为精插补。

（4）进给功能。根据加工工艺要求，CNC 系统的进给功能用 F 指令代码直接指定数控机床加工的进给速度。

（5）主轴功能。主轴功能就是指定主轴转速的功能。一般用 S 指令代码指定，用地址符 S 后加两位数字或四位数字表示，单位分别为 r/min 和 mm/min。对于有些机床还具有指定恒定线速度和主轴定向准停功能。

（6）辅助功能。辅助功能用来指定主轴的启、停和转向，切削液的开和关，刀库的启和停等，一般是开关量的控制，它用 M 指令代码表示。各种型号的数控装置具有的辅助功能差别很大，而且有许多是自定义的。

（7）刀具功能。刀具功能用来选择所需的刀具，刀具功能字以地址符 T 为首，后面跟二位或四位数字，代表刀具的编号。

（8）补偿功能。补偿功能是通过输入到 CNC 系统存储器的补偿量，根据编程轨迹重新计算刀具的运动轨迹和坐标尺寸，从而加工出符合要求的工件。补偿功能主要有以下种类：刀具的尺寸补偿，如刀具长度补偿、刀具半径补偿和刀尖圆弧补偿，这些功能可以补偿刀具磨损以及换刀时对准正确位置，简化编程；丝杠的螺距误差补偿和反向间隙补偿或者热变形补偿，通过事先检测出丝杠螺距误差和反向间隙，并输入到 CNC 系统中，在实际加工中进行补偿，从而提高数控机床的加工精度。

(9)字符、图形显示功能。CNC 控制器可以配置单色或彩色 CRT 或 LCD，通过软件和硬件接口实现字符和图形的显示。通常可以显示程序、参数、各种补偿量、坐标位置、故障信息、人机对话编程菜单、零件图形及刀具实际移动轨迹的坐标等。

(10)自诊断功能。为了防止故障的发生或在发生故障后可以迅速查明故障的类型和部位，以减少停机时间，CNC 系统中设置了各种诊断程序。不同的 CNC 系统设置的诊断程序是不同的，诊断的水平也不同。诊断程序一般可以包含在系统程序中，在系统运行过程中进行检查；也可以作为服务性程序，在系统运行前或故障停机后进行诊断，查找故障的部位。有的 CNC 可以进行远程通信诊断。

(11)通信功能。为了适应柔性制造系统(FMS)和计算机集成制造系统(CIMS)的需求，CNC 装置通常具有 RS232C 通信接口，有的还备有 DNC 接口。也有的 CNC 还可以通过制造自动化协议(MAP)接入工厂的通信网络。

(12)人机交互图形编程功能。为了进一步提高数控机床的编程效率，对于 NC 程序的编制，特别是较为复杂零件的 NC 程序都要通过计算机辅助编程，尤其是利用图形进行自动编程，以提高编程效率。因此，对于现代 CNC 系统一般要求具有人机交互图形编程功能。有这种功能的 CNC 系统可以根据零件图直接编制程序，即编程人员只需送入图样上简单表示的几何尺寸就能自动地计算出全部交点、切点和圆心坐标，生成加工程序。有的 CNC 系统可根据引导图和显示说明进行对话式编程，并具有自动工序选择、刀具和切削条件的自动选择等智能功能。有的 CNC 系统还备有用户宏程序功能(如日本 FANUC 系统)。这些功能有助于那些未受过 CNC 编程专门训练的机械工人能够很快地进行程序编制工作。

2. CNC 系统的一般工作过程

(1)输入。输入 CNC 控制器的通常有零件加工程序、机床参数和刀具补偿参数。机床参数一般在机床出厂或在用户安装调试时已经设定好，所以输入 CNC 系统的主要是零件加工程序和刀具补偿数据。输入方式有纸带输入、键盘输入、磁盘输入，上级计算机 DNC 通信输入等。CNC 输入工作方式有存储方式和 NC 方式。存储方式是将整个零件程序一次全部输入到 CNC 内部存储器中，加工时再从存储器中把一个一个程序调出。该方式应用较多。NC 方式是 CNC 一边输入一边加工的方式，即在前一程序段加工时，输入后一个程序段的内容。

(2)译码。译码是以零件程序的一个程序段为单位进行处理，把其中零件的轮廓信息(起点、终点、直线或圆弧等)，F、S、T、M 等信息按一定的语法规则解释(编译)成计算机能够识别的数据形式，并以一定的数据格式存放在指定的内存专用区域。编译过程中还要进行语法检查，发现错误立即报警。

(3)刀具补偿。刀具补偿包括刀具半径补偿和刀具长度补偿。为了方便编程人员编制零件加工程序，编程时零件程序是以零件轮廓轨迹来编程的，与刀具尺寸无关。程序输入和刀

278

具参数输入分别进行。刀具补偿的作用是把零件轮廓轨迹按系统存储的刀具尺寸数据自动转换成刀具中心(刀位点)相对于工件的移动轨迹。

刀具补偿包括 B 机能和 C 机能刀具补偿功能。在较高档次的 CNC 中一般应用 C 机能刀具补偿，C 机能刀具补偿能够进行程序段之间的自动转接和过切削判断等功能。

(4)进给速度处理。数控加工程序给定的刀具相对于工件的移动速度是在各个坐标合成运动方向上的速度，即 F 代码的指令值。速度处理首先要进行的工作是将各坐标合成运动方向上的速度分解成各进给运动坐标方向的分速度，为插补时计算各进给坐标的行程量做准备；另外对于机床允许的最低和最高速度限制也在这里处理。有的数控机床的 CNC 软件的自动加速和减速也放在这里。

(5)插补运算。零件加工程序程序段中的指令行程信息是有限的。如对于加工直线的程序段仅给定起、终点坐标；对于加工圆弧的程序段除了给定其起、终点坐标外，还给定其圆心坐标或圆弧半径。要进行轨迹加工，CNC 必须从一条已知起点和终点的曲线上自动进行"数据点密化"的工作，这就是插补。插补在每个规定的周期(插补周期)内进行一次，即在每个周期内，按指令进给速度计算出一个微小的直线数据段，通常经过若干个插补周期后，插补完一个程序段的加工，也就完成了从程序段起点到终点的"数据密化"工作。

(6)位置控制。位置控制装置位于伺服系统的位置环上，如图 12-9 所示。它的主要工作是在每个采样周期内，将插补计算出的理论位置与实际反馈位置进行比较，用其差值控制进给电动机。位置控制可由软件完成，也可由硬件完成。在位置控制中通常还要完成位置回路的增益调整，各坐标方向的螺距误差补偿和反向间隙补偿等，以提高机床的定位精度。

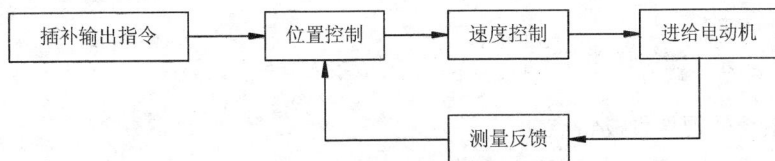

图 12-9　位置控制的原理

(7)I/O 处理。CNC 的 I/O 处理是 CNC 与机床之间的信息传递和变换的通道。其作用一方面是将机床运动过程中的有关参数输入到 CNC 中；另一方面是将 CNC 的输出命令(如换刀、主轴变速换档、加冷却液等)变为执行机构的控制信号，实现对机床的控制。

(8)显示。CNC 系统的显示主要是为操作者提供方便，显示装置有 CRT 显示器或 LCD 数码显示器等，一般位于数控机床的控制面板上。通常有零件程序的显示、加工参数的显示、刀具位置显示、机床状态显示、报警信息显示等。有的 CNC 装置中还有刀具加工轨迹的静态和动态模拟加工图形显示。

上述 CNC 的工作流程如图 12-10 所示。

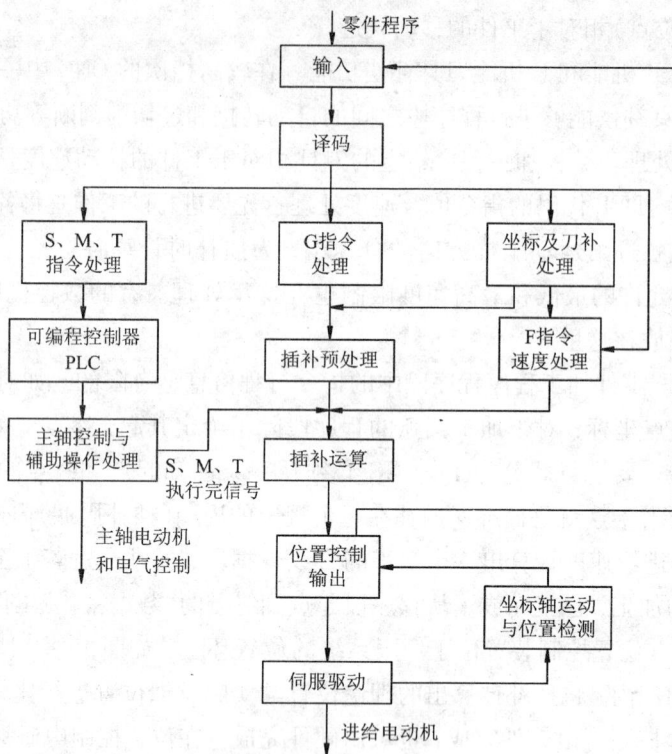

图 12 – 10　CNC 的工作流程

12.3.3　CNC 系统的硬件结构

1. CNC 系统的硬件构成特点

随着大规模集成电路技术和表面安装技术的发展，CNC 系统硬件模块及安装方式不断改进。从 CNC 系统的总体安装结构看，有整体式结构和分体式结构两种。

所谓整体式结构是把 CRT 和 MDI 面板、操作面板以及功能模块板组成的电路板等安装在同一机箱内。这种方式的优点是结构紧凑、便于安装，但有时可能造成某些信号连线过长。分体式结构通常把 CRT 和 MDI 面板、操作面板等做成一个部件，而把功能模块组成的电路板安装在一个机箱内，两者之间用导线或光纤连接。许多 CNC 机床把操作面板也单独作为一个部件，这是由于所控制机床的要求不同，操作面板相应地要改变，做成分体式有利于更换和安装。

CNC 操作面板在机床上的安装形式有吊挂式、床头式、控制柜式、控制台式等多种。

从组成 CNC 系统的电路板的结构特点来看，有两种常见的结构，即大板式结构和模块化结构。大板式结构的特点是，一个系统一般都有一块大板，其称为主板。主板上装有主 CPU 和各轴的位置控制电路等。其他相关的子板（完成一定功能的电路板），如 ROM 板、零件程序存储器板和 PLC 板都直接插在主板上面，组成 CNC 系统的核心部分。由此可见，大板式结构紧凑，体积小，可靠性高，价格低，有很高的性能/价格比，也便于机床的一体化设计，

280

大板结构虽有上述优点,但它的硬件功能不易变动,不利于组织生产。

另外一种柔性比较高的结构就是总线模块化的开放系统结构,其特点是将 CPU、存储器、输入输出控制分别做成插件板(称为硬件模块),甚至将 CPU、存储器、输入输出控制组成独立微型计算机级的硬件模块,相应的软件也是模块结构,固化在硬件模块中。硬软件模块形成一个特定的功能单元,称为功能模块。功能模块间有明确定义的接口,接口是固定的,成为工厂标准或工业标准,彼此可以进行信息交换。于是可以积木式组成 CNC 系统,使设计简单,有良好的适应性和扩展性,试制周期短,调整维护方便,效率高。

根据 CNC 系统使用的 CPU 及结构,CNC 系统的硬件结构一般分为单 CPU 和多 CPU 结构两大类。初期的 CNC 系统和现在的一些经济型 CNC 系统采用单 CPU 结构,而多 CPU 结构可以满足数控机床高进给速度、高加工精度和许多复杂功能的要求,也适应于并入 FMS 和 CIMS 运行的需要,从而得到了迅速的发展,它反映了当今数控系统的新水平。

2. 单 CPU 结构 CNC 系统

单 CPU 结构 CNC 系统的基本结构包括 CPU、总线、I/O 接口、存储器、串行接口和 CRT/MDI 接口等,还包括数控系统控制单元部件和接口电路,如位置控制单元、PLC 接口、主轴控制单元、速度控制单元、穿孔机和纸带阅读机接口以及其他接口等。图 12 - 11 所示为一种单 CPU 结构的 CNC 系统框图。

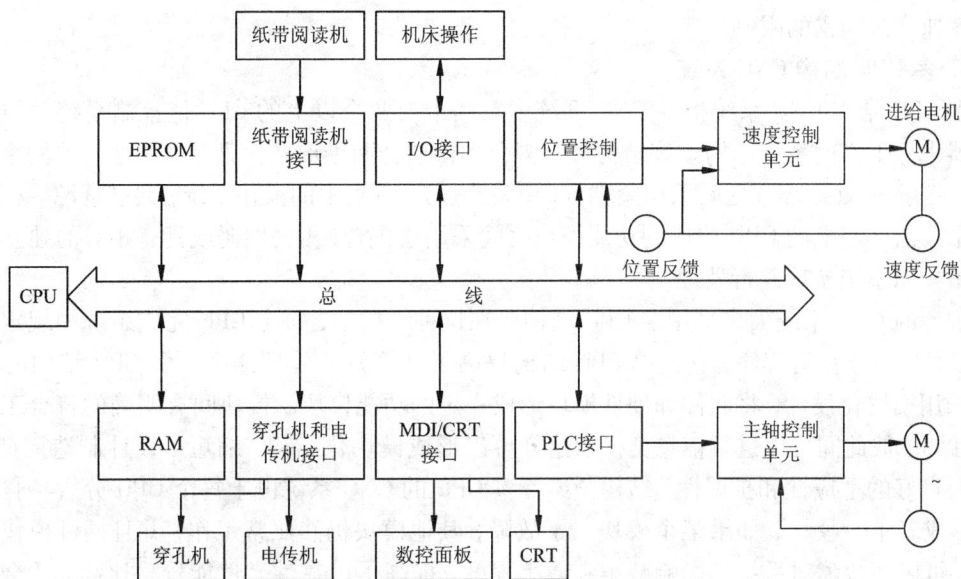

图 12 - 11　单 CPU 结构 CNC 框图

CPU 主要完成控制和运算两方面的任务。控制功能包括:内部控制,对零件加工程序的输入、输出控制,对机床加工现场状态信息的记忆控制等。运算任务是完成一系列的数据处理工作:译码、刀补计算、运动轨迹计算、插补运算和位置控制的给定值与反馈值的比较运算等。在经济型 CNC 系统中,常采用 8 位微处理器芯片或 8 位、16 位的单片机芯片。中高档的 CNC 通常采用 16 位、32 位甚至 64 位的微处理器芯片。

在单 CPU 的 CNC 系统中通常采用总线结构。总线是微处理器赖以工作的物理导线,按其功能可以分为三组总线,即数据总线(DB)、地址总线(AD)、控制总线(CB)。

CNC 装置中的存储器包括只读存储器(ROM)和随机存储器(RAM)两种。系统程序存放在只读存储器 EPROM 中,由生产厂家固化。即使断电,程序也不会丢失。系统程序只能由 CPU 读出,不能写入。运算的中间结果,需要显示的数据,运行中的状态、标志信息等存放在随机存储器 RAM 中。它可以随时读出和写入,断电后,信息就消失。加工的零件程序、机床参数、刀具参数等存放在有后备电池的 CMOS RAM 中,或者存放在磁泡存储器中,这些信息在这种存储器中能随机读出,还可以根据操作需要写入或修改,断电后,信息仍然保留。

CNC 装置中的位置控制单元主要对机床进给运动的坐标轴位置进行控制。位置控制的硬件一般采用大规模专用集成电路位置控制芯片或控制模板实现。

CNC 接受指令信息的输入有多种形式,如光电式纸带阅读机、磁带机、磁盘、计算机通信接口等形式,以及利用数控面板上的键盘操作的手动数据输入(MDI)和机床操作面板上手动按钮、开关量信息的输入。所有这些输入都要有相应的接口来实现。而 CNC 的输出也有多种,如程序的穿孔机、电传机输出,字符与图形显示的阴极射线管 CRT 输出,位置伺服控制和机床强电控制指令的输出等,同样要有相应的接口来执行。

单 CPU 结构 CNC 系统的特点是:CNC 的所有功能都是通过一个 CPU 进行集中控制、分时处理来实现的;该 CPU 通过总线与存储器、I/O 控制元件等各种接口电路相连,构成 CNC 的硬件;结构简单,易于实现;由于只有一个 CPU 的控制,功能受字长、数据宽度、寻址能力和运算速度等因素的限制。

3. 多 CPU 结构 CNC 系统

多 CPU 结构 CNC 系统指在 CNC 系统中有两个或两个以上的 CPU 能控制系统总线或主存储器进行工作的系统结构。该结构有紧耦合和松耦合两种形式。紧耦合指两个或两个以上的 CPU 构成的处理部件之间采用紧耦合(相关性强),有集中的操作系统,共享资源。松耦合指两个或两个以上的 CPU 构成的功能模块之间采用松耦合(相关性弱或具有相对的独立性),有多重操作系统实现并行处理。

现代的 CNC 系统大多采用多 CPU 结构。在这种结构中,每个 CPU 完成系统中规定的一部分功能,独立执行程序,它比单 CPU 结构提高了计算机的处理速度。多 CPU 结构的 CNC 系统采用模块化设计,将软件和硬件模块形成一定的功能模块。模块间有明确的符合工业标准的接口,彼此间可以进行信息交换。这样可以形成模块化结构,缩短了设计制造周期,并且具有良好的适应性和扩展性,结构紧凑。多 CPU 的 CNC 系统由于每个 CPU 分管各自的任务,形成若干个模块,如果某个模块出了故障,其他模块仍然照常工作,并且插件模块更换方便,可以使故障对系统的影响减小到最小程度,提高了可靠性。性能价格比高,适合于多轴控制、高进给速度、高精度的数控机床。

图 12-12 所示为一种共享总线结构的多 CPU CNC 系统。在这种结构的 CNC 系统中,只有主模块有权控制系统总线,且在某一时刻只能有一个主模块占有总线,如有多个主模块同时请求使用总线,会产生竞争总线问题。

共享总线结构的各模块之间的通信,主要依靠存储器实现,采用公共存储器的方式。公共存储器直接插在系统总线上,有总线使用权的主模块都能访问,可供任意两个主模块交换信息。

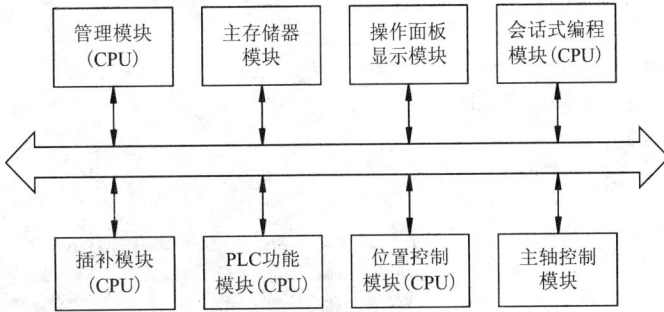

图 12 – 12　共享总线的多 CPU 结构 CNC 系统结构框图

图 12 – 13 所示为共享存储器的多 CPU 的 CNC 系统结构框图，在该结构中，采用多端口存储器来实现各 CPU 之间的互连和通信，每个端口都配有一套数据、地址、控制线，以供端口访问。由多端控制逻辑电路解决访问冲突。

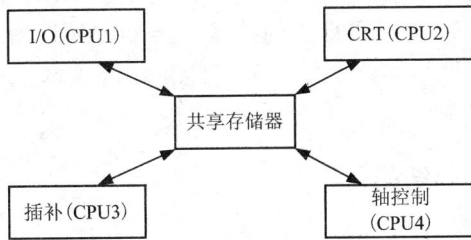

图 12 – 13　共享存储器的多 CPU 结构框图

这种结构的缺点是，当 CNC 系统功能复杂，要求 CPU 数量增多时，会因争用共享存储器而造成信息传输的阻塞，降低系统的效率，其扩展功能较为困难。

4. 开放式 CNC 系统

(1)开放式 CNC 系统的产生。

无论 CNC 装置是单微处理器硬件结构还是多微处理器硬件结构，都是以数控机床为控制对象的专用计算机系统。采用专用计算机系统必然会有兼容性差、可扩充性差、成本高等缺点。随着科技的发展和生产的需求，需要一种灵活(功能可组、可扩展、可添加)的开放式数控系统，打破当前的"封闭式的"数控系统。

(2)开放式 CNC 系统的特点。

1)系统构件(软件和硬件)具有标准化(standardization)与多样化(diversification)和互换性(interchangeability)的特征。

2)允许通过对构件的增减来构造系统，实现系统"积木式"的集成构造，是可移植的和透明的。图 12 – 14 所示为开放式 CNC 系统的概念结构。

3)开放体系结构 CNC 的优点。①向未来技术开放。由于软硬件接口都遵循公认的标准协议，只需少量的重新设计和调整，新一代的通用软硬件资源就可能被现有系统所采纳、吸

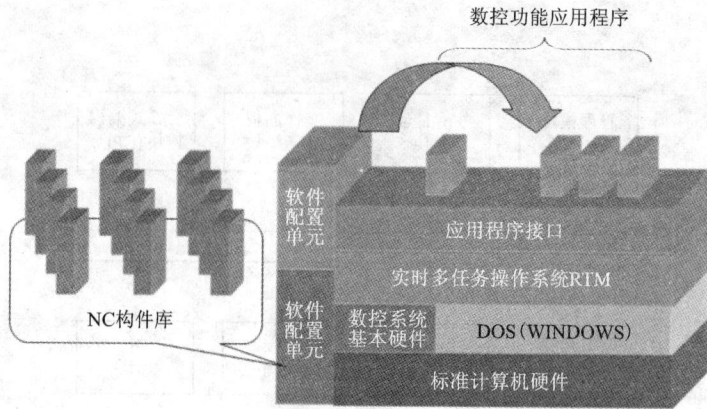

数控功能应用程序

软件配置单元

应用程序接口

实时多任务操作系统RTM

NC构件库

软件配置单元

数控系统基本硬件

DOS（WINDOWS）

标准计算机硬件

图 12 –14　开放式 CNC 系统的概念结构

收和兼容，这就意味着系统的开发费用将大大降低而系统性能与可靠性将不断改善并处于长生命周期。②标准化的人机界面。标准化的编程语言，方便用户使用，降低了和操作效率直接有关的劳动消耗。③向用户特殊要求开放。更新产品、扩充能力、提供可供选择的硬软件产品的各种组合以满足特殊应用要求，给用户提供一个方法，从低级控制器开始，逐步提高，直到达到所要求的性能为止。④用户自身的技术诀窍能方便地融入，创造出自己的名牌产品；可减少产品品种，便于批量生产、提高可靠性和降低成本，增强市场供应能力和竞争能力。

12.3.4　CNC 系统的软件结构

1. CNC 的软件组成

CNC 的软件是为了完成数控机床的各项功能专门设计和编制的专用软件，通常称为系统软件。CNC 系统软件的管理作用类似于计算机的操作系统的功能。CNC 的系统软件由管理软件和控制软件两大部分组成，如图 12 – 15 所示。

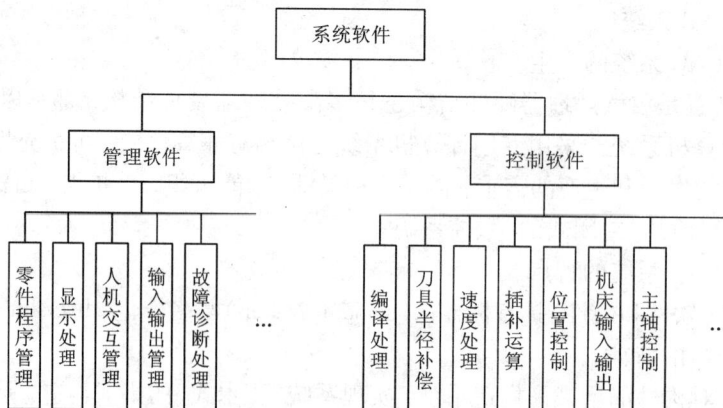

系统软件

管理软件

零件程序管理　显示处理　人机交互管理　输入输出管理　故障诊断处理　…

控制软件

编译处理　刀具半径补偿　速度处理　插补运算　位置控制　机床输入输出　主轴控制　…

图 12 – 15　CNC 系统的软件构成

284

不同的 CNC 装置，其功能和控制方案也不同，因而各系统软件在结构上和规模上差别较大，各厂家的软件互不兼容。现代数控机床的功能大都采用软件来实现，所以，系统软件的设计及功能是 CNC 系统的关键，而控制软件又是系统软件的核心。

数控系统是按照事先编制好的控制程序来实现各种控制的，而控制程序是根据用户对数控系统所提出的各种要求进行设计的。在设计系统软件之前必须细致地分析被控制对象的特点和对控制功能的要求，决定采用哪一种计算方法。在确定好控制方式、计算方法和控制顺序后，将其处理顺序用框图描述出来，使系统设计者对所设计的系统有一个明确而又清晰的轮廓。

2. CNC 系统软件的结构特点

（1）CNC 系统的多任务并行处理。

CNC 系统作为一个独立的过程数字控制器应用于工业自动化生产中，其多任务性表现在它的管理软件必须完成管理和控制两大任务。同时，CNC 系统的这些任务必须协调工作。也就是在许多情况下，管理和控制的某些工作必须同时进行。例如，为了便于操作人员能及时掌握 CNC 的工作状态，管理软件中的显示模块必须与控制模块同时运行；当 CNC 处于 NC 工作方式时，管理软件中的零件程序输入模块必须与控制软件同时运行。而控制软件运行时，其中一些处理模块也必须同时进行。如为了保证加工过程的连续性，即刀具在各程序段间不停刀，译码、刀补和速度处理模块必须与插补模块同时运行，而插补必须与位置控制同时进行等。所谓并行处理指计算机在同一时刻或同一时间间隔内完成两种或两种以上性质相同或不相同的工作。并行处理的优点是提高了运行速度。CNC 系统的这种多任务并行处理关系如图 12 - 16 所示。

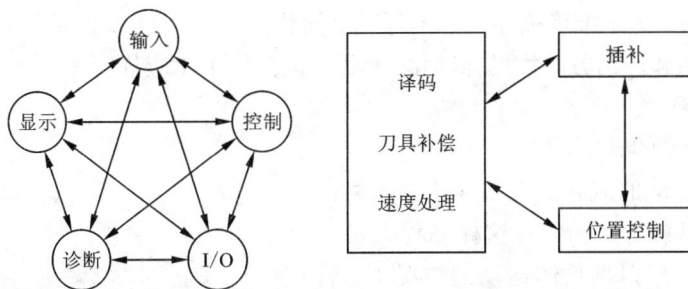

图 12 - 16　CNC 的多任务并行处理关系

（2）实时中断处理。

CNC 系统软件结构的另一个特点是实时中断处理。CNC 系统程序以零件加工为对象，每个程序段中有许多子程序，它们按照预定的顺序反复执行，各个步骤间关系十分密切，有许多子程序的实时性很强，这就决定了中断成为整个系统不可缺少的重要组成部分。CNC 系统的中断管理主要由硬件完成，而系统的中断结构决定了软件结构。CNC 系统的中断类型包括如下几类。

1）外部中断。主要有纸带光电阅读机中断、外部监控中断（如紧急停、量仪到位等）和键盘操作面板输入中断。前两种中断的实时性要求很高，将它们放在较高的优先级上，而键盘和操作面板的输入中断则放在较低的中断优先级上。在有些系统中，甚至用查询的方式来处理它。

2)内部定时中断。主要有插补周期定时中断和位置采样定时中断。在有些系统中将两种定时中断合二为一。但是在处理时，总是先处理位置控制，然后处理插补运算。

3)硬件故障中断。它是各种硬件故障检测装置发出的中断，如存储器出错、定时器出错、插补运算超时等。

4)程序性中断。它是程序中出现的异常情况的报警中断，如各种溢出、除零等。

12.4 数控加工程序编制基础

12.4.1 数控加工程序编制的定义

所谓程序编制，就是程序员根据加工零件的图样和加工工艺，将零件加工的工艺过程、工艺参数、加工路线及加工中需要的辅助动作，如换刀、冷却、夹紧、主轴正反转等，按照加工顺序和数控机床规定的指令代码及程序格式编成加工程序单。再将程序单中的全部内容输入到机床数控装置中，从而指挥数控机床加工。这种根据零件图样和加工工艺转换成加工指令并输入到数控装置的过程称为数控加工的程序编制。

数控编程

必须明确的是，数控系统的种类繁多，它们使用的数控程序语言规则和格式也不尽相同，本课程以 ISO 国际标准为主来介绍。当针对某一台数控机床编制加工程序时，应该严格按机床编程手册中的规定进行程序编制。

12.4.2 数控机床的坐标系

在数控编程时，为了准确描述机床的运动，简化编程的方法及保证记录数据的互换性，数控机床的坐标系和运动方向均已标准化，ISO 和国标作了相应规定。

1. 机床坐标系

(1)机床坐标系的确定。

1)机床相对运动的规定。在机床上，始终认为工件静止，而刀具是运动的。这样编程人员在不考虑机床上工件与刀具具体运动的情况下，就可以依据零件图样，确定机床的加工过程。

2)机床坐标系的规定。在数控机床上，机床的动作是由数控装置来控制的，为了确定数控机床上的成形运动和辅助运动，必须先确定机床上运动的位移和运动的方向，这就需要通过坐标系来实现，这个坐标系被称为机床坐标系。图 12 - 17 所示的铣床，有纵向、横向以及垂向运动，在数控加工中就应该用机床坐标系来描述。

标准机床坐标系中 X、Y、Z 坐标轴的相互关系用右手笛卡尔直角坐标系决定，定义如下。

伸出右手的大拇指、食指和中指，并互为

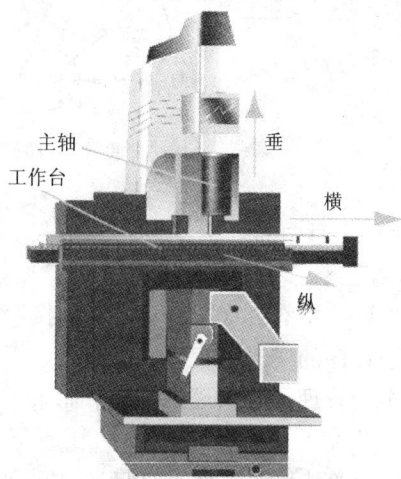

图 12 - 17 数控铣床的各种运动

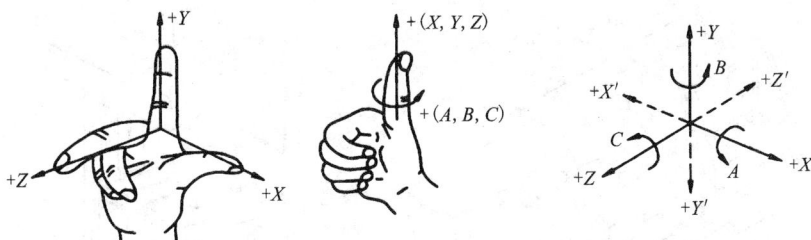

图 12-18 右手笛卡尔直角坐标系

$90°$。则大拇指代表 X 坐标,食指代表 Y 坐标,中指代表 Z 坐标。

大拇指的指向为 X 坐标的正方向,食指的指向为 Y 坐标的正方向,中指的指向为 Z 坐标的正方向。

围绕 X、Y、Z 坐标旋转的旋转坐标分别用 A、B、C 表示,根据右手螺旋定则,大拇指的指向为 X、Y、Z 坐标中任意轴的正向,则其余四指的旋转方向即为旋转坐标 A、B、C 的正向,如图 12-18 所示。

3)运动方向的规定。增大刀具与工件距离的方向即为各坐标轴的正方向。

(2)坐标轴方向的确定。

1)Z 坐标。Z 坐标的运动方向是由传递切削动力的主轴所决定的,即平行于主轴轴线的坐标轴即为 Z 坐标,Z 坐标的正向为刀具离开工件的方向。

如果机床上有几个主轴,则选一个垂直于工件装夹平面的主轴方向为 Z 坐标方向;如果主轴能够摆动,则选垂直于工件装夹平面的方向为 Z 坐标方向;如果机床无主轴,则选垂直于工件装夹平面的方向为 Z 坐标方向。

2)X 坐标。X 坐标平行于工件的装夹平面,一般在水平面内。确定 X 轴的方向时,要考虑两种情况。

①如果工件做旋转运动,则刀具离开工件的方向为 X 坐标的正方向。

②如果刀具做旋转运动,则分为两种情况:Z 坐标水平时,观察者沿刀具主轴向工件看,$+X$ 运动方向指向右方;Z 坐标垂直时,观察者面对刀具主轴向立柱看,$+X$ 运动方向指向右方。对于数控车床来说,只有两个移动坐标轴,即 X、Z 轴,以及一个回转轴,即绕 Z 轴旋转的 C 轴。图 12-19(a)所示为数控车床的坐标。

3)Y 坐标。在确定 X、Z 坐标的正方向后,可以用根据 X 和 Z 坐标的方向,按照右手直角坐标系来确定 Y 坐标的方向。图 12-19(b)所示为数控铣床的 X、Y、Z 坐标。

(3)附加坐标系。

为了编程和加工的方便,有时还要设置附加坐标系。对于直线运动,通常建立的附加坐标系有:

1)指定平行于 X、Y、Z 的坐标轴。可以采用的附加坐标系:第二组 U、V、W 坐标,第三组 P、Q、R 坐标。

2)指定不平行于 X、Y、Z 的坐标轴。可以采用的附加坐标系:第二组 U、V、W 坐标,第三组 P、Q、R 坐标。

(4)机床原点的设置。

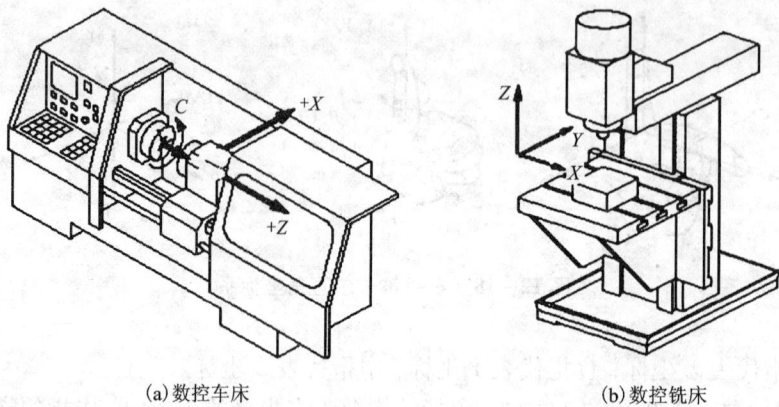

(a)数控车床   (b)数控铣床

图 12 - 19　数控机床的坐标系

　　机床原点指在机床上设置的一个固定点,即机床坐标系的原点。它在机床装配、调试时就已确定下来,是数控机床进行加工运动的基准参考点。

　　1)数控车床的原点。在数控车床上,机床原点一般取在卡盘端面与主轴中心线的交点处,如图 12 -20(a)所示。同时,通过设置参数的方法,也可将机床原点设定在 X、Z 坐标的正方向极限位置上。

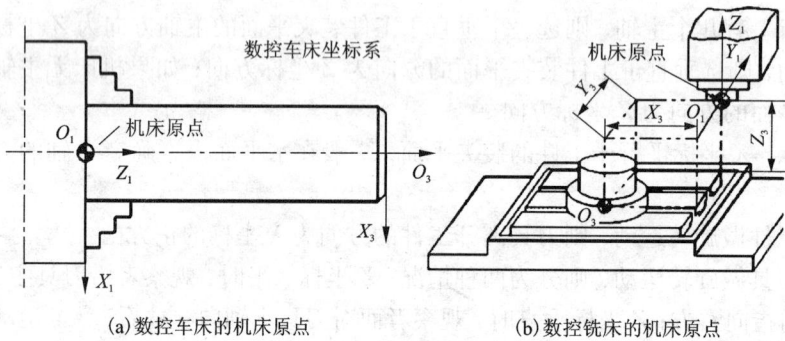

(a)数控车床的机床原点   (b)数控铣床的机床原点

图 12 - 20　数控机床的原点

　　2)数控铣床的原点。在数控铣床上,机床原点位置因生产厂家而异,有的设置在机床工作台中心,有的设置在进给行程范围的正极限点。可由机床用户手册中查到。图 12 -20(b)所示的铣床,机床原点设在 X、Y、Z 坐标的正方向极限位置上。

　　(5)机床参考点。

　　机床参考点是用于对机床运动进行检测和控制的固定位置点。

　　机床参考点的位置是由机床制造厂家在每个进给轴上用限位开关精确调整好的,坐标值已输入数控系统中。因此参考点对机床原点的坐标是一个已知数。

　　通常在数控铣床上机床原点和机床参考点是重合的(也可以不重合);而在数控车床上机床参考点是离机床原点最远的极限点。图 12 -21 所示为数控车床的参考点与机床原点。

288

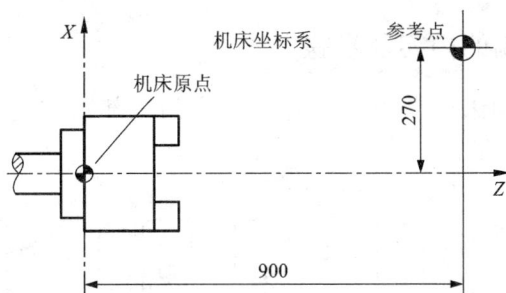

图 12 – 21 数控车床的参考点

数控机床开机时，必须先确定机床原点，而确定机床原点的运动就是刀架返回参考点的操作，这样通过确认参考点，就确定了机床原点。只有机床参考点被确认后，刀具（或工作台）移动才有基准。

2. 编程坐标系

编程坐标系是编程人员根据零件图样及加工工艺等建立的坐标系。编程坐标系一般供编程使用，确定编程坐标系时不必考虑工件毛坯在机床上的实际装夹位置，图 12 – 22 中，$X_2Y_2Z_2$ 坐标系为编程坐标系。

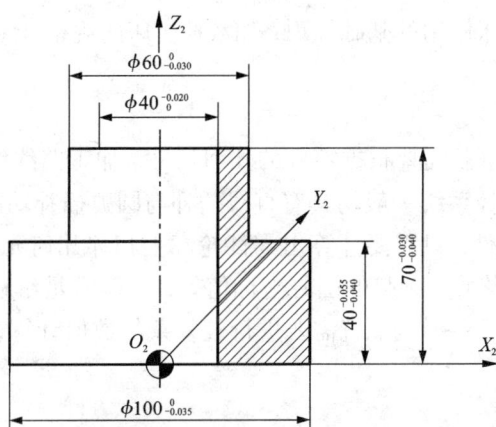

图 12 – 22 编程坐标系和编程原点

编程原点是根据加工零件图样及加工工艺要求选定的编程坐标系的原点。编程原点应尽量选择在零件的设计基准或工艺基准上，编程坐标系中各轴的方向应该与所使用的数控机床相应的坐标轴方向一致，图 12 – 22 中 O_2 为编程原点。

3. 加工原点与加工坐标系

加工原点指零件被装夹好后，相应的编程原点在机床坐标系中的位置（也称为工件原点）。

加工坐标系：指以确定的工件原点为基准所建立的坐标系（也称为工件坐标系）。可以说，当数控程序用于加工时，编程坐标系在机床上就表现为加工坐标系，编程原点就为加工原点。加工原点和加工坐标系在零件安装好后，通过"对刀""找正"来确定。

12.4.3　数控程序编制的内容及步骤

数控编程指从零件图纸到获得数控加工程序的全部工作过程。编程工作主要包括图 12 - 23 所示的内容和步骤。

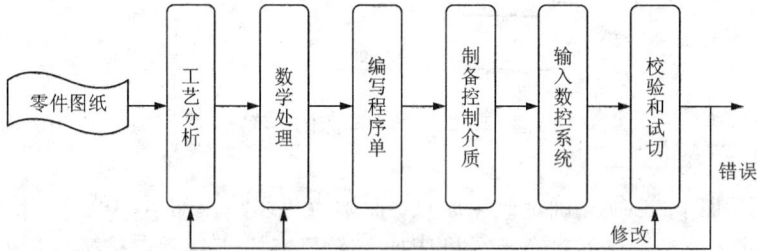

图 12 - 23　数控程序编制的内容及步骤

1. 分析零件图样和制定工艺方案

这项工作的内容包括：对零件图样进行分析，明确加工的内容和要求；确定加工方案；选择适合的数控机床；选择或设计合适的刀具和夹具；确定合理的走刀路线及选择合理的切削用量等。这一工作要求编程人员能够对零件图样的技术特性、几何形状、尺寸及工艺要求进行分析，并结合数控机床使用的基础知识，如数控机床的规格、性能、数控系统的功能等，确定加工方法和加工路线。

2. 数学处理

在确定了工艺方案后，就需要根据零件的几何尺寸、加工路线等，计算刀具中心运动轨迹，以获得刀位数据。数控系统一般均具有直线插补与圆弧插补功能，对于加工由圆弧和直线组成的较简单的平面零件，只需要计算出零件轮廓上相邻几何元素交点或切点的坐标值，得出各几何元素的起点、终点、圆弧的圆心坐标值等，就能满足编程要求。当零件的几何形状与控制系统的插补功能不一致时，就需要进行较复杂的数值计算，一般需要使用计算机辅助计算，否则难以完成。

3. 编写零件加工程序

在完成上述工艺处理及数值计算工作后，即可编写零件加工程序。程序编制人员使用数控系统的程序指令，按照规定的程序格式，逐段编写加工程序。程序编制人员应对数控机床的功能、程序指令及代码十分熟悉，才能编写出正确的加工程序。

4. 制备控制介质

将程序单上的内容，经转换记录在控制介质上(如存储在磁盘、U 盘或移动硬盘上)，作为数控系统的输入信息，也可以通过网络直接输入到数控机床。若程序较简单，也可直接通过 MDI 键盘输入。

5. 输入数控系统

制备的控制介质必须正确无误，才能用于正式加工。因此要将记录在控制介质上的零件程序，经输入装置输入到数控系统中。

290

6. 程序检验和试切

将编写好的加工程序输入数控系统，就可控制数控机床的加工工作。一般在正式加工之前，要对程序进行检验。通常可采用机床空运转的方式，来检查机床动作和运动轨迹的正确性，以检验程序。在具有图形模拟显示功能的数控机床上，可通过显示走刀轨迹或模拟刀具对工件的切削过程，对程序进行检查。对于形状复杂和要求高的零件，也可采用铝件、塑料或石蜡等易切材料进行试切来检验程序。通过检查试件，不仅可确认程序是否正确，还可知道加工精度是否符合要求。若能采用与被加工零件材料相同的材料进行试切，则更能反映实际加工效果，当发现加工的零件不符合加工技术要求时，可修改程序或采取尺寸补偿等措施。

12.4.4　数控程序编制的方法

数控加工程序的编制方法主要有两种：手工编制程序和自动编制程序。

1. 手工编程

手工编程指主要由人工来完成数控编程中各个阶段的工作，图 12 - 24 所示为手工编程流程。一般对几何形状不太复杂的零件，所需的加工程序不长，计算比较简单，用手工编程比较合适，如简单的钻孔、铣单一平面的表面等。

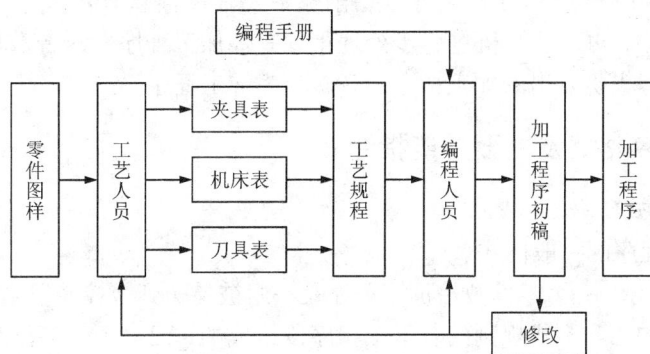

图 12 - 24　手工编程流程

手工编程的特点：耗费时间较长，容易出现错误，无法胜任复杂形状零件的编程。据国外资料统计，当采用手工编程时，一段程序的编写时间与其在机床上运行加工的实际时间之比，平均约为 30∶1，而数控机床不能开动的原因中有 20% ~ 30% 是加工程序编制困难，编程时间较长。

2. 计算机自动编程

自动编程指在编程过程中，除了分析零件图样和制定工艺方案由人工进行外，其余工作均由计算机辅助完成。图 12 - 25 所示为自动编程流程。

采用计算机自动编程时，数学处理、编写程序、检验程序等工作是由计算机自动完成的，由于计算机可自动绘制出刀具中心运动轨迹，使编程人员可及时检查程序是否正确，需要时可及时修改，以获得正确的程序。又由于计算机自动编程代替程序编制人员完成了繁琐的数值计算，可提高编程效率成百上千倍，因此解决了手工编程无法解决的许多复杂零件的编程

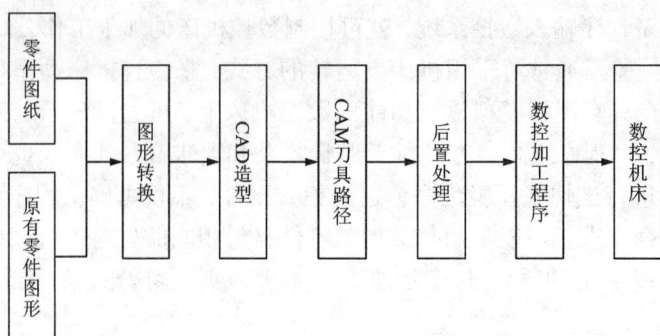

图 12 - 25　自动编程流程

难题。因而，自动编程的特点就在于编程工作效率高，可解决复杂形状零件的编程难题。

根据输入方式的不同，可将自动编程分为图形数控自动编程、语言数控自动编程和语音数控自动编程等。图形数控自动编程指将零件的图形信息直接输入计算机，通过自动编程软件的处理，得到数控加工程序。目前，图形数控自动编程是使用最为广泛的自动编程方式，各种 CAD/CAM 集成的软件，如 UG、PRO/E、CIMATRON 等都具有此功能。语言数控自动编程指将加工零件的几何尺寸、工艺要求、切削参数及辅助信息等用数控语言编写成源程序后，输入到计算机中，再由计算机进一步处理得到零件加工程序。语音数控自动编程是采用语音识别器，将编程人员发出的加工指令声音转变为加工程序。

12.4.5　数控程序格式及主要功能指令

1. 数控程序格式

（1）零件加工程序的一般格式。

如图 12 - 26 所示，一个零件数控加工程序是一组被传送到数控装置中的指令和数据，是由遵循一定结构、句法和格式规则的若干个程序段组成的，而每个程序段是由若干个指令字组成的。

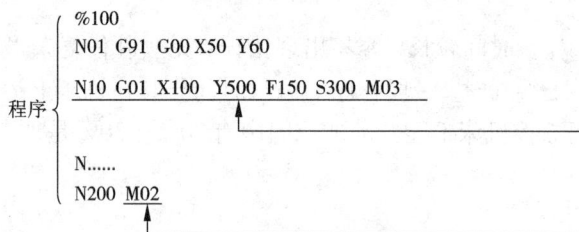

图 12 - 26　数控加工程序示例

一个完整的零件程序必须包括起始部分、中间部分和结束部分。①起始部分一般由程序起始符%（或 O）后跟程序号组成。②中间部分是整个程序的核心，由若干个程序段组成，表示数控机床要完成的全部动作。一个零件程序是按程序段输入的顺序执行的。③零件程序的结束部分常用 M02 或 M30 构成程序的最后一段。在 ISO 代码中，程序开始符、结束符是同一个字符%。值得注意的是，不同的数控系统，程序段的结构、句法和格式规则会略有不同。

（2）程序段格式。

程序段格式指程序段中的字、字符和数据的安排形式。现在一般使用字地址可变程序段格式，每个字长不固定，各个程序段中的长度和功能字的个数都是可变的。每个程序段由若干指令字（或功能指令）组成，以图 12－26 中的程序段"N10 G01 X100 Y500 F150 S300 M03"为例，来说明程序段中，各个指令字的含义："N10"程序段号；"G01"准备功能字，表示移动的轨迹为走直线；"X100，Y500"尺寸字，表示移动目标，即要移动到的位置的坐标值（3 轴加工还包含 Z 坐标）；"F150"进给功能字，表示进给速度为 150 mm/min；"S300"主轴功能字，表示主轴的转速为 300 r/min；"M03"辅助功能字，表示主轴正转。

2．数控程序中的主要功能指令简介

数控加工程序是由各种功能字按照规定的格式组成的。正确地理解各个功能字的含义，恰当地使用各种功能字，按规定的程序指令编写程序，是编好数控加工程序的关键。

程序编制的规则，首先是由所采用的数控系统来决定的，所以应详细阅读数控系统编程、操作说明书，以下按常用数控系统的共性概念进行说明。

（1）绝对尺寸指令和增量尺寸指令 G90/G91。

绝对尺寸指令指机床运动部件的坐标尺寸值相对于坐标原点给出，如图 12－27 所示。增量尺寸指令指机床运动部件的坐标尺寸值相对于前一位置给出，如图 12－28 所示。

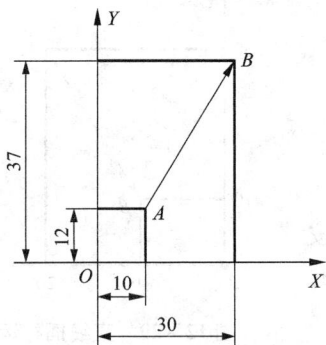

图 12－27　绝对尺寸　　　　图 12－28　增量尺寸

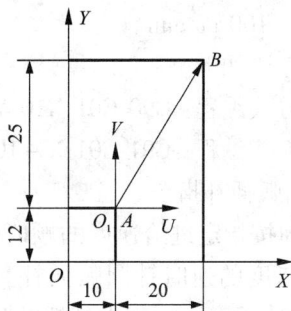

在加工程序中，绝对尺寸指令和增量尺寸指令有两种表达方法。

1）G 功能字指定：G90 指定尺寸值为绝对尺寸；G91 指定尺寸值为增量尺寸。这种表达方式的特点是同一条程序段中只能用一种，不能混用；同一坐标轴方向的尺寸字的地址符是相同的。

2）用尺寸字的地址符指定（如数控车编程时）：绝对尺寸的尺寸字的地址符用 X、Y、Z；增量尺寸的尺寸字的地址符用 U、V、W。这种表达方式的特点是同一程序段中绝对尺寸和增量尺寸可以混用，这给编程带来很大方便。

（2）预置寄存指令 G92。

预置寄存指令是按照程序规定的尺寸字值，通过当前刀具所在位置来设定加工坐标系的原点。这一指令不产生机床运动。

编程格式：G92 X ~ Y ~ Z ~

式中：X、Y、Z 的值是当前刀具位置相对于加工原点位置的值。

例：建立图 12 – 27 所示的加工坐标系。

当前的刀具位置点在 A 点时：G92 X10 Y12。

当前的刀具位置点在 B 点时：G92 X30 Y37。

注意：这种方式设置的加工原点是随刀具当前位置（起始位置）的变化而变化的。

（3）快速点定位指令 G00。

快速点定位指令控制刀具以点位控制的方式快速移动到目标位置，其移动速度由参数来设定。指令执行开始后，刀具沿着各个坐标方向同时按参数设定的速度移动，最后减速到达终点。

编程格式：G00 X ~ Y ~ Z ~

式中：X、Y、Z 的值是快速点定位的终点坐标值。

例：图 12 – 27 中，从 A 点到 B 点快速移动的程序段为：G90 G00 X30 Y37。

（4）直线插补指令 G01。

直线插补指令用于产生按指定进给速度 F 实现的空间直线运动。

程序格式：G01 X ~ Y ~ Z ~ F ~

其中：X、Y、Z 的值是直线插补的终点坐标值。F 的值是给定刀具或工作台的进给速度。

例：实现图 12 – 29 中从 A 点到 B 点的直线插补运动，移动速度为 100 m/min。

其程序段如下。

绝对方式编程：G90 G01 X10 Y10 F100。

增量方式编程：G91 G01 X – 10 Y – 20 F100。

（5）圆弧插补指令。

G02 为按指定进给速度的顺时针圆弧插补，G03 为按指定进给速度的逆时针圆弧插补。圆弧插补 G02/G03 的判断，在加工平面内，根据其插补时的旋转方向为顺时针/逆时针来区别的，如图 12 – 30 所示，为 XOY 平面内加工轮廓时的直线和圆弧插补。

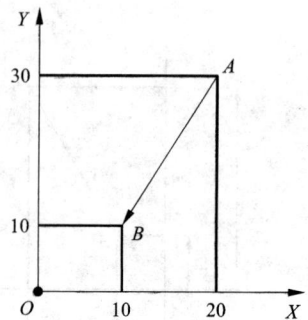

图 12 – 29　直线插补运动

程序格式：

XY 平面：

G17 G02 X ~ Y ~ I ~ J ~（R ~）F ~

G17 G03 X ~ Y ~ I ~ J ~（R ~）F ~

ZX 平面：

G18 G02 X ~ Z ~ I ~ K ~（R ~）F ~

G18 G03 X ~ Z ~ I ~ K ~（R ~）F ~

YZ 平面：

G19 G02 Z ~ Y ~ J ~ K ~（R ~）F ~

G19 G03 Z ~ Y ~ J ~ K ~（R ~）F ~

294

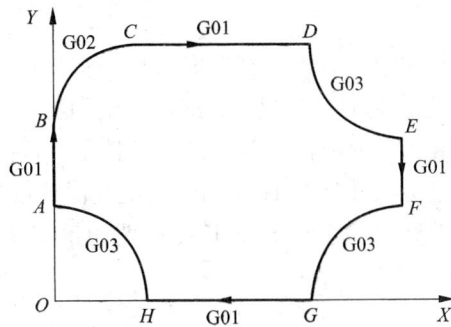

图 12 - 30　圆弧插补判断示例

其中：X、Y、Z 的值是圆弧插补的终点坐标值；I、J、K 是圆弧起点到圆心的增量坐标，与 G90, G91 无关；R 为指定圆弧半径，当圆弧的圆心角≤180°时，R 值为正，当圆弧的圆心角 >180°时，R 值为负；F 为给定的进给速度。

（6）刀具半径补偿指令 G40/G41/G42。

在零件轮廓铣削加工时，由于刀具半径尺寸影响，刀具的中心轨迹与零件轮廓往往不一致。为了避免计算刀具中心轨迹，直接按零件图样上的轮廓尺寸编程，数控系统提供了刀具半径补偿功能，图 12 - 31 所示为加工外轮廓时刀具半径补偿过程示意图。

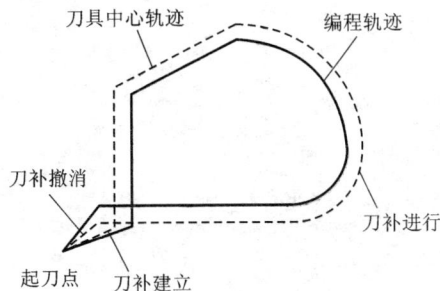

图 12 - 31　刀具半径补偿过程示意图

程序格式：

G00/G01 G41/G42 X ~ Y ~ H ~　　　　　//建立补偿程序段

……　　　　　　　　　　　　　　　　//轮廓切削程序段

……

G00/G01 G40 X ~ Y ~　　　　　　　　　//补偿撤消程序段

其中：

G41/G42 程序段中的 X、Y 值是建立补偿直线段的终点坐标值。

G40 程序段中的 X、Y 值是撤消补偿直线段的终点坐标。

H 为刀具半径补偿代号地址字，后面一般用两位数字表示代号，代号与刀具半径值一一对应。刀具半径值可用 CRT/MDI 方式输入，即在设置时，H ~ = R。如果用 H00 也可取消刀具半径补偿。

(7)刀具长度补偿指令。

使用刀具长度补偿指令,在编程时就不必考虑刀具的实际装夹长度及不同刀具的长度差异。加工时,用 MDI 方式输入刀具的长度尺寸,即可正确加工。当由于刀具磨损、更换刀具等原因引起刀具长度尺寸变化时,只要修正刀具长度补偿量,而不必调整程序或刀具。

G43 为正补偿,即将 Z 坐标尺寸字与 H 代码中长度补偿的量相加,按其结果进行 Z 轴运动;G44 为负补偿,即将 Z 坐标尺寸字与 H 中长度补偿的量相减,按其结果进行 Z 轴运动;G49 为撤消补偿。

编程格式为:

G01 G43/G44 Z H   // 建立补偿程序段

……   // 切削加工程序段

G49   // 补偿撤消程序段

其中:

S 为 Z 向程序指令点。

H ~ 的值为长度补偿量,即 H ~ = △。

H 刀具长度补偿代号地址字,后面一般用两位数字表示代号,代号与长度补偿量一一对应。刀具长度补偿量可用 CRT/MDI 方式输入。如果用 H00 则取消刀具长度补偿。

第13章
特种加工工艺基础

13.1　概述

随着生产和科学技术的发展,许多工业部门,尤其是国防、宇航、核能和现代电子等工业部门要求尖端科技产品向高精度、高速度、高压、大功率、小型化等方向发展,它们越来越多地使用各种硬质难熔或有特殊物理、力学性能的材料。有的材料硬度已接近甚至超过现有刀具材料的硬度;而且这些产品中有些零部件精密微细,结构复杂,尺寸、形状、位置和表面粗糙度等要求很高。如零件上的微孔、异形孔、窄缝、精密细杆、薄壁件、弹性元件及各类模具上的特殊型腔、孔槽等,若采用传统的切削方法加工已难以满足工件的要求。为了解决这些加工困难,20 世纪以来,尤其在 20 世纪 40—50 年代,人们通过各种渠道,借助于多种能量形式,不断研究新的加工方法,探求新的工艺途径,于是各种区别于传统切削加工方法的特种加工方法应运而生。目前,特种加工技术已成为机械制造技术中不可缺少的一个组成部分。

特种加工(non - traditional machining)指那些不属于传统加工工艺范畴的加工工艺方法。它是利用各种物理的、化学的能量去除或添加材料(借助电能、热能、声能、光能、电化学能、化学能以及特殊机械能等多种能量或其复合)以达到零件设计要求的加工方法的总称。由于这些加工方法的加工机理以溶解、熔化、汽化、剥离为主,且多数为非接触加工,因此对于高硬度、高韧性材料和复杂、低刚度等零件则是无法替代的加工方法,也是对传统机械加工方法的有力补充和延伸,并已成为机械制造领域中不可缺少的技术内容。

与传统的机械加工方法相比较,特种加工具有许多独到之处。

(1)加工范围不受材料物理、机械性能的限制,能加工任何硬的、软的、脆的、耐热或高熔点金属以及非金属材料。

(2)易于加工复杂形面、微细表面以及柔性零件。

(3)能获得良好的表面质量,热应力、残余应力、冷作硬化、热影响区以及毛刺等均比较小。

(4)各种加工方法易复合形成新工艺方法,便于推广应用。

特种加工方法种类很多,一般按能量来源和作用原理可分为:

电类——电火花加工,线切割加工,电子束加工,离子束加工等;

光类——激光加工等;

297

机械类——喷射加工等;

化学类——化学加工等;

声机械类——超声加工等;

电化学类——电解加工,电铸加工,涂镀加工等;

液流机械类——挤压珩磨,水射流切割等;

电化学机械类——电解磨削,电解珩磨等。

特种加工的材料去除原理完全不同于传统的切削加工方法,加工过程中不是主要依靠机械能,刀具和工件之间不存在显著的机械切削力,这样刀具的硬度就可以低于工件硬度,因而能解决传统切削方法难以解决的问题。但是,如果单纯从材料去除率来看,特种加工一般要低于传统的切削方法。因此,在现阶段的机械加工领域中,传统的切削加工占主导地位,特种加工主要用于难以切削材料的加工、微细加工、特殊复杂形状及高精度和有特殊质量要求的加工。实践表明:用传统切削方法愈是难以完成的加工,特种加工则愈能显示其优越性和经济性。特种加工已经成为今天机械制造中一种不可缺少的加工方法,并为新产品的设计打破了许多受加工手段限制的禁区,使产品设计趋向合理,为新材料的研制提供了很好的应用基础。本章将主要介绍电火花加工、电解加工、激光加工、超声波加工、电子束和离子束加工等几种常用的特种加工方法。

13.2 电火花加工

电火花加工(Electrical Discharge Machining, 简称 EDM)是一种利用电能、热能进行加工的方法,大约在 20 世纪 40 年代就开始研究并逐步应用于生产。

13.2.1 电火花加工原理和设备组成

电火花加工的原理是基于工件和工具之间不断产生脉冲性的火花放电,靠放电时产生的局部、瞬时高温把金属熔化、汽化、蚀除下来,以达到对零件的尺寸和表面预定要求的加工方法,也称放电加工或电蚀加工。

电火花加工的原理如图 13-1 所示。加工时,工具电极 4 和工件电极 1 分别与脉冲电源的两极相连接,自动进给调节装置 3 使工具和工件间保持一个很小的放电间隙,一般在 0.01 ~ 0.02 mm 之间[图 13-1(a)],在两者之间加上 100 V 左右的直流脉冲电压。由于工具和工件的表面不是绝对光滑,而是呈微观的凸凹不平形状,故两表面各点之间的实际间隙是大小不等的。当脉冲电压由低升高时,使实际间隙最小处或绝缘强度最低处被击穿,在该局部产生火花放电。在微小的区域内由放电产生的瞬时高温使工件和工具表面的材料产生程度不同的熔化和汽化。与此同时,在放电处的绝缘液体也被局部加热,迅速汽化,体积膨胀,随之产生很高的压力,将已经熔化、汽化的材料从工件和工具的表面蚀除掉,在二者的表面形成一个微小的凹坑[图 13-1(b)],图 13-1(b)表示单个脉冲后的状态,图 13-1(c)表示多个脉冲后的状态。在放电结束和工作液恢复绝缘性能后,第二个脉冲又在工具和工件的表面之间新的最小间隙处重复上述过程。如此循环不已,直至工件的形状尺寸和表面质量达到所规定的技术要求为止。

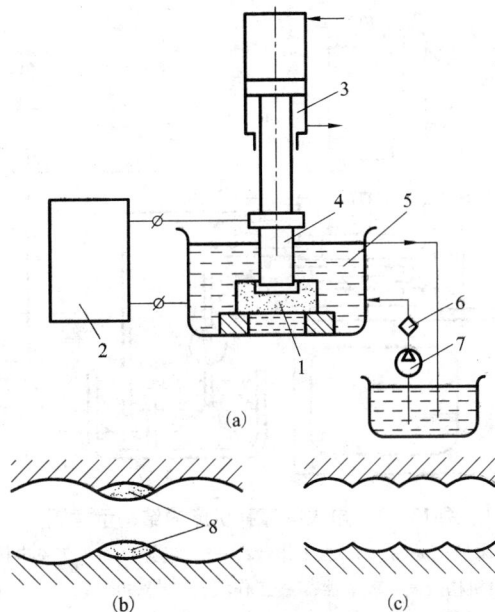

图 13 – 1　电火花加工原理示意图
1—工件；2—脉冲电源；3—自动进给调节装置；4—工具；
5—工作液；6—过滤器；7—工作液泵；8—被蚀除的材料

在整个加工过程中，电火花放电必须是瞬时的脉冲放电，放电持续时间一般是 10^{-7} ~ 10^{-3}s，这样才能使放电产生的热量来不及传导扩散到其余部分，使每一次放电点局限在很小的范围内。另外，在每次放电之间的脉冲间隔期内，电极间的液体介质必须来得及恢复绝缘状态，使下一个脉冲能在两极间的另一个"相对最近点处"击穿放电，以免总在同一点放电而形成电弧。因稳定的电弧放电时间长，金属熔化层较深，使表面烧伤，只能起焊接和切断作用，不能用于加工具有一定尺寸精度要求的工件。

在电火花加工过程中，工件和工具都会受到不同程度的电蚀，即使材料相同，例如钢加工钢，正负电极的电蚀量也是不同的。这种由于正负极性不同而电蚀量不一样的现象叫做"极性效应"。为了减少工具电极的损耗和提高生产率，总希望极性效应越显著越好，即同一加工中，工件蚀除量越大越好，而工具蚀除量越小越好。为此，电火花加工的电源应是直流脉冲电源，因若采用交流脉冲电源，工件与工具的极性不断改变，使总的极性效应等于零。同时要注意正确选择极性，一般当电源为高频时，工件接正极；电源为低频时，工件接负极；当钢做工具电极时，不管电源脉冲频率高低，工件一律接负极。

此外，电火花加工必须在有一定绝缘性能的液体介质（也称工作液）中进行。常用的有煤油、机油、锭子油、皂化液或去离子水等。液体介质必须有较高的绝缘强度，以利于产生脉冲性的火花放电。同时还起到排除电蚀产物和冷却电极表面的作用。

根据电火花加工原理设计制造的电火花加工机床一般由四个部分组成：脉冲电源、间隙自动调节系统、机床本体及工作液过滤循环系统。图 13 –2 所示为整体式结构电火花穿孔成型加工机床结构。

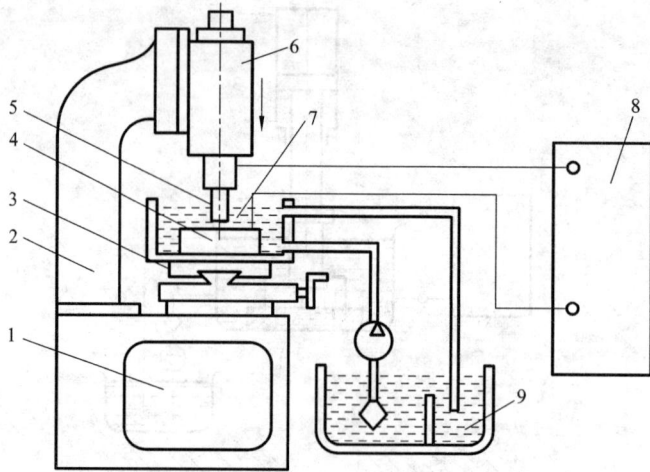

图 13－2　电火花穿孔机床的结构示意图

1—床身；2—立柱；3—工作台；4—工件电极；5—工具电极；
6—进给机构及间隙调节器；7—工作液；8—脉冲电源；9—工作液箱

1. 脉冲电源

用来产生加在放电间隙上的脉冲电压，使液体介质不断被周期重复击穿而产生脉冲放电。

2. 间隙自动调节系统

脉冲放电必须在一定的间隙下才能产生，这一间隙随加工条件而定。如果间隙过大，极间电压不能击穿介质，因而不会产生火花放电。如果间隙过小，很容易形成短路接触，也不能产生火花放电。放电间隙的大小对电蚀效果有一最佳值，加工中应将放电间隙控制在最佳值附近。但随着电火花加工的进行，工件和工具电极表面不断被蚀除，放电间隙逐渐增大，因此，在加工过程中必须使工具电极不断向工件靠拢；当电极间短路时，工具电极必须迅速离开工件，然后重新调整到合理间隙；当加工条件变化时，工具电极的进给也应做出相应的反应。显然，采用手动调节是无法满足要求的。为此，需采用自动调节系统控制工具电极的进给，时刻自动地维持工具电极与工件之间的合理间隙。间隙自动调节系统常用的传动方式有两种：液压传动方式和电机传动方式。由于数控电火花机床的发展，已广泛采用宽调速力矩电机并配之以数码光盘作为数控电火花机床的自动进给调节系统。

3. 机床本体

用来夹固工件和工具，实现工件与工具之间精确的相对运动。包括床身、工作台、主轴头、立柱、工作液箱等。

4. 工作液过滤循环系统

为使电蚀产物在间隙中及时排除，一般采用强制循环，并经过滤，以保持工作液的清洁，防止因工作液中电蚀产物过多而引起短路和电弧。

13.2.2　电火花加工的特点

（1）能加工任何导电的难加工材料。电火花加工中材料去除是靠放电时的电热作用实现的，材料的可加工性主要取决于材料的导电性及热学特性。工具电极也不用比工件硬度大，使电极较容易加工。

（2）加工中不存在显著切削力，适于加工低刚度工件及微细加工。由于可以将工具电极的形状复制到工件上，因此特别适用于复杂表面工件的加工。

（3）电火花加工的工件表面由无数小坑和硬凸边组成，其硬度比机械加工表面硬度高，且有利于保护润滑油，在相同粗糙度情况下其表面润滑性和耐磨性也比机械加工表面好，特别适用于模具制造，但不容易形成锋利的刃角结构。

（4）一般加工速度较慢。电火花加工速度、精度、表面粗糙度及工具电极的损耗与许多因素有关，包括电源的脉冲宽度、单个脉冲容量、电极极性和材料、工作液及排屑条件等。随着表面粗糙度的改善，加工速度显著下降。因此，要合理选择上述各项参数和加工条件。

13.2.3　电火花加工方法

1. 电火花穿孔加工

穿孔加工是电火花加工中应用最广的一种，常用来加工型孔（圆孔、方孔、多边形孔、异形孔）、曲线孔、小孔、微孔等，例如冷冲模、拉丝模、挤压模、喷嘴、喷丝头上的各种型孔和小孔。

穿孔的尺寸精度主要靠工具电极的尺寸和火花放电的间隙来保证，工具电极材料一般为 T10A、T8A、Crl2、GCrl5 等，其中 Crl2 采用较多；电极的截面轮廓尺寸要比预定加工的型孔尺寸均匀地缩小一个加工间隙，其尺寸精度要比工件高一级，表面粗糙度要比工件的小，一般精度不低于 IT7 级，表面粗糙度小于 $Ra1.25~\mu m$，且直线度、平面度和平行度在 100 mm 长度上不大于 0.01 mm。放电间隙的大小则由加工中所采用的电规准来决定（通常把加工中的一组电参数如电压、电流、脉宽、脉间等称为电规准），当采用单个脉冲能量大的粗规准时，被抛出金属微粒大，放电间隙大；反之，采用精规准时，放电间隙小。电火花加工时，为了提高生产率，常采用粗规准蚀除大量金属，再用精规准保证加工质量。为此，可将穿孔加工中的工具电极制成阶梯形，其头部尺寸单边缩小 0.08 ~ 0.12 mm，缩小部分长度为型孔长度的 1.2 ~ 2 倍，先由头部进行粗加工，接着改用精规准由后部进行精加工。

电火花加工较大的孔时，应先开预制孔，并留适当加工余量。余量的大小应能补偿电火花加工的定位、找正误差及机械加工误差，一般情况下，单边余量为 0.3 ~ 1.5 mm 为宜，并力求均匀。若加工余量太大，生产率低；加工余量太小，加工时定位困难。

2. 电火花型腔加工

电火花型腔加工包括锻模、压铸模、挤压模、胶木模、塑料模等。电火花加工型腔比较困难，主要因为均是盲孔加工，金属蚀除量大，工作液循环和电蚀产物排除条件差，工具电极损耗后无法靠进给补偿；其次是加工面积变化大，加工过程中电规准调节范围较大，并由于型腔复杂，电极损耗不均匀，对加工精度影响很大，因此型腔生产率低，质量难保证。

常用电火花加工型腔的方法有单电极平动法、多电极加工法、分解电极加工法和程控电极加工法等。

（1）单电极平动法。即采用一个电极完成的粗、中、精加工方法。首先用低损耗、高生产率的粗规准加工，利用平动头做平面小圆运动，如图 13-3 所示。

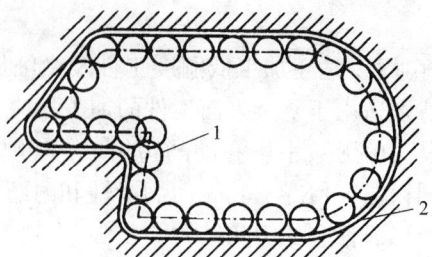

图 13 – 3 平动头扩大间隙原理图
1—工具；2—工件

按粗、中、精顺序逐级改变电规准，同时依次加大电极平动量，以补偿前后两个加工规准之间型腔侧面的放电间隙差和表面微观不平度差，实现型腔侧面仿型修光，直至完成整个型腔加工。单电极平动法加工装夹简单，排除电蚀产物方便，应用最广泛，但难以获得高精度型腔，难以加工出清棱、清角的型腔。

（2）多电极更换法。即将粗、精加工分开，更换不同的电极加工同一个型腔的方法。当每个电极加工时，必须把上一规准的放电痕迹蚀除掉。多电极加工仿型精度高，适用于尖角、窄逢多的型腔加工。

（3）分解电极法。即单电极平动法和多电极更换法的综合应用。根据型腔形状特点，将电极分解为主、副型腔电极制造。配合不同的电规准，先加工主型腔，再用副型腔电极加工尖角、窄缝等处的副型腔。这种方法有利于提高加工速度和改善加工表面质量。

（4）程控电极加工。将型腔分解成更为简单的表面，制造相应的简单电极，在数控电火花机床上，由程序控制自动更换电极和转换电规准，实现复杂型腔的加工。

为了提高型腔的加工精度，在电极方面，首先要使用耐蚀性高的电极材料(如铜钨、银钨合金，虽电加工稳定性好，电极损耗小，但价格贵，机械加工困难，所以很少采用)，工业生产中常用紫铜和石墨作电极。其次是电极尺寸的设计，电极尺寸除了与型腔的形状、大小、复杂程度有关外，还与电极材料、加工电参数、深度、余量间隙及加工方法等有关。

用电火花加工型腔时，为了有效排除电蚀产物，在工具电极上开冲油孔，并采用工作液强迫循环，要用压力油排除电蚀产物。为了保证加工精度，要合理选择工具材料和采用多电极加工。为了减少工具电极的损耗和提高生产率，要合理选择电规准和电极极性。

3. 电火花加工的其他应用

电火花加工还有其他许多方式的应用，如用电火花磨削可磨削和镗磨小孔、铲磨小模数滚刀；用电火花共轭回转加工可加工精密内、外螺纹环规、内锥螺纹、精密内、外齿轮及非标准内齿轮等；电火花线切割、电火花表面强化和刻字加工等。

13.2.4 电火花线切割加工

电火花线切割加工(Wire Cut EDM，简称 WEDM)简称线切割加工，它是在电火花加工基础上于 20 世纪 50 年代末发展起来的一种新工艺。它已获得广泛应用，目前国内外的线切割机床已占电加工机床的 60% 以上。

302

1. 线切割加工的原理及设备的组成

人们普遍认为，线切割加工只是电火花加工的一个分支。因此在应用性研究中，人们的认识是以电火花加工机理的现成理论为基础的。由于线切割加工的金属去除原理与电火花加工是基本一致的，因此"借用"电火花加工机理的现成理论，在一定程度上和一定范围内也是可行的。电火花线切割加工是利用一根运动的细金属丝（$\phi 0.02 \sim \phi 0.3$ mm 的钼丝或铜丝）做工具电极，在工件与金属丝间通以脉冲电流，靠火花放电对工件进行切割加工的，如图 13 – 4 所示。电极丝 4 穿过工件 2 上预先加工好的小孔，经导向轮 5 由贮丝筒 7 带动作正反向交替移动，由电源 3 供给脉冲电源，在电极丝和工件间浇注工作液介质，放置工件的工作台在 x、y 两个坐标方向上按预定的控制程序，根据火花间隙状态作伺服进给移动，从而合成各种曲线轨迹，把工件切割成形。

按控制方式，线切割可分为靠模仿形切割加工、光电跟踪线切割加工、数控线切割加工等几类。目前 95% 以上线切割机床已采用数控化，因此现在普遍采用数控线切割，并已发展到微型计算机直接控制阶段。

由加工原理可看出，线切割加工设备由机床本体、脉冲电源、控制系统、工作液循环系统和机床附件等部分组成。其中机床本体由床身、坐标工作台、运丝机构、丝架、工作液箱、附件和夹具等部分组成；另外控制系统是重要环节，其作用是在加工中按要求自动控制电极丝相对工件的运动轨迹和进给速度，实现工件的形状和尺寸加工。控制系统包括两方面：一方面是轨迹控制，精确控制电极丝相对工件的运动轨迹；另一方面是加工控制，包括对伺服进给速度、电源装置、走丝机构、工作液系统等操作控制以及自诊断、安全失效、信息显示等多方面。其他部分与电火花穿孔成型加工基本相似。

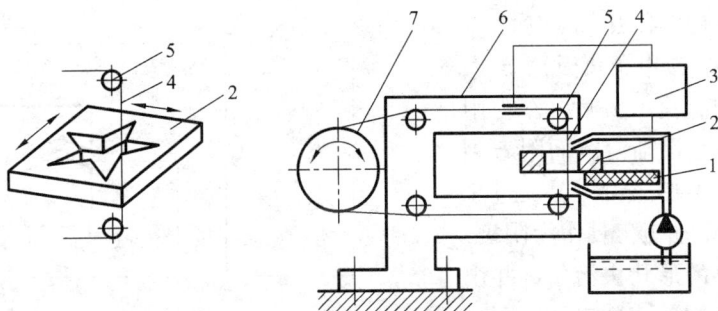

图 13 – 4　电火花线切割原理

1—绝缘地板；2—工件；3—脉冲电源；4—电极丝；5—导向轮；6—支架；7—贮丝筒

电火花加工

2. 线切割加工的特点与应用

线切割加工使用的电压、电流波形与电火花穿孔成型加工相似。其可以加工一切导电金属，其加工机理、表面粗糙度、材料的可加工性等也和电火花加工相似。但线切割要比电火花穿孔成型加工生产率高、加工成本低，其特点如下。

（1）省掉了成型工具电极，大大降低了电极设计、制造费用，缩短了生产准备时间。

（2）电蚀余量小，蚀除金属量少，适用于加工和切割稀有、贵重金属。

（3）工具电极损耗很小，加工精度高。

(4)加工小孔、小槽、窄缝、凸凹模可一次完成，甚至可以多个工件叠起来加工，能获得一致的尺寸。

(5)便于实现自动控制。

线切割加工为新产品试制、精密零件及模具制造开辟了一条新的工艺途径，主要用于加工各种直、斜刃口模具，包括各种冲模、凸模、凹模、固定板、卸料板、粉末冶金模、挤压模、弯曲模、塑压模等。

用线切割加工热处理后的工件时，会使材料内部残余应力的相对平衡状态受到破坏从而产生很大的变形，破坏零件的加工精度，甚至出现裂痕。因此，应选择锻造性能好、淬透性好、热处理变形小的材料进行线切割。另外要根据加工要求选择相应的电规准参数。

13.3 电解加工

电解技术用于去除材料(加工零件)的研究始于 20 世纪 50 年代中期。它主要用于军工业和航空航天业复杂曲线曲面零件的加工，如炮管膛线、航空发动机叶片型面及锻模型面的加工。今天，无论是先进工业国家还是在我国，电解加工技术不仅是压气机叶片、涡轮叶片型面等加工的重要手段，而且对于大型整体件的内外旋转面加工，中小型支承件、盘型件的腹板及凸台、导型孔、减重槽等的加工，应用也越来越广泛。

13.3.1 电解加工的原理

电解加工(electrochemical machining，简称 ECM)是利用金属在电解液中可以产生阳极溶解的电化学原理来进行加工的一种方法。常用的电镀也是利用阳极溶解的电化学原理进行的。将电镀材料作阳极(接电源正极)，工件作阴极(接电源负极)，放入电解液中并接通直流电源后，作为阳极的电镀材料就会逐渐溶解而附着到作为阴极的工件上形成镀层。反过来将工件作为阳极，加工工具作为阴极，使工件按照需要的形状去溶解，并由电解液将其溶解物迅速冲走，从而达到尺寸加工的目的。这种利用电解反应中阳极溶解原理来进行的加工，称为"电解加工"。

电解加工过程如图 13-5 所示。工件 3 接直流电源正极，工具 2 接负极，使两极间保持较小的间隙(0.1 ~ 0.8 mm)，具有一定压力(50 ~ 250 N/cm²)的电解液(10% ~ 20% 的

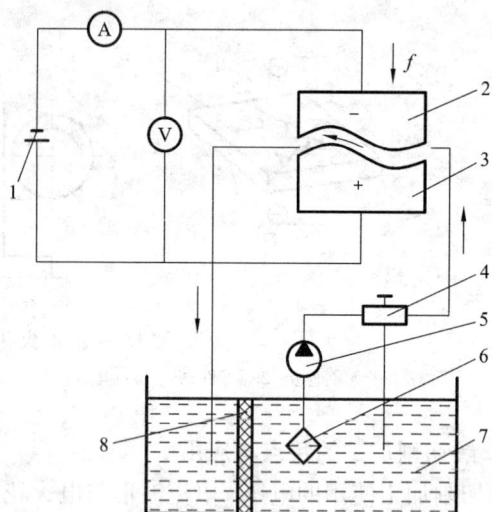

图 13-5 电解加工示意图

1—直流电源；2—工具阴极电解液泵；3—工件阳极；4—调压阀；
5—电解液泵；6—过滤器；7—电解液；8—过滤网

NaCl 溶液)从间隙中高速(5 ~ 60 m/s)流过，接通电源后，电解液在低电压(5 ~ 20 V)、大电流(1000 ~ 2000 A)作用下使作为阳极的工件发生溶解，电解产物被电解液冲走。在加工刚开

始时,两极间距离最近的地方通过的电流密度较大[图 13 -6(a)],根据法拉第定律,金属阳极溶解量与通过的电流量成正比,工件上这些地方溶解速度比其他地方快。随着工件的溶解,工具电极不断向工件进给,工件表面逐渐与工具吻合,形成均匀的间隙,然后工件表面开始均匀溶解,直至达到尺寸要求[图 13 -6(b)]。

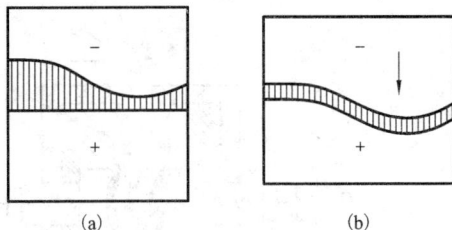

图 13 - 6　电解加工成形原理图

　　在加工中电解液起传递电流、溶解阳极、带走电解产物和冷却加工区域等的作用。常用的有 NaCl、NaN 等电解液,NaCl 电解液蚀除金属速度快、生产率高、价格低,但成形精度低、腐蚀严重;NaN 电解液加工精度高、腐蚀小,但生产率低。为了改善电解液的性能,通常加入添加剂,如在 NaCl 中加入磷酸盐可提高成型精度;在 NaN 电解液中加入少量 NaCl 可提高生产率;为改善加工表面质量可添加络合剂、光亮剂或 NaF 等。近年来出现的混气电解法,将压缩空气通入电解液中,使电解液成为水泡状混合体后进入加工间隙,从而增加了电阻值,使加工间隙和流场分布均匀,电解液的黏度下降,流速加快,极大地提高了加工精度。

13.3.2　电解加工的特点与应用

　　电解加工是继电火花加工后发展较快、应用较广泛的一项新工艺。与其他加工相比,电解加工的优点是:

　　(1)应用范围广。不受材料硬度和强度的限制,能加工任何高硬度、高强度、高韧性的导电材料,并能以简单的进给运动一次加工出形状复杂的型面和型腔。

　　(2)生产率高。为电火花加工的 5~10 倍。以锻模为例,电解加工比常规的机械切削加工高 3~10 倍。

　　(3)加工表面质量好。因加工中无切削力,无冷作硬化,加工表面无残余应力,无飞边毛刺。故加工表面的粗糙度一般可达 $Ra\ 0.2~0.8\ \mu m$。

　　(4)工具电极无损耗。

　　但电解加工也存在一些问题,主要有:

　　(1)精度难以控制。一方面由于阴极的设计、制造和修正比较困难,阴极精度对工件产生复印精度影响;另一方面电解液、电极中存在的多种化学成分产生的化学反应无法控制;此外电解液参数如浓度、温度、酸度、黏度、流速、流向等都会影响生产效率与精度。

　　(2)电解液过滤、循环装置庞大,占地面积大,机床需足够的刚性和防腐、防污、防爆性,因而造价昂贵。

　　(3)电解液及电解产物容易污染环境。

　　电解加工目前已广泛应用于各种形状复杂的型孔、型面、型腔加工及深孔、弯孔的扩孔加工,如加工花键孔、镗线孔、内齿轮等。而电解倒棱去毛刺加工效率高、费用低;用电解抛光不仅效率比机械抛光高,而且抛光后表面耐腐蚀性好,摩擦系数小。电解加工还可用于具有三维空间曲面的异形零件(如叶片)的加工。另外电解加工与机械加工结合能形成多种复合加工,如电解磨削、电解珩磨、电解研磨等。

　　图 13 -7 所示为涡轮叶片加工示意图。涡轮叶片是涡轮发动机的主要零件,叶片材料一

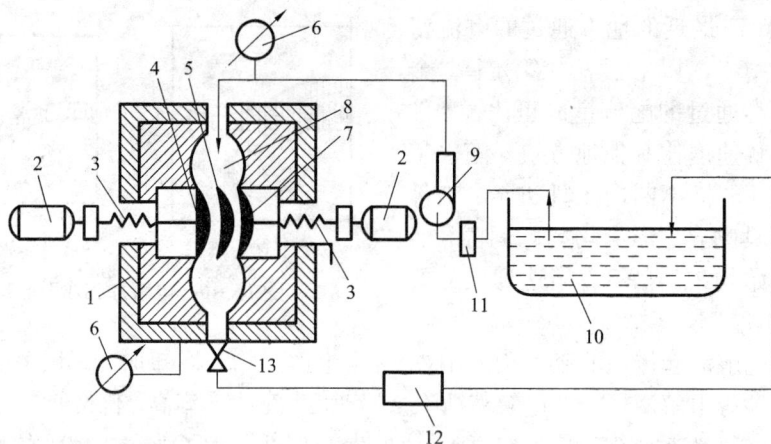

图 13 - 7　涡轮叶片加工示意图

1—夹具；2—进给电机；3—丝杆；4—阴极；5—叶片(阳极)；
6—压力表；7—阴极(叶背)；8—电解液腔；9—电解液泵；10—电解液；
11—换热器；12—离心机；13—调节阀(形成背压)

般使用耐热钢或高温合金钢。由于叶片形状复杂，各横截面尺寸不同，扭转角大，精度要求高，此外它的加工余量大，故在发动机制造中工作量相当大。如果采用一般的机械加工方法(如仿形铣、靠模车等)加工时，刀具磨损快，手工抛光工作量大，加工周期长，生产效率低，精度也难以保证。若用电解加工叶片，则不受材料硬度、韧性等限制，一次行程即可加工出叶身型面，且表面质量好，是目前普遍应用的加工方法。图 13 - 7 中工件 5 装在夹具 1 中，由两个进给电机 2 驱动工具(阴极)4 和 7 向工件做进给运动。调节阀 13 可使两电极间流过的电解液有一定背压，保证流畅均匀。

13.4　超声波加工

超声波加工(ultrasonic machining，简称 USM)也称超声加工。超声波指振动频率在 16 kHz 以上的声波，具有频率高、波长短、能量大和无噪声等特点。超声波不仅能加工金属材料，也能加工非金属材料。

超声加工

13.4.1　超声波加工原理

超声波加工装置一般包括超声波发生器、超声波振动系统、机床本体(工作头、加压机构及工作进给机构、工作台及其位置调整机构)、工作液循环系统和换能器冷却系统等。超声波加工是利用工具头作超声频振动，通过悬浮液中磨料的高速撞击进行加工的方法。其加工原理如图 13 - 8 所示。

超声波发生器将交流电转变为超声频电振荡，由换能器转换成超声频纵向机械振动，此时的振幅很小，不能直接用于加工，再由变幅棒把振幅放大到 0.05 ~ 0.1 mm。加工时，在工具头和工件之间不断注入磨料悬浮液，变幅棒驱动工具端面做超声振动，迫使悬浮液中的磨粒以很大的速度不断撞击、抛磨被加工表面，把工件加工区域的材料粉碎成很细的微粒，瞬

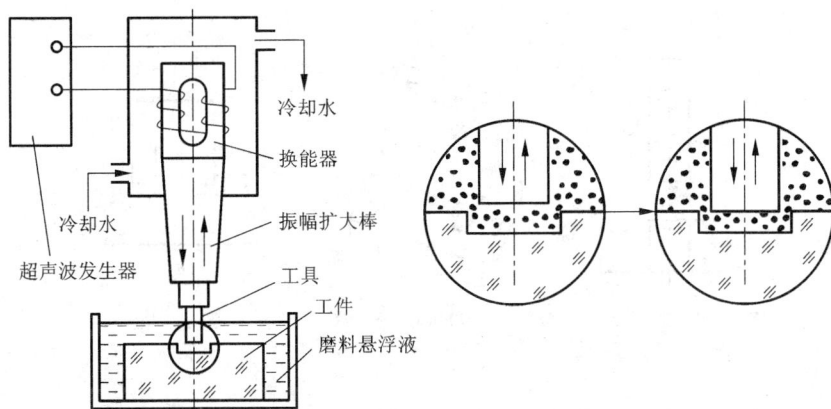

图 13 – 8　超声波加工原理图

间引起极强的液压冲击波,也强化了加工过程。其中磨料冲击作用是主要的。被粉碎下来的工件材料被悬浮液带走,工具不断进给使加工继续进行,最后工具的形状便复印于工件上,达到所需尺寸加工的目的。

　　加工时的工作液(悬浮液)由水或煤油加入磨料组成。磨料硬度愈高,加工速度愈快。加工中等硬脆材料时,磨料可用碳化硅;加工高硬脆材料(硬质合金、淬火钢等)时,宜采用氮化硼磨料;加工超硬材料(金刚石和宝石等)时,必须用金刚砂磨料。工具材料常用 45 钢。

13.4.2　超声波加工的特点和应用

1. 超声波加工的特点

(1)适合于加工各种脆硬的非金属材料。如玻璃、陶瓷、半导体、石英、锗、硅、玛瑙、宝石、金刚石等,对硬质金属材料如淬火钢、硬质合金钢等,虽可加工,但效率低。

(2)机床的结构简单,操作维修方便。由于工具可用较软的材料做成较复杂的形状,故不需要使工具和工件做比较复杂的相对运动。

(3)能获得较好的表面质量。超声波加工过程的热影响小,可加工形状复杂的型腔、型孔、薄壁零件、窄缝、小孔等。一般加工精度可达 0.01 ~ 0.02 mm,表面粗糙度可达 Ra 0.1 ~ 0.8 μm。

2. 超声波加工的应用

虽然超声波加工生产率低于电火花加工及电解加工,但其加工精度及表面质量均优于电火花及电解加工,特别是在加工硬脆的半导体或非导体材料(玻璃、宝石、锗、金刚石等)时,超声波加工则是一种主要的加工方法。

(1)型孔型腔加工。

图 13 – 9 所示为超声波加工各种型孔、型腔的示意图。目前生产中常用的模具材料多为合金工具钢(如 CrWMn,SCrNiTi,Crl2,Crl2MOV 等)。若能采用硬质合金制造拉深模、拉丝模等模具,则其耐用度要比合金工具钢制造的大 80 ~ 100 倍,经济效益相当好。但这类模具制造较困难,需采用超声波加工或电火花加工获得。电火花加工后的表面经常会出现微小裂纹,而用超声波加工则无此种缺陷,这也可以说是超声波加工的一个优点。

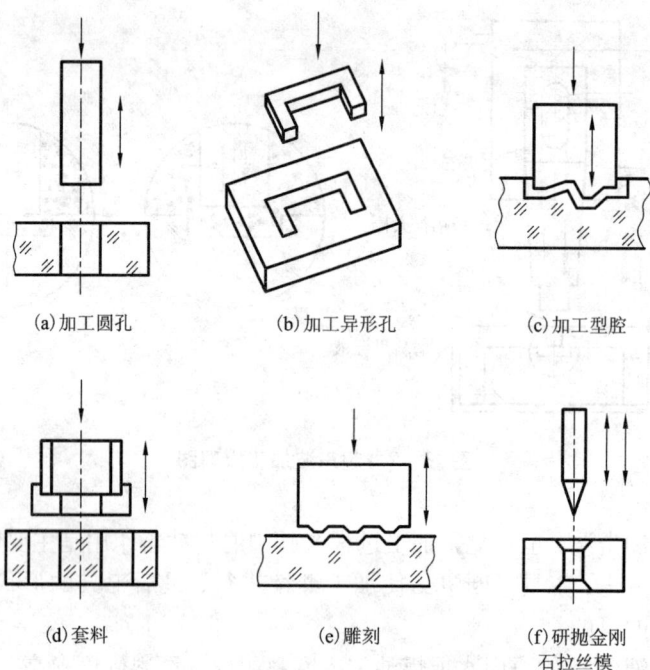

(a)加工圆孔   (b)加工异形孔   (c)加工型腔

(d)套料   (e)雕刻   (f)研抛金刚
石拉丝模

图 13 - 9   超声波加工的各类型孔、型腔

（2）超声波切割。

目前，超声波切割主要用于切割金刚石、半导体、石英、铁氧体和宝石等硬脆材料。而过去切割这类材料制成的零件或坯料都用金刚石刀具来完成。与金刚石切割相比较，超声波切割的主要优点是：精度高，切口窄，可切割出很薄的切片，工具价格便宜及生产率高。

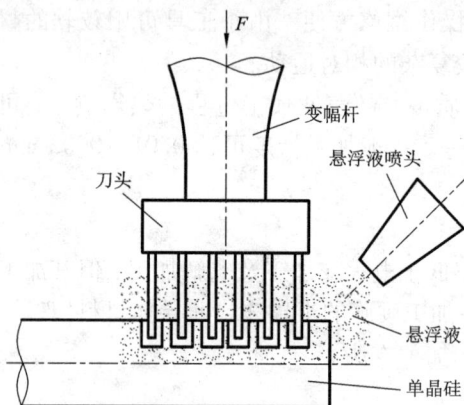

图 13 - 10   超声波切割单晶硅片所用的刀头及加工示意图

图 13 - 10 为用超声波切割刀具切割单晶硅片所用的刀头及加工示意图。如图 13 - 10 所示，刀头由一组厚度为 0.127 mm 的软钢刀片铆合而成，每片间隔为 1.14 mm，刀片伸出高度

308

应考虑刀片磨损后重磨使用次数。此外，最外边的刀片应高出其他刀片 0.5 mm，作为切割时导向用。工具头与变幅杆的联接采用焊接结构。采用这种方法切割高度为 7 mm、宽为 15 ~ 20 mm 的硅晶片，可在 3.5 mm 内切成厚度为 0.08 mm 的薄片。

（3）超声波清洗。

超声波清洗是一种高效和高生产率的清洗方法，可以采用多种类型的清洗剂（如水基清洗剂、氯化烃类溶剂、石油溶剂等）清洗金属工件，清洗后的零件可得到高清洁度。但由于受到清洗装置的限制，超声波清洗仅用于中小型的零件。

超声波清洗的基本原理是在清洗液中引入超声波振动，向被清洗的工件表面辐射声波，产生超声空化效应，利用空化效应产生的微爆炸力剥离工件表面上的各种污垢。此外，由于在清洗剂中引入了超声振动，增强了污垢在清洗剂中的扩散作用，加速了清洗过程。

由于超声波清洗主要是利用超声空化效应，所以清洗液产生空化所需声强度与工作频率的关系就十分重要，其特性工作频率在 10 kHz 以下产生空化效应所需声压强度较低且基本恒定，当工作频率超过 10 kHz 时，空化所需的声波强度就急骤增大。由此可知，采用较低的工作频率，空化所需的声压强度变化很小，空化效应好，压缩波与稀疏波之间周期长，空化泡（在超声场作用下，当达到一定声压强度和频率时，清洗液中产生的大量气泡称为空化泡）体积较大，而空化泡的大小与清洗的冲击力成正比，所以可以得到较好的清洗效果。一般用水基清洗液或三氯乙烯清洗轴承、精密零件、精密小型传动件时，工作频率可选择 15 ~ 20 kHz。

清洗液的温度升高有利于空化，但温度过高，蒸气压也相应增高，使超声空化效应减弱，所以清洗液的温度不宜太高，几种常用清洗液温度如下。

水基清洗液：35 ~ 45℃。

三氯乙烯：70℃。

易蒸发或易燃清洗液：常温下使用。

目前超声波清洗主要用于几何形状复杂或清洗质量要求严格的精密零件，尤其是在工件上有深孔、小孔、弯孔、盲孔、凹相等加工部位。用其他清洗方法效果不佳，甚至无法清洗时，使用超声波清洗往往可取得良好效果。

13.5　激光加工

激光技术是 20 世纪 60 年代后出现的一门尖端科学。激光是一种在激光器中受激辐射产生的光源，它不仅具有普通光的反射、折射、衍射等共性，还具有极高的亮度和能量密度，极好的单色性、方向性和相干性。激光的亮度要比太阳表面亮度高二百多亿倍，其单色性（光的频率单一）比激光出现前最好的氪灯高上万倍。目前在工农业、国防军事、通信、医学、科研等各领域都得到广泛的应用。机械行业利用激光来进行加工和精密测量。

13.5.1　激光加工的原理和特点

1. 激光加工的基本原理及设备的组成

激光加工（Laser Beam Machining，简称 LBM）是一个高速的烧蚀过程。当高强度的光能传送到工件表面时，工件对光能的吸收有一个开始的瞬态过程，开始时即使工件表面很粗糙，但反射光还是比较高的(尤其当工件材料为金属时)。当工件表面温度逐渐上升，在高温下表面被氧化或变成熔融状之后，反射率就逐渐降低，吸收率迅速增加。激光功率密度愈高，这一过程作用时间愈短。在金属中光子的能量主要被导电电子所吸收，在 $10^{-11} \sim 10^{-10}$ s 的时间内把吸收的能量转换为晶格的热振荡，此过程发生在 $10^{-6} \sim 10^{-5}$ cm 厚度范围内，这一厚度即为辐射对金属的穿透深度。半导体材料与金属材料不同，在室温时半导体的自由电子浓度不大，只有在照射光子的能量 h 很大或温度上升到某一数值之后，导致半导体电子浓度增加，电子才能吸收大量光子的能量，转换为晶格的热振荡。当温度高于 10000 K(绝对温度)时，辐射的热传递在能量的传递过程中就起到了重要的作用。

由于激光的方向性好，发散角很小，通过透镜聚焦后，可以得到直径很小的焦点，焦点处能量高度集中，能量密度可达 $10^7 \sim 10^{10}$ W/cm^2(金属材料达到沸点所需能量密度为 $10^5 \sim 10^6$ W/cm^2)，温度可达上万度。激光加工就是将这种高能量密度的激光束照射到工件表面，导致光斑处的材料瞬间熔化、汽化、膨胀，使熔融物爆炸式地喷射出来，高速喷射产生的反冲压力又在工件内部形成一个方向性很强的冲击波。工件材料就在高温熔融和冲击波作用下，被蚀除部分物质，形成一个带锥度的小孔，这样经多次照射就可完成预定的加工。

激光加工设备的种类较多，结构形式不一。但无论是哪一种激光加工，其设备主要由激光器、激光电源、光学系统和机械系统等几大部分所组成(图 13 - 11)，若将激光用于切割，为了保证切割质量和提高生产率，还应设有气体喷射装置。

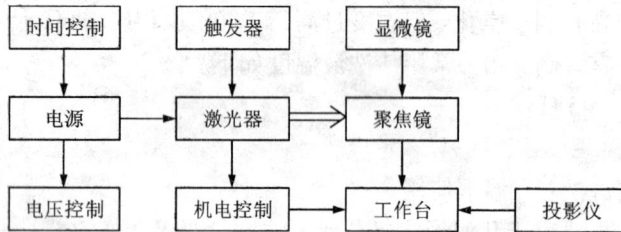

图 13 - 11　激光加工装置结构方框图

随着电子技术的发展，激光加工已与电子计算机结合，实现了激光输出参数、光学系统、机床工作台的计算机控制。在加工对象更换时，只需更换软件，从而提高了加工效率和加工精度，也减少了生产准备时间。

2. 激光加工的特点

(1)能量密度高，适用性广。几乎能加工所有的材料，如各种金属材料和陶瓷、石英、金刚石、橡胶等非金属材料。如果是反射率或投射率高的工件，进行打毛或色化处理后，仍可加工。

(2)加工速度快，效率高且热影响区小，热变形也小。

(3)加工不需要刀具，属于非接触加工。无机械加工变形，也无工具损耗等问题。

(4)激光束传递方便。能透过空气、惰性气体或透明体对工件进行加工。因此，可通过由玻璃等制成的窗口对被封闭零件进行加工，或在真空环境下也可加工。

(5)易于控制。便于与机器人、自动检测、计算机数字控制等先进技术相结合，实现自动化加工。

13.5.2 激光加工的应用

激光加工就广义而言，主要指利用激光进行打孔、切割、焊接、表面处理、刻蚀等的加工方法。

激光加工

1. 激光打孔

利用激光打微型小孔，目前已广泛应用于金刚石拉丝模、钟表仪器的宝石轴承、陶瓷、玻璃等非金属材料和硬质合金、不锈钢等金属材料的小孔加工等方面。

激光打孔是利用材料的蒸发现象以去除材料为目的的激光加工，为保证加工精度，必须采用最佳的能量密度和照射时间，使加工部分快速蒸发，并防止加工区外的材料由于传热而温度上升以致熔化。因此，打孔宜采用脉冲激光，经过多次重复照射后完成孔的加工，这样既有利于提高孔的几何形状精度，又不使孔周围的材料受到热影响。

激光焦点位置对激光打孔的质量有很大影响，如图 13 – 12 所示。当焦点位置很低时 [图 13 – 12(a)]，透过工件表面的光斑面积增大，这不仅会产生很大的喇叭口，而且会由于能量密度的减小影响加工深度，增加了孔的锥度。从图中可以看出，随着焦点的逐渐升高，孔深也增加，但如果焦点太高，同样会分散能量密度而无法加工下去 [图 13 – 12(b)]；一般来说，激光的实际焦点落在工件的表面或略微低于工件表面为宜。

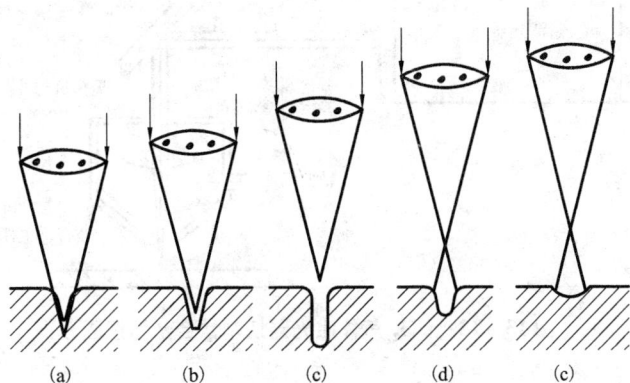

图 13 – 12 焦点位置与孔的剖面形状

激光打孔的最大优点是效率非常高，如在宝石轴承上打 $\phi 0.12 \sim 0.18$ mm，深 $0.6 \sim 1.2$ mm 的小孔，每分钟可加工几十个。一般 0.1 s 左右就可打一个孔。激光打孔能加工的最小孔径在 0.01 mm 左右，表面粗糙度可达 $Ra\ 0.08 \sim 0.16$ μm。值得注意的是激光打孔以后，被蚀除的材料要重新凝固，除大部分飞溅出来变为小颗粒外，还有一部分黏附在孔壁，甚至有的还要黏附到聚焦的物镜及工件表面。为此，大多数激光加工机都采取了吹气或吸气措施，以排除蚀除产物。有的还在聚焦的物镜上装有一块透明的保护膜，以避免损坏聚焦物镜。

2. 激光切割

激光切割的原理和激光打孔原理基本相同。所不同的是，工件与激光束要相对移动，在生产实践中，一般都是移动工件。如果是直线切割，还可借助于柱面透镜将激光束聚焦成线，以提高切割速度。激光切割大都采用重复频率较高的脉冲激光器或连续输出的激光器。

但连续输出的激光束会因热传导而使切割效率降低，同时热影响层也较深。因此，在精密机械加工中，一般都采用高重复频率的脉冲激光器。

YAG 激光器输出的激光已成功地应用于半导体划片，重复频率为 5～20 Hz，划片速度为 10～30 mm/s，宽度为 0.06 mm，成品率达 99% 以上，比金刚石划片优越得多，可将 1 cm² 的硅片切割成几十个集成电路块或几百个晶体管管芯。同时，还用于化学纤维喷丝头的 Y 形、十字形等型孔加工、精密零件的窄缝切割与划线以及雕刻等。

激光可用于切割各种各样的材料。既可以切割金属，也可以切割非金属；既可以切割无机物，也可以切割皮革之类的有机物。它可以代替锯切割木材，代替剪子切割布料、纸张，还能切割无法进行机械接触的工件（如从电子管外部切割内部的灯丝）。由于激光对被切割材料几乎不产生机械冲击和压力，故适宜于切割玻璃、陶瓷和半导体等既硬又脆的材料。再加上激光光斑小、切缝窄，且便于自动控制，所以更适宜于对细小部件作各种精密切割。

大量的生产实践表明，切割金属材料时，采用同轴吹氧工艺，可以大大提高切割速度。而且表面粗糙度也有明显改善。切割布匹、纸张、木材等易燃材料时，则采用同轴吹保护气体（二氧化碳、氮气等），能防止烧焦和缩小切缝。图 13-13 为 CO_2 气体激光器切割钛合金示意图。

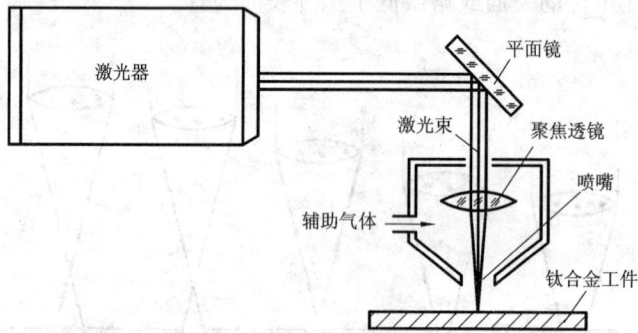

图 13-13 CO_2 气体激光器切割钛合金示意图

3. 激光强化

所谓激光强化，主要指激光表面淬火、渗涂合金元素等的加工。激光强化可以改变工件表面各部分的性能，如经激光淬火处理后的工件表面具有极高的耐磨性、耐蚀性和强度。激光渗涂可以采用较便宜的材料，制作出要求较高的工件。

激光表面淬火是采用激光束瞬时加热工件表面，然后迅速冷却而形成淬火层。激光淬火与普遍表面淬火所得的淬火层性能完全不同，因为激光加热区的金属材料瞬时熔化或过热时，熔融材料对杂质的溶解度很大，材料中的杂质（碳合金元素）几乎被完全溶解。激光加热速度很快，每秒可达 10^5～10^6℃，加热表面的里层几乎不受热的影响。当激光加热终止后，由于加热区与里层的温度梯度极大，受热区各个方向都散热，冷却速度极快，每秒可达 10^6℃，这样快的冷却速度约为普通表面淬火的 1000 倍，因此激光淬火的表面层是合金元素过饱和的、结晶极为细小的特殊性能层。这种独特的表面层一般不易受腐蚀剂侵蚀且硬度高，耐磨性极好。

在很多情况下，仅是依靠金相组织的转变产生强化作用来提高工件表面的使用性能是不够的,利用激光处理,还可以实现合金元素的渗涂。激光渗涂合金元素时,工件表面的温度要比材料的熔化温度稍高,工件表面受激光辐射熔化并与置于其表面上的合金元素迅速溶合,深度取决于激光的功率及其辐射时间。如碳钢渗钴,深度可达 1.2 mm。

激光强化有很多不同于其他强化方法的优点:能造成独特性能的表面层;能强化工件上一般方法难于强化的地方;加工时工件不会产生变形且能获得预定的表面粗糙度。故它可以作为精加工工序。此外,激光强化过程还易于实现自动化。

13.6　电子束加工

电子束的电热效应早在本世纪初已被人们认识和应用。最早是用电子束熔炼难熔金属,后来又广泛用电子束进行精细焊接。近数十年来,用电子束打孔与切割的应用也较多。在集成电路的制作中,利用电子束的化学效应制造掩膜图形已成为目前最好及最通用的高分辨率图形生成技术。

电子束加工

13.6.1　电子束加工原理及特点

1. 电子束加工原理及设备的组成

电子束加工(Electron Beam Machining,简称 EBM)是在真空条件下,利用电子枪中产生的电子经加速、聚焦,形成高能量大密度($10^6 \sim 10^9$ W/cm^2)的极细束流,以极高的速度轰击工件被加工部位,使其能量大部分转换为热能而导致该部位的材料在极短时间(几分之一微秒)内达到几千摄氏度以上的高温,从而导致材料熔化或蒸发;或者利用能量密度较低的电子来轰击高分子材料,使它的分子链切断或重新聚合,从而使高分子材料的化学性质和分子量产生变化进行加工的方法。

典型的电子束加工装置由四个基本单元组成:电子枪、真空室及抽真空系统、电子束控制系统、工作台系统,如图 13-14 所示。

(1)电子枪。电子枪是用来产生受控的电子束,并完成电子束的预聚焦和强度控制的装置。

(2)抽真空系统。为了保证电子的高速运动,必须将真空室抽至 $1.3 \times 10^{-2} \sim 1.3 \times 10^{-4}$ Pa的高真空度,否则无法避免电子与气体分子的碰撞,影响电子的高速运动。除此之外,抽真空后可消除加工时由于金属蒸汽的影响使电子发射不稳定,抽真空后还可减小被加工表面的污染。

(3)电子束控制系统。电子束控制系统包括束流强度控制、束流聚焦控制及束流位置控制。束流强度控制是通过改变加在阴极上的负高压(50 ~ 150 kV 以上的负高压)来实现的。为了避免加工时热量扩散至工件的不加工部位,常使用间歇性的电子束。所以加速电压应是脉冲电压。束流聚焦控制是通过"电磁透镜"的磁场作用,使电子束流压缩成截面直径很小的束流,以达到提高电子束的能量密度。束流位置的控制是用磁偏转控制电子束焦点位置的方法实现的,具体方法是通过一定程序改变偏转电压或电流,使电子束按某种规律运动。

(4)工作台系统。电子束的偏转(移动)只能在几毫米范围之内调控,移动过大将会降低工件的加工精度,因此需用伺服电机控制工作台作纵横两个方向运动来获得工件的更大移动范围。一般情况下,电子束的偏转与工作台的纵横向移动是相互配合使用的。

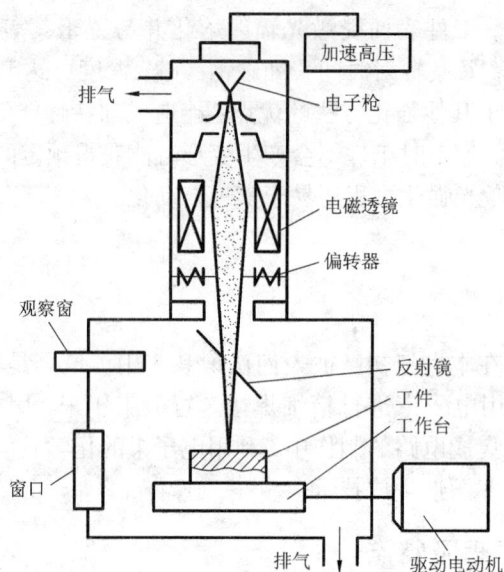

图 13 - 14　典型的电子束加工装置

2. 电子束加工的特点

（1）适用于精密微细加工。由于电子束能够极其微细地聚焦（束径可达微米级），且在微小面积上可达到很大的功率密度，因此在轰击点处的瞬时温度高达数千度高温足以使任何材料熔化或汽化。由此可知，电子束可用来加工任何材料的微孔或窄缝、半导体电路等。

（2）加工精度高、表面质量好。由于电子束的瞬时热能作用在极微小面积上，所以加工部位的热影响区很小；在加工过程中无机械力作用，故加工后不产生受力变形；此外电子束加工也不存在工具消耗问题。

（3）便于采用计算机控制，实现加工过程自动化。电子束能够通过磁场或电场对强度、位置、聚焦进行直接控制。位置控制的准确度可达 $0.1~\mu m$，强度和束斑的大小控制误差也易达到 1% 以下。通过磁场或电场几乎可以无惯性，无功率的控制电子束。

（4）适合于加工易氧化的金属及合金材料，特别是要求纯度极高的半导体材料。由于电子束加工在真空中进行，因此污染少，加工点处能保持原来材料的纯度。

（5）电子束加工需要一套价格昂贵的专用设备，加工成本高。

13.7　离子束加工

离子束加工（Ion Beam Machining, 简称 IBM）是近年来获得较大发展的特种加工技术之一。它主要应用于精密微细加工方面。

13.7.1　离子束加工原理及特点

1. 离子束加工原理及设备的组成

离子束加工原理与电子束加工原理基本类似，也是在真空条件下，利用离子发生器产生的离子,经加速聚焦而形成高速高能的束状离子流,使其打击到工件表面上,从而对工件进行加工的。离子束加工与电子束加工所不同的是:在离子束加工时,加速的物质是带正电的离子而不是电子。由于离子质量比电子质量大得多(如 Ar 离子质量是电子质量的 7.2 万倍),所以一旦离子加速到高速时,离子束比电子束具有更大的撞击能量。其次,电子束加工主要靠热效应加工,而离子束加工主要是通过离子撞击工件材料时起的破坏、分离或直接将离子注入加工表面等机械作用进行加工的加工方法。

图 13 - 15 为氩离子碰撞的模型图。当入射离子(Ar^+)与工件材料的原子、分子碰撞时,发生动能交换,离子失去的部分动能将传给工件表面的原子、分子,使从基体中分离出来,这个过程称为一次溅射。此外,有的离子碰撞工件表面的某些原子、分子之后,又使这些被碰撞的原子、分子再碰撞其他原子、分子使其分离出来,这称为二次溅射。离子束加工装置与电子束加工装置类似,所不同的是用离子发生装置(又叫离子枪)取代电子枪。离子束产生的基本原理是使气态原子电离,其具体方法是使中性原子在高频放电、电弧放电等离子体放电或电子轰击下,由气态原子电离为等离子体(即正离子和负电子总电荷数相等的混合体),然后用一个相对于等离子体为负电位的电极就可从等离子体中吸出正离子束。图 13 - 16 为典型的离子簇射型离子源——考夫曼离子枪的工作原理图。它由灼热灯丝 2 发射电子,电子在阳极 10 的作用下被加速,同时受线圈 4 的磁场偏转作用,加速电子呈螺旋形向下运动。惰性氩(Ar)气体由进气口 3 进入电离室 11,在电子撞击下被电离成阳离子(Ar^+)和电子,阳极 10 和阴极 9(引出电极)上各有 300 个直径为 0.3mm 上下对齐的小孔,在阴极 9 的作用下,正离子通过阳极 10 后形成均匀的离子束流 6,并射向工件 7 实现离子束加工。在工作室 5 内,应保持 1.3×10^{-4} Pa 的真空条件。考夫曼型离子枪结构简单,尺寸紧凑,束流较为均匀且直径很大(可达 50~300 mm),现已成功地用于离子推进器和离子束精微细加工领域。

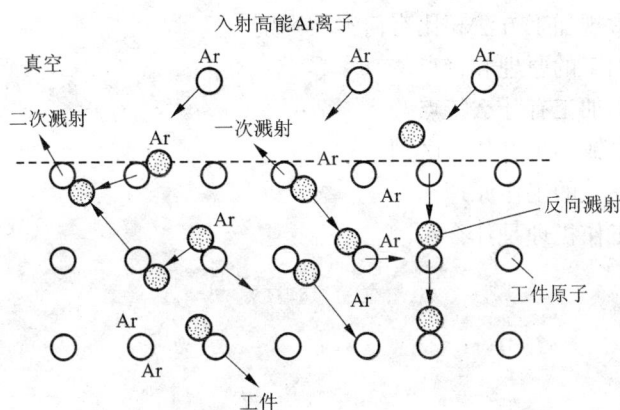

图 13 - 15 氩离子碰撞的模型图

2. **离子束加工的特点**

(1)易于精确控制,工艺能力广泛,是当前最有前途的精密、微细加工技术。

(2)离子束是利用机械碰撞能量加工,既适用于金属加工,也适用于非金属加工。

(3)加工的表面质量好。由于加工过程靠碰撞去除或注入材料,而且此过程是在极微小面积上进行的,所以产生的热量很小。

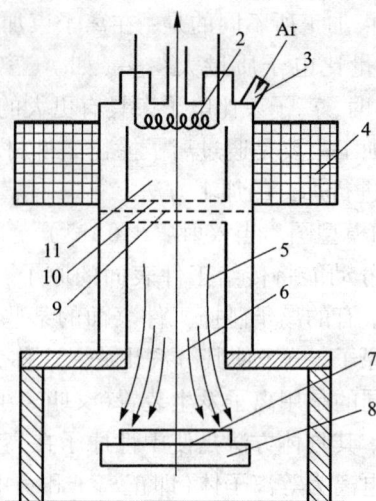

图 13 - 16 考夫曼离子枪工作原理图

1—真空抽气口；2—灯丝；3—惰性气体注入口；4—电磁线圈；5—工作室；6—粒子束流；

7—工件；8—阴极；9—引出电极；10—阳极；11—电离室

（4）易于实现自动化。

（5）设备费用高，成本高，效率低。

思考练习题

1. 特种加工与常规加工方法相比有何本质区别？

2. 试述电火花加工的原理和特点。

3. 电火花线切割加工有什么特点？

4. 电解加工与电镀加工有什么区别？

5. 简述超声波加工的工作原理。

6. 激光加工的工作机理是什么？

第 14 章
快速成形技术

快速成形技术

　　20 世纪 80 年代后期发展起来的快速成形技术（Rapid Prototyping，简称 RP），被认为是近 30 年来制造领域的一次重大突破，其对制造业的影响可与 20 世纪 50—60 年代的数控技术相比。快速成形技术综合了机械工程、CAD、数控技术、激光技术及材料科学技术，可以自动、直接、快速、精确地将设计思想转变为具有一定功能的原型或直接制造零件，从而可以对产品设计进行快速评估、修改及功能试验，大大缩短了产品的研制周期。而以 RP 系统为基础发展起来并已成熟的快速工装模具制造、快速精铸技术则可实现零件的快速制造。它是基于一种全新的制造概念——增材制造法，也是现在常说的 3D 打印快速成形技术，与传统的减材制造法不同。由于 CAD 技术和光、机、电控制技术的发展，这种新型的样件制造工艺很快在生产中获得应用。

　　我国于 20 世纪 90 年代初先后有清华大学殷华实业有限公司、华中科技大学快速制造中心、陕西省激光快速成形与模具制造工程研究中心、西安交通大学先进制造技术研究所、北京隆源自动成形系统有限公司等在快速成形工艺研究、成形设备开发、数据处理及控制软件、新材料的研发等方面做了大量卓有成效的工作，赶上了世界发展的步伐并有所创新，现都已开发研制出系列化的快速成形商品化设备。中国机械工程学会下属的特种加工学会，于 2001 年增设了快速成形专业委员会，开展快速成形技术的普及和提高工作。

　　在众多的增材制造工艺中，具有代表性的工艺是：选择性激光粉末烧结成形、光敏树脂液相固化成形、薄片分层叠加成形和熔丝堆积成形等 4 种。以下对这些典型工艺的原理、特点进行介绍。

14.1　选择性激光粉末烧结成形

　　选择性激光粉末烧结成形（Selected Laser Sintering，简称 SLS）工艺又称为选区激光烧结，由美国德克萨斯大学奥斯汀分校于 1989 年研制成功。该方法已被美国 DTM 公司商品化。

1. 选择性激光粉末烧结成形——SLS 工艺原理

　　SLS 工艺是利用粉末材料（金属粉末或非金属粉末）在激光照射下烧结的原理，在计算机控制下逐层堆积成形的工艺技术。

　　如图 14 - 1 所示，此法采用 CO_2 激光器作能源，目前使用的造型材料多为各种粉末材料。在工作台上均匀铺上一层很薄（0.1 ~ 0.2 mm）的粉末，激光束在计算机控制下按照零件分层轮廓有选择性地进行烧结，一层完成后再进行下一层烧结。全部烧结完后去掉多余的粉末，再进行打磨、烘干等处理便形成零件。

2. 特点和成形材料

SLS 工艺的特点是材料适应面广，不仅能制造塑料零件，还能制造陶瓷、石蜡等材料的零件。特别是可以直接制造金属零件，这使 SLS 工艺颇具吸引力。另一特点是 SLS 工艺无需加支撑，因为没有被烧结的粉末起到了支撑的作用，因此可以烧结制造空心、多层缕空的复杂零件。

SLS 烧结成形用的材料，早期采用蜡粉及高分子塑料粉，用金属或陶瓷粉进行黏接或烧结的工艺也已达到实用阶段。任何受热后能黏结的粉末都有被用作 SLS 原材料的可能性，原则上这包括了塑料、陶瓷、金属粉末及它们的复合粉。

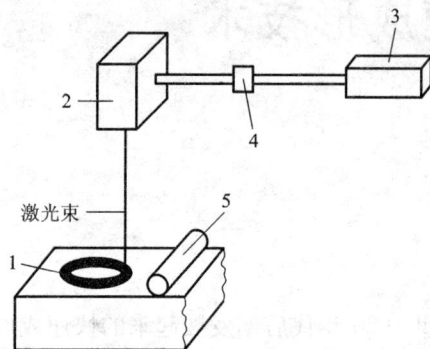

图 14-1　选择性激光粉末烧结成形(SLS)原理

1—零件；2—扫描镜；3—激光器；
4—透镜；5—刮平辊子

为了提高原型的强度，用于 SLS 工艺材料的研究转向金属和陶瓷，这也正是 SLS 工艺优越于 SL、LOM 工艺之处。

SLS 工艺还可以采用其他粉末，如聚碳酸醋粉末，当烧结环境温度控制在聚碳酸醋软化点附近时，其线胀系数较小，进行激光烧结后，被烧结的聚碳酸醋材料翘曲较小，具有很好的工艺性能。

3. SLS 选择性激光粉末烧结成形设备和应用

此类国产设备有华中科技大学研制的 HRPS 型系列激光粉末烧结系统和清华大学研制的 AFS-300 型激光快速成形机。图 14-2 所示为两种激光粉末烧结成形设备的外形。

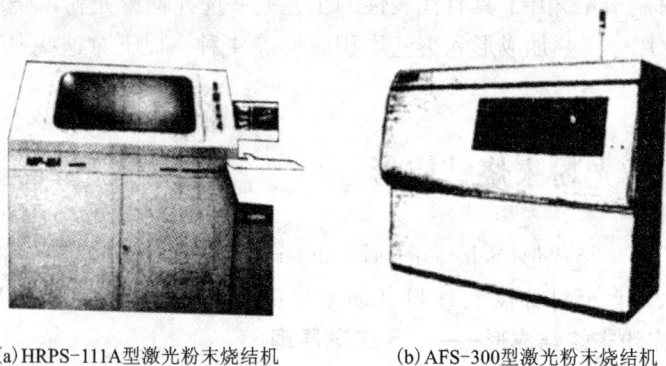

(a)HRPS-111A型激光粉末烧结机　　　　(b)AFS-300型激光粉末烧结机

图 14-2　两种选择性激光粉末烧结成形设备的外形

图 14-3 为 AFS-300 型激光选择性粉末烧结快速成形机的结构组成示意图。机械结构主要由机架、工作平台、铺粉机构、两个活塞缸、集料箱、加热灯和通风除尘装置组成。

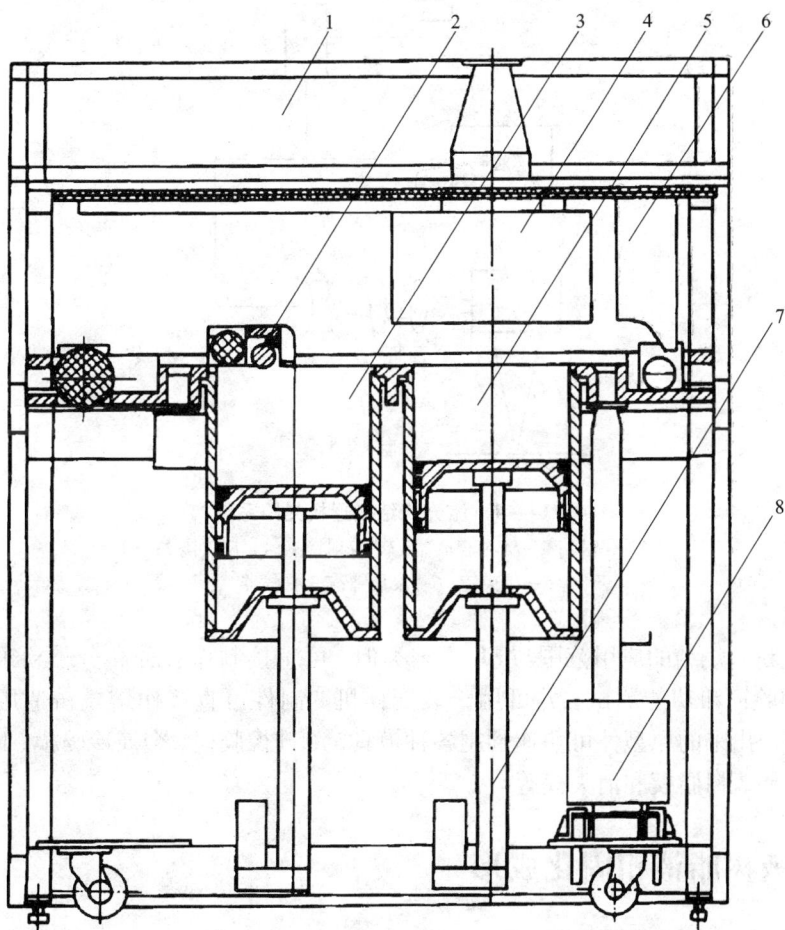

图 14 – 3　AFS – 300 型激光粉末烧结主机结构示意图

1—激光室；2—铺粉机构；3—供料缸；4—加热灯；

5—成形料缸；6—排尘装置；7—滚珠丝杆机构；8—料粉回收箱

图 14 – 4 所示为激光烧结成形机光路系统的主要组成部件，有激光器、反射镜、扩束聚焦系统、扫描器、光束合成器、指示光源等。其中的激光器为最大输出功率为 50W 的 CO_2 激光器；扫描器由两个相互垂直的反射镜组成。每个反射镜有一个振动电动机驱动，激光束先入射到 X 镜，从 X 镜反射到 Y 镜，再由 Y 镜反射到加工表面，电动机驱动反射镜振动，同时激光束在有效视场内扫描。

X 镜和 Y 镜分别驱使光点在 X 方向和 Y 方向扫描，扫描角度通过微机接口进行数控，这样可使光点精密定位在视场内任一位置。扫描振镜的全扫描角（光学角）为 $40°$，视场的线性范围要由扫描半径确定，光点的定位精度可达全视场的 1/65535。

指示光源：由于加工用的激光束不可见光，这样不便于调试和操作。用一个可见光束与激光束合并在一起，可在调试时清晰看见激光光路，便于各光学元件和工件的定位和调整。

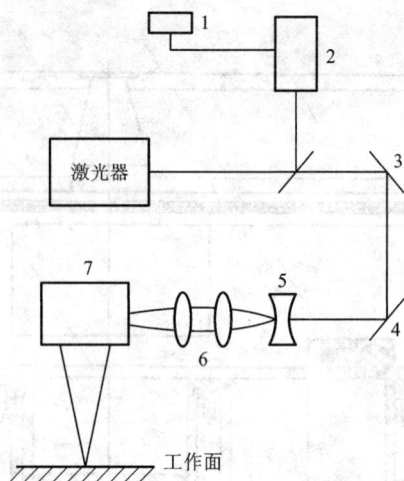

图 14 - 4 激光烧结成形机光路系统

1—光源；2—光束合成器；3—反射镜1；4—反射镜2；
5—扩束镜；6—聚焦镜；7—扫描器

SLS 激光粉末烧结的应用范围与 SL 工艺类似，可直接制作各种高分子粉末材料的功能件，用作结构验证和功能测试，并可用于装配样机。制件可直接作熔模铸造用的蜡模和砂型、型芯，制作出来的原型件可快速翻制各种模具，如硅橡胶模、金属冷喷模、陶瓷模、合金模、电铸模、环氧树脂模和消失模等。

14.2 光敏树脂液相固化成形

光敏树脂液相固化成形(stereolithography，简称 SL)又称光固化立体造型或立体光刻。它由 Charles Hul 发明并于 1984 年获得美国专利。1988 年美国 3D 系统公司推出世界上第一台商品化的快速原型成形机。

1. 液相光敏树脂固化成形——SL 工艺原理

SL 工艺基于液态光敏树脂的光聚合原理。这种液态材料在一定波长和功率的紫外激光的照射下能迅速发生光聚合反应，相对分子质量急剧增大，材料也就从液态转变成固态。

图 14 - 5 为 SL 工艺原理图。液槽中盛满液相光敏树脂，激光束在偏转镜作用下，在液体表面上扫描，扫描的轨迹及激光的有无均由计算机控制，光点扫描到的地方，液体就固化。成形开始时，工作平台在液面下一个确定的深度，液面始终处于

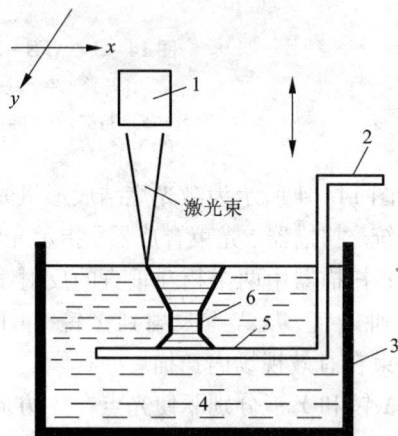

**图 14 - 5 液相光敏树脂
固化成形(SL)原理**

1—扫描镜；2—垂直升降台；3—树脂槽；
4—光敏树脂；5—托盘；6—工件

320

激光的焦点平面内,聚焦后的光斑在液面上按计算机的指令逐点扫描即逐点固化。当一层扫描完成后,未被照射的地方仍是液态树脂。然后升降台带动平台下降一层高度(约 0.1 mm),已成形的层面上又布满一层液态树脂,刮平器将黏度较大的树脂液面刮平,然后再进行下一层的扫描,新固化的一层牢固地黏在前一层上,如此重复,直到整个零件制造完毕,得到一个三维实体原型。

SL 方法是目前 RP 技术领域中研究得最多的方法,也是技术上最为成熟的方法。SL 工艺成形的零件精度较高。多年的研究改进了截面扫描方式和树脂成形性能,使该工艺的精度能达到或小于 0.1 mm。

2. 特点和成形材料

这种方法的特点是精度高、表面质量好、原材料利用率将近 100%,能制造形状特别复杂(如空心零件)、特别精细(如首饰、工艺品等)的零件。制作出来的原型件,可快速翻制各种模具。

SL 工艺的成形材料称为光固化树脂(或称光敏树脂),光固化树脂材料中主要包括齐聚物、反应性稀释剂及光引发剂。根据引发剂的引发机理,光固化树脂可以分为三类:自由基光固化树脂、阳离子光固化树脂和混杂型光固化树脂。

自由基光固化树脂、阳离子光固化树脂和混杂型光固化树脂各有许多优点,目前的趋势是使用混杂型光固化树脂。

3. SL 光敏树脂液相固化成形设备和应用

现在已有多种型号的此类设备可供订购,如华中科技大学快速制造中心、武汉滨湖机电技术产业公司的 HRPL - I 型光固化快速成形系统,清华大学的 CPS 快速成形机和西安交通大学激光快速成形与模具制造中心的 LPS - 600 和 LPS - 350 型的激光快速成形机。

图 14 - 6(a)所示为 CPS - 250 型液相固化快速成形机的外形及结构组成,图 14 - 6(b)所示为垂直轴升降工作台,图 14 - 6(c)所示为 X、Y 工作台,图 14 - 6(d)为光学系统示意图。

CPS 快速成形机采用普通紫外光源,通过光纤将经过一次聚焦后的普通紫外光导入透镜,经过二次聚焦后,照射在树脂液面上。二次聚焦镜夹持在二维数控工作台上,实现 X、Y 二维扫描运动,配合垂直轴升降运动,从而获得三维实体。

垂直轴升降工作台主要完成托板的升降运动。在制作过程中,进行每一层的向下步进,制作完成后,工作台快速提升出树脂液面,以方便零件的取出。其运动形式采用步进电动机驱动、丝杠传动、导轨导向的形式,以保证垂直方向的运动精度。结构包括步进电动机、滚珠丝杠副、导轨副、吊梁、托板、立板,如图 14 - 6(b)所示。

X、Y 方向工作台主要完成聚焦镜头在液面上的二维精确扫描,实现每一层的固化。采用步进电动机驱动、精密同步带传动、精密导轨导向的运动方式,如图 14 - 6(c)所示。

光学系统的光源采用紫外汞氙灯,用椭球面反射罩实现第一次反射聚焦,聚焦后经光纤耦合传导,再经透镜实现二次聚焦,最后将光照射到树脂液面上,光路原理如图 14 - 6(d)所示。

光敏树脂液相固化成形的应用有很多方面,可直接制作各种树脂功能件,用作结构验证和功能测试;可制作比较精细和复杂的零件;可制造出有透明效果的制件;制作出来的原型件可快速翻制各种模具,如硅橡胶模、金属冷喷模、陶瓷模、合金模、电铸模、环氧树脂模和消失模等。

(a)CPS 快速成形机外形

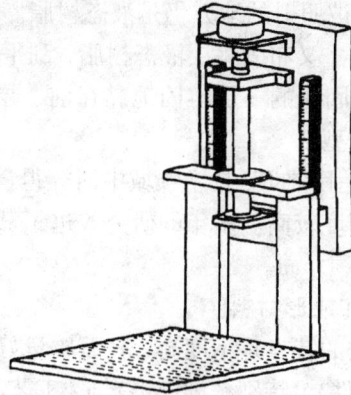

(b)垂直轴升降工作台

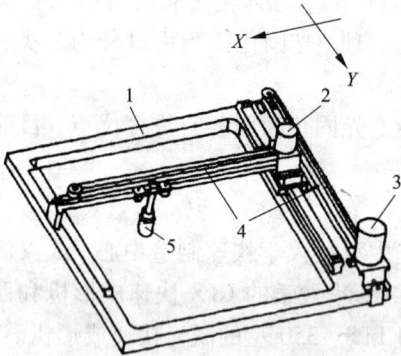

(c)X、Y 工作台结构示意

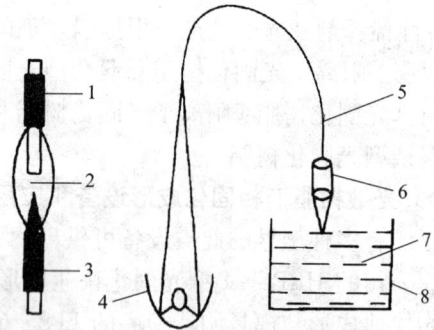

(d)光学系统示意图

图 14-6　CPS 型液相固化快速成形机的外形及结构组成

图 c：1—基板；2—X 轴步进电动机；3—Y 轴步进电动机；4—同步带；5—聚焦镜头；

图 d：1—正极；2—灯泡；3—负极；4—聚光罩；

5—光纤；6—聚焦镜头；7—液相光敏树脂；8—树脂槽

14.3　薄片分层叠加成形

薄片分层叠加成形(laminated object manufacturing，简称 LOM)工艺又称叠层实体制造或分层实体制造，由美国 Helisys 公司于 1986 年研制成功，并推出商品化的机器。因为常用纸作原料，故又称纸片叠层法。

1. 薄片分层叠加成形— LOM 工艺原理

LOM 工艺采用薄片材料，如纸、塑料薄膜等作为成形材料，片材表面事先涂覆上一层热熔胶。加工时，用激光器(或刀)在计算机控制下按照 CAD 分层模型轨迹切割片材，然后通过热压辊热压，使当前层与下面已成形的工件层黏接，从而堆积成形。

图 14-7 是 LOM 工艺的原理图。用 CO_2 激光器在最上面、刚黏接的新层上切割出零件截面轮廓和工件外框，并在截面轮廓与外框之间多余的废料区域内切割成上下对齐的网格，

322

以便于清除；激光切割完成后，工作台带
动已成形的工件下降，与带状片材（料带）
分离；供料机构转动收料轴和供料轴，带
动料带移动，使新层移到加工区域；工作
台上升到加工平面；热压辊热压，工件的
层数增加一层，高度增加一个料厚；再在
新层上切割截面轮廓。如此反复直至零件
的所有截面切割、黏接完毕，得到三维的
实体零件。

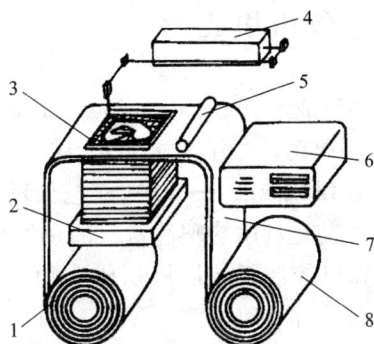

图 14 -7　薄片分层叠加成形（LOM）原理
1—收料轴；2—升降台；3—加工平面；4—CO_2激光器；
5—热压辊；6—控制计算机；7—料带；8—供料轴

2. 特点和成形材料

LOM 工艺只需在片材上切割出零件截
面的轮廓，而不用扫描整个截面。因此易
于制造大型、实体零件。零件的精度较高
（误差 <0.15 mm）。工件外框与截面轮廓之间的多余材料在加工中起到了支撑作用，所以
LOM 工艺无需支撑。LOM 工艺的成形材料常用成卷的纸，纸的一面事先涂覆一层热熔胶，偶
而也用塑料薄膜作为成形材料。对纸材的要求是应具有抗湿性、稳定性、涂胶浸润性和抗拉
强度。热熔胶应保证层与层之间的黏结强度，分层叠加成形工艺中常采用 EVA 热熔胶，它
由 EVA 树脂、增黏剂、蜡类和抗氧剂等组成。

3. LOM 分层叠加成形设备和应用

图 14 -8 所示是 SSM -800 型分层叠加成形设备，它由激光系统，走纸机构，X、Y 扫描
机构和 Z 轴升降机构，加热辊等组成，分布在设备的前部和后背部。

薄片分层叠加快速成形工艺和设备由于其成形材料纸张较便宜，运行成本和设备投资较
低，故获得了一定的应用，可以用来制作汽车发动机曲轴、连杆、各类箱体、盖板等零部件的
原形样件。

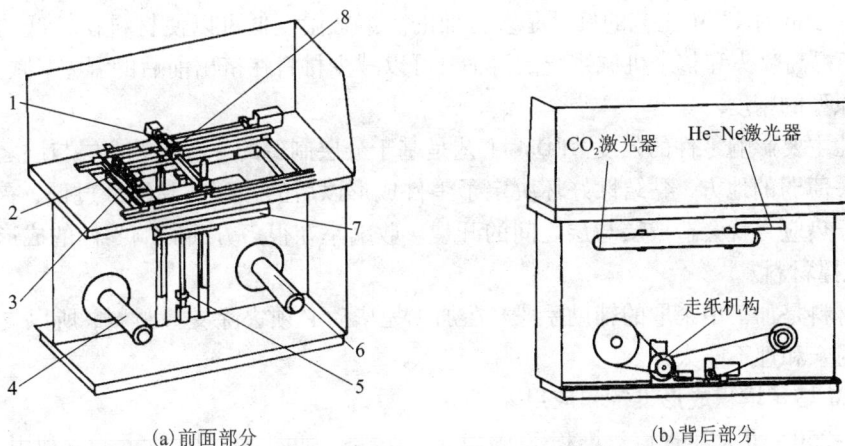

(a)前面部分　　(b)背后部分

图 14 -8　SSM -800 型分层叠加成形设备
1—X、Y 轴；2—热压系统图；3—测高；4—收纸辊；5—Z 轴；6—送纸辊；7—工作平台；8—激光头

14.4 熔丝堆积成形

熔丝堆积成形(fused deposition modeling，简称 FDM)工艺由美国学者 Dr. Scott Crump 于 1988 年研制成功，并由美国 Stratasys 公司推出商品化的机器。

1. 熔丝堆积成形——FDM 工艺原理

FDM 工艺是利用热塑性材料的热熔性、黏结性，在计算机控制下层层堆积成形的工艺技术。图 14-9 表示了 FDM 工艺原理，材料先抽成丝状，通过送丝机构送进喷头，在喷头内被加热熔化，喷头沿零件截面轮廓和填充轨迹运动，同时将熔化的材料挤出，材料迅速固化，并与周围的材料黏结，层层堆积成形。

2. 特点和成形材料

该工艺不用激光，因此使用、维护简单，成本较低。用蜡成形的零件原型，可以直接用于熔模铸造。用 ABS 工程塑料制造的原型因具有较高强

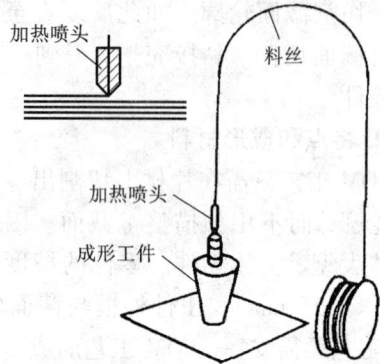

图 14-9　熔线堆积成形(FDM)工艺原理图

度而在产品设计、测试与评估等方面得到应用。由于以 FDM 工艺为代表的熔融材料堆积成形工艺具有一些显著优点，该工艺发展极为迅速。成形材料是 FDM 工艺的基础。FDM 工艺中使用的材料除成形材料外还有支撑材料。

(1)成形材料。

FDM 工艺常用 ABS 工程塑料丝作为成形材料，它具有熔融温度低(80~120℃)、黏度低、黏结性好、收缩率小的特点。影响材料挤出过程的主要因素是黏度，材料的黏度低、流动性好，阻力就小，有助于材料顺利挤出。材料的流动性差，需要很大的送丝压力才能挤出，会增加喷头的启停响应时间，从而影响成形精度。

熔融温度低对 FDM 工艺的好处是多方面的。熔融温度低可以使材料在较低的温度下挤出，有利于提高喷头和整个机械系统的寿命；可以减少材料在挤出前后的温差，减少热应力，从而提高原型的精度。

黏结性主要影响零件的强度。FDM 工艺是基于分层制造的一种工艺，层与层之间往往是零件强度最薄弱的地方，黏结性好坏决定了零件成形以后的强度。黏结性过低，有时在成形过程中由于热应力就会造成层与层之间的开裂。收缩率在很多方面影响零件的成形精度。

(2)支撑材料。

支撑材料是加工中采取的辅助手段，在加工完毕后必须去除支撑材料，所以支撑材料与成形材料的亲和性不能太好。

3. FDM 熔丝堆积成形设备和应用

MEM-250-Ⅱ是实现熔丝堆积 FDM 工艺的设备，如图 14-10 所示。它利用 ABS 丝材通过喷头被加热至熔融状态后从喷头挤出，在数控系统控制下层层堆积成形。

熔丝堆积成形工艺和设备有一定的应用。由于 FDM 工艺的一大优点是可以成形任意复杂程度的零件，故其经常用于成形很复杂的内腔、孔等零件。

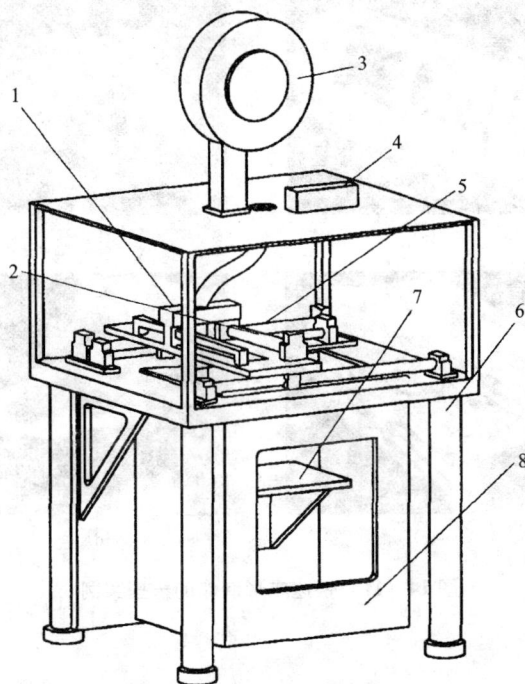

图 14 – 10　MEM – 250 – Ⅱ

1—加热喷头；2—X 扫描机构；3—丝盘；4—送丝机构；
5—Y 扫描机构；6—框架；7—工作平台；8—成形室

表 14 – 1 为上述几种最常用的 RP 快速成形工艺优缺点比较。

表 14 – 1　几种常用的 RP 快速成形工艺优缺点比较

RP 快速成形工艺 / 有关指标	精度	表面质量	材料质量	材料利用率	运行成本	生产成本	设备费用	市场占有率/%
液相固化 SL 法	好	优	较贵	接近 100%	较高	高	较贵	70
粉末烧结 SLS 法	一般	一般	较贵	接近 100%	较高	一般	较贵	10
薄片叠层 LOM 法	一般	较差	较便宜	较差	较低	高	较便宜	7
熔丝堆积 FDM 法	较差	较差	较贵	接近 100%	一般	较低	较便宜	6

图 14 – 11 所示是快速成形制作应用的一些实例，其中图 14 – 11(a) 所示为液相固化的手机壳体，图 14 – 11(b) 所示为液相固化的风扇叶轮，图 14 – 11(c) 所示粉末烧结壳体，图 14 – 11(d) 所示为纸片叠层的洁具样件。

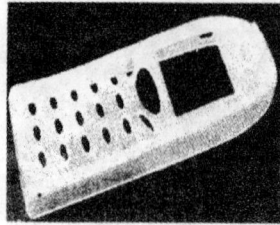
(a)

(b)

(c)

(d)

图 14 – 11　快速成形制作的一些实例

思考练习题

1. 快速成形的工艺原理与常规加工工艺有何不同？其具有什么特点？
2. 试对常用的快速成形工艺的优缺点作一比较。

参考文献

[1] 邓文英.金属工艺学：上册，下册[M].4版.北京：高等教育出版社，2015.

[2] 夏具谌.塑形成形工艺及设备[M].北京：机械工业出版社，2001.

[3] 胡成武.冲压工艺与模具设计[M].2版.长沙：中南大学出版社，2013.

[4] 周述积.材料成形工艺[M].北京：机械工业出版社，2005.

[5] 阮建明，黄培云.粉末冶金原理[M].北京：机械工业出版社，2012.

[6] 黄培云.粉末冶金原理[M].北京：冶金工业出版社，1989.

[7] 周书助.硬质合金生产原理和质量控制[M].北京：冶金工业出版社，2014.

[8] 陈振华.现代粉末冶金技术[M].北京：化学工业出版社，2007.

[9] 张驰.金属粉末注射成形技术[M].上海：上海唱片总公司出版社，2008.

[10] 韩凤麟.粉末冶金手册：上册[M].北京：冶金工业出版社，2012.

[11] 倪小丹，杨继荣，熊运昌.机械制造技术基础[M].北京：清华大学出版社，2014.

[12] 国家制造强国建设战略咨询委员会/中国工程院战略咨询中心编著.智能制造.北京：电子工业出版社，2015.

[13] 杜国臣.机床数控技术[M].北京：机械工业出版社，2015.

[14] 卢红，吴飞，黄继雄.数控技术[M].2版.北京：机械工业出版社，2014.

[15] 周增文.机械加工工艺基础[M].长沙：中南大学出版社，2005.

[16] 刘晋春，赵家齐，赵万生.特种加工[M].5版.北京：机械工业出版社，2008.

图书在版编目（CIP）数据

机械制造基础／张高峰，胡成武主编. --长沙：中南大学出版社，2018.8

ISBN 978 – 7 – 5487 – 2940 – 2

Ⅰ.①机… Ⅱ.①张… ②胡… Ⅲ.①机械制造—教材 Ⅳ.①TH

中国版本图书馆 CIP 数据核字（2017）第 186975 号

机械制造基础

主　编　张高峰　胡成武

副主编　张晓红　周里群　陈召国

□责任编辑	谭　平
□责任印制	易红卫
□出版发行	中南大学出版社
	社址：长沙市麓山南路　　　　　邮编：410083
	发行科电话：0731 – 88876770　　传真：0731 – 88710482
□印　　装	长沙市宏发印刷有限公司

□开　　本	787×1092　1/16　□印张 21.25　□字数 549 千字
□互联网＋图书	二维码内容　字数 3.323 千字　图片 169 张　视频 112 分钟
□版　　次	2018 年 8 月第 1 版　□2018 年 8 月第 1 次印刷
□书　　号	ISBN 978 – 7 – 5487 – 2940 – 2
□定　　价	54.00 元